U0582097

怪诞行为心理学

文思源 编著 | WEIRD BEHAVIOR PSYCHOLOGY

北京联合出版公司
Beijing United Publishing Co.,Ltd.

图书在版编目（CIP）数据

怪诞行为心理学 / 文思源编著. — 北京：北京联合出版公司，2015.2（2018.11重印）

ISBN 978-7-5502-4409-2

Ⅰ.①怪… Ⅱ.①文… Ⅲ.①心理学分析—通俗读物 Ⅳ.①B84-49

中国版本图书馆CIP数据核字（2015）第001021号

怪诞行为心理学

编　　著：文思源

责任编辑：孙志文

封面设计：李艾红

责任校对：胡宝林　郝秀花

美术编辑：李梦婷　潘　松

北京联合出版公司出版

（北京市西城区德外大街83号楼9层　100088）

北京鑫海达印刷有限公司印刷　新华书店经销

字数600千字　710毫米×1000毫米　1/16　26印张

2018年11月第2版　2018年11月第2次印刷

ISBN 978-7-5502-4409-2

定价：68.00元

未经许可，不得以任何方式复制或抄袭本书部分或全部内容

版权所有，侵权必究

本书若有质量问题，请与本公司图书销售中心联系调换。电话：（010）58815821

前言

PREFACE

　　注意观察生活的人，一定会发现生活中存在许许多多不可思议的现象，自认为"理性"的人往往做着"傻瓜"的事，而他们自己还蒙在鼓里。比如：为什么我们对自己的名字很敏感？为什么我们会疯抢根本不需要的东西？为什么别人的选择会影响我们的偏好？为什么商品卖得越贵越有人买？为什么紧张的情况下我们愿意与人共处？为什么有时候我们觉得自己的梦有预示作用？为什么我们白干活高兴，干活赚钱反而不高兴？为什么一看到促销我们就控制不住要买东西？为什么险境中更容易产生恋情？为什么人多不一定力量就大？为什么商品卖得越贵越有人买？有些是我们司空见惯却无法合理解释的；有些是我们认为理所应当，但深究起来却又觉得有奇异之处的；还有一些则是从发生伊始就让我们充满疑惑的。这些怪诞行为恐怕很多人早已经熟视无睹，却没有过多地去思索它们背后的心理原因，没有关注它们背后隐藏的秘密。

　　我们可以尝试一下这样的场景：你闭上双眼，伸出两手呈平行状，掌心向上摊平。然后，你被告知，你的左手放了一个铁球，右手牵着一个气球，铁球越来越重，气球越来越轻……在这样的语言引导下，张开眼睛后，你会惊奇地发现本来持平的双手已经发生了变化：左手明显比右手低。原来，我们在不知不觉中经被"沉重的铁球"和"轻盈的气球"所影响了。那么，这是为什么呢？因为当我们被语言告知左右手承受不同重量物件的时候，就已经被别人做了心理暗示。我们的大脑是有记忆的，它回忆起我们的身体承受"铁球"和"气球"的不同质感，并向其发送了相应的信息：铁球重，我们的手会被压下沉；气球轻飘，手应该向上浮。这样，我们就在别人的"诱导"下，成为了"被操纵的对象"！

　　在我们的日常生活中还有更多匪夷所思的事情发生，只是我们都缺乏探测和发现的雷达，以至于忽略了自身和生活的许多有趣之处。我们的生活似乎处处充满谜团，而我们的一生似乎也总是做出一些这样那样的怪诞行为。其实，这些怪诞行为的背后隐藏着让我们大吃一惊的真相。为了让人们更好地了解这些怪诞行为背后隐藏的深层秘密，了解人是如何思考、如何表达、如何行动、

1

如何感受的，从而对人性有更深刻的洞察，更加清楚地认识自我，发现潜藏在内心深处的自己，发现自身某些不理性、不正确的心理模式和行为模式，且学会自我调节、改正，塑造正确的心理和行为习惯，避免不当的行为引起他人的反感和误解，从而让自己更受欢迎，让人生更加顺利，我们特编写了这本《怪诞行为心理学》。

本书通过大量案例和实验解读日常生活中存在的种种怪诞行为背后的秘密所在，剖析了那些不易察觉的非理性思维，诠释了生活的本质与真相，并为读者提供了相应的应对措施，从而帮助你更好地了解自己、读懂他人、透视社会，做到"见怪不怪"，"以怪制怪"，化生活的"非常态"为"常态"，更好地驾驭学习、工作、生活。借助本书你将会发现：只有了解人类的天性，才能够用合理的方式对待别人；懂得合理对待别人的人，才能取得更大的成功。懂得怪诞行为心理学可以让我们更平静、更审慎：我能够及时发现自己的心理陷阱，并在它们造成重大损害之前予以避免。而当别人行为不理智时，我可以胸有成竹地面对他们——甚至也许更具优势。

目 录

CONTENTS

1

第二篇 探寻内心深处的自我

第三篇 揭秘我们的欲求

第四篇 平复内心的波动

第五篇　不让非理性蒙蔽双眼

第六篇 应对变幻的世界

第四章　怪诞——奇怪的现象是怎么发生的 …………387

第一篇

大脑左右着我们的行动

本能——为什么我们管不住自己

» 残忍的动物界：竞争的激励作用

在沙虎鲨家族，兄弟姐妹间的竞争可谓极其血腥和残忍。当这些小沙虎鲨仍在母亲子宫里的时候，就已发育出尖牙利齿。所以，最为年长的小沙虎鲨会在母亲的子宫里消灭掉自己的弟弟妹妹，以确保自己的出生以及在争夺海洋食物资源中获得更理想的生存机会。

从古至今，我们总是生活在各种各样的竞争之中，一个人要在社会中生存和发展，就要有竞争意识，就要有一种比对手做得更好的意识。勇于竞争和善于竞争，才是使自己在人群中脱颖而出和在事业上卓尔不群的基本要素。

在人类社会的丛林里，我们也总是玩着残酷的游戏——竞争。现实中，竞争存在于我们生活的各个领域：有球类、游泳、拳击、田径、棋类等多种多样的体育比赛；有音乐、朗诵、戏剧、影视、书法、绘画等文艺活动比赛；有学习竞赛、演讲比赛、劳动比赛等。有组织的比赛已数不胜数，在日常工作和学习中，暗下决心要赶超他人的无形竞争更是到处都存在着。

科学家 J.C. 查普曼和 R.B. 费德曾对五年级两个组的学生进行为期 10 天的加法练习，每天练习 10 分钟。其中一组为无竞赛组，他们只是自己做练习，无其他诱因。另一组为竞赛组，他们的学习成绩每天都被公布在墙上，给进步者和优胜者都标上红星。结果表明，竞赛组的成绩一直呈上升趋势，无竞赛组的成绩在前 5 天呈下降趋势，以后开始缓慢回升。结果显示，竞赛组的成绩远远超过无竞赛组。这个实验明显地说明了竞赛的激励作用。

竞争是多维心理结构的协同活动：为了获得成就的需要而参加竞争；有争取优异成绩和获胜的明确奋斗目标；参与竞争的双方成就高低是在同对方比较

中显现的，出于自尊和荣誉，竞争者都肩负着压力；竞争者有决心去克服困难，争取胜利。由于多种心理活动的协同作用，使参与竞争者精神饱满、斗志昂扬、富有成效地完成任务。

我们在这个"竞争推动进步"的时代里，不能放松警惕，要时刻保持危机意识，以此防备随时到来的竞争对手。

虽然我们从本质来说，都希望自己处于一种安稳的状态，都渴求安逸的生活，那是我们本性中的惰性在作祟。但是，当出现另一个甚至多个对比对象时，我们就会不自觉地产生竞争意识。没有竞争斗志的人，就不可能唤起内心中最大的进取动力，这样的人在崇尚"胜者为王"的社会中很难走得很远。

不论什么方式的竞争，也不论竞争的对象是谁，竞争的具体内容怎样，我们都不要把竞争这种行为本身视做洪水猛兽，要把它看成是促进自我成长的一种方式。淡定视之，浮云处之，要学会适当调节竞争中的压力，不给自己徒增烦恼。

当我们在面对竞争对手时，首要目的就是要"知己知彼"，不要一味埋头赶路而丝毫不顾及其他对手情况，那样结局只能注定是被淘汰。

» 大钱小花和小钱大花：心理账户的存在效应

美国麻省理工大学曾做过一项实验，他们拍卖篮球票，价高者得。其中一组被要求必须用现金付款；而另外一组参与者则被要求用信用卡付款。实验的结论就是，因为付款方式是信用卡，在付款的时候不会直接看到自己的钱从口袋中出来，因此也就更加大方。

为什么会发生这样的情况呢？对我们来说，这到底是一种怎样的心理呢？

这是每个人都有的"心理账户"效应，也就是说在面对不同的消费方式时，我们的反应是不一样的。因为人们不仅把不同来源的收入放到不同的心理账户中，有时候属于同种收入的一大笔钱和一小笔钱也会被分开看待，分开消费。人们倾向于把一大笔钱放入更加长期、谨慎的账户中，而把零钱放入短期消费的账户中。

比如，有人看中一件500元的大衣，想要在拿到季度奖金的时候再把它买下来。如果这个人的季度奖金是800元，他很可能拿出其中的500元去买自己心仪已久的那件大衣，而剩下的就作为零花钱；但是，如果因为一个项目得到了巨大的利润，公司决定给他8000元的奖金。那么，按照常理来说，在这么大一笔钱中取几百块买件衣服并不是难事，但是，一般情况下，他也许就会把这8000元钱存入银行，从中取出500元钱去买大衣的动力就弱化了。原因是他把这两种奖金放在不同的"心理账户"中，把500元归入零花的小收入账户，而把8000元归入储蓄的大收入账户，对待8000元的每一元钱比500元里的每一元钱更加认真和谨慎。结果是多拿了钱反而花的更少了。

正常的人通常在拿了一大笔收入的时候不愿意花钱，而在有一笔比较小的收入的时候反而容易把这笔钱花光。让我们再来看一个有趣的案例。

30年前以色列银行的经济学家兰兹伯格研究了二战后以色列人在收到西德政府的赔款后的消费问题。这笔抚恤金虽然远不能弥补纳粹暴行给他们带来的创伤，但这些钱在他们心中还是被看成是意外的收入。每个家庭或者个人得到的赔款额各不相同，有的人获得的赔款多达他们年收入的60%，而最低的赔款大约是年收入的7%。

兰兹伯格教授发现：接受赔款多的家庭平均消费率为0.23，也就是说他们平均每收到的100元抚恤金，其中的23元被消费掉了，而剩下的则被存了起来。而另一些获赔款少的家庭，他们的平均消费率竟然高达2.00，这种情况就相当于他们平均每收到100元抚恤金，不仅把它全部花掉，而且还会从自己的存款中再拿出100元消费，看来这多得的抚恤金使得他们把自己的钱也贴进去了。

这个例子也说明了人们根据一次性获得收入的不同而把收入放入不同的"心理账户"，从而导致了大钱小花、小钱大花的情况。

现在你认识到这个正常人的误区了吧。所以，如果你想跳出这个误区变得更理性些的话，就应该对大钱和小钱一视同仁。另一方面，了解了正常人的这一特点，我们也可以让这个特点为我们所用。

这种情况如果运用到现实生活中，则可以想象，作为子女，你可能想在过年的时候给父母一大笔钱以示孝心，自然，你也希望这笔钱能够真真正正地用在他们的生活中。但是，如果这个时候我们给父母一大笔钱，他们就会把这笔钱放入储蓄的"心理账户"中，往往会把这笔钱存入银行，不舍得花。为应对这种情况，你可以将这笔钱分若干次以小额的形式给他们，比如将原来一次性的4000元分10次，可以200元、300元、400元这样送，那么，这些零散的钱就会被归入零花钱的"心理账户"里，他们就会将那些小笔的钱花到日常的饮食起居的开销中，这个时候你的孝心就得到了真正的实现。

如果你想多几分理性的话，你应该明白，钱是没有记忆的，不应该将同样的钱人为地打上不同的记号，而要对不同来源、不同时间和不同大小的收入一视同仁。

» 七女挑战南极：别压抑冒险情怀

据科学家分析，追逐危险、知难而进的行为，是人性深处的渴望，不分年代、年龄段以及阶级。美国加利福尼亚大学生物学家杰伊·弗兰最近提出了一项得到公认的理论：人类的这种冒险情结源于史前时期。当时，地球上生活着两大类原始人，一类筑巢定居，另一类则敢于向外开拓新天地。定居者多半待在自己的窝里，靠周围的植物和小动物为生，始终小心翼翼地生活着。开拓者则到处漫游，他们认识到，大胆行为会增加死于非命的可能性，但同时也能寻得更美味的水果和更多猎物。所以，杰伊·弗兰认为，人类是在利益驱动下冒险的，同时，越是肯冒险，就越有可能变强大。

2009年，一支由7位女性探险家组成的女子探险队成功地抵达了南极极点。来自新加坡的成员彭素翠说起了她们在探险过程中所遇到的艰难险阻：这7位女性的探险耗时38天，行走路程达900多公里，每天滑雪就需要6~10个小时，每人还要拖着一个重达60公斤的载有食物、燃料、装备和生活垃圾的雪橇。她们共同抵抗住了可使人致盲的暴风雪、风速接近每小时130公里的狂风、暗藏的冰隙以及低于零下40℃的低温。经过了这些足以致命的障碍，她们7个人终于在南极时间2009年12月29日23点9分，成功到达目的地——南极极点。

威廉·博利多曾经说过，无论是对个人还是社会，冒险都是让历史富有生命力的元素。

在这个有人强调"平淡就是真，安稳就是福"的社会中，许多人不想甚至不敢去冒险。但是一个人如果只是习惯于躺在床上过一辈子，不管是在生活中还是在事业上，从来不愿去冒险，那么他的生活将会迎来什么呢？就好像海涅斯所说的，一个人能够看出6条不同的路，但是，对于任何一条路都没有要走下去的勇气，那么，他是不会取得多大成功的。所以，我们的人生需要恰当地冒险。

案例中的7位女性探险南极，其他的不说，单是那种冒险精神就让人敬佩有加。但是，我们在生活中似乎也能发现，类似于这样的探险队并不在少数。他们穿越撒哈拉沙漠、走过雅鲁藏布大峡谷、解密楼兰古国、问候罗布泊、欣赏泸沽湖……在经历了长时间的跋涉和阻碍，探险者们在目的地欣赏着令人沉醉的风景时，或许也忽略不掉内心的那一抹雀跃和兴奋。这种险象环生的生存挑战状态，似乎正好可以激发起我们被生活磨平的压抑已久的冒险情怀。

如果我们安于现状，我们永远也不会知道是否可以有一个更好的明天。那么，恰当的冒险是什么呢？譬如我们放弃稳定的收入，而寻求一种富有挑战性的工作。

那么，我们应该怎样进行有目标、有计划、有实施方法和步骤的冒险行为呢？

首先，在实施冒险中，要培养自己优良的心理品质、锻炼顽强拼搏的意志，最好能够争取外援力量，积极开发潜能，挖掘创造力，培养观察力，开拓预见力。同时，我们也应该扩大交际面，广交朋友，以此建立良好的人际关系，为冒险成功奠定牢固的社交基础和保障。

其次，在实施冒险的行为之前，要从主观和客观的实际情况出发，根据自己精神、物质、智能、社交等综合实力的具体情况，在对客观事物科学认识和正确分析判断的基础上，确立合情合理、合乎实际和便于实现的冒险目标。一步一步慢慢走，切不可将"冒险"变为"冒进"。

最后，行动是冒险成功的唯一途径。因为要实现自己的理想和目的，只有靠自己的双手。

无论在事业或生活的任何方面，在冒险之前，我们必须清楚地认识那是一种什么样的冒险，必须认真权衡得失，因为，有时候，冒险是需要我们作出时间、金钱、精力以及其他牺牲或让步的。

» 因装修而分手：性别影响观念

北京电视台的《秘境观察》栏目讲述了这样一个故事：

嘉嘉与男友最近正在准备结婚的新房装修，但是，从没红过脸的两个人居然大吵了好几次，而这些争吵的内容无非就是，地板的颜色、书架的式样……几乎装修的每个细节都成了两人争吵的理由。嘉嘉忽然发现，男友与自己的审美差异这么大，经过数月的折腾，装修终于完成了，但是，两个人却都高兴不起来。就在入住一个星期后，他们因为窗帘的颜色取消了婚事。

心理学博士约翰·格雷在他的《男人来自火星，女人来自金星》中提道："两性关系中一个常见的问题是，当我们熟悉对方之后，我们总认为自己对对方言语行为的理解是非常正确的。我们以为我们知道他所表达的意思，殊不知经常误解对方的真实意图，并且习惯匆匆得出错误结论。"意思就是，很多时候，男女双方其实都并没有真正地了解对方。而这种不理解的根源则是男女的性别差异。

生活中，我们常常会发现这样的现象：面对压力时，男人可能会不停地抽烟、喝酒，或者一直默默无语，而女人则会选择购物或者向别人倾诉；女人常常觉得男人比较粗心，不会照顾人，在表达爱意方面显得很笨拙；男人则常常会觉得女人的方向感极差，觉得女人总是唠唠叨叨没完没了；男人对着电视不断地更换频道，女人则比较专注于某一档节目。

男人和女人对待事物的态度差异，曾被认为是文化熏陶和社会偏见造成的。但是后来发现，在男女出生之前，我们的大脑神经就有差别了。心理学家研究显示，掌管推理、决策等高级心理功能以及掌管情绪反应的大脑部位，在女性大脑中所占的比例比男性大；而掌管空间处理的部分，则是男性更有优势。女性掌管听觉和语言的大脑部位神经细胞的密度和数量多于男性。而大脑的这些不同，在一定程度上也决定了男女天生的兴趣、偏好、优势、弱点、思维、行动等方面的差异性。

经过一天的工作或者学习之后，男人的大脑会将每天发生的事情进行分类之后存档；而对于女人来讲，当天发生的所有事情会不断地在她的大脑中出现，女人的思维不像男人那样条理清晰。所以，女人常常会通过将这些事情倾诉出来以解决自己的问题。她们并不是以解决这些问题为目的，而是只想将这些问题摆出来。

当我们已经了解了男女之间的差异及其产生的原因，我们又应该怎样缓和这种性别上的冲突，以促使两性更好地交流呢？

首先，为了更好地与异性相处，我们可以尝试"异性转换思维"，即时常思考一下，"当他 / 她遇到这种情况会是怎样的反应"，这样，就需要我们时常通过各种媒介获取一些相关信息，比如，我们可以多看一些关于两性的书籍；网络上面也有一些比较专业的网站，可以解答我们关于异性的一些疑问。

其次，最大化地发掘彼此的共性。就算是男女存在着性别差异，但是，那并不代表人们之间就没有相同点。所以，我们在与异性相处时，可以尽量发掘彼此共同的兴趣、爱好、观点。

最后，需要我们互相理解和尊重。无论男女哪一方，都不能强行要求对方的观点完全和自己保持一致和统一。我们要理解对方的想法和观念，尊重彼此的人格和尊严，只要不是一些原则性问题，在一些零碎细节上，大可不必太过较真。

» 男女对性信息素的不同反应：费洛蒙的影响

感知信息素的器官是位于鼻子深处的雅各布森器官，也叫做锄鼻器。许多嗅觉灵敏的动物，比如猫、狗、老鼠等很多动物都具有这一器官。人类只有在胚胎期有，之后随着成长成熟不断退化。那么，从理论上讲，此器官已经退化的人类就无法感知信息素了。

其实，在女性中存在一种奇怪的现象，那就是她可能会不自觉地被某个男性吸引。但是，对方的外在或者是内部条件都不是十分的优秀，可不知道为什么，就是很在意对方，他的影子老在脑海中盘旋。

曾有科学家进行过一项实验，事先在椅子上喷洒性信息素，然后让女性随意选择椅子坐。结果发现，女性更喜欢坐喷洒了性信息素的椅子。与女性相反，男性会下意识地避开喷洒了性信息素的椅子。在某个电视节目中也进行了类似的实验。首先让多名男性穿上准备好的 T 恤衫，其中只有一件滴上了信息素，然后让蒙上眼睛的女性来选择。结果，女性选择了穿着信息素 T 恤衫的男性。而男性似乎对信息素完全没有反应，并没有发觉 T 恤衫存在差异。感知到信息素的女性，脑内的多巴胺分泌增加，从而陷入兴奋状态。所以，感知到男性信息素的女性，有可能会产生对爱情的渴望感。所以，女人靠嗅觉选择男人，也不是什么天方夜谭或者诡异事件，而是有其科学依据。

实际上，这种状况可能和"信息素"（也音译做"费洛蒙"）存在某种联系。所谓"信息素"，是同物种之间个体对个体产生影响的化学物质的总称。以昆虫为例，它们就利用信息素进行各种交流。信息素也分很多种，对异性的性感觉产生影响的信息素被称为"性信息素"。"性信息素"事关子孙繁衍的大计，所以也是信息素中最强有力的一种。

最近，有科学家通过研究发现，某种"气味"是女性选择男性的标准之一。这就是 HLA 的气味，HLA 是 Human Leucocyte Antigen 的缩写，即人类白细胞抗原，对人体免疫起到重要作用。多数女性为了基因和安全的问题，会选择与自己的 HLA 类型在原则上不同但又存在某些相似之处的男性。

HLA 不是所有人都相同的，每个人的 HLA 类型都不一样，正因为如此，每个人身上散发的气味也不同。研究人员发现，女性在寻找异性伴侣时，能够"嗅"出对方的 HLA 类型。女性不喜欢与自己 HLA 类型相近的异性气味，而喜欢与自己不同气味的异性。我们可以用"传宗接代"的法则来理解这一现象：与 HLA 类型不同于自己的人结婚，生出的孩子可能具有更多种 HLA 类型，从而可以抵抗更多的疾病。

但是，与自己完全不同 HLA 类型的男性，多数女性也不会予以考虑。因为与差别太大的异性结合，对基因也存在一定风险。HLA 类型完全不同的人，可能属于不同的民族，而不同民族的人可能携带未知的疾病。

人的 HLA 类型分别从父亲和母亲那里各遗传一部分，有实验表明，女性喜欢那些与自己从父亲那里遗传来的 HLA 类型相似的男性。由此可见，女性喜欢和自己父亲相似的男性，这也为女性的恋父情结找到了一个合理的理由。性信息素让女性憧憬爱情，而 HLA 类型的气味则是女性选择男性的重要依据。

» Ta 时代来临：宽容性别认同

这个时代似乎正在出现一种性别错位，男孩越来越阴柔，女孩越来越彪悍。传统的性别定义似乎开始在破裂，人们逐渐走向了泛性化的"Ta 时代"。

我们总是能够一眼分清男女，是因为男女双方都有显著的性别特征，但是，如果这个特征逐渐地被淡化、弱化，这又会是怎样一番景象呢？在这里，我们不对个人形象作任何评价，我们要探讨的是这种女人男性化和男人女性化现象。

我们又是怎样从男权社会走向"她世纪",然后步入"Ta 时代"的?

21 世纪是知识经济时代,它对人的要求不再强调体力因素,而是把重点放在脑力方面。它要求人们具有思考、协调、沟通、互动、策划等能力,而女性在这些方面绝对不比男性逊色。正如人类学家海伦·费希在她的著作《第一性:女性的天赋及她们如何改变世界》中指出的一样:"男性的特点可能使他们在工业社会略胜一筹,但在由电子商务、网络社会和协作精神构成的新背景下,男性的优势就不那么明显了。"而女性本身的敏感、细腻、灵活、亲和力以及第六感觉等特点,将赋予她们更大的优势。

中国最先提出"她世纪"这一概念的《新周刊》,对"她世纪"的女性做了这样的描摹:"她们仿佛很贪心,什么都要,家庭的幸福也要,事业的成功也要;与男人一样坚强的性格也要,最女性化的柔弱体格也要;既美丽又成功,安心要让男人甘拜下风。"这就是"她"的新定义,"她"要与"他"一样,甚至比"他"更强。

就我们自己而言,"Ta 时代"或许是社会性别文化的一种转型,但是就旁观者的角度来说,我们不要恶意地伤害、嘲笑他人这种行为,更不要做出不道德的人身攻击。我们应该抱持着宽容谅解的心态来面对这种新现象。同时,我们也要正视这个现象,更要正视这个现象产生的社会因素。

作为一种新的社会现象而言,"伪娘"现象也冲击了对于中国传统男性阳刚形象的认知。很多专家都从家庭、社会心理角度去分析他们,认为他们有性别认知障碍。同时也有专家指出,"伪娘"迎合的是追求刺激的心理需求,但会对青少年产生不好影响,如果对其盲目崇拜并刻意模仿,就可能导致性别认同错位。"性别认同是指对自己是男是女的生理、心理和社会身份的认同和确定。"但是,如果从社会角度来说,我们对于男性的教育和社会整个环境也需要进行反思,不能光把这种现象归结于个人的心理问题。

» 见人脸红的潘亮:克服羞怯

潘亮是一名刚走上工作岗位的小伙子。尽管已经大学毕业参加了工作,但他对与其他人交往有一种恐惧感,见到人脸就红。尤其是陌生人,如果与他们在一起时,他便会感到一种莫名其妙的紧张,脸红得仿佛能够滴出血来。当他与别人并肩而坐的时候,总是想要看看别人,这种欲望很强,但又因为恐惧而不敢转过脸去看。如果有事必须与他人接触时,不论对方是男是女,潘亮一走近对方,便感到心慌、神情紧张、面部发热,不敢抬头正视对方。如果与陌生人坐在一起,相距两米左右时,他就开始感到焦虑不安、手心出汗,神情也极不自然。由于这一原因,他很害怕与别人接触,进而害怕到出去做业务,这影响了他的工作成绩和正常的生活，潘亮的内心感到非常痛苦。

大多数人都有过羞怯的现象。有统计表明，只有 5% 的成年人确信自己从未感到羞怯，大约 80% 的人认为自己在儿童和青少年时期感到过明显的羞怯。尽管有相当一部分人仍在某些场合感到羞怯，但大约一半的人长大之后能够基本摆脱这一问题。有 40% 的美国成年人仍然宣称自己羞怯，50% 的中国人也有类似的感觉。

在社交中，羞怯的症状表现为：从社会情境中退缩；囿于自我；生理和心理不适，退缩，过度关注自我，过度注意自己和他人的思维、情感和躯体反应；好像做错了事，别人都知道自己的过错，将自己暴露在大众面前；对将来充满恐惧，无比紧张、心跳加速、面红耳赤。羞怯者的心灵完全被脆弱无助、疑惧他人的评价所占据。

在以下情况和情境下，羞怯的表现会更加突出：与权威人士或身居要职者接触时，单独与一个有性吸引力的人在一起时，或当他们需要自己领头、带领一批人时，或者在希望表现自己时，当你因此感到愤怒或烦恼时，羞怯的症状会越来越严重。

现代社会，交际能力愈来愈显得重要，但相当一部分人有不同程度的羞怯心理，从而给交际带来了障碍。因此必须采取一些克服它的办法才行。通常需要进行某种松弛训练，如做深呼吸运动等，需要学会如何使自己镇静下来；需要接受一些社交训练，如练习同陌生人交谈。害羞者可以从非常具体的目标做起："某天我将向一个陌生人作自我介绍。"然后，就事先背诵或练习谈话内容，想好话题。

羞怯的人需要更实际地评价自己。如果他们注意一下其他人，就会发现自己并不是想象的那样糟。

从心理学的角度看，羞怯起因于许多事情，但通过一些方法我们可以克服羞怯。

（1）做一些克服羞怯的运动。例如，将两脚平稳地站立，然后轻轻地把脚跟提起，坚持几秒钟后放下，每次反复做 30 下，每天这样做两三次，可以消除心神不定的感觉。

做深长而有节奏的深呼吸。害羞使人呼吸急促，因此，要强迫自己做数次深长而有节奏的呼吸，这可以使一个人的紧张心情得以缓解，为建立自信心打下基础。

（2）改变你的身体语言。最简单的改变方法就是 SOFTEN——柔和身体语言，它往往能收到立竿见影的效果。其中，S 代表微笑；O 代表开放的姿势，即腿和手臂不要紧抱；F 表示身体稍向前倾；T 表示身体友好地与别人接触，如握手等；E表示眼睛和别人正面对视；N表示点头，显示你在倾听并理解。

（3）主动把你的不安告诉别人。诉说是一种释放，能让当事人心理上舒服一些，如果同时能获得他人的劝慰和帮助，当事人的信心和勇气也会随之大增。

（4）学会调侃。首先得培养乐观、开朗、合群的性格，注重语言技术训练和口头表达能力，还要去关注社会、洞察人生，做生活的有心人。

调侃对于害羞的人而言，是一味效果很不错的药剂。你的一句调侃的话，可能就会让生活充满情趣，让你自己也充满自信。

（5）讲究谈话的技巧。在连续讲话中不要担心中间会有停顿，因为停顿一会儿是谈话中的正常现象。在谈话中，当你感觉脸红时，不要试图用某种动作掩饰，这样反而会使你的脸更红，进一步增加你的羞怯心理。羞怯并不等于失败，这只是由于精神紧张，并非是不能应付社交活动。

» 为何一心不能二用：勿让注意太分散

为什么有的时候可以将两件甚至更多件事同时做，而有的时候却又不能了呢？

小的时候，我们经常被老师和家长教育"一心不能二用"，其实这种说法并不是没有道理的。举个最简单的例子，两只手同时各拿一支笔，左手在纸上画方，右手画圆，看看你能不能画出一个完美的四方形和圆形。很多人会发现，这很难做到。但是，有的时候，我们有些人也可以一边听音乐一边工作，而不会影响工作效率。

其实，这与人们注意的分配性有关。注意的分配是指人在进行两种或两种以上的活动时能把注意指向不同对象的现象。注意的分配之所以可能，从生理上来看，是因为大脑皮层上占主导地位的区域兴奋时，某些其他区域只有局部的抑制。因此，这些区域就能够控制一些同时进行的动作。如果动作是习惯的和自动化的，那么，当同它相应的大脑皮层区域处于局部抑制状态的时候，进行这些动作的可能性就大些。

注意的分配是有条件的。首先，同时进行几种活动之间的关系也很重要。如果它们之间毫无联系，则同时进行这些活动是很困难的；但如果在它们之间已经形成了某种反应系统，则同时进行这些活动就比较容易。其次，同时并进的两种活动，其中必须有一种是熟练的，这是注意分配的重要条件。人们对熟练的活动不需更多的注意，而把注意中心集中在比较生疏的活动上。如学生上课边听边记，因为对写字已经很熟练了，所以自然就把注意中心集中在听课上。

"一个人做事缺乏效率的一个根本原因，就在于没有固定的目标，他们的精力太过分散，以至于一无所成。"著名效率管理专家史蒂芬·柯维在分析了众多个人在工作上效率低下的案例之后得出了这样的结论。

所以，当我们陷入琐碎事物中时，一定要自我反省。问问自己：你现在的工作是否接近你最优先考虑的事情。如果不是，就终止它们，并着手重要的事项。

事实上，当一个人养成做事有"明确的主要目标"的习惯后，就会培养出能够迅速作决定的习惯，而这种习惯对他提高做事效率很有帮助。相反，那些同时有着很多目标、精力分散的人会很快耗尽他们的精力，随之而来的就是原先雄心壮志的消磨。

的确如此，许多在工作和生活中缺乏效率的人，就是因为目标过多，导致自己无法将精力集中在重要的事情上，如果他们能努力集中在一个目标上，就足以使他们获得巨大的潜在能量和把握住更高的成功概率，让自己变成现代的时间驾驭者，减少例行公事，并多参与困难的决策和计划。如此一来，人们就会增加自身价值和提升高效处理事件的能力。

任何复杂的工作都要求人们的注意分配，注意分配的能力主要是在实践活动中锻炼出来的。因此，注意的分配是因人而异的，同时也与他对活动的熟练度有关。我们在做一些重要的事情时，最好不要分散注意力，只有高度集中、稳定的注意，才能保证事情的顺利进行，并取得良好的效果。如果不善于分配注意的话，事情就不能做好，甚至还可能酿成事故。

» 人们对未完成的事念念不忘：蔡加尼克效应的中断力量

很多电视剧的忠实"粉丝"对节目中插播的广告甚为反感，但是，又不得不硬着头皮看完，因为广告插进来时剧情正发展到紧要处，实在不舍得换台，生怕错过了关键部分，于是只能忍着，一条、两条……直到看完第 N 条后长叹一口气："还没完呀？"

不得不承认，这广告的插播时间选得着实精妙。其实说穿了，都是广告商摸透了观众的心理，才能让我们欲罢不能。很多事情就是这样，不完成似乎就心有不甘。我们大可以回忆一下，记忆中最深刻的感情，是不是没有结局的那一桩？印象中最漂亮的衣服，是不是没有买下的那一件？最近心头飘着的，是不是那些等我们完成的任务？

那么，究竟是一种怎样的心理，让我们被牵着鼻子走呢？

这就如同遇到这样的情况：我们经常会在备忘录上记下重要的事情，但是到最后还是忘记了。因为我们以为记下来了就万事大吉，紧张的神经松弛下来，最后连备忘录都忘了看。在打电话之前，我们能清楚地记得想要拨打的电话号码，打完之后却怎么也想不起来刚才拨过的号码。

其实，这都是一种被称为"蔡加尼克效应"的心理现象在起作用。

　　1927 年，心理学家蔡加尼克做了一系列有关记忆的实验：他给参加实验的每个人布置了 15 ～ 22 个难易程度不同的任务，比如写一首自己喜欢的诗词、将一些不同颜色和形状的珠子按一定模式用线串起来、完成拼板、演算数学题，等等。完成这些任务所需的时间是大致相等的。其中一半的任务能顺利地完成，而另一半任务在进行的中途会被打断，要求被试者停下来去做其他的事情。在实验结束的时候，要求他们每个人回忆所做过的事情。结果十分有趣，在被回忆起来的任务中，有 68% 是被中止而未完成的任务，而已完成的任务只占 32%。这种对未完成工作的记忆优于对已完成工作的记忆的现象，被称为"蔡加尼克效应"。

　　由此可知，我们在做一件事情的时候，会在心里产生一个张力系统，这个系统往往使我们处于紧张的心理状态之中。当工作没有完成就被中断的时候，这种紧张状态仍然会维持一段时间，使得这个未完成的任务一直压在心头。而一旦这个任务完成了，那么这种紧张的状态就会得以松弛，原来做了的事情就容易被忘记。

　　蔡加尼克效应说明，当心理任务被迫中断时，人们就会对未完成的任务念念不忘，从而产生较高的渴求度。这就是人们常说的：越是得不到的东西，越觉得宝贵；而轻易就能得到的，就会弃之如敝屣。

　　这也为家长们提供了一条合理的建议，即不能让孩子的愿望过早地得到满足，因为他得到了可能就不会再珍惜了。所以，在进行教育的过程中，不能一股脑儿地将知识灌输给孩子，而应该分阶段地给孩子讲解，让他们有意犹未尽的感觉。家长在教育孩子的过程中，无论是教授知识还是讲述做人的道理，在讲到关键处不妨稍作停顿或者让孩子谈一下看法，这样孩子就会对知识或道理产生浓厚的兴趣，从而对这个关键点产生深刻的记忆。事实上，突出关键点的方法很多，可以重复强化，可以详细阐述等，而最有效的方法就是戛然而止不再讲解，这使孩子的求知欲受到阻碍，反而会让孩子产生迫不及待的求知心理，他的求知欲已经被激发，这时候的教育效果就会比较理想了。

» 受人关注就会表现很积极：霍桑效应

　　生活中，我们常常会遇到这样的情况：当某个成绩并不好的孩子，因为做了某件好事受到了老师的当众表扬，之后这个孩子就会找机会做更多的好事，甚至连一向不怎样的成绩也会得到提高。工作中，也有的员工在某次会议上领导对他所做的工作给予肯定和鼓励之后，他将变得更加努力工作。那么这到底是为什么呢？

　　要想真正弄明白这个现象，我们要从经济上的"霍桑效应"说起。它是指人们由于受到额外的关注而绩效或努力上升的情况。"霍桑效应"告诉我们，如果我们想要改变人们的行为，使其感受到他是受关注的，那么就会对其产生一种强大的激励作用，从而在行动上表现得更加积极。

1924年11月，美国国家研究委员会组织了以哈佛大学心理专家梅奥为首的研究小组进驻西屋电气公司的霍桑工厂，他们原想通过改善工作条件与环境等外在因素，找到提高劳动生产率的途径。他们选出继电器车间的6名女工作为观察对象。在7个阶段的实验中，他们不断改变照明、工资、休息时间、午餐、环境等因素，希望找到这些因素和生产率的关系。然而，不管外在因素怎么改变，员工的工作积极性并没有受到影响，实验组的生产效率一直在上升。

这样的结果令人很困惑。经过长期的实验和研究，专家们发现：真正促使她们改变行为、积极努力工作的原因是被试者觉得自己受到了特别的关注。在实验中，当那6个女工被抽出来成为一组的时候，她们意识到自己是特殊的群体，是实验的对象，是这些专家一直关心的对象。正是这种受注意的感觉使得她们加倍努力地工作，以证明自己是优秀的，是值得关注的。至此，专家意识到：人的行为不仅仅受到外在因素的刺激，更会受到自身主观上的激励。此后，人们把它称为"霍桑效应"。

人们往往无法全面、客观地认识自己，尤其是在失意彷徨的时候，很容易灰心失望，陷入心理的低潮。这时，旁观者额外的关注，尤其是来自长者、权威、专家的劝慰和激励，是一种对心灵的抚慰，会对其的工作绩效、心理健康等产生巨大的影响。

所以，如果你想改变一个人，就应给予充分、积极的关注，让他感觉到自己的行为是被人期待的。很多时候，一个微笑、一个眼神、拍拍肩膀，可能远比物质上的支持与奖励更能够鼓舞人。

在必要的时候，甚至可以运用善意的谎言来强化这一效果。例如，告诉对方："上级曾私下里表示很欣赏你，认为你很有前途……""领导之所以把这么艰巨的任务交给你，就是觉得你有这个能力，相信你一定可以做好"。这样的语言可能会激发对方的积极性，使其奋发向上。当然，要说得恰到好处，过于夸大容易使其骄傲自满，反而产生消极的影响。

另外，我们也可以进行自我暗示，你认为自己是什么样的人，你就能成为什么样的人。当我们对自己多进行积极的自我暗示时，你就可能变颓废为振作，从而在工作中作出成绩，让领导对你刮目相看。

» 细微动作反映内在心理：性格与常有动作的联系

世间万物都有其生存及活动规律可循，从一些细微的动作中可以看出一个人的性格概况，这是长期观察的结果。我们可以利用这样的理论来选择交往怎样的人，同时，还可以选择与之交往的相应方法。在这种初步了解上加深对对方的认知。在人与事之间，我们也可以有一个更好的协调方式，让我们的交流想法和沟通策略得以顺利进行。

在平常生活中，人们经常看到摇头或点头，以示自己对某件事情意见的否定或肯定，但如果你看到一个人经常摇头晃脑的，你或许会猜测他是不是得了"摇头病"，就是神经不正常。我们撇开这种看法而从另一个角度来看，这种人大多特别自信，以至于经常唯我独尊。他也会请你帮他办事情，但很多时候你办得再好他都不怎么满意，因为他有自己的一套，他只是想从你做事的过程中获取某种启示而已。

这种人在社交场合很善于表现自己，却时常遭到别人的厌恶，但其对事业一往无前的精神倒是被很多人欣赏。

拍打头部这个动作多数时候是在表示懊悔和自我谴责，他肯定没把你上次交代的事情放在心上，如果你正在问他"我的事情你办了没有"，见他有这个动作的话，你不用再问，也不用他回答了。如果你的朋友中有人常有这样的动作，而他拍打的部位又是脑后部，那么表示这种人不太注重感情，而且对人苛刻。他选择你作为他的朋友，很大程度上是因为你某个方面可以被他利用。时常拍打前额的人一般都是心直口快的人，他为人坦率、真诚、富有同情心。在耍心眼方面，你教都教不会他，因此如果你想从某人那儿知道什么秘密的话，这种人是最好的人选。不过这并不表示他是一个不值得信赖的朋友，相反，他很愿意为他人帮忙，替他人着想。

喜欢沿着角落走的人，大多属于潜意识自卑型。他们参加各种会议或聚会时，总是找个最偏僻的角落坐下，不过要排除那种昨天通宵达旦，今天想找一个不易被人发现的角落打瞌睡的人。喜欢沿着角落走的人性格大都有比较怪异的一面。如果说他无能，他绝对会做一件事给你看；如果说他行，他却非常谦虚；大家都说某件事情不能做，他偏要去试试。这类人最不习惯的是让他拜访年轻女性，他要站在门前很久，鼓足勇气后才敢敲门。调动这种人工作积极性的唯一办法就是表扬他们，让他们感觉到自己还是有很多长处和优点的。

通常，这类人口头表达能力不强，尽管很多人非常聪明。但他们的书面表达（也就是写作能力）相当不错，写情书当然很在行。可惜他们的情书虽然写得很多，却大都压在枕头下面。

这种人如果对你有什么得罪的话，请记住，他多半不是有意的。当然，他也有很多方面值得你去交往和了解，譬如，对事业的执著和开拓等，尤其是他对新生事物的学习精神，你不得不从心底真心佩服他。

有一种人总是喜欢"笑"，与这种人交谈会使你觉得非常轻松和快乐，他们不管自己或他人的讲话是否值得笑，有时候连话都还没讲完就笑起来了。他们也并非不在意与别人的交谈，只能说这种人"笑神经"特别发达。他们大都性格开朗，对生活要求不太苛刻，属于知足常乐的人，而且特别富有人情味，无论走在什么地方，他们总会有极好的人缘。这对他们开拓自己的事业本来是极好的条件，可惜这类人大多喜欢平静的生活，缺乏一种乐观向上的精神，否则这个世界很多东西都该是属于他们的了。

没有人会对别人眼里的自己毫不在意，因此，如果你想塑造某种形象、传递一种信息，就要注意这些小动作，一旦发出错误的信息，也许就会造成他人的误会。

边说话边打手势的人，只要一动嘴，一定会有一个手部动作，摊双手、摆动手、相互拍打掌心，等等，好像是对他们说话内容的强调。他们做事果断、自信心强，习惯于在任何场合都把自己塑造成一个领导型人物，很具有男子汉的气概，性格大都属于外向型。这类人去演讲一定会极尽煽动人心之能事，他们良好的口才时常让你不信也得信。

他们与异性在一起时表现得尤其兴奋，总是急于向人显示出他护花使者的身份。这类人对朋友相当坦诚，但他们不轻易把别人当做自己的知己。踏实肯干的性格使他们的事业大都小有成就。

抹嘴、捏鼻子这种动作略嫌不雅观，不过还没到伤大雅的地步。习惯于抹嘴或捏鼻子的人，大都喜欢捉弄别人，却又不属于敢作敢当的人。他们的唯一爱好是哗众取宠，眼见你气得咬牙切齿，他们却在那儿高兴得手舞足蹈，从这方面来讲，不妨认为他们有点过分。

这种人最终是被人支配的人，别人要他做什么，他就可能做什么。如果他们进百货店或者商场，售货员最喜欢的就是这种人。也许他们根本什么都不准备买，但只要有人说"先生，这件可以"，他们就会买下。

每个人的举手投足都反映了其心态和性格，所以，可以通过一个人的一举一动看透其内心。

» 瞬间"吓傻了"：人类的冻结反应

我们常常可以遇到这样的场景：当一辆车驶向我们时，按照常理来说，我们是应该下意识地拔腿就跑，毕竟，趋利避害是人类的本能。但是，在现实生活中，遇到这样的情况，更多的人可能会僵立在原地而无法动弹，用俗语说就是"吓傻了！"

在我们面对许多事情的时候，比如威胁或其他危险，不是战斗就是退缩，这是普通情况下选择的态度。可是，它只说对了三分之二，还有一部分没亮相呢。

现实生活中，动物，包括人类，会依照下列顺序——冻结、逃跑、战斗来应对各种苦恼和威胁。

由此可知，冻结其实是比较容易流露出来的状态。边缘系统使用的第一种防御战略就是冻结反应。移动会引起注意，一旦感到威胁时立刻保持静止状态，这是边缘系统为人类提供的最有效的救命方法。

哥伦布中学和弗吉尼亚理工大学发生了两起校园枪击案，就有学生使用这种冻结反应来对付丧心病狂的杀手。很多学生虽然仅与凶手相隔几英尺，但是他们通过保持静止和装死逃过了一劫。

在生活中，这种冻结反应常常是善意的。比如，一个人出门的时候可能忘了锁门，当他匆匆地走在街上的时候，然后就突然停住，脑子里可能会有一瞬间的念头闪现，最后呈现恍然大悟状后回去锁门去了。

其实，不管人类面对的威胁是来自一辆急速的汽车，还是突发的暴行，或者突然想起的事情，那一瞬间的停止足够让大脑作出快速的评定了。而在现代社会，冻结反应已经被人们巧妙地应用在了日常生活中。

有一家人正在看电视、吃冰激凌，天色已经逐渐暗了下来，平时，这家人居住的地方很少人来拜访，忽然，门铃响了。就在铃声响起的同时，无论是吃着西瓜的小弟弟，还是看着电视的妈妈和姐姐，还是正在翻找东西的爸爸，都停了下来，一齐看向了门口。就在那一刻，所有人都"在瞬间冻结了"。

我们为什么会有这样"瞬间冻结"的举动呢？

原始人类横跨了非洲大草原。那个时候，他们面临着很多猎食者的威胁，这些动物跑得比他们快，力气也比他们大。然而，他们最终生存了下来，就是因为大脑的边缘系统，它们为人类远祖找出了弥补力量不足的方法。很多动物——尤其是大多数食肉动物——对移动非常敏感。因此，这种应对危险的冻结反应真的很有效。

在现实生活中，还有一些反应也可以称之为冻结反应。

当我们在面对可能对自己来说十分重要、危机、紧张等场面的时候，我们就有可能屏住呼吸或只做浅呼吸。这是一种非常古老的应对威胁的方式，这可以放缓我们的气息和运动。这是下意识应对危机的反应。比如，当某人向一个喜欢已久的人求婚，当问道"你愿意嫁给我吗"的时候，他就有可能逐渐地屏住呼吸，等待对方的回答，直到得到理想的答案后才心满意足地恢复正常呼吸。

同时，还有一种冻结反应就是减少曝光率。我们在商场的监控录像中发现了一个比较突出的问题，小偷们通常会弓背弯腰，尽量隐藏自己。其实，这样的举动让他们更显眼，因为大多数人在商店里会很活跃，他们向上挺的动作多于向下弯的动作。通常，人们还会通过限制自己头部的曝光率来达到隐藏自己的目的，如竖起衣领和低下头，这被称做"海龟效应"。

» 清一色男性的宇宙飞船：异性效应促效率

美国科学家曾发现一个有趣的现象，在太空飞行中，60.6%的宇航员会出现头痛、失眠、恶心、情绪低落等症状。

经心理学家分析，这是因为宇宙飞船上都是清一色的男性。之后，有关部门采纳了心理学家的建议，在执行太空任务时挑选一位女性加入，结果，宇航员先前的不适症状消失了，还大大提高了工作效率。

我们都知道，人们一般对异性更加有兴趣，特别是对外表漂亮、谈吐得体的异性更容易产生好感。在日常生活中，可以看到女营业员接待男顾客要比接待女顾客热情些。

心理学教授分析，和女同事一起工作，会让男性觉得格外赏心悦目。国外心理学研究揭开了这一现象背后的原因：男性比女性更喜欢通过视觉获得异性的信息，容貌、发型等外部特征都能引起他们的兴趣，对他们的感官造成冲击，从而引起心理上的愉悦与兴奋。

此外，男性的表现欲和征服欲往往比女性强，潜意识里希望得到异性的赞美和欣赏。一旦得到女同事的赞赏，男人们的心理体验将得到极大满足，心理上的成就感冲淡了工作带来的劳累和压力，所以感觉不到累。

其实我们每个人都会有这样的亲身体验：和会让人产生好感的异性在一起工作总是会感到轻松愉快，不知疲倦。这种体验符合心理学上的一个定律——异性定律，即人与人之间同性相斥、异性相吸的现象。

除了心理和精神方面的因素以外，研究人员还提出了另外一种解释——"男女搭配，干活不累"的理由。科学家发现，人体向外释放的外激素非常容易被周围的异性接收到，并对他们的行为产生影响。外激素是通过分布在人或动物皮肤或外部器官上的腺体向外释放的激素。这种激素一般都有明显的气味，而这种气味又非常容易被周围的异性接收到。

在宇航员、野外考察人员或男性工种较单一的职业中，时间长了，其工作人员会产生一种莫名其妙的头晕、恶心和浑身不适感。这种状况用药物治疗往往无效，但在与异性接触后，就会很快得到缓解。原来，这种"病症"是性比例严重失调、异性气体极度匮乏的结果。所以，目前一些国家在派往南极的考察队员中，往往有意识地安排一些女性介入，是有其良苦用心的。

首先，我们可以利用异性之间的约束力增强推动力。因为人总是想在异性面前表现自己最好的形象，得到异性青睐就可能会成为我们的一种动力。这样男女在一起，就容易激发出自己最好的表现，各显其能，发挥出最大的能力，同时也可以用这种内在的心理约束力来规范自己的言行。

然后，当我们和异性在共同完成某件事的时候，要做到取长补短，完善个性。

男性一般性格开朗、勇敢刚强、果断机智，不拘泥于小节，不计较得失，行为主动。而女性往往文静怯懦、优柔寡断、感情细腻丰富、举止文雅、灵活、委婉，性格比较被动。这样，男女在一起，才能够进行优势互补，同时容易发现自己的缺点，并完善自己。

在一个群体中有男有女，和单独一种性别的群体有一些微妙的差别。无论男性或女性，长时间从事某一单调工作时，会感到寂寞、疲劳、工作效率低下等。而增添了异性后，这种情况马上会得到缓解，时间也感觉过得很快，工作也感到轻松多了，而且效率特别高。办公室里能对异性定律进行合理地利用，可以让许多事情达到事半功倍的效果。

不过，"异性定律"也不能滥用，而我们在与异性交往的时候要掌握好一定的"度"，在这个"度"之内，异性定律会给我们带来诸多好处，而一旦超过了这个"度"，就得不偿失了。

第二章

被自己名字惊醒的孟奇：鸡尾酒会效应

心理学上有一个"鸡尾酒会效应"，说的是在声音嘈杂的鸡尾酒会上，当某人的注意力集中在欣赏音乐或某个人的谈话时，就会对周围的嘈杂声音充耳不闻。若此时在另一处有人提到他的名字的话，他会立即有所反应，朝说话人望去或是注意说话人下面说的话等。这种现象说明，当人的听觉注意集中于某一事物时，意识就会将一些我们认为的无关紧要的声音刺激排除在外，仿佛给耳朵装上了过滤器。而此时，无意识却还在监察着外界的刺激，一旦一些特殊的刺激与己有关，就能立即引起注意。"鸡尾酒会效应"所反映的是一种"听觉注意"的现象。

其实，在我们的生活中，大多数人恐怕都有过这样的经历，但是，我们是否有注意到其中一个十分奇怪的现象：明明我们打盹的时候，大脑已经混混沌沌的，我们自己有可能连别人在说什么都不知道了，但是一听到自己的名字，我们却能够做出十分迅速的反应。

孟奇总是在上课时打瞌睡，老师在讲台上滔滔不绝、绵绵不断，他就在下面昏昏欲睡、摇摇欲倒，这时，老师狮吼一震，猛地大喊："孟奇，你在干什么！"他一个激灵就站起来，动作之神速令人"叹为观止"，仿若刚才打盹的人不是他。

这种我们对自己名字的敏感度应该作何解释呢？

因为名字是跟随我们一生的"伴侣"，所以，我们总是对自己的名字很敏感。哪怕是在很不利于我们倾听的环境下，只要有人提起了我们的名字，我们似乎总是能"蓦然回首"，发现"灯火阑珊处"提到我们名字的人。

"注意"是心理活动对一定对象的指向和集中，也就是我们意识上的指向性与集中性。注意的指向性是指我们在每一个瞬间心理活动或意识选择了某个对象，而忽略了另一些对象。同时，当我们的心理活动或意识指向某个对象的时候，它们会在这个对象上集中起来，即全神贯注起来，这就是注意的集中性。注意的集中性是指心理活动或意识在一定方向上活动的强度或紧张度。心理活动或意识的强度越大，紧张度越高，注意力也就越集中。

所以，我们在高度集中自己的注意力时，注意指向的范围就会缩小。这时，我们就会对自己周围的一切"视而不见，充耳不闻"了。

那么，如果想培养自己的专注力，我们应该怎么做呢？

首先，要保持心态的平和。当我们心情烦躁时很容易分散我们的注意力。要想心态平和，我们最好先做一下深呼吸，然后用自己可以接受的方式来调整自己的情绪，比如，慢走几分钟、听一下音乐、看一会儿窗外风景等。

其次，训练自己排除干扰的能力。比如在嘈杂的地方做一件事情。一开始可能很难，但是我们必须坚持把事情完成。那么，首次成功后，我们就可以逐渐加强事情的难度和环境的恶劣度。这种方法只要坚持下来，对专注力的培养是大有裨益的。

再者，最好做到一次只做一件事情。这样的话，我们就可以将自己的精力做到最大限度地集中，也才能将自己的感官全部调动起来。

最后，周期性地清理自己的大脑。现实生活中，我们也知道收拾书桌是为了视野的清洁整齐，这样，我们要处理事物也就方便许多。同样的道理，如果我们周期性地清理一下自己大脑，对所学、所知、所见、所感都有一个记录或者梳理，那么，当我们要从大脑中提取信息时，就不会因为混乱的信息而无法集中精神了。

由此，我们可以知道，常常抱怨自己精神散漫、缺乏注意力的人，其实只要他们自己愿意，是可以把精力集中起来的。也就是说，不是我们自己做事不能专注，而是我们自己没有尽力去集中意念和精神。而只要我们能够做到集中注意，专注精神，那么，我们就能发掘自己的潜力，释放自己的能量。美国心理学家盖里·斯莫尔博士也曾经提到过，人们在工作上的差异，很多时候不仅仅是简单的智力问题，很大程度上是体现在注意力集中的状态上，所以，效率可以说是专注的产物。

» 为什么人们对失比得更敏感："参照依赖"心理的非理性感受

得与失都是比较出来的，即使拥有同样的东西，一旦在比较中觉得比别人差，便怅然若失，而若是比起别人更有优势，则会为所拥有的感到兴奋。所以，农村里的"万元户"通常比城镇里的"百万元户"更容易拥有幸福感。

小张今年收入20万元，小学同学聚会的时候，聊起收入，他很兴奋，因为在那个圈子里他属于高收入者，很有优越感。但如果是大学同学聚会，他则不乐意谈起收入，甚至会为此失落，因为在那个精英云集的朋友圈里，高收入者比比皆是，他甚至还有很多不如人之处。

不难看到，所谓的损失和获得，一定是相对于参照点而言的。卡尼曼称为"参照依赖"。不同于传统经济学的偏好理论假设——人的选择与参照点无关，行为经济学则证实，人们的偏好会受到单独评判、联合评判、交替对比及语意效应等因素的影响。

"参照依赖"是前景理论四个原理之一。前景理论四原理包括：第一，确定效应，处于收益状态时，多数人是风险厌恶者；第二，反射效应，处于损失状态时，多数人是风险喜好者；第三，损失规避，多数人对损失比对收益更敏感；第四，参照依赖，多数人对得失的判断往往由参照点决定。

根据"参照依赖"原理，一般人对一个决策结果的评价，是通过计算该结果相对于某一参照点的变化而完成的。人们看的不是最终的结果，而是看最终结果与参照点之间的差额。一样东西可以说成是"得"，也可以说成是"失"，这取决于参照点的不同。

前景理论最重要也最有用的发现之一是：当我们做有关收益和有关损失的决策时表现出的不对称性。对此，就连传统经济学的坚定捍卫者——保罗·萨缪尔森也不得不承认："增加 100 元收入所带来的效用，小于失去 100 元所带来的效用。"

假设有这样一个游戏，投一枚硬币，正面为赢，反面为输。如果赢了可以获得 50000 元，输了失去 50000 元。请问你是否愿意赌一把？请作出你的选择。

A. 愿意

B. 不愿意

从整体上来说，这个赌局输赢的可能性相同，就是说这个游戏的结果期望值为零，是绝对公平的赌局。你会选择参与这个赌局吗？但大量类似实验的结果证明，多数人不愿意玩这个游戏。为什么人们会作出这样的选择呢？

根据参照依赖原理，人们对损失要比对相同数量的收益敏感得多，因此即使股票账户有涨有跌，人们也会更加频繁地为每日的损失而痛苦，最终将股票抛掉。一般人因为这种损失规避，会放弃本可以获利的投资。

这其实也可以用前景理论的第三个原理即损失规避来解释：大多数人对损失和获得的敏感程度不对称，面对损失的痛苦感要大大超过面对获得的快乐感。虽然出现正反面的概率是相同的，但是人们对"失"比对"得"敏感。想到可能会输掉 50000 元，这种不舒服的程度超过了想到有同样可能赢来 50000 元的快乐。

可见，非理性的得失感受对我们的决策产生的影响不能小视。

» "液体的钻石"：嗅觉调动态度

香水不但会使我们的打扮更趋完美，也会使嗅到的人享受一种瑰丽的气氛。香水调配师就曾经将香水称为"液体的钻石"。而在被称为"香水国度"的法国，女性认为与其被男性称赞说"你的穿着十分得体，很漂亮"，还不如被称赞"你的香水多么适合你，你太有魅力了"。

一次法国的一位很有名的服装设计师让模特儿在一个比较高的天桥上表演他的服装秀。为了引起人们的注意，他特地嘱咐模特儿不要把香水洒在颈部和上身，而是喷在腿上，结果，这场秀的反映十分好。原来，当模特儿身着精美服饰翩然而至时，空气中顿时飘散着一股诱人的香味，不禁让观众心旷神怡，连带时装在他们的眼中也更加出众。后来，有位观众风趣地将这场时装秀称为时装"嗅"。

我们的服饰妆容都是看得见、摸得着的，从形象塑造的角度来说，只有香水是无形地萦绕在我们周围，昭示着我们的品位，如果少了香水，总觉得缺少那么一点引人入胜的情趣。许多人以香水为名片，一般选择一种最能表达自己个性特征的香水，来展现其独特的魅力。同时，香水的使用还能营造一种积极的氛围。

那么，有人或许会有疑问，为什么香水会有这么大的魅力呢？

香水与我们之间一直存在着紧密而微妙的关系。一个人形象的优雅、性感、浪漫、恬静、柔情、洒脱、活泼等，其实都可以借着曼妙的香气暗暗传送，展现着独特的个性宣言。香水往往容易透过嗅觉调整我们活跃的想象力。当我们闭着眼睛的时候，或许什么都看不见，但我们可以通过嗅觉去感知脑海中常常浮现出的比睁大眼睛"见"得更多的形象，因为我们可以"看见"对方，而能"看见的"似乎不止是外貌，甚至还有更深层次的属性。

大家都知道，嗅觉存在于人的感觉之中，而不同的味道会引发出人类不同的情绪。烧焦食物的味道会抑制我们的食欲，烟味会让我们马上警惕起来，腐烂的味道会让我们心生厌恶，而香水则会让人产生愉悦。美国嗅觉、味觉治疗研究基地的创办人艾伦·赫希博士曾撰文说："有证据表明，气味能够影响人们对你的看法。"嗅觉在动物系统中能够起到调节情绪、情感的功能。也正是因为嗅觉的这种情绪效应，所以，有许多人都追求嗅觉上的享受。而香水，对我们本身来说，就成了调动他人对自己态度的重要手段之一。

香水既然如此有魅力，我们应该如何正确地使用它呢？

首先，随着时代进步、人们审美情趣的提高，男士用香水也越来越被人们所接受。男士在刮完胡子后，可以根据自己的喜好选择使用一些男士香水。

其次，使用不要过量，避免产生适得其反的效果。

香水要喷洒或涂抹在适当的地方。一般洒在耳朵后面或是手腕的脉搏上。另外手臂内侧和膝盖内侧也是合适的部位。除了直接涂于皮肤，也还可以喷在衣服上，一般多喷在内衣和外衣内侧、裙下摆以及衣领后面。而面部、腋下的汗腺、易被太阳晒到的暴露部位、易过敏的皮肤部位以及有伤口甚至发炎的部位，都不适合涂香水。

若想保持香味持久，不妨搽在丝袜上。当我们希望香味持久，又希望香气由下而上散发缭绕，搽在大腿内侧、脚踝内侧、膝盖内侧以及长筒袜上是很好的方法。

最后，使用香水时要注意一个浓度问题，欧洲人和中东人用的香水会比较浓。我们没有必要效仿西方，另外还应选择喜欢并适合自己的香水。香水是无形的装饰品，没有比香水能更快、更有效地改变一个人的形象的了。

在工作时，应用清新淡雅的香水，这样才不会给人以唐突的感觉。在运动旅游场合，就应用各品牌中标有"运动"字样的运动香水。在私下亲密的时刻，当然可以用浓烈诱人的古典幽香了。在白天和冬季由于湿度低，香水应相应增加浓度。

就好像电影《闻香识女人》中，那位盲人上校从一个女孩用的香水中判断出她的家世、性格喜好……但是，并非只有电影里才会有这么神奇的事，在现实生活中，人们对气味的敏感程度以及香味对人的影响力，可能远远超乎我们的想象。

» 多吃辣椒减肥不成反伤身：味觉与情绪

许多人都爱吃辣椒，不仅是因为它给人带来味觉上的巨大刺激，那种大汗淋淋、畅快之极的体验是其他味觉所无法带来的。

张倩倩因为春节饮食失控，体重加重了10斤，她悔恨之余急于想把赘肉减掉。后来，她听说日本正流行辣椒减肥法，于是，本来就爱吃辣椒的她，为了达到瘦身的效果，每顿饭里必有辣椒。虽然吃饭时她被辣得直吸气，但是，她为脂肪的燃烧而窃喜。

然而，一个星期后，不仅她的体重没有下降，而且她的脸上还忽然多出了许多的疙瘩，还长了口腔溃疡。身体上的打击一再袭向她，让她的心情十分糟糕，甚至在工作的时候也总是处于莫名的烦躁中。

我们对饮食总是有特定的口味和习惯。有人爱吃甜，有人爱吃酸，还有人爱吃苦味的东西。但是，很多人在食物的面前，往往抛却了理智，因为爱吃，所以多吃，从而对自己的身体造成了不良影响。从案例中看来，辣椒减肥不仅没有为张倩倩带去身体上的改善，甚至还搞了"破坏"。

可见，不健康的饮食习惯将给我们带来多大的弊端，将对我们的身体带来多大的负面影响。虽然在饮食口味上我们不反对各有喜好，但是，什么东西都要适当，过分不益的饮食习惯，很有可能会给我们带来负担。所以，无论怎样喜好辣椒，食用过甚，终归是不太好的。美国的《巴尔的摩太阳报》指出，吃多辛辣食品，不仅容易得胃炎和胃溃疡，同时，还可能产生口臭和失眠，甚至有时还会引起味觉麻痹。同时，受到辣味持续"攻击"的人，有可能会因为上升的体温从而产生一种燥热感，而这种燥热感可能会给我们带来负面情绪，比如乱发脾气、无由来的心烦等。

所以，我们要想控制不良情绪，保持健康的精神心理状态，除了要加强学习，注意修养，维持和谐、良好的人际关系外，改善自己的饮食也是一种调整低落情绪的有效方式。让有益身心的食物帮助我们转换情绪，消除心理障碍。

我们要在平时的生活中养成正确、健康的饮食习惯。当然，现在我们所定义的健康饮食，不光是让身体能够充分吸收到营养，还能让我们的身体有积极的反应。这种积极反应具体体现到我们个人身上，就表现为一种情绪上的愉悦感——暂时缓解我们的不良情绪，适当降低我们的心理压力。

当我们心理压力过重、情绪欠佳之时，体内所消耗的维生素 C 会比平时多 8 倍。此时不妨多食些富含维生素 C 的新鲜水果和蔬菜，或者服用适量的维生素 C 片，这样会有助于消除精神障碍，使心情得以好转。

德国营养学家福尔克·帕德尔教授研究发现，新鲜香蕉中含有能够帮助大脑产生"5—羟色胺"的物质。这种物质类似化学"信使"，能将信号传送到大脑的神经末梢，使人的心情变得安宁、快活。倘若我们遇到难题，思虑过度或紧张不安，甚至严重失眠的话，不妨在睡觉前吃点香蕉，喝点脱脂牛奶或加蜂蜜的麦粥，这些香甜可口的食物会帮助我们顺利入眠，且能让我们睡得更安稳。

有位美国科学家发现，含糖量高的食物对忧郁、紧张和易怒行为有缓解作用，这可能与体内血管收缩素"5—羟色胺"有关。当人食入碳水化合物之后，这种血管收缩素便会在大脑中不断增加，使人的精神状况越佳。

此外，富含 B 族维生素的食物，如粗面粉制品、谷物颗粒、酿啤酒的酵母、动物肝脏及水果等，对治疗心情不佳、沮丧、抑郁症亦有明显的效果，特别是 B 族维生素类有一种烟酸，更能减轻焦虑、疲倦、失眠及头痛症状。

» 女律师失败的变声手术：声音是对自身形象的期待

声音和我们的情感、内在有很密切的联系，有的时候，声音的改变甚至会影响到我们的个性、经历、职业等。精神分析师穆萨·纳巴蒂说："人跟自己声音的关系是一种想象关系，这中间有他对自身形象的一种期待。因为通过声音这个沟通工具，表达出来的是人内心深处的状态。"

法国声音整形权威让·阿比特波曾讲述过自己的一段亲身经历。

一个年轻的刑事诉讼女律师来找她。这个女律师的事业十分成功，在其职业生涯中鲜有败诉，这也是她引以为傲的事情。她的声音十分低沉浑厚，有时候通电话还会被误以为是男性，她本来不以为意，但是她的男友却十分不喜欢，于是她想做个声音整形。

在经过了一系列检查后，让·阿比特波发现她的声带没有问题，同时，她认为对方的声音和她的性格正相配，如果强行改变声音有可能会影响她的性格，于是她拒绝给女律师做手术。

近一年后，一个声音清亮、悦耳的年轻女人来找她，竟然就是那个女律师！看来对方已经做过手术了。然而，让·阿比特波认为，从技术层面来说，手术十分成功，因此也让她的外形有了迷人的改观。但从心理和生活层面来说，这或许并不是一件好事。

果然，之后女律师悔恨地告诉她，因为做了手术，自己再也不能发出像以前那样有冲击力的声音了，正因为自己现在细软的声线，让她看上去很没有激情，从而输了好多案子。她觉得很害怕，她快要认不出自己来了，声音不像了，样子也不像了，她觉得自己因为声音都快要患上精神分裂症了。

这段经历，让我们认识了声音对于我们的重要性。

声音可以表现一个人的内心活动、性格、人品等。故而，当我们在与人进行交流时，若从脸部表情、动作、言辞等方面无法掌握交流对象的心态，我们就可以从声音去揣摩对方的性格特征、情绪变化等。这样，声音也就成了我们的一种人际掌控术。

1. 温和沉稳的声音

音质柔和声调低的女性多属于内向性格，她们随时顾及周围的情况而控制自己的感情，同时也渴望表达自己的观念，因而应尽量让其抒发感情。这种人富有同情心，不会坐视受困者于不顾，属于慢条斯理型。一天中，上午往往有气无力、下午变得活泼也是其特征之一。

男性有着温和沉着声音者乍看上去显得老实，其实有其顽固的一面，他们往往固执己见绝不妥协，不会讨好别人，也绝不受别人意见影响。作为会谈的对象，这种人刚开始难以交往，但他们却是忠实牢靠的人。

2. 带鼻音而黏腻的声音

女性发出带点鼻音而黏腻的声音通常是非常渴望受到大众喜爱的人，这种人往往心浮气躁，有时由于过多希望引起别人好感反而招人厌恶。

男性若发出这样的声音，多半是独生子或在百般呵护下长大的孩子。这种人独处时感到特别寂寞，碰到必须自己判定事物时会感到迷惘而不知所措。他们对待女性非常含蓄，绝不会主动发起攻势。若是一对一地和女性谈话时会特别紧张，因此这种人在别人眼中显得优柔寡断。

3. 沙哑的声音

女性发出沙哑声往往较具个性，即使外表显得柔弱也具有强烈的性格，虽然她们对待任何人都亲切有礼，却不会轻易表露自己的真心，令人有难以捉摸之感。她们虽然可能与同性间意见不合，甚至受人排挤，却容易获得异性的欢迎。她们对服装的品位很高，也往往具有音乐、绘画的才能。面对这种类型的人，必须注意不要强迫灌输自己的观念。

男性带有沙哑声者，往往是耐力十足又富有行动力的人，即使一般人裹足不前的事，他也会铆足劲往前冲。他们的缺点是容易自以为是，而对一些看似不重要的事掉以轻心。

具有这种声质者，会凭着个人的力量拓展势力，在公司团体里率先领头引导他人，越失败越会燃起斗志，全力以赴。

4. 高亢尖锐的声音

发出这种声音的女性情绪起伏不定，对人的好恶感也非常明显。这种人一旦执著于某一件事，往往顾不得其他。不过，一般情况下也会因一点儿小事而伤感情或勃然大怒。

声音高亢者一般较神经质，富有创意与幻想力，美感极佳，不服输，讨厌向人低头，说起话来滔滔不绝，常向他人灌输己见。面对这种人不要给予反驳，表现谦虚的态度即可使其深感满足。

男性中发出高亢尖锐声音者往往个性狂热，容易兴奋，也容易疲倦。这种人对女性会一见钟情或贸然地表白自己的心意，往往会使对方大吃一惊。声音高亢的男性从年轻时代开始即擅长发挥个性而掌握成功之运。

5. 粗而沉的声音

发出沉重的、有如自腹腔而发出声音的人，不论男女都具有乐善好施、喜爱当领导者的性格。喜好四处活动而不愿静候家中，随着年纪的增长，体形可能也会变得肥胖。

女性有这种声音者在同性中人缘较好，容易受到别人的信赖，成为大家讨教主意的对象，这种人是最好相处的。

男性有这种声音者通常会开拓政治家或实业家的生涯。不过，其感情脆弱又富有强烈正义感，争吵或毅然决然的举止会使其日后懊悔不已。这种人还容易比较干脆地购买高价商品。

这种类型的人，不论男女均交友广泛，能和各种类型的人来往。

» 抚摩胎教有用吗：人类渴望肌肤触摸

当我们伤心难过时，我们的亲朋好友会怎样安慰我们呢？拥抱、抚背、拍肩……这些都是抚摸的一种形式。但是奇怪的是，我们似乎在亲密之人的抚摸下会逐渐地平静、镇定下来。

我们都不喜欢和陌生人发生肢体接触，就像在拥挤环境中，陌生人的碰触会让我们反感。这是为什么呢？

田辉和路遥结婚已经一年了，今年他们很高兴地做了准爸爸和准妈妈。宝宝4个月时，路遥就说要开始进行胎教，于是，她从自己的死党那儿打听到了一个很有趣的胎教方法——抚摩胎教。听死党说，这种方法通过轻轻抚摩孕妇的腹部，以引起腹中胎儿在触觉上的刺激，用这种"触觉接触"来促进胎儿大脑和感觉神经的发育。

不过，路遥怀疑，这种隔着腹壁的抚摩真会有效果吗？

后来，她和丈夫田辉去咨询了相关医生，医生告诉他们，这种方法的确有效。同时，还给他们解释了这种方法的原理："胎儿在长成后，大多数细胞已经具备了接受信息的初步能力，他们也可以通过抚摩一类的触觉，感知自身体外的刺激，而且，随着他们在母体内的成长发育，他们会变得越来越敏感。而且，还有心理学家也证实过，这样的触摸，可以给胎儿带来一种安全感和愉悦感。"

原来，在我们的本能中，有一项是对触摸的渴望以及积极反应。科学研究表明，所有的温血动物都有被触摸的渴望。如果这种渴望被剥夺，就有可能会逐渐变得丧失欲望，导致生长迟缓以及智力低下，更有可能会产生不正常的行为方式。

科学认证，不仅是胎儿，其实所有人对抚摸都有一种天生的渴望。我们知道，人的亲密程度和相处的距离有一定关联。彼此关系密切，所隔的距离就越近。可以说，这是我们确认关系的一个小方法。当我们触摸对方，而对方没有拒绝我们时，就说明我们的好感并不是单方面的，哪怕对方不回应，但是他／她的这份默许也可以说明两人的关系已经匪浅了。

触摸既然对我们这么重要，我们可以思考一下，是否可以利用人们对触摸的这种本能需求，对我们的身体状态甚至生活方式进行良性调整呢？

首先，我们在人际交往中，也可以适当用这种接触来促进彼此间的沟通交往。

有研究者发现，我们在被触摸时，体内会分泌一种有助于放松的激素，从而减缓紧张。触摸还会增加后叶催产素（也被称做拥抱激素）的分泌，这种激素会使人产生爱、信任和亲密的感觉。美国迪堡大学的社会学家发现，肢体接触在很多情境下能够产生积极的作用。比如，我们常看到的运动员之间的击掌拥抱越多，比赛中的默契度就可能越高，而表现就有可能越好；同样，医生也会通过轻触病人的胳膊，让患者产生安慰感和信任感。

其次，我们还能用触摸加深与爱人之间的感情。我们已经知道，抚摩会让人产生愉悦感，但是，这是建立在与对方有心理交流的基础上，即双方都对彼此有好感。所以，这种肢体接触的行为，既可以在暧昧阶段用来确定对方对自己的想法，也可以在关系确立后加强与爱人的精神交流。比如，恋爱前的两人，我们可以在适当的时机轻微碰触一下另一方，一般情况下，如果对方没有躲避，那很可能就是对我们有好感；再比如，当爱人遇到问题而感到苦闷时，我们可以轻轻地抚摸其背部，这样不仅在生理上可以适当缓解紧张感和疲劳感，同时，还可以通过这种肢体接触把自己无声的关怀传递给对方。

最后，我们要学会正确处理与孩子之间的关系。不要总是以工作忙、赚钱难为借口，不与孩子做任何肢体上的接触，时常远离孩子的视线。那样不仅会造成自己与孩子之间的疏远感，严重时还有可能会造成孩子性格的冷漠，其实这对孩子的成长是不利的。同时，很多家长在处罚孩子的时候，喜好用暴力手段，其实，这样反而会加深孩子的抵触情绪和孤独感。所以，我们应该常与孩子们做一些肢体接触和交流，在赞美的时候，轻轻地抚摸孩子的头；偶尔的拍拍肩膀，充满爱意的拥抱，都会让孩子感受到那份温暖的关怀。

» 课堂上和看动画的一小时：时间会被感觉扭曲

每天的时光都是造物主赐予我们的珍贵礼物，它新奇、亮丽，充满着各种美妙的机遇。岁月易逝，不要为了无用的念头就虚度年华，浪费精力；不要眼盯着时钟，企盼光阴飞逝；不要虚掷它，不要浪费它，因为我们未来的财富就在今天珍贵的时间里。

灵子是典型的水瓶座女生，对什么都很好奇，喜欢问一些奇怪的问题。有一天，她问爸爸："老爸，为什么上课的时候时间会那么长呢？"爸爸回答："哪有很长，不才45分钟吗？平时看个动画片，一个小时你还嫌短呢！"灵子笑着蹿到爸爸身边："对啊！这我才觉得奇怪啊，同样一个小时，为什么上课的时候这么难熬，看动画片的时候却又觉得不过瘾呢？老爸，你说这是为什么啊？"爸爸听后，挠了挠头，自己也不清楚这到底是为什么，只得尴尬地笑了笑。

不知道大家是否留意过，当我们做喜欢的事情时，就觉得时间过得很快，可以说是时光飞逝；当我们做一件不喜欢的事情时，便如坐针毡，觉得时间过得很慢，似乎都过了一小时了，可实际上才过了10分钟。为什么会有这样的现象发生呢？我们对时间长短的感觉，会因在这个时间内所做的事而产生不同的错觉。

由于受各种因素的影响，人们对时间的估计有时会不符合实际情况——有时估计得过长，有时估计得过短。这种对时间的不正确的知觉就是时间错觉。

而这种对时间的错觉，容易使人想起爱因斯坦的相对论。关于相对论，爱因斯坦有一个精妙的比喻，"当我们和一个美丽的姑娘坐上两小时，我们会觉得好像只坐了一分钟；但是在炎炎夏日，如果让我们坐在炽热的火炉旁，哪怕只坐上一分钟，我们都会感觉好像是坐了两小时。这就是相对论。"

一般来说，当活动内容丰富、引起我们的兴趣时，我们对时间的估计容易偏短；当活动内容单调、令人厌倦时，对时间的估计容易偏长。当情绪愉快时，对时间的估计容易偏短；情绪不佳时，对时间的估计容易偏长。当期待愉快的事情时，往往觉得时间过得慢，时间估计偏长；当害怕不愉快的事情来临时，又觉得时间过得太快，时间估计偏短。

就像上面所说的，和美丽的姑娘聊天，当然是甜蜜的体验，人人都希望它能长时间持续下去；相反，炎炎夏日，在炽热的火炉边烤着，分分秒秒都是煎熬，好像受刑，自然希望它赶快结束。也许正是因为自己的主观愿望和实际情况的比较，使我们产生了这两种截然相反的时间错觉。我们平时所说的"欢乐嫌时短""寂寞恨更长""光阴似箭""度日如年"，也是这种情况的表现。

我们的时间最好花在高价值的活动上（无论是为了成就或让自己开心）。同时，我们也要学着把所有的时间都看做是有用的。尽量从每一分钟里得到满足，这种满足是多方面的，它不仅包括取得一定的成就，也包括从消遣中得到的快乐，等等。那么，下列是一些提高时间效率的方法，我们可以此为参照。

（1）按照事先排列的次序制成一张表，把重要的工作放在最前面，并尽快去完成。在每月制订计划时要有弹性，最好在计划中留出空余时间，以便应付紧急情况。

（2）每月要计划出3个小时或每周拿出一个小时的时间来处理身边的琐事。如果等到这些琐事积压过多再去处理，必然会花费更多的时间。尽量不在周末想工作问题，真正使自己放松下来，以便恢复体力和精力。即使在工作时，也应当适当轻松一下。

（3）碰到专业性很强的问题时，一定要请专家帮忙。因为我们在两三天中弄不清楚的问题，专家会在一两个小时内甚至几分钟内就能帮助你弄清楚。

（4）即使做错了也不后悔。经常悔恨以前所做过的事情，会浪费许多时间，所以从时间这个角度来看，任何懊悔都是不必要的。

（5）要学会浏览报纸，不能事无巨细全部看完，这样会浪费时间。要掌握快速读书的方法，从而获得书中最主要的观点和内容。尽量让家与公司之间的距离短一些。这样，在上班时就能够在很短的时间内到达办公室，下班时也能在很短的时间回到家，把花在上下班路上的时间降到最低限度。

（6）充足的时间应用在最重要的事情上面。这是节约时间的诀窍，如果常常在不重要的事情上纠缠，就难以达到节约时间的目的。

（7）每天要早起，这样坚持下去就可以节约许多时间。午餐要适量。午餐不可吃得太多、太饱。否则到下午容易打瞌睡，工作效率会降低。而工作效率的降低，本身就是浪费时间。

无论我们是"度日如年"还是"度年如日"，时间的马蹄都是一刻不停地向前。这是一种规律，我们无力去改变这种客观情况。但是，从主观来说，我们却可以去珍惜和享受每一刻时光，无论它给予我们的是短暂抑或永恒的魅力。

» 感觉越来越麻木：贝勃定律潜移默化

如今人们总是抱怨物价越来越高，但事实上物价的上涨并不是一两次就涨起来的，聪明的商家总是一点一点地逐渐地调高商品的价格，麻木消费品上涨的感觉，让人们不易觉察这种变化。比如，一瓶 2.5 元饮料，上涨到 2.6 元，人们心理上并不会有太大的变化，可如调到 3.5 元，人们往往会产生明显的反应："怎么这么贵，不买了。"

商家正是利用人们对涨幅小感觉不明显的心理，一步步调高商品的价格。那么我们的感觉为什么有时麻木、有时敏感呢？心理学认为这是"贝勃定律"在作怪。贝勃定律表明，当人经历强烈的刺激后，再施予的刺激对他来说会变得微不足道，只有施加更大的刺激，才能使其产生强烈的感觉。它所反映的是一种社会心理学效应。

如果我们仔细观察，不难从生活中发现"贝勃定律"的具体体现。比如，一份报纸卖 1 元钱，人们已经习以为常，即使一份报纸卖到 1.1 元钱，人们也不会有太大的感觉，但是如果原本 1 元钱的报纸突然变成了 10 元 1 份，人们就会感到"怎么这么贵"，真是无法接受；而一台原价为 5000 元的笔记本电脑，如果涨了 50 元，人们则不会有这么大的反应。这说明能否产生强烈的效果，与人们原来所接受的心理刺激有密切关系。如果原来一份报纸卖 9 元，涨到 10 元，人们也不会觉得无法接受，如果原价 5000 元的笔记本电脑突然涨了 2000 元，人们就会感到刺激很大，无法接受。

所以，心理先后接受的刺激度的差距决定其会产生什么样的反应，有落差，才会产生强烈的效应。比如，在现实生活中，周围的人都与你的生活条件差不多，你就不会有别的想法，觉得自己很满足；如果你身边的人一个胜一个地比你富有和成功，你就会产生强烈的落差感，觉得自己生活得很不好。相反，如果你到了贫困地区，看到很多人生活得都很艰苦，你就会产生优越感，觉得自己已经很幸福了。

正在上中学的姚瑶，因为一件小事与母亲吵架后，委屈的她决定离家出走，再也不见讨厌的母亲。由于出来得匆忙，姚瑶没有带钱，她在外逛了一天，肚子很饿，于是她来到一家卖饭的小摊前，想要吃一碗面，一想到自己没钱，又不好意思。她正要离开，老板叫住她问："孩子你是不是想吃面？"

姚瑶点点头，小声地说："可是我没钱。"

"没关系，我送你一碗面。"老板说着话就为她煮了一碗面。

于是，好心的老板让姚瑶很感动，她对老板说："我们不认识，你对我都这么好。可是我妈，却对我那么绝情……"说着就哭了。

老板看着女孩说："你这小姑娘，我仅仅是给你煮一碗面吃，你就这么感激我，你妈妈帮你做了十几年的饭，难道你不应该更感激她吗？"她听到面摊儿老板说的话，整个人一下子就愣在那里了！她心里想：是啊，妈妈辛辛苦苦地养育我那么多年，我非但不感激她，还因为小事和她吵架，真是不应该啊！

姚瑶知道自己错了，后悔了。于是鼓起勇气，往家的方向走去。快要到家的时候，姚瑶远远地望见了疲惫而焦急的母亲正在路口四处张望。妈妈终于看到了女儿，对她没有一丝责怪，而是忙喊："你这孩子去哪儿了？这么冷的天，赶紧回家吃饭。"此时，姚瑶终于感觉到最爱自己的还是母亲。

有人也许曾经产生过与姚瑶同样的感受，有时候感觉陌生人都比家人对自己好。事实上，我们是在"贝勃定律"影响下产生了这样的心理错觉。我们与亲人生活在一起，他们对我们的关心照顾体现在日常生活中的点点滴滴中，时间一长，我们就习惯了接受这种关爱，感觉也就变得麻木了。而陌生人偶尔一次关照，我们感觉特别感动。

因此，我们应该清楚地认识到，对陌生人的帮助，我们应当报以适当的感恩，而对于亲友的帮助，更应该报以更大的感恩。不要让自己受"贝勃定律"影响，不能凭感觉论事，做出误会或者伤害自己的亲人和朋友的事情来。

» 拖延时钟：主客观时间有差别

我们可能都有这样的经历，清晨闹钟将你从睡梦中惊醒，想着该起床上班了，同时却留恋着被窝的温暖，一边不断地对自己说该起床了，一边又不断地给自己找借口再躺一会儿，于是又躺了 5 分钟，甚至 10 分钟……可能当天你只是错过班车，而对于整个人生，也许你已不知不觉错过了奔驰的快车。

你知道现在几点吗？现代人把时间分为"客观时间"与"主观时间"。"客观时间"是由钟表和日历来衡量的，它是不可更改的，可预知的。比如，我们都知道每年都会有 5 月 1 日；电影在 8 点开场，如果你没到那里，你就错过了开头。

相反，我们对时间的流逝都有自己独特的感觉，而这是不可量化的，也无从比较，这就是"主观时间"，它是我们对于钟表之外的时间的经验。例如，当你在做一些喜欢的事情时，无论是在互联网上冲浪还是赖床不起，时间都过得令人无法置信的快。但是当你在焦急地等待一个回电，或者在做一项你不喜欢的任务时，一分钟感觉上就像一个小时那么长。

"事件时间"是主观时间的一个变体，它指的是围绕着一件事情的发生、发展而定位你的时间感。当你想"整理这些材料之后我要去参加一个会议"的时候，你使用的就是事件时间，类似的例子还有"我洗完衣服之后马上要去做饭"或者"吃完晚饭后我要去散步"。

如果将我们个人的主观时间（当我们专注于某件事情的时候，它就是事件时间）跟具有不可动摇性的钟表时间这两种时间整合到一起，对多数人来说真是一个挑战。如果我们可以将它们进行无缝连接，我们就不会因沉浸于某件事情中而耽搁别的事情。因为我们知道自己什么时候该离开，为准时赴约而适时动身出发，而不会在妥协中失去诚信。

很多拖延者生活在主观时间和客观时间的严重冲突中，与那些能够在主观时间和客观时间之间自由而流畅地出入的人不同，他们一直在其间挣扎。有些人在做事情时，一开始似乎一切进展顺利，但是因为突然之间发现时间不够而晕头转向。对于时间的主观感受是构成自我认同感不可或缺的一个组成部分，实际上它跟一个人的文化和家庭背景以及个人心理都息息相关。

能够将客观时间与主观时间完美对接的人，哪怕是在做一个周期较长的工程时，虽然最后期限还遥遥无期，也感受不到一丁点压力，但他还是会按时开始工作。

拖延的人却常常轻视未来。轻视未来会给现在制造麻烦。行为经济学家和社会心理学家都观察到这样一个现象，当一件事的完成期限时间设定在很远的将来，那么它就会给人一种不真实的感觉，从而使这件事看上去没有它实际上那么重要。相反，一些时间很近的目标则感觉更为清晰而紧迫。因此，即便现有的目标没有长期的目标那么重要，人们也往往会急于去做即时的事情，而不做对未来很重要的事情。这就是拖延对人的影响会这么大的原因。

拒绝接受钟表时间、坚持遵行自己的主观时间会让你与周围的人格格不入，也因而造成了你的拖延和延迟。按照自己的时间表以自己的方式做事情，感觉可以不顾后果而掌控时间，这样做势必会造成拖延，而拖延的其中一个功能就是给你一种全知全能的幻觉：你可以掌控时间、掌控他人、掌控现实。

全知全能不过是我们的一种幻想，当我们遭遇到挫折，而利用自己有限的力量又无法解决时，我们就慢慢开始承认我们的局限性。因此，我们要做一个有自制力的人，在客观时间与主观时间间自由转换。

» 《午夜凶铃》的惊悚感：正负面情绪的交替

我们在观看恐怖电影的时候，人们处于一种极度紧张的状态。在看过电影之后，我们的心情似乎也一下子被放松了。恐怖片的魅力终点，或许就是它的压力释放作用了。那种最后的轻松往往都会产生在那种劫后余生的惊声尖叫中。无论情节多血腥暴力，无论结局多出人意料，我们总归是将现实生活中的许多负面情绪在恐怖片中得以压碎和发泄。

遥想当年的《午夜凶铃》，让人在一遍遍的抽气和汗毛耸立中大呼过瘾，因为它抛弃血腥、暴力、恐怖的画面，而追求人心理的紧张和刺激。于是，那个暴目、长发、白衣的女子从枯井中缓缓爬出的画面也一度成了恐怖片的经典。这样的惊悚情节设计获得了十分好的票房。

那么，恐怖片又是通过怎样的心理暗示来让身为观众的我们感到丝丝凉意的呢？

首先，对于黑暗环境的惧怕是我们在种族进化中所遗留下来的心理现象，当黑暗来临时，我们甚至认为我们无法掌控自己的各种感觉，那是对生存与死亡的忧虑。这是一种人类的共性，而非个人单独所有。同时，孤独也是我们的畏惧物之一，当人处于孤独之中时，会让我们逐渐质疑自己生存的意义。同样，巨大的噪音也会引起我们的不安和焦虑；过于极端的环境条件，比如火山、冰川、高楼、沙漠、丛林；而腐烂的事物，如尸体，也会让我们产生惧怕感。而我们也会对呕吐物、血液、粪便、畸形人体、蛇等在潜意识里充满了排斥。

而恐怖电影所运用到的道具离不开人们从潜意识里充满排斥和尽量避免的刺激性事物。其实，我们所面对的恐惧只是我们自己内心的产物。我们恐惧，是因为我们对周围事物或者环境有不可预料和不可确定的因素，从而让我们感到无所适从。从心理学的角度来讲，恐惧是一种有机体企图摆脱、逃避某种情景而又无能为力的情绪体验。

我们在看恐怖片的时候，恐怖电影所带来的恐惧感就是在同时体验负面和正面的情绪，享受着快乐和不快乐的交集。因为人们确实享受着"被吓得要死"的感觉，直到电影结束才能松一口气。"看恐怖电影最快乐的时刻，也就是最恐惧的时刻。"恐怖片之所以恐怖，是因为它将社会现实中的疑难和负面都集中到了一个环境中，我们潜意识地对"这堆非常态的东西"感到畏惧，但是因为它在现实中的不可常见而感到好奇，当我们最终看到正义战胜邪恶时，我们总会有种自己获得了超脱的感觉。

我们可以任由恐惧心肆意"逃窜"吗？当然不可以！因为，如果只是对某事物的担忧和害怕，那是无可厚非的，但是如果这种恐惧形成了逃避，而影响到我们的生活，那就得不偿失了。比如，我们会因为任务难度高而感到恐惧和压力，所以，我们就让自己去适应庸庸碌碌的生活而不思进取；我们因为恐惧，而一味地提醒自己：我能做到现在的样子已经很好了，那项任务太艰巨，我完成不了，于是，我们开始封闭自己，满足于现实。很多时候，我们正是因为自己的恐惧心而对自己力所能及的事情望而却步。

那么，我们应该怎样战胜自己的恐惧心，战胜我们自身呢？

首先，我们要多培养自己的自信和决心。我们不能骄傲自满，但是我们也会试着发现自己的长处，畏惧心是人人都会有的，关键是我们怎样在不利于自己的环境中发现和创造自身的优势，同时激发自身的潜能，去做一个敢于战胜自身和环境的勇士。就像许多恐怖电影中，女性往往作为被抹杀的弱势方而存在，但是，看到最后我们就会知道，女性又往往成了最后的"英雄"或者"救世主"形象。因为她们已经在逼不得已的情况之下选择去面对，而非再逃避，她们选择了战斗，而非等死。

其次，这需要我们对自己的能力和潜力有个客观的认识。不要高估自己，同时更不能低估自己，当我们面对自认为无法完成的事情时，我们的能力可能暂时不够，但是，我们可以借助别人的力量共同进步。而在潜力上，我们更是要学会培养自己和挖掘自己，对于陌生的事物，我们可能会觉得自己力不从心，但是我们要学会去"进入"和适应，连看都没看过的东西，我们又怎么能够要求自己在此领域有所建树呢？

生活就是一场战争，我们总有数不清的畏惧，如果我们选择了逃避，那么最终我们会离人生的正确道路越来越远。成功，似乎就在一次又一次的转身后溜走。所以，我们要做一个战士，我们只能做一个战士。

第三章
直觉——为什么我们不能左右自己的生活

» 合理的选择：并不"经济合理"的快乐预期

我们总是在十字路口徘徊，我们总是有太多的选择和决定要作。

有人说，人的一生就是不断地选择，选择之中的选择，选择之上的选择，扩散开来，网罗着前因后果。

其实，我们的选择就是在作一个合理的决策。对于我们来说，无所谓好的选择或者坏的选择。我们无法预测未来，也就不知此刻的因会生成将来怎样的果。所以，最合适的就是最好的。那么，在我们面对选择时，就不要过多地考虑决策结果的最优化，而是要留意决策过程最优化所得出来的合理结果。考虑到将来的因素，结合此刻的最佳利益，这就是我们常说的可持续发展。

有专家提出，我们的决定中蕴涵着着眼快乐和痛苦的心理特征。当我们在进行选择时，会有一种痛苦和快乐的情感，割舍其一痛苦，得到其一快乐。而我们对这些感情相对分量的估计表现在具体的选择或决定中。我们从两条或更多条道路中选择其中一条，是因为我们对这个选择具有更大的预期的快乐，即期待它能够给我们带来更大的利益和心理愉悦感。从这种意义上来说，我们选择的合理性其实是每个人都有不同的标准的。我们可能会受自己当时当地情绪和状态的影响，也就说，其实这种合理性并不是真的"经济合理"。就如同，我们昨天买了一件衣服，我们想象着穿着它会有多美、多漂亮、多受欢迎，但是，事实可能正好相反。

所以，很多时候，我们心甘情愿作的选择，并不一定是一条正确的道路，但是，它一定是一条能够给予我们最大期待的快乐的道路。而我们在这条路上，也应该有更多的谨慎和小心。因为毕竟我们的快乐期待和真实结局并不能混为一谈。

» 总买没用的东西：合算交易偏见

购买决策占据了我们日常生活决策的很大比重。通常，我们总认为自己在判断是否购买某件物品时衡量的是该物品对自己的效用，也就是说这样东西有没有用。可是仔细想一想，你买的东西都是真的有用的吗？你会买没用的东西吗？

冬天即将来临，李雷和爱人商量，打算买一套新羽绒被。他们打算买豪华双人被，这种款式的被子无论尺寸还是厚度对他们而言都是最合适的。进了商场后，他们惊喜地发现这里正在做活动，现在，原价分别是 450 元、550 元和 650 元的普通羽绒被、豪华双人被、超级豪华双人被，这 3 种款式现价一律为 400 元。

在这样的情况下，一般人会觉得用同样的价钱，买下原价更高、貌似质量款式也更好的东西是很值得的。于是，本来是打算买豪华双人被的，不论是尺寸还是厚度，这种被子都是最合适他们两个人用的。但是，买超级豪华被让他们觉得得到了 250 元的折扣，这是多么合算啊！所以，他们买了超级豪华双人被。

但是，两人没有高兴几天，就发现超级豪华双人被很难打理，被子的边缘总是耷拉在床角；更糟的是，每天早上醒来，这超大的被子都会拖到地上，为此他们不得不经常换洗被套。过了几个月，他们已经后悔当初的选择了。

很多时候，我们的"合算的"交易是否也会如同这对夫妻一样呢？我们是不是也会因为一些因素的影响而改变了自己原本的初衷呢？

理性地说，我们在决定是否购买一样东西时，衡量的是该物品给我们带来的效用和它的价格哪个更高，也就是通常所说的性能价格比，然后看是不是值得购买。既然从实用性来讲，3 种被子中，给我们带来满足程度最高的是豪华双人被，而且它们的价格也没有什么区别，我们当然应该购买豪华双人被。可是在我们作购买决策的时候，我们的"心理账户"里面还在盘算另外一项——交易带来的效用。所谓交易效用，就是商品的参考价格和商品的实际价格之间的差额的效用。通俗点说，就是合算交易偏见。这种合算交易偏见的存在使得我们经常作出欠理性的购买决策。

交易效用理论最早由芝加哥大学的萨勒教授提出。他设计了一个场景让人们来回答：如果你正在炎热夏季的沙滩上，此刻你极度需要一瓶冰啤酒。你想让好友在附近的杂货铺买一瓶，这时，你想一下杂货铺里的啤酒要多少钱你可以接受。然后实验者又把"沙滩附近的杂货铺"这个地点换了一下，改成了"附近一家高级度假酒店"。因为这瓶啤酒只是你自己请朋友帮忙带来的，而自己并没有真正地处于售卖啤酒的环境中。也就是说，啤酒仍旧是那瓶啤酒，无论是从舒适优雅的度假酒店还是简陋狭窄的杂货铺，这些环境都与你无关。那么，在这样的设定中，同样的一瓶冰啤酒，人们会因为地点的不同而作出不同的选择吗？

结果显示，人们对待高级场所的商品价格总是很宽容的，同样的商品，在这样的环境下，哪怕自己并不是真正地处于那样的环境，人们愿意花费更高价钱的。换句话说，如果最后朋友买回的啤酒，被告之从度假酒店里花了 5 元钱买回来，你一定会很高兴，因为你不仅享受到了美味的啤酒，还买到了"便宜货"，因为你可能一开始的心理价位是 10 元，你觉得这瓶啤酒实在是太值了！但是，如果朋友说是花了 5 元钱从杂货铺买来的，你会觉得吃亏了，因为你一开始的心理价位是 3 元钱，最后的花费比预想多用了 2 元，这样，虽然喝到了啤酒，心里却是不怎么高兴，因为此时你的交易效用是负的。可见，对于同样的啤酒，正是由于交易效用在作怪，而引起人们不同的消费感受。

合算交易偏见和不合算交易偏见使得我们作出欠理性的决策。理性的决策者应该不受表面合算交易或无关参考价的迷惑，而真正考虑物品实际的效用。将物品对我们的实际效用和我们要为该物品付出的成本进行比较权衡，以此作为是否购买该物品的决策标准。

如果我们想少几分正常多几分理性，我们应当只考虑商品能够给我们带来的真正效用和我们为此所付出的成本。

» 运气是什么：概率的重要性和普遍性

我们常说，倒霉的人总是倒霉，幸运的人总是幸运。而在现实生活中，的确有些人是祸不单行、厄运连连，而另一些人却似乎有如神灵庇佑一般。这其中的奥秘，我们常常将之归结为运气。

运气在我们生活中发挥着戏剧性的作用。短短几秒的厄运可以毁掉多年的奋斗，而瞬间的好运可以造就成功和幸福。

莫琳·威尔科克斯在 1980 年 6 月买了马萨诸塞州彩票和罗得岛州彩票，令人不可置信的是她所选的彩票号码正好中了两个州的大奖。可是，更加令人不可置信的是，这两个大奖她却没有拿到一分钱。原因则是她买的马萨诸塞州彩票的号码中了罗得岛州的奖，而罗得岛州彩票号码却中了马萨诸塞州的奖。

在这个世界上，运气差的人大有人在，而运气好的人也是有的。

同样也是买彩票，伊夫林·玛丽·亚当斯在中了新泽西州 400 万美元大奖后，又在 4 个月后的下注中赢了 150 万美元。比她还幸运的是唐纳德·史密斯，他在 1993 年 5 月、1994 年 6 月和 1995 年 7 月，三度赢得威斯康星州彩票，每次都获得了 25 万美元的奖金，而这种彩票的中奖率不足百万分之一。

约翰·伍兹是一家大型法律公司的资深合伙人。他的经历似乎正在诉说着这个人的运气到底有多好。在 1988 年的飞机失事中他逃过了一劫，因为他原本打算乘坐这次的飞机，却因为同事的聚会邀请而取消了。而在 1993 年纽约世贸中心的袭击中，他竟然从 39 楼毫发无伤地逃过了一劫——他在飞机撞毁纽约双塔的前几秒走出了位于冲撞范围的办公室。

运气是一种看不见摸不着的东西，但是它对于我们的生活有十分重要的作用。

斯坦福大学心理学家阿尔弗雷德·班杜拉曾经讨论过发生概率和运气对人们的个人生活的影响。班杜拉指出了这种概率的重要性和普遍性，他写道："一些人生中最重要的决定性的因素，往往取决于最微不足道的小事。"

事实上，好运气和坏运气对人们职业生涯的重大影响已经引起了一位美国职业咨询师的关注：我们中的任何一个人都可以讲出很多故事，来说明至关紧要的突发事件对职业生涯的重要作用，以及成千上万微不足道的突发小事产生的或大或小的影响。有影响力的突发事件并不是与众不同的，它们都是每天发生的寻常事。比如，发现意外之财的运气并不是偶然的，而是到处都存在的。

同时，也有许多研究者都探讨了运气的好坏对人们职业选择和事业是否成功的影响。很多研究提到了偶然的会面和机遇是如何带来职业方向的显著改变或是获得戏剧性的职位提升，这些都说明运气的影响并不是微不足道的。

» 红酒只要 20 元：炫耀性消费出高价

为什么有的时候标价越高，购买的人越多？

"成本一二十元的东西，进口后却要卖个三四百元，这就是目前进口红酒的经济学。"在法国经商多年的陈元这样说。

有人透露，一瓶价值 20 元的洋红酒，各种费用加起来，到岸成本也才 30 元左右，之后的本地运输和仓储、人工费用合计也才 2 元人民币，售前成本大约 32 元。但是，到了经销商那里，则以 80 ～ 100 元的价格卖出去，经销商有 50% 的毛利。而到了超市或商场之后，就会再加价 10% ～ 15% 销售，到消费者手中就成 100 元左右了。而一旦进入西餐厅，则按经销商供货价的 2 ～ 2.5 倍卖给消费者，进入酒店的红酒，身价更陡增 3 ～ 4 倍，售价可达 300 元左右。

现在的葡萄酒市场上，由于消费者对葡萄酒定价缺少概念，一些商贩基本上都是随口定价，一般都往高了定，最奇怪的是，葡萄酒反而越贵越好卖。

当我们在购物时，看到同一类产品，我们一般会选择相对昂贵的，因为从内心来讲，我们比较认可昂贵事物的质量和价值，即，多数情况下，我们会认为贵的就是好的。所以，同样的东西，反而是越贵越好卖。其实，按理来说，便宜的东西不才是更让人有物美价廉的满足感和成就感吗，为什么许多人又要反其道而行之呢？这让人百思不得其解的现象又应该怎么解释呢？

这一现象曾引起了美国著名经济学家凡勃伦的注意，他在其著作《有闲阶级论》中探讨研究了这个问题。因此这一现象——价格越高越好卖——被称为"凡勃伦效应"。

凡勃伦效应表明，商品价格定得越高，就越能受到消费者的青睐。这是一种很正常的经济现象，因为随着社会经济的发展，人们的消费会随着收入的增加，逐步由追求数量和质量过渡到追求所谓的品位和格调。

而凡勃伦把商品分为两类，一类是非炫耀性商品，一类是炫耀性商品。非炫耀性商品仅仅发挥了其物质效用，满足了人们的物质需求。而炫耀性商品不仅具有物质效用，而且能给消费者带来虚荣效用，使消费者通过拥有该商品而获得受人尊敬、让人羡慕的满足感。鉴于此，许多人都会毫不犹豫地购买那些能够引起别人尊敬和羡慕的昂贵商品。所以，许多经营者瞄准了我们的这个消费心态，不遗余力地推动高档消费品和奢侈品市场的发展，以使自己从中牟利。比如凭借媒体的宣传，将自己的形象转化为商品或服务上的声誉，使商品附带上一种高层次的形象，给人以"名贵"和"超凡脱俗"的印象，从而加强我们对商品的好感。

就是这个原因，造就了炫耀性消费——价格越贵，人们越疯狂购买；价格便宜，反倒销售不出去。比如，在服装店里，标价太低，可能会让人觉得没档次，从而让它在那里落满灰尘，但若在价签上的数字后面加个零，或许就会有人来问津。

那么，面对类似于这种商品谋取暴利的情况，我们又要怎样做呢？

首先，要打破"便宜没好货"的心理。我们在购买东西时，要学会关注产品本身的质量。如果我们能够分辨普通商品的好坏，那么就可以大致相信自己的判断。但是，如果是较为昂贵的高档产品，最好有专业人士陪同购买，千万不要抱持"贵才是真理"的心理，这样，可能就会被当成"肥羊"给"宰"了。

其次，我们要做个理性的消费者，最好要尽量克制自己的感性购买，不要一冲动就甩出去大把人民币，更不要被一些"花花广告"等宣传造势蒙蔽。

» BP 机的辉煌与落幕：市场经济下的替代效应

中国的寻呼业获得飞速发展，在 20 世纪 90 年代曾经辉煌一时，全国用户发展的增长幅度曾高达 150%，用户规模一度逼近 1 个亿。但是繁华易逝，自 1999 年年底开始，随着手机的迅速普及，寻呼业进入漫长的冬天。2007 年，信产部发布了中国联通公司申请停止 30 省（自治区、直辖市）寻呼业务的公示。

BP机刚出现时，价格贵得惊人，一部要几千元，而当时人们的工资一般才几百元。谁要是有一部这样的机子，是很叫人羡慕的。联通在全国范围内停止寻呼业务，预示着BP机将正式告别历史舞台，成为一个时代的背影。

寻呼机为何只发展了短短的十几年，就从辉煌走向衰落？从经济学角度解释，替代效应发挥了巨大的作用。人们有了更方便实用的手机，谁还会选择BP机？BP机完全被手机替代了。尽管寻呼企业也曾尝试转向股票、警务等专业化服务，但依然无法扭转颓势。所有努力都无法阻挡寻呼业走向没落的脚步。

替代效应在生活中非常普遍。我们日常的生活用品，大多是可以相互替代的，我们可以根据其价格的变化情况，从经济实惠的原则出发，安排我们的生活。比如说萝卜贵了多吃白菜，大米贵了多吃面条。买不起真名牌，我们可以用仿名牌来替代，这同样也能让我们的心理产生极大满足。再比如说如果CD唱盘的价格上涨了，我们可以用磁带、电台的音乐节目等这些东西来替代CD唱盘。

一般来说，越是难以替代的物品，价格就越是高昂。产品的技术含量越高价格就越高，因为高技术的产品只有高技术才能完成，就像彩电必须是彩电厂才能生产，而馒头谁家都会做，所以价格极低。艺术品价格高昂，因为艺术品是一种个性化极强的物品，几乎找不到替代品。达·芬奇的名画《蒙娜丽莎》只有一幅，所以珍贵异常，价值连城。不过有时替代效应也与价格无关，比如发生禽流感以后，鸡蛋和鸡肉就很少有人再买，而用猪肉等来替代。

在工作中，替代效应的作用也非常明显。我们想要让自己获得与别人同样的待遇，就要先让自己具有与他们同样的不可替代性。例如，为什么那些有技术、有才能的人在企业里是香饽饽，老板见了又是笑脸，又是加薪，还生怕他们跳槽？就是因为这个世界上有技术、有才能的人只是一部分，找到一个能够替代的人很困难。尤其是对于企业的中高层来说，不仅需要才干出众，经验丰富，而且成员之间的性格、行为方式能够磨合到位，彼此融洽，成为搭档，就更是不易，所以对于管理人才来说，企业就更为珍惜。所以，我们对那些著名企业CEO的百万年薪、千万年薪，就没有必要吃惊，更不要不平。

还有许多人发出这样一种慨叹，说自己刚进一个公司的时候，老板对他是如何如何地器重，而当他把才华全都献给公司的时候，自己的末日也就来了。

按情理说，一个曾经对公司作出贡献的员工，应当受到公司的尊重和妥善安置。但从另一个角度来说，这也是替代效应在发挥作用。一开始，你能够进公司，因为你具有公司发展所需要的才华，你在老板的眼里无可替代，老板当然对你非常器重。可在公司发展的过程中，一旦你才华用尽，为了公司的进一步发展，老板就只有请更有才华的人来替代你了。

换句话来说，在错综复杂的市场中，如果我们总能做到思维超前、新意迭出、应对自如，我们还会被别人替代吗？俗话说要活到老，学到老，用经济学的话说，就是不学习就会跟不上时代，就要被后来者替代。这是因为市场是无情的，如果老板不让新员工替代才能用尽的老员工，市场就会让别的企业替代这个企业。市场优胜劣汰企业，而企业也在优胜劣汰员工，你想要保住你的职位，并得到升迁，就必须不断地学习、充电。所以说替代效应在人们日常生活中无处不在，无时无刻不在起着巨大的作用。因此，我们就要充分利用这种效应，不断地提高自己，发展自己。

» 名贵中成药频频提价：稀缺性激发渴望

罗伯特·西奥迪尼在《影响力》一书中这样阐述稀缺："不管是什么东西，只要你晓得会失去它，自然就会爱上它了。""参与竞争稀缺资源的感觉，有着强大的刺激性。渴望拥有一件众人争抢的东西，几乎是出于本能的身体反应。一旦在顺从环境中体验到高涨的情绪，我们就可以提醒自己：说不定有人在玩弄稀缺手法，必须谨慎行事。我们必须记住：稀缺的东西并不因为难以弄到手，就变得更好吃、更好听、更好看、更好用了。"但是"倘若瑕疵能把一样东西变得稀缺了，垃圾也能化身成值钱的宝贝"。

近些年来，受稀有野生药用动植物原料稀缺的影响，部分以犀角、麝香、牛黄、虎骨等名贵药材作为原料的中成药价格大涨。

我们常说，物以稀为贵，这并不仅仅限于那些奢华的品牌轿车、豪宅地皮、钻石珠宝……在我们的生活中，处处都存在着这样的真理。当然，这种情况也受到了通货膨胀的影响，但是，也不能排除稀缺性因素的存在。

稀缺性不仅能够激发我们的渴望，而且让我们的渴望在获得满足时得到了更多的快乐。心理学家有做过这样一个实验，他们让参与人员来品尝曲奇饼，不同的是，研究者给其中一半的参与人员提供的是满罐曲奇饼，并让他们从中选取一块；而给另一半人提供的是只有两片曲奇饼的罐子。最后的调查结果显示，后者获得的快乐感和愉悦感更多。

将这种稀缺性的价值拓展到我们的生活实际应用中，我们可以得到许多的启发。

首先，培养自己的一种稀缺思维，也就是创造性思维，要给自己的大脑时刻装备上与众不同的想法。

其次，要给自己打造一种"社会稀缺人才"的形象，这除了能力上的要求外，还需要我们在品德、人脉、性格、气质、外形上的打磨。

最后，为了提高竞争力，我们需要储备一些稀缺的技巧和能力，或许这会成为我们今后意想不到的资本。

» 伊丽莎白夫妻的收养经历：捐赠效应

《纽约时报》上曾经报道了一则感人的新闻。

有个叫伊丽莎白的女性和她的丈夫打算领养一个中国小孩。但是，他们都知道，领养到的孩子可能没有普通小孩那样健康，所以，他们只希望自己领养的孩子只有一些诸如营养不良之类的小毛病，而不要有一些奇怪的健康问题。他们在自己的领养表格上注明了孩子必需的健康状态，因为他们不想领养一个有严重疾病的孩子。

最后，他们领养到一个十分可爱的中国女孩，他们十分疼爱这个孩子。但是，之后，当他们发现小姑娘的脊椎底部曾被切除过一个肿瘤，并被医生确认这个孩子将一生受到疾病的威胁时，夫妻两人作了一个与填领养表时完全不同的决定：他们无论如何都要领养这个孩子，无论她以后出现了怎样的健康问题。

当我们被要求请客然后被"大宰特宰"时，当我们纠结于是否应该离职跳槽时，当我们在某些品牌方便面里必须择其一而食用时，我们会不会感到一阵难受，继而为自己损失掉的人民币、现有工作、另一食物而纠结痛苦？我们能解释这种看似寻常，细想之下却难以摸着头脑的事情吗？换句话说，当我们失去或者放弃某一样自己的（或者自认为已经是自己的）东西时，我们会感到一阵难受和不舍，这是为什么呢？

其实，这些问题的答案可以归结为一个效应——捐赠效应。捐赠效应就是人们对于"损失"本身有着非理性的厌恶，因为这种厌恶，我们可能会推翻自己起初坚持的想法和观点。就像案例中的夫妻，他们已经"拥有"了这个孩子，所以他们对"失去"这个孩子有种本能的抗拒。说得明白一些，如果超市里的一个杯子被打破了，我们不会有什么强烈的反应，但还是这一款杯子，如果是我们自己的，哪怕我们只是把它放在书架或者橱柜里长灰尘，一旦它被人摔碎了，我们的内心还是会或多或少存在失落感。这种失落感就是我们对于损失的厌恶和伤感。

我们不得不先肯定上面案例中让人动容的情感和道德成分，但是，除此之外呢，还有什么被我们忽略的东西吗？在回答这个问题前，我们再思考一下，如果这对夫妇是在领养前就被告知孩子会有这样的问题，他们决定领养这个孩子的决心还是这样毅然决然吗？既然在填表时就申明了不想要有严重疾病的孩子，就说明他们对孩子的期望还是很理性的，但是为什么之后的决定会改变了呢？这一切的疑问，我们现在已经明白了，它就是捐赠效应——人类对损失的厌恶。

我们会因为得到而兴致盎然，会因为失去而垂头丧气，我们的情绪波动似

43

乎很容易被得失所影响。其实，对我们来说，无论是拥有或者失去，这种得失的欲望对于每一个人，虽然都是情感的宣泄和精神的需求，但是，得可以是荣耀，失也可以是尺度。我们大可以看淡得失，不在其中耿耿于怀、斤斤计较。

我们要用有限的生命去创造生活的价值，去做有意义的事情，去充实自己的人生。我们不用去担心那些生命中的转瞬即逝，要学着用一颗平常心去丰富自己的生命。同时，在自己有限的生命中，将光与热发挥到极致，为更多的人带来幸福，也给自己的人生创造出更大的意义。就像爱因斯坦说的一句话：一个人的价值，应当看他贡献什么，而不应当看他取得什么。

面对得失，我们要将其视做生命中的一个瞬间，因为永恒的生命是奔流不息的，而无论是人生的获取还是损失，都将归于过去。

» "存钱"反赔钱：让财产缩水的负利率

某一天，当你把钱存进银行里，过一段时间后，算上利息在内不但没有增值，反而贬值了，这就是负利率，指利率减去通货膨胀率后为负值。

一边是银行给你的利息回报，一边是你存在银行的钱越来越不值钱了，那么这笔存款的实际收益是多少呢？当你把钱存入银行，银行会给你一个利息回报，比如某年的一年期定期存款利率是3%。而这一年整体物价水平涨了10%，相当于货币贬值10%。用利率，也就是明赚减去通货膨胀率，也是就暗亏后得到的那个数，就是你在银行存款的实际收益。

假如半年期定期存款利率是3.78%（整存整取），而同年上半年的CPI同比上涨了7.9%。假设你在年初存入10000元的半年定期，存款到期后，你获得的利息额=10000×3.78%=378元；而你的10000元贬值额=10000×7.9%=790元。790−378=412元。也就是说，你的银行存款的实际收益为−412元，因为你的10000元存在银行里，表面上增加了378元，而实际上减少了412元。

负利率的出现，即货币在悄悄地贬值，存在银行里的钱也在悄悄地缩水。意味着物价在上涨，而货币的购买能力却在下降。

银行储蓄一向被认为是最保险、最稳健的投资工具，虽然理论推断和现实感受都将"负利率"课题摆在了百姓面前，但有着强烈"储蓄情结"的中国老百姓仍在"坚守"储蓄阵地。但理财不能单纯依赖"积少成多"的储蓄途径。因为我们也必须看到，储蓄投资的最大弱势就是收益较之其他投资偏低，长期而言，储蓄的收益率难以战胜通货膨胀，也就是说，特殊时期通货膨胀会吃掉储蓄收益。

对于普通居民来说，需要拓宽理财思路，选择最适合自己的理财计划，让"钱生钱"。负利率将会对人们的理财生活产生重大影响。以货币形式存在的财富，如现金、银行存款、债券等，其实际价值将会降低，而以实物形式存在的财富，如不动产、贵金属、珠宝、艺术品、股票等，将可能因为通货膨胀的因素而获得价格的快速上升。面对负利率时代的来临，将钱放在银行里已不合时宜。因此，我们必须积极地调整理财思路，通过行之有效的投资手段来抗击负利率。

当然，我们必须以理性的头脑和积极的心态来进行投资，不要只看到收益，而忽视风险的存在。抵御负利率的手段有很多，首先是进行投资，可以投资基金、股票、房产等，还可以购买黄金珠宝、收藏品。

除了投资之外，还要开源节流，做好规划。其中首先就是精打细算。在物价不断上涨的今天，如何用好每一分收入显得尤为重要。只有在对自己当前的财务状况明白清楚的情况下，才能做到有的放矢。每月收入多少、开支多少、节余多少等，都应该做到心中有数，并在此基础上分清哪些是必要的开支、哪些是次要的、哪些是无关紧要的或可以延迟开支的。

然后是广开财源，不要轻易盲目跳槽，在条件允许的情况下找一些兼职，与此同时也要不断地提升自我，增强职场与市场竞争力。

最后就是将家庭的年收入进行财务分配，要做好家庭的风险管理，更具体来说，拿出其中的一部分来进行风险管理。而提及风险，就必然要提到保险，保险的保障功能可以使人自身和已有财产得到充分保护，当发生事故的家庭面临资产入不敷出的窘境时，保险金的支付可以弥补缺口，从而降低意外收支失衡对家庭产生的冲击。从这一点来说该买的保险还是要买，不能因为省钱而有所忽视。

总之，负利率不可怕，最可怕的是你面对负利率却无动于衷。所以你必须行动，不能坐等财产逐渐缩水。

» "月光女郎"和"小白菜"：社会贴现率

如果我们是个甜食爱好者，忽然被告之可以免费食用所在城市的所有冰淇淋、蛋糕、果脯……恐怕，大多数人都很难控制自己的嘴。再举另外一种情况，我们如果每月工资2000元，却企望在一线城市奋斗出一栋小别墅，那么，可想而知，我们从此以后就有可能过上没有业余生活、更没有日常享受的日子了。

某会计公司有两个职员，一个叫做张君，一个叫做杨继红，两人的月薪都是4000元左右。同为女性，同一所公司，两个人却有着截然不同的生活方式。张君十分的"小资"，她花在衣服、保养品上的心思和金钱都让同事们咋舌，所以，她几乎是月月光，正因为这种每个月都会亮起财政红灯的生活习惯，人送外号"月光女郎"。而杨继红却是一个勤俭到有些吝啬的人，她舍不得吃穿，几乎夜夜加班，就连生病都不怎么去医院，因为家境不好的她想为并不出众的自己拼出一份嫁妆来，这样面黄肌瘦的她，不仅让人想起那句"小白菜啊，地里黄啊"，所以，她背后就被人叫做"小白菜"。

这样的生活，两人一直持续着。"月光女神"因为自己庞大的开销，所以总是出现财政赤字，她把这些问题都归咎于工资太少。于是，她跳了一家又一家公司，却因为能力有限，总是挣不到满足自己需求的工作。而她傍大款的理想也一直没有实现。她觉得人生很苦恼，觉得自己很悲哀，甚至有时候产生过极端的想法。她的入不敷出让每一天的生活都成了噩梦。

而"小白菜"因为没日没夜地加班加点，过大的压力和疲劳，以及长时间的营养不良，终于使她在一天半夜加班时晕倒了，幸好当时还有一个赶项目的同事，把她送去了医院。当杨继红醒来后，被医生告之她当时已经休克了，如果不是抢救及时，可能性命不保。听到这儿，她才一阵后怕。

我们的生活中有很多像"月光女郎"和"小白菜"这样的人。

我们不提倡抱持享乐主义最终却一无所有。同时，我们也不提倡埋头苦干不知道娱乐、休闲为何物。细细想来，为什么会发生这两种极端的状态呢？其实，我们每一个人都或多或少地在这两种状态中悬浮。社会学上有个概念叫做"社会贴现率"，就是贴现率越高，说明将来发生的经济损益越不重要，只有眼前的损益才是重要的。

我们可以形象地解释一下，如果有人承诺即刻给我们100万，还有10年后给我们1000万，我们大多会选择哪个呢？一般人都会选择及时兑现，因为我们或许会考虑到，自己在之后10年中遇到的天灾人祸让自己没办法享用1000万，或许我们认为自己有能力让这100万升值。这就属于一种高贴现率，我们也可以称之为即刻满足。过度的享乐主义就是极端的即刻满足。而有些人可能选择10年后的1000万，但是，他们可能会忽略货币的贬值问题，或者自己的身体状态，这种延后满足似乎也显得有些过分了，因为，那种"明日复明日，明日何其多"的期盼也有可能是种灾难。这样的情况也就是说，一个高的社会贴现率，意味着人们对未来的责任感减弱，只追求眼前利益，变得鼠目寸光。

所以，我们要学会克制，要学会有计划地行事。我们对自我的满足，需要一个"度"。也就是有效地处理即刻满足和延后满足的关系。在这个"度"中，我们尽量将自己的利益最大化和最优化，同时，我们更要培养自己按部就班的毅力和意志。但是，前提是这个"度"必须合理、必须在可控和可接受的范围之内。我们不要为了延后满足而延后，甚至是错过了最佳的实现机会。我们更不能认为拉长奋斗时间就是实现目标的最好方式，因为不合理的过长的目标储备期很容易给人造成疲惫感和厌倦感。

» 搬家可以理想化吗：每个决定都有心理弱点

我们对某个问题的几个答案进行对比分析，并从中挑出最好的一个，当然是为了拥有更好的结果。就像选工作、选伴侣的时候，我们都是想让自己的利益最大化。但是，如果说，我们很多时候作的决定并不都是最优的，我们会作何感想呢？

周莉莉和她的丈夫工作已经有些年头了，周莉莉是一个事业十分成功的律师，而她的丈夫则是同样优秀的医生。两个人的生活可以说相对比较小康，他们在市中心有一套自己的三居室，地方不是特别大，却足够的温馨。住在这里，他们充分享受着便利的交通和生活，同时他们还会在业余时间做一些娱乐休闲。但是，随着房贷的还毕和职务上的升迁，他们认为，一套三居室似乎已经不能再满足自己的身份和生活，他们开始向往那种庭院式的独门独户的生活。

于是，周莉莉夫妻就在郊区买了一套房子，这里有一个可以栽种花草的小庭院，这让他们很满意。但是，相应地问题也来了，他们每天不得不差不多花上一个多小时从住处开车到上班的地方，这就意味着夫妻两人每天都要多花近3个小时在路上，他们也不得不放弃自己很喜欢的一些业余活动。

但是，他们似乎对这样的情况还相对满意，因为他们觉得自己回家后可以享受一些栽种花草的乐趣，以后也可以感受夏日庭院乘凉的闲散。

看上去周莉莉夫妻俩的选择似乎很合理，毕竟这个决定是他们权衡利弊后的产物。但是，他们的选择到底是不是正确的呢？他们认为自己的新家虽然要较之以前付出一定的时间和精力，但是这些都是"值得的"，在与旧家的相对比较和计算中，他们认为这样的交换是"划得来"的。

然而，客观地讲，就像周莉莉夫妻的这种搬家行为，我们不总是如自己想象中的那么善于作出正确的决定。因为我们在这个决策过程中总会受到自己心理弱点的影响。也就是说，很多时候，我们的这种"值得的"和"划得来"的观点可能会是错误的。而造成这些错误的原因，可能是因为很多时候我们对事物发展结果的预期错误和价值偏差，或是在这个过程中还掺杂了一些可能性因素，同时，我们还可能会过分地肯定这个不确定因素的作用。

我们要学会培养自己的重点认知观念。即考虑问题要考虑到关键的重要点上，不求面面俱到，但求有重点突破；不求过分的综合性，但求适当的集中性。我们在做任何事情的时候，不要一开始就把问题想得太复杂，要适当地调动自己的简单思维。当我们思考问题时，最好先从最简单的层面开始，然后再逐级上升。

» 时间感的演化：不同阶段时间感不同

在生活中，有一种人做事总是拖拖拉拉，一件事情不到最后绝不动手，到了不得不做的时候，往往因为时间来不及而匆匆完成，应付了事；另外一种人总是将工作与生活处理得井井有条，做事有条不紊，就算是遇到问题也能妥善处理。这两种人之所以如此大的差异，是与他们对时间的不同感觉而导致的。

我们的主观时间感是在我们的人生中不断变化发展的。让我们来了解一下这些发展阶段，并思考一下它们分别跟我们的拖延有着什么样的关系。也许我们现在的拖延时间习惯与我们早期某个发展阶段的时间概念密切相关。

对一个婴儿来说，生活完全处于当下这个时刻，时间完全是主观的。不管时钟上的时间是几点，他只知道"我现在饿了"。婴儿无法长时间地忍受痛苦，如果需要得不到及时的满足，他们就会号啕大哭。对一个婴儿来说，时间意味着从感觉到某种需要到满足这种需要之间的间隔。

如果在日后的生活中遭遇到恐惧和焦虑，一个以婴儿时间来反应的人就将这样的恐惧和焦虑视做无法忍受和无法穷尽的，而不是一般来得快也去得快的情绪。而拖延却可以帮助人们逃避当下无法承受的难受和痛苦情绪。虽然拖延会引起不良后果，但是在这样一些时刻，你根本不会去想象将会出现什么样的后果，就像一个视酒如命的人看到好酒后，根本不会想到酒精对自己身体的伤害，他想做的是马上品尝面前的好酒。

在蹒跚学步阶段，孩子们逐渐学会了什么是过去、现在和将来。虽然他们现在非常饥饿，但是当父母告诉他们马上就有东西吃时，他们不再立即大哭，因为他们也开始逐渐适应父母亲的时间。

在亲子关系中，父母的时间观始终在发挥影响力，所以实际上不是时间本身创造了他们对时间的态度，而是亲子关系的好坏本身对孩子的时间态度有影响。后来，当我们的拖延成了一场与时间抗争的战斗时，实际上我们抗争的不是时间，而是那些想要控制我们的人。与客观时间的抗争实际上可能反映了内心对父母时间的抵制。

当长到大约7岁的时候，孩子的时间观念开始与外界更多的规则和期待发生冲突。如，上课有课程表，作业有上交的最后期限，父母希望孩子在出去跟伙伴们玩耍之前整理好自己的房间并帮忙做一点家务。这一切对有些孩子来说，理解为时间可以是一个压迫者，或者也可以是一个解放者。

有些孩子，尤其是有多动症以及相关问题的孩子，在他们的思维里，不具有良好的生物上的时间感，当外界环境发生变化的时候，需要他们在主观时间和客观时间进行切换的时候，他们就会面临很大的障碍。在后期的生活中，他们或许会发现他们对时间的体验不是流动的、顺畅的，这就为日后的拖延奠定了基础。

青春期的孩子感受了时间流逝，他们感觉生命是无限的，敏感的身体和热情的理想占据了一切；未来在他们面前展现出一幕宏大的场景。然而，随着学业、工作以及人际关系上的选择日益逼近，所有这些截止日期以及必须作出的抉择又让未来在现实面前撞得粉碎。

在青少年长大成人的转变过程中，大多数人都会面临很多的内心冲突，他们也许会拒绝承认自己可能需要永远地放弃某些人生道路，而利用拖延作为他们拒绝长大的庇护。他们固执地坚守少年期对时间无限和可能性无限的感觉，迟迟不走入可以让他们长大成人的人生道路——完成学业，找一份工作，站稳自己的脚跟，建立起一个独立的人生。比如有些大学毕业生看到就业的压力，就不愿离开学校而步入社会工作，甚至是终日在学校附近浪荡，也不愿走进拥挤的人才市场。

当一个人长到二十几岁的时候，他们的人生步入正常轨道，感觉自己有着无限美好的梦想，而且有大把的年华去实现。这在感觉上非常充裕，而且变得更具有现实感了。他们会认识到人生不全是完美的，选择一件事的同时也意味着放弃另外一件事情。他们可能没有足够的时间去完成每一件事情，有些机会可能会错过。

在这个阶段，为了检验他们跟时间的关系，可以看一看拖延在他们生活中扮演的角色。拖延现在不再是朋友之间的一个笑话，也不再是以后你可以弥补的某件事情。它的后果表现得越来越严重：工作中的最后期限跟一个人的职业生涯与收入密切相关，当你单身的时候，你只要为自己一个人支付拖延的代价。一旦你有了一个伴侣，另一个人就会直接受到你拖延的影响，并容易引发双方的争吵。

随着岁月的流逝，过了30岁。这时，由于社会和家庭的关系，你被期待着在自己的潜能上有所表现。当你在事业或感情中表现拖沓的时候，这或许表示你的事业或感情出现了问题。拖延者难以接受人生的限制，当他们发现他们一直以为会在某一天实现的目标在人到中年时依然没有实现的时候，他们震惊了。

在理性的层面，我们都知道生命总会有一个终结，但是拖延者却同时生活在生命无限的幻想中——无限的时间，无限的可能性，无限的成就，总有更多的时间去弥补那些被延后的事情。认识到时间的有限性是中年人心理上面临的一个主要挑战：我用我的时间做成了一些什么？我还剩下多少时间？我想怎样度过这段时间？这时，我们还会突然面对人必有一死的事实。

从成年到老年的过程中，我们被越来越多的丧失与死亡所包围：某些身体功能的丧失；疾病越来越严重；挚爱的人离开了人世；剩下来可以活着的时间越来越有限。未来也不再像早年那样充满了希望和前景。钟表时间可能已经不再重要，而主观时间显得更为重要了。

对于一个跟生命的有限性做着抗争的拖延者而言，接受生命无可避免的终结是一项具有重要心理意义的挑战。在这个时刻，他不再否认自己一生拖延所产生的种种后果。

回顾以往的生活，有着各种的焦虑和需要解决的问题。一切都没有变化，他在那样的条件下，尽可能地做一些自己所能做的事情。坦然地接受过去或许会给自己带来内心的平静，而不接受只会带来绝望或自我谴责。他甚至感到一种释然和自由，因为他终于知道自己没有必要再去追求那已经无法达成的目标。这当然是一件好事。

如果我们不想在年老的时候为曾经的拖延埋单，不想终日生活在悔恨与遗憾之中，那么让我们从现在开始做一个珍惜时间的人。

» 《京都议定书》为何以失败告终：具体的有区分的策略制定

《京都议定书》是1997年12月在日本京都由联合国气候变化框架公约参加国3次会议制定的。其目标是"将大气中的温室气体含量稳定在一个适当的水平，进而防止剧烈的气候改变对人类造成伤害。"

《京都议定书》于1998年3月16日至1999年3月15日间开放签字，共有84国签署，条约于2005年2月16日开始强制生效，到2009年2月，一共有183个国家通过了该条约，美国曾于1998年签署了《京都议定书》。最初，人们对所有的国家设定统一的标准，无论排放多少都降低同样的比例。这样的做法显然极不公平，发达国家在发展经济过程中已经排放了大量的温室气体，但由此带来的全球气候变暖的恶果却由所有国家承担；对于那些发展中国家，它们也有发展经济的权利，不能因减排而剥夺它们的发展权利。

2005年2月16日，旨在抑制全球变暖的世界性环境法案——《京都议定书》终于生效了，它规定了发达国家的减排任务。然而，美国于2001年3月退出了《京都议定书》，这对于减缓全球变暖的努力而言无疑是沉重一击。

经济学家早就认为，《京都议定书》最终会以失败而告终。首先，排放温室气体的权利不可能明晰，空气是一种流动性很强的气体，排放方便，很难界定排放的主体。其次，即使理论上界定了排放权，其执行的交易成本不菲，虽然各个国家规定了减排任务，即使理论上界定了各国的排放权利，但不同的国家和地区、环境差异，经济发展水平参差不齐，使得我们无法具体地进行处罚。

所以，很多时候，我们需要一个具体的有区分的策略来应对一个问题。

既然不能对别的国家进行限制，但是可以实行对企业的排放进行限制，这样一来，每个企业都竭尽可能仅处于刚好低于污染线的要求，这至少能在一定程度上起到减小排放的目的。

我们都知道汽车尾气的排放会带来环境的污染，为此人们提出限制对汽车的使用，最初的做法是，无论什么样的汽车，每年征收同样的费用。可这样做的结果却令人大跌眼镜。

这样做非但没有鼓励人们少用车，反而会鼓励人们更加频繁地使用。如果使用固定的汽车使用税，每位司机也会像自助餐厅的暴饮暴食者一样，在出发号吹响之后就开足马力进发，原因是他们并不担负实际的费用，每一脚油门并不会增加新的成本，因此在一次性交了一大笔钱之后，就可以开始"免费之旅"。

如果根据每辆汽车的排放量进行缴费，这样就能激励每位司机节省用车，那么就能达到减少排放的目的。通过每年检查汽车的里程数，并以此估算排污量并进行收费，这样的方法的确能够保证人们面对的是污染所造成的真实费用，并鼓励他们对社会的污染量承担责任。

事实证明这样的做法确实有效。这样的做法还使越来越多的人青睐那些排量比较小的汽车，并且汽车生产商们为满足人们的这种需求，主动去开发混合动力车或者不需要燃油的汽车。

第四章
黏住——为什么我们记住了这却忘了那

» 没有人天生记忆力不好：大脑是一个超级内存

我们常听人说："我的记性真差"，"我对数字真是无可奈何，朋友的电话号码都记不住"，"仅有一面之缘的朋友的名字和长相，我老是记不住"等。我们无法记住数字，无法记住朋友长相，是不是就是记忆力不好呢？还是我们只是记忆的方式不对？

爱因斯坦是20世纪举世公认的科学巨匠。他死后，科学家对他的大脑进行了研究，结果表明，他的大脑无论是体积、重量、构造，还是细胞、组织，与同龄的其他任何人都一样，没有区别。这充分说明，爱因斯坦成功的秘诀，并不在于他的大脑与众不同，用他自己的话说，在于超越平常人的勤奋和努力以及为科学事业而忘我牺牲的精神。

正如《美国心理学会年度报告》中指出的：任何一个大脑健康的人与任何一个伟大的科学家之间，并没有不可跨越的鸿沟。

据研究记忆力的阿诺欣教授和劳金茨科克教授说，我们脑子的容量非常大，几乎对进来的信息全部都能收容下来。人的大脑是一个"超级内存"，像一座望不到边的金矿，可以供无限开采。至今为止这座金矿被我们开采得太少了。世界著名的控制论专家维纳说："每一个人，即便是做出了辉煌创造的人，在他的一生中利用他自己大脑的潜能还不到百亿分之一。"人类的大脑是世界上最复杂也是效率最高的信息处理系统。别看它的重量只有1400克左右，其中却包含着100多亿个神经元；在这些神经元的周围还有1000多亿个胶质细胞。大脑的存储量大得惊人，在从出生到老年的漫长岁月中，每秒钟大脑足以记录1000个信息单位，也就是说，我们能够记住从小到大周围所发生的一切事情。

所以，我们并不用担心我们大脑内存不足而导致记忆力不如人。记忆的强弱也并非天生的，它是可以随着训练和掌握好的记忆技巧和方法而提高的。美国哥伦比亚大学心理学教授伍德华司曾在一篇文章中指出：只要学到正确的记忆方法，就能够提高记忆力。

他做过一个实验，把一些人分成记忆相仿的两组，让第一组人只依赖简单的背诵方式去完成一个记忆任务，而让另一组人先接受记忆方法的训练，再完成与第一组同样的记忆任务，结果掌握正确记忆方法的一组效果远比另一组好得多。因此，在记忆中，既要花工夫苦练，又要找窍门、摸规律，才能做到事半功倍。

世界著名的记忆大师哈利·罗莱因说："记忆方法是任何人都完全能够掌握的。记忆力的强弱并非天生的，它是可以随着训练和掌握好的记忆技巧和方法而提高的。"许多人在剧场和电视节目中看到过在记忆方面所表现出超级能力的人，都对记忆的神秘莫测感到惊讶。其实经过训练，我们也能拥有超级记忆力。

记忆力的训练有很多途径和诀窍，每个人都可以通过努力找到适合自己的记忆模式来提升记忆力。但是有一点最重要，就是抱着能够记忆的自信与决心。若是没有这种自信，脑细胞的活动将会受到抑制，脑细胞的活动一旦受到抑制，记忆力便会迟钝。关于这一点，我们可以从心理学上得到证明。在心理学上，将这种情形称为"抑制效果"。一般的反应过程是：没有自信，脑细胞的活动受到抑制，无法记忆，更缺乏自信，最后形成一种恶性循环。

通过以上的实验和分析，我们应该明白，与其说记忆力不好是脑力衰退的原因，不如说那是自信心不足犯的错。如果我们足够自信和努力，说不定一点都不比爱因斯坦差呢。

» 情绪不好时购物与旅游：购买经历更快乐

现代人常说人逢购物精神爽，尤其对女性而言，心情不好的时候，特别能够下血本，看着自己的战利品，那种成就感和满足感似乎已经掩盖了抑郁的情绪。

每次看到自己采购回来的衣物、鞋袜塞满衣柜，李伟萌都很后悔，但她就是克制不住购物的欲望。于是，她就在这种痛与快乐之中徘徊着。李伟萌学的是工程设计方面的专业，周一至周五都很忙，有时为了绘一张老师布置的工程图要通宵达旦地做，搞得既紧张又累。所以，许多时候，她觉得自己有点压抑，情绪总是在低谷一样。她平时很少外出游玩，但唯一的乐趣就是周末邀约几个女生进城购物。碰到超市就忍不住走进去，本来只想逛逛就行，但是，基本每次都是满载而归。特别是到了打折的店铺，她往往因为某件衣物的配饰好看、某条裤子款式新颖、某双鞋子颜色中意，不管合适与否，都通通买下。如果缺一样没买成就会睡不好，如生病一样没精神。

人会在心情不好的时候选择一些让自己放松的行为，花钱购买商品（比如最新款的裙子或者手机）是其一，而花钱购买经历（比如出去吃顿饭、买一张音乐会的票或者一次度假）也是其一。

漂亮的何丽感情受挫，与男友分手后，毅然向上司递交辞呈，然后潇洒地拖上行李箱，远走他乡，用一场旅行来治疗感情的创伤。于是，她选择了香格里拉，在近一个月耗资 1.5 万元人民币的"修养"中，她觉得自己在看到巍巍雪山、青松翠柏、潺潺流水，还有那洁白的雪莲、碧绿的海子、奇特的藏药、天使一般的黑颈鹤的时候，创伤得到了治愈。在她以后的人生历程中，也不曾淡去那份恬静的心绪。

心理学家里夫·凡·波文和托马斯·基罗维奇做过这样一个研究：当我们想花钱买快乐时，花钱买商品和花钱买经历哪一样更好。两位心理学家首先开展了一次国际性的访问调查，他们请世界各地的一些人回忆自己花钱买快乐时所买的商品或经历，然后对这些商品或经历给自己带来的快乐程度打分。他们还做了另一项实验，他们将实验参与者随机分成两组，要求其中一组回忆最近买过的商品，另一组回忆最近买过的经历，然后分别对自己目前的情绪状态打分，一组的评分标准是从 –4 分（不好）到 4 分（好），另一组的评分标准是从 –4 分（难过）到 4 分（高兴）。

两个实验的结果都清楚地表明，不论从短期看还是从长期看，买经历都比买商品带给人更多的快乐。

同样都是一种购买行为，为什么会有这样的差别呢？

原因就是，我们对经历的记忆很容易随着时间的流逝而过滤，我们会滤出或者放大自己的愉悦记忆，同时把一些不愉快的记忆封锁或者缩小起来。比如，我们可能忘却令人疲乏的飞行旅程，而只记得在沙滩上全身放松的美妙时刻。

但是，我们的商品会随着时间的流逝而变得破旧过时。同时，购买经历会促使我们采取一种最有效的导致快乐的行为——和其他人共度时光。此外，社会性本身也是经历的一部分，当我们把经历告诉别人之后，我们的经历也就具有了社会性。与之相比，购买最时髦或者最昂贵的商品，有时候反而会使我们与嫉妒我们拥有这一商品的朋友或家人隔绝开来，而对商品的把玩也会使我们在不知不觉中陷入孤立的状态。比如，我们想在人前展示自己的钻石戒指，但是方法一没用对，很可能让别人误解我们是想要炫耀，从而产生不必要的麻烦。

所以，如果真想要花钱买快乐，我们就用来买经历吧！可以出去吃顿饭、听场音乐会、看场电影或演出，可以远行度假、去学舞蹈、出去写生、去蹦极等。

这是一处属于我们自己的宝藏，这是一份永远都不会失去的宝藏。

» "活 Google"：超强记忆综合征

在生活中，我们常常会发现：有些人的记忆非常好，看过的东西可以过目不忘，而有些人的记忆却比较差，学过的东西很快就忘了。

美国有一位名叫布拉德·威廉姆斯的人，他记忆力超群，年过半百的他几乎能够记住其一生中发生的任何事情，甚至包括某日的天气情况。正因为这种超常的记忆力，他受到了《早安，美国》节目的采访。节目中，当主持人问他是否还记得小学某次考试的成绩时，布拉德笑着说："我真想忘了它。"不过他还是答出来了，成绩是 B。因为他的这种能力，他被同事戏称为"活 Google""活百科全书"。

之后，有研究人员将威廉姆斯的超常记忆力称为"超常记忆综合征"，而神经学家也开始了对威廉姆斯大脑的研究，他们希望能够找出威廉姆斯拥有超人记忆力的原因，从而找到增强记忆力的方法。

那么，是什么原因造成了人们记忆上的差别呢？有些东西，我们看过后经久不忘，有些东西我们却怎么也回忆不起来，记忆到底是怎么一回事？

人们对记忆规律的掌握和运用不同，是造成记忆差别的重要原因。形象地说，如果把我们的大脑比做一个"加工厂"，当外界信息进入"加工厂"后，我们的大脑就会给它们"贴上号码"，让信息转化为我们更容易接受的简单形式，最后大脑把这些信息放进了"记忆仓库"里。比如，我们读一首诗，诗句的书面字符作用于我们的眼睛，转化为神经脉冲，传到大脑中枢，引起有关字符的感知觉，同时，过去已经贮存在大脑里的一些有关的信息也被激活，跟眼前的诗句建立起联系，再经过多次的诵读、多次的刺激，我们就把这首诗记在脑子里了。

心理学研究表明，影响记忆差别的心理因素主要是由心理倾向性和对记忆规律的掌握不同造成的。所谓心理倾向性，是指人们对某一事物的兴趣、爱好和注意的程度。我们知道，注意是产生记忆的首要条件。不把注意力集中在所学的东西上，要产生良好的记忆是不可能的。比如，你可能说不出你住的楼房的楼梯有多少级台阶。这是因为你根本就没去注意它，并不是你记不住。

学习一些有效记忆的方式，能方便我们的生活。下面介绍几种提升记忆的方法。

（1）形象记忆法。所谓形象记忆法，就是将一切需要记忆的事物，特别是那些抽象难记的信息形象化，用直观形象去记忆的方法。形象记忆是非常有效的记忆方法。举个最简单的例子，我们要记下"124"这个数字，单纯记忆的话，可能没几天脑子里就没有这个印象了。但是如果我们这样来记：把"1"想象成"金箍棒"，把"4"想成一面旗子，而"2"就看做一只天鹅，那么，连起来记忆就是左手拿着"金箍棒"，右手拿着"小旗子"的"天鹅"。这样记起来是不是轻松多了呢？之后，我们可能会遗忘这个数字，但是，我们却能够记起这个独特的形象，从而再把数字的存在唤醒。

（2）谐音记忆法。谐音记忆法是利用事物之间的相同发音来帮助记忆的一种方法。像在记忆一些较容易记混的年代事件、数字的时候，这个方法就十分有效。比如，马克思生于 1818 年，逝世于 1883 年。那么可以这样记："一爬一爬（就）爬（上）山（了）。"再如，甲午战争爆发于 1894 年，用它的谐音"一把揪死"，就非常容易记住。

（3）联想记忆法。联想记忆法是不将客观存在的事物视为独立，而是将其看做处在复杂的关系和联系之中，从而以此物联想至彼物来方便记忆的方法。所以，我们就要学会把这种关系的链接。我们先要认真理解信息的内容和实质，让我们的头脑中浮现出清晰的表象，再发散性地思考不同信息之间的共性、个性、差异性。

» 大脑常"短路"："艾滨浩斯"让记忆保持新鲜感

我们都知道，遗忘和保持是矛盾的两个方面。记忆的内容不能保持或者提取时有困难就是遗忘，如识记过的事物，在一定条件下不能再认和回忆，或者再认和回忆时发生错误。

今年 31 岁的李欢在一服装公司做财务，她已经从事这一行 10 年了，但是，最近几个月却总有些精力不集中，导致工作上出现差错。

之后，李欢到医院问诊，她告诉医生，快一年了，她明显的精力下降。做报表是一项精细活儿，所以，她时常需要加班，但是只要稍微集中精力一会儿就会觉得头昏脑涨。有些时候，有人叫自己名字也感觉不到，等自己有时突然回过神来，但自己之前的工作做到哪儿又忘了，这种"短路"现象让她十分苦恼。

李欢的主治医生说，李欢是患了神经症，这种病症近年来常见于白领人群，也被形象地称为"白领健忘症"。

刚到嘴边的话又忽然忘了，明明记得对方却就是叫不上名字，昨天记的英语单词今天脑子里就没有存货了……这些情况我们都不会陌生，我们会有"回忆"，会有"记得"，当然，也会有遗忘。

遗忘有各种情况：

永久不能再认或回忆叫永久性遗忘。永久遗忘在生命里更是经常发生了，比如，小时候的一些事情，我们小的时候可能会记得，但长大以后也许记不得了，也没有心情去记了，便是永久的遗忘了。

不能再认也不能回忆叫完全遗忘。完全遗忘在患有失忆的人身上体现得最为明显，比如，对自己过去所有的事情都记不起来了，有时候，患有失忆的人连自己的亲人都不认得了。

一时不能再认或重现叫临时性遗忘。对于这一点，考试怯场最能说明问题，本来平时学习成绩很好，考试时却突然大脑一片空白，什么都想不起来了，结果考砸了，考完后可能又重新回忆起来了。

能再认但不能回忆叫不完全遗忘。在我们读书时经常有这种感觉，很多内容非常熟悉，但就是回忆不起来。我们读了大量的书，觉得底气很足，结果在考试的时候发觉见了熟悉，但让自己默写下来却有些困难。

德国著名的心理学家艾滨浩斯最早研究了遗忘的发展进程，他受费希纳的《心理物理学纲要》的启发，采用自然科学的方法对记忆进行了实验研究。研究发现，遗忘是有规律的，并且呈现为一条曲线。艾滨浩斯遗忘曲线是艾滨浩斯在实验室中经过了大量测试后，产生不同的记忆数据从而生成的一种曲线，是一个具有共性的群体规律。此遗忘曲线并不考虑接受实验个人的个性特点，而是寻求一种处于平衡点的记忆规律。

这条曲线告诉人们，在学习事物的过程中的遗忘是有规律的，即"先快后慢"的原则。这个规律就是在记忆的最初阶段遗忘的速度最快，后来就逐渐减慢了，过了相当长的时间后，几乎就不再遗忘了。观察这条遗忘曲线，我们会发现，学到的知识在一天后，如不抓紧复习，能记住的就只剩下原来的25%。随着时间的推移，遗忘的速度减慢，遗忘的数量也就减少。

记忆规律可以具体到我们每个人，因为我们的生理特点、生活经历不同，可能导致我们有不同的记忆习惯、记忆方式、记忆特点，所以，不同的人有不同的艾滨浩斯遗忘曲线。规律对于自然人改造世界的行为只能起一个催化的作用，如果与每个人的记忆特点相吻合，那么就如顺水扬帆，一日千里；如果与个人记忆特点相悖，记忆效果则会大打折扣。因此，我们要根据每个人的不同特点，寻找到自己的遗忘规律，在大量遗忘尚未出现时及时复习，以此保持记忆的新鲜感，就能收到巩固记忆的效果。

我们应该怎样利用艾滨浩斯遗忘理论来调整自己的记忆规律，同时加强我们的记忆力呢？

俄国伟大的教育家乌申斯基曾经说过："不要等墙倒塌了再来造墙。"这句话生动地描绘了遗忘曲线应用的精髓：及时复习。遗忘规律要求我们在接触信息之后要立即进行复习，加强记忆，并且以后还要再复习几次，但复习的时间间隔可以逐渐增加。比如记忆的第一天后进行第一次复习，3天后再复习一次，下一次的复习则可安排在一周之后，以此类推。不管间隔时间多长，总之要在发生遗忘的时候及时复习。

艾滨浩斯认为，凡是理解了的知识，就能记得迅速、全面而牢固。不然，死记硬背是费力不讨好的。因此，我们在方便大脑整理记忆的时候，最好事先将信息进行一下"意义化"处理。比如，与其单纯地去记忆1、4、3、5、8的数字，不如利用联想法或者其他方法赋予其一个含义，这样记忆起来就会方便得多。

» 才拨的号码就忘了：7±2效应

世上有人能够过目不忘，还有那种过目即忘的人。

王艳梅想约好久不曾联系的大学室友出来玩一下，然后，她打开另一个同学之前给她发的短信，短信上有写着大学室友的电话号码。于是，她拨了号码，打了电话，因为关系比较好，所以只是寒暄了一两分钟，约了个地方见面就挂断了。奇怪的是，当她在通话结束后，却怎么也想不起刚刚打的电话号码了。

一般来说，我们经常拨的一些电话号码我们都会记住，如家中的电话、办公室的电话，而手机号码则不同，虽然只多了三四位数字，却比普通电话号码难记得多。为什么呢？

如果有兴趣的话，可以找人做下面这个简单易行的实验。

一个人按照顺序读下面的若干组数字，在一组数字读完后，另一个人将数字组写出来。两组数字记录准确无误时，进入下组数字。这样，直到我们对某一长度数字不能完全记住为止，我们就可以知道自己的短时记忆广度。

同时，读数字的人要注意保持声音的平稳性和节奏性，读两个数字的时间间隔控制在一秒钟左右，如果不能准确控制时间的话，可以在读完一个数字后默念一下自己的名字，然后再读下一个数字。比如，要念"469"这一串数字，我们先读"4"，然后默念自己的名字，再读"6"，再默念自己的名字，再读"9"。

（以下"–"表示间隔一秒）

5–4–1

2–6–3

6–4–8–3

7–5–6–9

6–3–1–2–8

7–8–5–6–2

4–5–6–3–8–1

8–6–3–7–5–2

6–8–9–2–5–2–3

3–9–4–3–5–8–6

7–3–2–7–5–8–9–4

1–4–2–8–6–3–8–5

6–8–9–4–2–4–7–5–6

5–7–4–2–3–7–9–6–4

3–2–6–8–5–9–6–3–1–7

6–1–5–3–8–9–5–6–3–4

4–6–9–7–8–5–2–7–3–5–7

8–6–1–3–6–8–3–5–6–8–2

3–7–6–2–4–3–5–7–9–1–2–5

4–2–6–8–3–5–1–9–6–7–5–3

4–6–2–4–3–8–9–6–5–7–4–3–1

1–7–4–7–9–7–3–2–5–7–6–4–6

试试看，看你能记住多少！

假如我们的记忆力像一般人那样，我们可能回忆出 7 个数字，至少能回忆出 5 个，最多回忆出 9 个，即 7±2 个。

所以，这个有趣的现象就被称为"7±2 效应"。

这个规律最早是在 19 世纪中叶由爱尔兰哲学家威廉·汉密尔顿观察到的。他发现，如果将一把弹子撒在地板上，人们很难一下子看到超过 7 个弹子。1887 年，M.H. 雅各布斯通过实验发现，对于无序的数字，被试者能够回忆出数字的最大数量约为 7 个。而发现遗忘曲线的艾滨浩斯也发现，人在阅读一次后，可记住约 7 个字母。

同样，很早以前人们就注意到类似的现象。1871 年英国经济学家、逻辑学家威廉·杰沃斯说，往盆子里掷豆子时，如果掷上 3 个或 4 个，他从来没有数错过，如果是 5 个，就可能出错；如果是 10 个，判断的准确率为一半；如果豆子数达到 15 个，他几乎每次都数错。

这个神奇的规律引起许多心理学家的研究兴趣，从 20 世纪 50 年代开始，心理学家用字母、音节、字词等各种不同材料进行过类似的实验。实验中采用的材料都是无序的、随机的，如果是熟悉的字词或数字，这样短时记忆还只能容纳 7 个吗？例如"c-o-o-p-e-r-a-t-i-o-n"，意思是"合作"。这个字母序列虽然已经有 11 个字母，但是学过英语的人大多能很好地回忆出来，这不是违背了短时记忆的"7±2"效应了吗？其实，这恰恰是神奇的"7±2"中存在的另一个奇特的现象。因为短时记忆中信息单位"组块"本身具有神奇的弹性，一个字母是一个组块，一个由多个字母组成的字词也是一个组块，甚至可以通过一些方法把小一些的单位联合成为熟悉的、较大的单位，而且对知识的熟悉程度还会对它产生影响。例如"认知心理学"5个字对于不懂心理学的人来说是5个组块；对稍懂心理学的人来说是两个组块（认知、心理学）；而对专业心理学学生、心理学家来说这5个字就只有一个组块。但不论人们储存的组块是什么，短时记忆的容量都是为7±2个组块。

1956年，美国心理学家米勒教授发表了一篇重要的论文《神奇的数字7加减2：我们加工信息能力的某些限制》，明确提出短时记忆的容量为7±2，即一般为7并在5~9之间波动。

所以，不管是我们给自己设定怎样的目标和计划，我们都要考虑到7±2的特点，来合理安排我们的学习或者工作任务，不要因为我们对知识的过分吸纳而出现认知超载。比如，我们在工作中，遇到难度较大的问题，我们就可以将其分成7±2个组块。最显而易见的方法就是将工作量化，分为5个组块，然后在5天的工作日里完成应有的分量。如果是及时性较强的工作任务，那么，就可以将一天的工作量分成5~9块来完成。用这种逐渐细化的量化方法，就可以慢慢地克服我们的工作随意性和散漫性了。

神奇的7±2效应给我们最直接的启示就是，短时记忆的容量是有限的，不要再幻想一口吃一个胖子，一下子变成天才。

» 巴纳特的课堂实验：做笔记有助协同作用

美国心理学家巴纳特曾经以大学生为被试者做了一个实验，研究了做笔记与不做笔记对听课学习的影响。给大学生们提供的材料为1800个词的介绍美国公路发展史的文章，实验者以每分钟120个词的中等速度读给学生听。而大学生被分成了3组，每组以不同的方式进行学习。甲组为做摘要组，他们被要求一边听课一边摘出要点；乙组为看摘要组，他们在听课时，可以看到已列好的要点，但自己不动手写；丙组为无摘要组，他们只是单纯听讲，既不动手写，也不予提供有关的要点。课程完结之后，研究者对所有学生进行了回忆测验，检查其对文章的记忆效果。

实验结果表明：自己动手写摘要组的学习成绩最好；在听课时看摘要，但自己不记录摘要的小组，学习成绩次之；单纯听讲、不做笔记，也没有摘要的小组，成绩最差。

同样的课程，同样的老师，同样的学生，只是因为有没有做摘要，为什么会出现这样的差异呢？

我们很容易遗忘一些信息，特别是那些容易忽略的细节问题。但是，如果这些细节正是我们需要注意的呢？人们常说"好记性不如烂笔头"。

那么，为什么我们更宁愿相信自己的双手，而不是自己的大脑呢？

　　首先，做笔记有助于提高记忆力。用笔记下的内容，它与仅看到的内容有本质的差异。前者既有思维参与，又有活动因素，而后者主要是思维参与，其参与程度一般也不如前者。因此，记忆效果不如前者。现代心理学大量实验表明，活动是有助于提高记忆效果的。

　　其次，做笔记有助于多种分析器协同作用。分析器是指，分析和判别外界信号刺激的各种个别要素的系统总称。这其中包括了人的听觉、视觉、嗅觉、味觉、触觉。所以，我们在使用笔记记录时，它用到了看、记相应的分析器活动。每一种分析器进入大脑记忆的通道并不一样，但相互都是联系的。同一内容在不同通道进入，从而使记忆更加牢固。现代心理学研究表明，单凭听觉，会话通信每分钟仅能传达 100 个单词，而视觉传达的速度则达到听觉的一倍；视觉、听觉同时起作用，传达的速度则是听觉的 10 倍。可见，分析器参与越多，彼此联系越紧密，其记忆效果就越好。这就是用笔记下来的内容容易记住的原因之一。

　　做笔记既然有那么多的好处，那么我们要怎样才能记好笔记呢？

　　1. 提高书写速度

　　当我们在记录及时性的内容时，就需要一定的书写速度，速度太慢，势必会跟不上记录进度，影响笔记质量。所以，我们要学会一些提高笔记速度的方法：不必将每个字写得横平竖直、工工整整，可以潦草地快速书写；可以简化某些字和词，建立一套适合自己的书写符号，比如用"∵"代表"因为",用"∴"代表"所以"。但要注意不要过于潦草，过于简化而使自己也看不懂所记的内容是什么。

　　2. 笔记方式多种多样

　　我们常用的记录方式有要点笔记、提纲笔记及图表笔记等。要点笔记，不是将所有信息都记录下来，而是抓取要点，如重要的概念、论点、论据、结论、公式，对所记录的内容要学会用关键词加以概括。提纲笔记这种记录方式，是把信息分出不同的层次，在每一层次中记下要点和有关细节，这样就显得条理清晰，使人一目了然。图表笔记则是利用一些简单的图形和箭头连线，把主要信息内容绘成关系图，或者列表加以说明。而图表比单纯的文字更具有形象性和概括性。

　　3. 做好记笔记的准备工作

　　笔记本是必不可少的。最好给不同的处理事项准备一本单独的笔记本，不要在一个本里同时记几项内容，比如，上一页还是工作记录，下一页就写满了理财计划，这样就会显得很混乱。

　　4. 适当安排知识补充区域

　　每页笔记的右侧画一竖线，留出 1/3 或 1/4 的空白，用于事后的拾遗补阙，或自己心得体会的补充。

» 汉密尔顿荒地的命名：具体化让人记忆清晰

学做饭的人可能都经历过照着一个抽象的菜谱做饭的失败的情景，有些人认为自己天生不是做饭的料，看着菜谱做，还是会失败。其实这与是否具有做饭的天赋没有关系，而是菜谱描写过于抽象，比如"直到菜肴达到一个合适的稠度。"我们不仅会问："合适？怎么才算是合适，为何不直接说搅拌多少分钟！或者配一幅图看看是什么样子。"

但是，当我们在做了几次这道菜后，"合适的稠度"这句话可能就开始有意义了，我们对这句话代表的意义有了一个感官印象。具体就是这样帮助我们理解的，它帮助我们在已有的知识和感觉的基础上建立更高更抽象的洞察力。抽象需要一些具体的基础，试图在没有具体基础的情况下教给别人一个抽象的原则，就像试图建一座空中楼阁一样困难。

具体化的创意更容易被人记住，以个别单词为例吧。有关人类记忆的实验表明人们更擅长记忆具体化、形象化的名词（"自行车"或者"鳄梨"），而不是抽象的名词（"正义"或者"人格"）。

大自然保护协会把橡树大平原命名为"汉密尔顿荒地"。名字源自于它的最高峰，也就是当地一个气象台所在地。把这片区域定义为连贯的地形景观，并且给它命名放在地图上，就是为了引起当地组织和政策制定者的注意。

"以前，硅谷组织就想保护离他们家园很近的那些重要区域，但他们不知道从哪儿开始。如果你说，'在硅谷的东边有一块确实很重要的区域'，这并不让人兴奋，因为不明确。但是当你说'汉密尔顿荒地'时，他们的兴趣就被提起来了。"有关人士斯威尼说。

帕卡德基金会是由惠普公司创始人之一创立的一个机构，为保护汉密尔顿荒地提供了一大笔捐款。海岸区域的其他环保组织也开始发起保护这片区域的活动。斯威尼说："我们现在总在会心微笑，因为我们看见别人的文件，他们正在谈论汉密尔顿荒地。我们真想对他们说，'要知道这是我们发动起来的'。"

住在城里的人们往往会这样命名他们附近的区域："卡斯特罗""苏豪区""林肯公园"等等。这些名字定义了一个区域及其特征，邻近区域都有它们自己的个性。大自然保护协会通过它的地形景观创造了相同的影响力。汉密尔顿荒地并不是一块几英亩的土地，它是生态保护的名胜之地。

这不是一个关于土地的故事，这是一个关于"抽象"的故事。大自然保护协会避开了抽象的陷阱每年拯救200万英亩土地，通过把地图上抽象的点变为明确的地形景观。大自然保护协会明智地意识到情境会变得更加模糊，解决方案亦会如此，但是他们不能让自己传达的信息更为模糊，因为具体化是黏性创意不可或缺的组成部分。

那么，如何区别抽象与具体呢？

大多数时候，具体被归结为特定的人做特定的事情。如果你能凭感觉审视某样东西，那么它就是具体的。一个 V8 引擎是具体的，"高性能"则是抽象的。

具体的语言帮助人们理解新的概念，尤其对初学者来说。抽象是专家才能享有的奢侈。如果你要把一个观念传达给一屋子的人，而你又不确定他们知道些什么，那么用具体的语言讲述是最为有效的方法。

要证明这点，可以从研究亚洲的数学课堂开始说起。我们可以知道，东亚的孩子比美国的孩子在各方面都要表现出色，这在数学方面尤为明显。在很早以前，美国人的数学技能就要落后于亚洲人，这个差距在一年级时很明显，然后在整个小学阶段日渐扩大。

亚洲学校的老观念是学校以近乎机器人的效率工作：时间长，且纪律严明。我们总认为东亚学生不是那么具有创造力，甚至更愿意认为他们是通过死记硬背和机械的学习方法来超过美国学生的。结果证明，事实几乎是相反的。

1993 年，一批研究人员研究了 10 所日本的学校、10 所中国台湾的学校和 20 所美国的学校。在每个学校，他们挑选了两位不同类型的数学老师作为观察对象，观察了每个老师的 4 节课。研究人员发现所有这些老师都频繁使用生硬的记忆法。

例如，思考一下这个由日本的老师提出的问题："你有 100 日元，但是你花了 70 日元买了一个笔记本。你还有多少钱？"或者这个由中国台湾的老师提出的问题："最开始有 3 个孩子在玩皮球，后来又来了两个，然后又有一个加入了他们。现在有多少孩子在玩球？"她边说，边在黑板上画上吸引人的图像，而且写下"3+2+1"的等式。

你看，这些老师通过强调具体化和熟悉的东西，购买学习用品和玩皮球来解释抽象的数学概念。他们充分利用了具体的思维模解决了一个抽象的问题。

研究者们把这类提问叫做情景计算，它与"死记硬背法"几乎完全相反。与我们的旧观念不同的是，它在亚洲出现的频率是在美国的两倍（61% 对 31%）。

用具体作为抽象的基础，这种做法不仅对数学教学有好处，也是理解的一个基本原则。初学者渴望具体，比如，我们在读一篇学术论文或者技术性文章时，对那些奇特的抽象语言感到困惑，特别希望有一个具体的事例来进行解释。

天生有黏性的创意充满了具体化的词汇和画面，所以，具体化的创意更容易被人记住。

» 愉快的记忆比不愉快的多：心情好记得快

弗洛伊德说过，人有记取愉快的经验，将不愉快的经验遗忘的倾向。那么，到底是因为这件事情愉快所以被记住，还是因为我们心情愉快的时候容易记住事情呢？

如果请你尽可能回想自己小学时发生的事情，并将回想起的内容列出来，分成愉快的、不愉快的、普通的 3 种。哪一种回忆会最多呢？结果显示，愉快的记忆约 50%，不快的记忆约 20%，普通的记忆则约 30% 的比例。

哲学家尼采曾说过："不愉快的事是潜藏着遗忘倾向的。"事实也的确如此，失败的或是错误的事是最容易被忘记的。例如达尔文一旦发现和自己学说有冲突的理论时，总要把它记在备忘录上，因为他说如果不记下来的话，很快就会忘记的。

不仅是心灵上的不快，肉体上的痛楚也容易被遗忘，甚至比精神上的痛苦更容易被遗忘。譬如，由于经历生育时的痛楚，生第一胎之后，做母亲的常会不想再生下一胎了，结果第二个甚至第三个孩子还是照样生下来了。醉汉在喝醉酒时把酒或钱藏在一个地方，清醒后却想不出放在何处，然而，等他又喝起酒来时，可能就又回想起来了。

如果不考虑情绪和记忆的关系，那么，这个研究所代表的意义不过是愉快的经验比不快的要多罢了。如果再以弗洛伊德式的思想来看，这种情况就代表不快的体验被压抑着，并封闭在潜意识的内心深处。

那么，是否仅仅是因为不快的经验被压抑，所以我们记住的愉快经历更多一些呢？其实，不仅如此，记忆和当时的状况——感情或气氛之间存在紧密的关系。情绪是影响智力活动的重要因素，情绪怎样，将对记忆效果的好坏起很大的作用，在特定的条件下，甚至会起到决定性的作用。人的情绪大致可分为两类——愉快的情绪和不愉快的情绪，它们对记忆的作用是不一样的。

愉快的情绪，叫做积极的增强情绪。它包括希望、快乐、恬静、好感、和悦与乐观等情感体验。这种情绪能够使人体的各种生理机能活跃起来，提高人的生活动力，增强人的体力、精力，驱使人去活动，产生强烈的求知欲，使大脑的工作状态最佳化，大大提高大脑的工作效率和记忆功能。

不愉快的情绪，叫做积极的削弱情绪。它包括愤怒、焦急、害怕、沮丧、悲伤、紧张和不满等情绪体验。这种情绪对人体的器官、神经、肌肉和内分泌刺激很大，既有害健康，又影响大脑的记忆功能。比如，有的新演员把台词背得滚瓜烂熟，可是一登台，看见台下黑压压的一片人，马上紧张过度，把台词忘得一干二净。有的学生平时学习很刻苦，知识记得很牢固，但一到考试就过度紧张，把本来已经记得很熟的内容也忘了。恐惧与害怕造成遗忘的现象也是很常见的。

古人司空图的《漫题三首》诗中,有一句是"齿落伤情久,心惊健忘频"。这后一句的意思是:内心惊悸害怕,健忘的事连连发生。因情绪不良而导致健忘——古人的描写与观察都是正确的。

关于情绪对记忆力的增强和削弱作用,我们也可以在文学名著中找到相关的描述。

比如,法国作家巴尔扎克在其著作《欧也妮·葛朗台》一书中,用夹叙夹议的笔法写到了情绪提高查理的记忆力的情节:在一生的重要关头,凡是悲欢离合之事发生的场所,曾跟我们的心牢牢地黏在一起。所以查理特别注意到小园中的黄杨树、枯萎的落叶、剥落的围墙、奇形怪状的果树,以及一切别有风光的细节,这些都将成为他不可磨灭的回忆,和这个重大的时间永远分不开。因为激烈的情绪有一种特别的记忆力。

从这些例子和心理学的研究分析,我们也就知道了,让情绪保持高昂的状态,记忆力才会处于最佳状态。

潜伏——为什么我们会无意识地行动

» 挑战观众想象力的话剧：想象是伟大的力量

想象是人对脑子中存储的记忆、表象进行加工改造，从而产生新形象的心理过程，也就是人们将过去经验中已形成的一些暂时联系进行新的结合。它是人类特有的对客观世界的一种反映形式，能突破时间和空间的约束，达到天马行空的飞跃。

在我们的精神世界中，最大的一笔财富，就是我们的想象力。

想象在人的情感生活中也有重要作用，想象过程总是能够激起情感体验，同时情感体验也是想象的内容之一。这也就是为什么许多人读小说时会流泪，因为在读的过程中读者已将自己想象成小说中某个人物，真所谓是与角色"共生死"，当然喜怒哀乐也随情节发展而生。想象不仅可以引起一种短暂的情绪状态，也可能成为深刻而牢固的情感产生的源泉。想象也可以成为人的意志行为的推动力。

所以说，想象与人的思维、情感、意志活动甚至感知活动都有着深刻的联系。想象与记忆活动交织在一起，记忆表象是想象的素材，同时在一定程度上为想象所补充，与想象相结合。任何一种思维过程——尤其是形象思维——都离不开想象的参与。

美国心理学家维纳克认为，想象的作用有 5 个方面：欣赏和游戏；表演和使用；活动的指导——预想和计划；建设性或创造性思维——从幻想到解决问题的需要；激起回忆，有利于问题解决。

那么针对这些方面，我们可以怎样利用我们的想象力呢？

首先，我们的一些思维和行为表达方式，如果想要让对方最大限度地明晰、了解，那么，我们就可以采用一些具有建树性、独特性、创造性的方式，让人去感受我们的思维理念。

其次，把想象力转化为创造力，再把这种创造力运用到生活中的每一个细节上。比如，我们工作上的新想法、新理念、新方案；生活中充满惊喜和情趣的生活方式；处理人际关系的巧妙手法等。

再者，我们在欣赏艺术作品的时候，就可以充分发挥我们的想象力。我们可以徜徉在艺术作品中，用天马行空和无边的思维去解读，甚至是重读、解构它的新含义。

最后，把我们的想象力尽量用到我们的生活、工作规划中，我们要在计划中设想可能出现的一切障碍、意外、利益等，这样，才能有助于我们完成一份最有说服力的计划。

» 演唱会时，再害羞的人也会跟着大声唱："去个性化"的心理效应

有些人天性内向，但在一些情况下却显得比平时外向的人更疯狂，我们通常说他们两极分化，其实，这其中还存在鲜为人知的心理效应。

小张性格内向，羞于在人前讲话，更不善于唱歌，在 KTV 的时候也几乎从来都只做听众。但是，奇怪的是，看演唱会的时候，小张却特别积极，和台下的观众一起，跟着台上的明星的节拍唱得不亦乐乎。看体育比赛的时候，不爱踢球的小张也很兴奋，和大家一起使劲为运动员们呐喊助威。

同一个人在不同的状况下怎么会有这么大的变化呢？

当人把自己埋没于团体之中时，个人意识会变得非常淡薄。心理学将这种现象称为"去个性化"。个人意识变淡薄之后，就不会注意到周围有人在看着自己，觉得"在这里我们可以做自己喜欢做的事情"，反正周围也没有人认识自己，也没有人际关系的束缚。巨大的开放感让害羞的人的欲求进一步增长，因此在这种场合下也会大声唱歌、高声呐喊助威。而大声喊叫出来，也是一种释放精神压力的方法，可以使人心情舒畅，所以有些平时不爱说话的人在这种情况下还会越唱越上瘾、越喊越大声。

但是，这种"去个性化"的状态持续发展下去，也存在一定的危险性。当人的自我意识过于淡薄时，就会开始感觉什么事好像都不是自己做的。比如狂热的足球迷，如果自我意识过于淡薄，就可能发展成危害社会的"足球流氓"。

为了研究"去个性化"带来的影响，心理学家金巴尔德曾以女大学生为对象进行了一项恐怖的实验。他让参加实验的女大学生对犯错的人进行惩罚。这些女大学生被分为两组，一组人则被蒙住头，别人看不到她们的脸，而另一组

人胸前挂着自己的名字。由工作人员扮成犯错的人后，心理学家请参加实验的女大学生发出指示，让她们对犯错的人进行惩罚，惩罚的方法是电击。实验结果表明，蒙着头的那一组人，电击犯错者的时间更长。由此可见，有时，"去个性化"会让人变得更冷酷。

当然，"去个性化"并不会在所有情况下都能导致人丧失社会性和冷漠。在保持着社会性的团体中，"去个性化"也很难使人做出反社会的行为。所以，当平时安静的朋友在演唱会中高声喊叫时，我们也大可不必去阻止他。

» 好妻子是个好厨娘：恋母情结倾向

英国《每日邮报》公布的一项调查结果显示，尽管现代男人心中"好妻子"的标准与 50 年前比有了很大变化，但诸如"下得厨房"等女性传统美德仍备受推崇。

被调查的 2309 名英国男女中，近一半男性希望妻子是个"好厨娘"，并认为会做饭是女性最该具备的能力。当然，如今的"厨娘"比过去好当很多，只需要准备一顿简单的饭菜即可。

而 50 年前，英国《管家月刊》刊登的《"好妻子"行为指南》要求则高得多：好妻子应提前计划晚餐，然后准备食材，精心烹制，而这一切必须在丈夫回家前完成。

与 50 年前大为不同的是，近六成受访男性不再渴求伴侣温顺听话，并声称更尊重敢于同他们争论的女性。约 2/3 的人希望妻子能打理家庭财政，而这在过去往往是丈夫的职责。此外，还有 50% 的人需要靠妻子提醒生活的琐事，比如自己母亲的生日等。

丈夫的腰围粗细，妻子负有不可推卸的责任。妻子饭菜做得好坏往往和丈夫的腰围成正比，因为一个男性所吃的食物就是他妻子制作的。当妻子端出那些精心烹制的点心，丈夫怎么可能开口说"不"呢？这种"得到他的心就先得到他的胃"就有几分"恋母情结"的意味了。奥地利心理学家弗洛伊德把以本能冲动为核心的一种欲望称为"恋母情结"，也称为"俄狄浦斯情结"。通俗地讲，它指男性的一种心理倾向，就是无论到什么年纪，总是服从和依恋母亲，在心理上还没有断乳。

美味的食物，固然可以让男人对女人产生依恋，但是男人要的并不是一个特级厨师，而是在食物中寻找一种味道，一种母亲的味道，也就是"恋母情结"的倾向。

恋母情结不是什么道德问题，而是男人的一种正常心理，一个男人根据其从小到大生活环境影响的不同，恋母情结的程度也不同。有的男人在儿童时期在外面受到欺负，他就向母亲求助，他认为最安全的港湾就是母亲的臂膀。这样，男人成年后，在社会上遭受挫折，往往会把自己对母亲的依恋感投射到恋爱或者婚姻对象身上，女友或是妻子的臂膀就是他最安全的港湾。

这也因为男人最初接触到的食物就是母亲烹饪的，所以，当一个温柔的女人捧出热腾腾的饭菜时，这种场景容易引起男人对母亲记忆的怀念和想象。而作为妻子这个角色，本身就继承了男人母亲的部分特质，也是他心中对自己母亲形象的一种投射。

所以，当男性和女性相处的时候，男人需要注意不要在爱人身上过分地渴望看见母亲的形象延续，不要总是将自己的爱人与母亲作对比，要看到这两种女性身份所不同的属性。我们可以常常夸赞妻子的手艺，多说吃起来有"家的味道"。哪怕对方所烹饪的食物或许并不是特别的精致，只是普通的家常菜，我们最好也能表现得食指大动，赞不绝口。因为我们一定要看到那样一个菜肴里包含着的对方的思念、爱意、关怀和责任，那是出于一个女人对男性的爱。

同时，女性也要注意照顾男人的饮食，不要让他夹着公文包，一边下楼一边吃早餐；在家吃早点时，也不要担心时间不够。但是，大多数家庭都会出现这种可悲的情况——早晨的百米冲刺。基于此类现状，洛波特·沙利格博士——巴尔的摩神经精神学院的神经科主任提出严重警告："对于生活在都市的男性们来说，普遍呈现出的场面是：为了赶上 7 点 50 分的专车，早餐还没咽下就冲出门；然后一直工作到中午，随随便便在快餐店吃 15 分钟的盒饭，甚至一边开会一边吃快餐。"她建议：妻子应该早一点起床，让你丈夫不慌不忙地吃一顿营养早餐。

» 沉迷于自己的世界：警惕社交恐惧症

一项调查显示，社交恐惧症已经成为当今社会排名第三的心理疾病，仅次于抑郁症和焦虑症。近几年，有社交恐惧症的患者 5 年中增加了 4 倍，其中仅80后、90后的年轻患者就占了一半。社交恐惧症也被称作"社交焦虑障碍"，是以害怕与人交往或当众说话，担心在别人面前出丑或者处于尴尬的境况而尽力回避的一种恐惧感。恐惧的对象可以是某个人或某些人，可包括除了某些特别熟悉的亲友之外所有的人。

大多数人在众人面前发言、面对老师或领导时都会有些紧张，这是一种正常的现象。但是，如果只因为自己的害羞、紧张而沉迷在自己的世界里不可自拔，得意于精神世界，却在现实之中惶惶不安，这已然成为一种病态。社交恐惧症作为一种因为心理紧张造成的心因性疾病，其实只要积极治疗，是可以治愈的。

那么，我们如何在与别人的交往中消除恐惧呢？

首先，要学会平衡心理，然后主动出击。对社交产生恐惧心理，根源在于害怕交往中出现棘手、无法应付的情况，让自己难堪、出丑。当一个人对外界不确定时，就会出现恐惧心理。在这种时候，与其害怕，不如主动面对，主动寻求外界的刺激，以提高我们的心理素质和迈出第一步的勇气。

其次，为了改变害羞内向的性格，应该多参加一些集体活动，尝试主动与同伴和陌生人交往，在交往的实际过程中，逐渐去掉羞怯、恐惧感，使自己成为开朗、乐观、豁达的人。最重要的一条就是，暂时转移引起社交恐惧症的外界刺激。由于外界刺激在一段时间内消失，其条件反射在头脑中的痕迹就会逐渐淡漠，有时还可消除。

最后，我们要对自己有正确的认识，过于自闭和盲目自卑都没有必要，事事处处得体、求全责备也是没有必要的。可以暗示自己，我只不过是集体中的一分子，谁也不会专门盯住我、注意我一个人的，我们要尽量摆脱那种过多考虑别人评价的思维方式。

» 没有文化的文化人：人要有信仰

英国作家塞缪尔·斯迈尔斯在《信仰的力量》中这样描述道："能够激发一颗灵魂的高贵、伟大的，只有虔诚的信仰。"

有这样一位五旬老妇，她自己的生活并不富足，同时，儿女也不在身边，老伴早逝。但是，她却供养着同村的十几个孤寡老人，艰苦的生活没有阻断她供养其他老人的心。她每天总是乐呵呵的，她曾说过一句让人深思的话——我没有文化，但是我知道，人活着就得做些什么。一个大学生在提起这位老人时说，这是一个没有文化的文化人。

富人的慈悲是一种慷慨，而穷人的慈悲是一种信仰。

我们在这里所说的信仰到底是什么呢？

这里的信仰不止是单纯的宗教信仰，还包括了更多的人生理念。就像佛教中，梵文 Bodhidharma（音译"达摩"，意译"法"），英文译为"宗教"，但是，它在印度的语言中却有更深刻的含义。而这个含义能够更好地符合信仰的本质。"法"是万物最内在的本性，即本质，绝对的真理。"法"是我们行动的最终目标。这就好比说，种子的本性是包在壳里，只有通过某些特殊的奇迹，它才能长成树。种子的外观并不是种子的本性。它的本性是成为一棵树。我们的生命就好像是一粒种子，真正的信仰应当有助于我们实现自己的本性，成长为一棵树，"冲破它的外壳，使其本身转化为朝气蓬勃的心灵上的嫩芽。在阳光和空气的哺育下，向四面八方伸出枝权"，而不是将生命禁锢在种子的外壳之中。

从心理学的角度来看，信仰是人类特有的心理现象，是指人们对于一定的世界观、人生观、价值观等的信奉和遵循，是统摄其他一切意志形式的最高意识形态。

在《人生的亲证》一书中，泰戈尔引用了《广林奥义书》中的一句诗："一个将最高神尊崇为存在于自身之外的神的人并不了解自己，他就像从属于众神的一只动物。"他认为，"人在精神上比他自己的外表更伟大，即他生活在无限的充裕中，这种充裕就是人的全部最崇高的东西，他的纯真，他的真理"。

信仰中的个体是自我不在自身的个体。由于信仰，个体的自我被寄宿在信仰对象那里。个体放弃他的自我——或者说个体的自我相信那个托管者会比他把个体管得更好——他直接地请求托管，自我甘愿放弃自己，个体也服从自我，甘愿听从信仰对象的安排。从这一点看，处在信仰状态的个体是超我的。他已经不是他自己，他就是信仰对象的代言者，而信仰对象则成为决定个体一切的基本力量。

外在的信仰只是桥梁和诱饵，其价值就在于把人引向内心，过一种内在的精神生活。真正的信仰是意识到自身的伟大，帮助自我的成长和实现。所以，我们要培养的信仰，先要有一颗明确善恶的心。我们要将自己引向内心，在一种虔诚的心境中，不断追求品德的完善，不断丰富自己的精神世界。

我们要坚持培养自己高尚的情操和仁慈的胸怀，并坚持去发展自己各种高尚的情趣，那么我们就可以成为自己渴望中的样子。反之，如果我们对自己不纯洁的、可鄙的甚至是恶毒的想法不加控制的话，那么我们的信仰就会被这些想法扭曲。

同时，我们要懂得知福、惜福、培福、种福，感恩这个世界，也是信仰的一部分。人人都希望能有福报，但是种下善因，才能得到善果。阳光、雨露、空气、水，都是我们分分秒秒离不开但每时每刻都在忽视的财富。

» 男高音的"大小之争"：潜意识

爱默生说："在你我出生之前，在所有的教堂或世界存在之前，潜意识这种神奇的力量就存在了。这是一个伟大永恒的真实力量，是生命运动的法则，只要你牢牢抓住这个能改变一切的魔术般的力量，就能够治愈你心灵的创伤，愈合你身体的伤痛，摆脱心中的恐惧，摆脱贫穷、失败、痛苦和沮丧。你所要做的一切就是将自己的精神、情感与你所期待的美好愿望结合为一体，富有创造力的潜意识会为你做出安排。"

潜意识具有无穷的力量，它隐藏在心灵深处，能够创造魔术般的奇迹。潜意识很奇妙，看不见，也摸不着，似乎它们本身没有一丝一毫的实际力量。但是，我们只要恰当地运用它们，充分掌握激发它们的技巧和方法，就能发挥出我们想象不到的巨大的力量，创造出奇迹。

歌剧男高音卡鲁索有一次突然怯场，因为害怕他的喉咙开始痉挛，无法再唱了。还有几分钟就要出场了，他感到恐惧，大滴汗水从脸上淌了下来。他浑身发抖地对自己说："他们要嘲笑我了，我无法唱了。"他到后台对着那里的人大声说："小我要把大我掐死啦。""滚出去，小我！大我要唱歌啦！"如此这般后，潜意识回应了他，他镇定地走上台，结果唱得好极了，全场为之轰动。

在这里，"大我"指的就是潜意识中的力量和智慧。潜意识是心理学家弗洛伊德在其《精神分析学》中首先提出来的，他认为潜意识是在我们的意识底下存在的一种潜藏的神秘力量，这是相对于"意识"的一种思想。而意识与潜意识具有相互作用，意识控制着潜意识，潜意识又对意识有重要影响。

潜意识如同一部万能的机器，许多我们自认为不可能实现的愿望都可以办得到，但需要有人来驾驶它，而这个人就是我们自己，只要我们有心控制，只让好的印象或暗示进入潜意识就可以了。潜意识大师摩菲博士说过："我们要不断地用充满希望与期待的话来与潜意识交谈，于是潜意识就会让我们的生活状况变得更明朗，让我们的希望和期待实现。"只要我们不让负面的事情占据我们的大脑，而选择有积极性、正面性、建设性的事情，我们就可以左右自己的命运。

我们的意识就是我们身体、我们的周围环境以及我们所从事的一切事务的主人。我们的意识向我们的潜意识发布命令，因为我们的意识能作出判断，接受认为是合理的事情。当我们的理性（小我）充满恐惧、担忧、焦急的时候，我们的潜意识（大我）会以恐惧、绝望等影响我们的意识。当出现这种情况的时候，我们要像卡鲁索那样，坚定地对非理性的我发出指令。

» 为什么有些人爱"拖"：对自我的反抗

拖延的人无论是在工作还是生活中，做事都表现出拖拉、不负责的态度。因此，我们习惯上认为这些人是在偷懒。其实拖延并不只是懒惰这么简单。

既然不是懒惰，为什么"明明知道那么多事情堆在眼前却迟迟不去行动？你看，摊开的文件、散乱的衣橱，或者只是一个该打的电话、一封该发出去的邮件，可是他还是会说，再等一会儿，就一下下……"

生活中，有很多人因为拖延而付出了惨重的代价。比如，有人错过了出国深造的机会，有人错过了高薪的工作机会，有人因为玩网络游戏错过了对某个重要人物的采访，甚至有人因此失掉学业、影响大好前途。多么可怕的拖延后果：失去重要的机会，各种负面情绪的困扰，如失去机会的负罪感、效率低下的无能感、荒废时光的空虚感等，这些足以让很多懒人变勤快。这么大的代价都不能让一个人放弃拖延，到底原因是什么呢？

原因有以下几种：

1. 拖延是对抗焦虑的办法

一般来说，一定程度的拖延行为属于正常，但长期的拖延则很可能是心理或生理失调的表现。心理学家认为，拖延行为是人们对抗焦虑的一种办法，而焦虑大多来自要作出一个决定或开始一项任务。个人的拖延行为往往缘于压力、犯罪感以及个人效率降低，这些感觉综合起来往往又加剧了拖延行为。

2. 拖延是一种病症

美国德保尔大学心理学家约瑟夫·R.法拉利认为，拖拉是一种病症，但能根治。他认为喜欢把该做的事尽量往后拖的人为慢性拖拉症患者。他把慢性拖拉症分成"激进型"和"逃避型"，前者有自信能在压力下工作，喜欢把事情拖到最后一刻以寻求刺激；后者通常缺乏自信，害怕做不好而迟迟不肯动手，或害怕成功后受到别人的关注。

3. 拖延有意对抗自我控制

从行为心理学的角度出发，美国南康涅狄格州立大学的心理系教授詹姆斯·马则认为，拖延是与自我控制对立的冲动的特殊形式。据调查，大部分拖延者认为拖延并不曾真正带来危害，赶在最后一刻抢先完成了任务，同时满足了虚荣心——只用很短的时间却能取得不错，甚至比别人好的结果。无形中，"自己最适合短期高压的工作状态"的心理得到强化，并对今后的工作产生暗示。如此周而复始，反复循环。

4. 完美主义者往往拖延

完美主义也是拖延的其中原因。美国德保尔大学心理系副教授费拉里教授认为，某些拖延行为并非拖延者缺乏能力或不够努力，而是某种形式的完美主义或求全观念的反映，他们共同的心声是"多给我一些时间，我可以做得更好"。

可见，拖延的原因比较复杂，改变拖延的过程并不轻松，我们需要明白的是，解决拖延，最重要的或许是不要一开始就指望根除它，而要把拖延作为自己的一部分从心理上接纳，这样才能应对向着"不拖延"前进过程中的挫败和反复，而不至于气馁下来半途而废。针对心理起因，也可以从下面入手：

1. 立即行动

"拖延"这一行为模式常出现在完美主义者身上，表现出过度的准备，永远只是停留在力求完美思考的阶段而迟迟无法开始执行。

拖延的梦想家们，很怕自己实际工作的结果不能匹配想象的成功，怕这种虚幻的"理想自我"在现实中走向破灭。于是我们会产生强烈的焦虑，最终导致拖延行为的产生。

在这种情况下，你需要思考，你面对的困难是真实存在的还是自我设立的屏障。你最终需要打破一个完美的自我形象。暗示自己，不惧怕失败，去实施也未必会失败，而不仅仅是停留在准备和幻想里。

2. 多对自己的能力加以肯定和激励

可能你拖延的结果并不总是很差，偶尔因为拖延反而做得更好，你的小聪明和高效率得到了别人的赞美；有时甚至因为拖延，本来要完成的工作取消了，你心里暗自高兴。于是，拖延成了合理存在的一部分，会促使你在日后的工作中更加喜爱拖延。

任务成功是工作付出后的必然结果。拖延某种程度上只是缺乏信心的体现，也许可以更早完成，也会得到更圆满的结局。这要从处理不合理信念开始。我们可以通过关注自己的自我对话来识别脑海中导致冲突、阻碍行动的不合理信念。留意自己在拖延之前和拖延之后脑海中的念头。

3. 弄清焦虑的原因

如果你拖延的目的是为了缓解焦虑，要想不再拖延，根本的办法就是要弄清楚你为什么焦虑，并且想办法处理。焦虑有时会来自任务本身，比如一个讨厌做饭的人却被要求准备一日三餐；有时候，焦虑来自事情背后，比如你害怕做不好一些自己不擅长的事情。无论焦虑来自哪里，只要我们弄清楚原因，然后再有针对性地通过修正自己的认知消除焦虑，就可以改善自己拖延的行为。

» 关键时刻为何总是发挥失常："詹森效应"来解释

在日常生活中，我们处处可以看到这样的情况发生。有些学生，平时的成绩很优秀，上课时的表现也很好，被视为尖子生；有些运动员，在平时的训练中，成绩都已经打破纪录，是夺金的热门选手。可是到真正的比赛时，他们的表现却使人大跌眼镜。那为什么越是在关键场合我们往往发挥失常呢？

这个问题可以用经济学上的"詹森效应"来解释。"詹森效应"是指人们由于受到某些因素的影响在关键时刻不能发挥自身水平的现象。"詹森效应"可被视为一种浅层的心理疾病，是将现有的困境无限放大的心理异常现象。它几乎在各类人身上都有体现，特别是当他们在重大、关键的场合的时候，紧张的氛围、无形的压力等，会不露痕迹地使内心紧张，进而导致当事人发挥失常，错失良机。"詹森效应"之所以以此命名，是源于一个名叫丹·詹森的运动员。

丹·詹森平时训练特别刻苦，实力较强，可是一旦真正地走上赛场时，他会莫名其妙地连连失利。经过教练和心理学家的分析，他在竞技时的心理素质不强是他失败的原因。从此，心理学家便对"詹森效应"进行了广泛而深入的研究。"詹森效应"表明，大部分人在重大、关键的场合时，更容易发挥失常。

2004年雅典奥运会，是中国在此之前参加奥运会取得成绩最好的一届。当时，中国体操冠军李小鹏被寄予厚望，可是在男子单项比赛中，他发挥失常，仅获得一枚双杠铜牌。而此前，李小鹏在其他比赛中都取得了不俗的成绩，在2003年世界体操锦标赛上就获得两个项目的冠军，2000年的悉尼奥运会上又是双杠项目的金牌得主，由此可以看出，他确实有很强的夺金实力。

同样是在2004年的雅典奥运会，中国女排以3：2的成绩战胜俄罗斯队，赢得了奥运冠军，又一次成为国人的骄傲。这场比赛的过程中，女排打得不是特别顺利，开局就处于被动的地位，在没有调整过来的情况下，连负对方两局。不能再失局的女排姑娘们，在第三局并没有出现人们意料之中的慌乱，而是打得很沉稳，一丝不乱。其间只出现了一局平分，其他都是一路压着对手。就这样，赢得信心的女排姑娘们笑到了最后。

平时训练中出类拔萃的运动员，由于受到大家的期待和自身的压力，给自己造成了只能成功不能失败的心理定式，无疑会加重他们的心理负担。在如此强烈的得失心理下，怎么能发挥出自己应有的水平？另一方面，在心理压力的作用下，运动员的技能也会受到较大的影响，由此产生怯场的心理，使潜能和能力的发挥受到束缚。

心理学家研究得出结论：实力雄厚和赛场失利之间的唯一解释只能是心理素质的问题，主要是由于这些运动员的得失心过重，自信心不足造成的。可见，比赛不仅仅是体能和技术的较量，在赛场上更是队员之间心理素质的较量。为了提升运动员的实力和战绩，心理素质的训练和调整是很有必要的。胜败往往取决于某个关键时刻，谁能保持沉着冷静的状态，谁能拥有更好的心理素质，那么谁就能赢得最后的胜利。

» 当局者迷而旁观者清：从"阿斯伯内多效应"说起

我们每个人可能都有过这样的经历：当我们亲身经历某件事时，看似很简单的问题却不知如何处理，而让自己手忙脚乱。当我们置于某件事情之外，当事人觉得很是棘手的问题，我们总能给出合理的建议。这种情况就是我们常说的"当局者迷，旁观者清"。

人们为什么发生当局者迷、旁观者清的现象呢？要解释这一情况，我们要从经济学上的"阿斯伯内多效应"说起。

人们在看油画时，一般是站在画的近处难以看清画面，而站在画的远处看反而更清晰，油画的逼真效果即刻显现出来。这种离开画面较远图像反而清晰的现象，就称为"阿斯伯内多效应"。

"当局者迷，旁观者清"是对阿斯波内多效应最形象的说明。当我们身处事情之中时，我们往往看不到事情的真相和变化。

为什么会出现"当局者迷，旁观者清"这样的现象呢？分析其原因有三点：

1. 所处的位置有误

欣赏油画也好，待人接物也好，选的位置很重要，观察点不好就会看不清画面或者事实。一个人制作了一个两面球，一面是白的，一面是黑的，让两个人观察这个球，一个人说是白的，一个人说是黑的，结果两个人争得面红耳赤。其实两个人部没有错，只不过是他们站的位置不同而已。

2. 情感卷入太深

如果一个人对某件事卷入太深的话，就会看不清事实，使自己沉迷其中，被表面现象所迷惑，行为就会被左右，很难看到事情的客观真相。

3. 心存私念或成见

如果一个人处处权衡个人得失，处理问题就会变得困难。一旦心存私心杂念，就无法辨别是非，有私心者无法集中全心观察事物，即使做到了全心观察，也难免会产生偏心反应，无法真正客观看待并处理问题。因此，看任何事件，都不要带着私心与成见。

苏东坡有一首诗说："横看成岭侧成峰，远近高低各不同。不识庐山真面目，只缘身在此山中。"我们之所以看不清庐山的真面目，是因为我们身在庐山之中，我们的位置无法让我们尽观其全貌，我们的情感也无法让我们客观地认识它。而如果想要脱离迷局，看清真相，那就需要改变自己的视角，更换自己所站的位置，使自己从某种情感中抽身而出，才会以旁观者的身份，看清事情的真相。

在现实生活中，我们有时也会有这样的感受。其实，我们的周围时刻刻都在发生着变化，只是我们身在其中，感受不到而已，因为我们身在其中已经习惯了，周围的变化也在影响着我们的生活，我们对此就会熟视无睹，感觉不到其中的变化，这就是当局者迷。但是当我们有一天离开了，过一段时间回来再看原来熟悉的环境，我们就会猛然地发现周围都变了。由于远离，我们原有的习惯没有得到及时"刷新"，我们就会发现差距和变化，这就是旁观者清。

因此，在生活中，我们要选好看待事物的着眼点，通过不同的角度来看待事物，要看到事物的多面性，了解到事情的全貌，看清事物的本质。根据现实的需要把眼光放准，遇到具体问题具体分析，看问题不带成见，客观公正地处理问题。

» 视而不见：认知资源有极限

尽管在驾车的同时接打电话有时是一件无法拒绝的事情，但越来越多的证据表明，这绝对是危险的事情。在开车的同时使用电话使得司机对周围情况信息的掌握减少了，无论是对交通信号灯还是对其他意外情况的反应都会变慢。试想，如果出现完全出乎意料的事情——例如，突然出现在马路上的小孩，由于你在使用电话而使刹车慢了一点点，那将是一种什么后果。广泛的研究已经表明，在开车的时候使用电话是很危险的事情，它造成事故的影响绝不亚于醉酒驾车。

为什么驾车接打电话会这么危险？因为注意力也是一种资源，每个人的注意力都是有限的，在某一个地方分配多了，就可能导致另一方面的缺失。这也是很多交通事故产生的原因。

我们每天花很多注意力去观察周围事物。而注意力和认知资源是有界限的。一旦某种复杂活动超过认知容量的最大限度，人们就无法完成原有任务。行动的结果本质上取决于认知资源消耗的多少——耗费得越多，任务完成的质量就越差。所以，如果认知资源不足时，我们很可能就会对周围情况"视而不见"。

20世纪七八十年代，海恩斯与他的同事伊迪丝·费希尔、托尼·普赖斯，使用飞行模拟装置在飞行员信息显示技术领域引领了一项先锋研究，为"视而不见"提供了另一项重要证据。

海恩斯和他的同事把研究对象集中在商业航线中驾驶波音727的飞行员上，并且都是航行超过1000小时以上的大副或是机长，绝对称得上是飞行专家。在实验中，所有飞行员首先必须通过训练课程，学习利用飞行模拟装置在不同的天气情况下着陆。在飞行员熟练操控这种飞行模拟装置后，海恩斯会在着陆程序中安排一些意外情况，例如在着陆的跑道上放置大型飞机来干扰飞行员的正常着陆。但是实验的结果却显示，这些经验丰富的飞行员经常看不见跑道上海恩斯设置的障碍物。

海恩斯设计的飞行模拟装置及头盔式显示器并没有人为地加入影响飞行员对跑道情况的判断的干扰因素。飞行模拟装置极大地简化了真实的操作程序，使得飞行员在模拟装置上获得相关信息的速度要比真实情况更快，作出各种判断所需的时间也更短。但是，在这种比实际驾驶更为简单的操作任务中，这些优秀的飞行精英们也经常"看不见"那些预料之外的事物。这也就是为什么经验丰富的飞行员仍然事故频发的原因。

飞机在着陆过程中与跑道上的其他物体相撞是非常常见的飞机事故，海恩斯称之为"跑道侵袭"。根据调查，有一半以上的"跑道侵袭"属于飞行员的过失。这种跑道侵袭事故之前是没有任何征兆的，当突然闯入跑道时，便需要侵占飞行员的一部分认知资源，这时候飞行员要么来不及注意，要么分散了驾驶的注意力而导致着陆事故。

由此看来，也就不难理解驾车接打电话的危险性了。我们把部分注意力和认知资源放在电话聊天上，自然就更容易对周围的事物视而不见，一旦有人或物突然进入我们的驾驶路面，等我们看见的时候，很可能来不及应对了。

　　不过，与开车时打电话聊天相比，仅仅与同车的人说话对安全的影响要小得多。

　　原因在于：首先，与同车的人聊天可以更容易听见他人说话的声音，也更容易理解说话的内容，这要比打电话轻松得多；其次，车里的同行者本身也提供了一双可以观察周围其他情况的眼睛，其提供的安全系数要远远高于电话另一边的那个人。

　　即便这样，开车还是应该算集中注意力，谨慎驾驶。

第二篇

探寻内心深处的自我

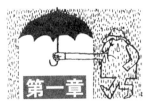

公平——为什么做不到真正的不偏不倚

» 被误会的相亲对象：勿让偏见遮双眼

无论社会多么进步，我们的偏见也势必存在。因为我们所处的空间和环境是有限的，这就造成了我们对事物认知的必然的片面性，一个人，当然不可能全知全能。

"什么？你要给我介绍一个小学老师？"张岚朝着自己的妈妈大叫着，不可思议之中带着几分轻视。

张岚的妈妈笑着说："听人说，那孩子挺好的一个人，相貌好，家境也不错，你也老大不小了，人家配你是绰绰有余了。再说了，那人是你老姨介绍的，她还能害你不成。"

张岚没有再说下去，只是默默地低头，暗自将这次的相亲见面打了零分。

她觉得，自己怎么说也是一个年薪 30 万的人，就算是年纪大了，也不应该什么人都介绍啊。

她越想越气：老姨也真是的，怎么就这么随便地给介绍一个。一个男人，都 30 岁了，还在小学里做老师，这能有什么出息，过什么好日子！难道还要我养他不成！再说了，天天和一群孩子打交道，那还怎么有男子气概！

抱着这些想法，她气愤地一宿没睡好，等到第二天到了约定地点见到了这个人，她则是既惊又喜。

对方的确已经过了 30 岁了，却保养得很好，看着也就 20 多岁的样子。模样不是张岚想象的黑框眼镜、大背头，而是简单又清爽的短发加白 T 恤和牛仔裤。简单大方的衣饰和高大的身材，顿时让张岚心里说不出的喜欢。之后，她了解到，对方的职业是他自己的喜好，他喜欢和孩子在一起。但是，这并不代表他的收入就很少，他还帮着朋友做些设计，一年下来，进账也不少。

张岚想，幸好这次来了，要不然真的就因为自己的偏见错过了一段大好姻缘。

在日常生活中，成见与偏见相似，都是事先对交往对象形成的一种固定的看法。虽然从概念上看成见的内涵小、外延大，即除了包含过激的偏见外，还包含对交往对象不过激的固定看法，但在日常使用上，与偏见相同，主要指事先对交往对象形成的过激的、固定的看法。

同时，偏见又常常和歧视联系在一起，但两者有区别，偏见主要指态度，歧视则主要指因存有偏见的态度而引起的不公平、不合理的行为方式。

其实，偏见是个体对特定对象过激的评价性心理倾向。它同态度一样也是在后天活动和社会交往的基础上形成和学到的。偏见往往使我们在与人交往的过程中先入为主，偏激地把某一类型的人归到一个群体中，或把倾向于某种类型的行为归于某个群体所特有的行为。即在交往前就对交往对象形成一种过激的、固定的看法。这种过激的、固定的看法或多或少地影响着我们与人的正常交往和对事物的正确判断。在现实生活中，我们每一个人都不同程度地存在偏见，如一提到农民，我们就会把敦厚朴实、老实巴交的品质强加在他们身上，一提到大款，就会把脑满肠肥、挥金如土的形象与他们联系起来。

偏见表达着个体对交往对象的好与恶、赞成与反对，即包括积极偏见和消极偏见两种类型。它与日常用语中的成见有联系，也有区别。

偏见具有以下几种特征：

（1）刻板印象的认知成分。刻板印象的形成与人类认知的发展有关，对某人或某群体的刻板印象往往是偏见的认知基础和根源。

（2）信息来源的有限性或错误性。人们常根据少数人的表现来推断他们所属群体的全体成员的特性，或者根据道听途说的传闻而形成对群体的整体印象。如看到某些干部贪污腐败，就认为整个机关干部都作风腐化；听到别人议论某人某方面表现不好，就对该人全盘否定。

（3）先入为主的判断倾向。人们常有在资料尚未收集齐全时，就断然下决定的倾向。对人的印象的形成也存在这种情况。在这方面，偏见和误解不同，若对他人有误解，会在接收到新的信息后改变原来的看法，而持偏见态度的人即使面对相反的事实，也不愿改变原来的态度。

（4）过度类化的倾向。一个持有偏见的人常常有光环效应的倾向。如果他喜欢一个人，就会认为他有很多优点，否则就会认为这个人一无是处。

偏见是一种不正确的态度，它对人们的生活、学习都会产生非常不利的影响。因此，消除偏见是一项极为重要的工作。那么，如何才能消除偏见呢？以下方法可供参考：

1. 基于平等地位的交往

当彼此交往的人不平等时，相互之间的反应大多是肤浅的、形式化的。因此双方不但不能深入了解对方的特点，而且容易根据对方的外在方面做一些刻板的判断，而对社会地位低下者的判断基本上都是不好的。另外，地位不平等的接触，还使双方的差异更为显著。因此，使人们以平等的地位相互接触是减少偏见的重要条件。

2. 消除刻板印象

刻板印象是偏见的认知来源。人们常常会对某些群体的成员存有一定的刻板印象，如白人认为黑人智力低下、不求上进等。因此若想改变白人对黑人的态度，黑人最好在与白人接触时表现出异于刻板印象的行为来。如果黑人总是从事一些简单、低下的工作，则对其工作角色的期望正符合白人对黑人的刻板印象，并且会进一步加深巩固。相反，如果黑人从事一些社会地位较高的工作，如教授、医生、工程师等，那么对此等职位的角色期望就会与对黑人的刻板印象相矛盾，如果这种现象经常出现并越来越多，久而久之，白人对黑人的职业角色行为的偏见就会逐渐改变。

3. 熟悉对方的独特性

我们在生活中要接触各种各样的人，但对其中的许多人我们是不熟悉的，对他们的认识也是肤浅的。假如我们能够详细地了解所接触的对象，知道他们的能力、性格、抱负、爱好等，将有助于减少偏见的产生。美国学者研究发现，住在同一层公寓内的黑人和白人家庭主妇，彼此认识的机会多，较为熟悉，因此这些白人主妇对黑人的态度要好于其他人。

4. 对别的群体的内部规范采取宽容的态度

社会之大无奇不有，各个国家、种族、民族、阶层、党派、团体，甚至不同的社区、单位、家庭内部都有不同的内部规范和各自的特点。在相互交往时，对其他群体的内部规范要采取宽容的态度，即使你不认可，也不能流露出嘲笑和鄙视的神情，更不能动不动就加以反对，要承认文化与规范的多样性。

5. 共同的命运与合作性奖励

有心理学家曾做过一个实验，让一群来自不同地区的孩子参加夏令营活动，并随机将他们分为两组，然后安排他们进行各种竞赛活动，随着竞赛的不断继续，两组之间的对立越来越严重，他们互相敌视。由此可见，竞争可以引发两个群体的相互敌视。后来，心理学家故意把营区的供水系统加以破坏，使两个敌对群体都面临相同的命运，这个危机唯有依靠两个群体全部成员的共同合作才能解决。结果证明，共同的命运与合作性的奖励是消除群体敌对态度的重要因素。如有两个人被迫进入同一情境中，两人都期望相同的目标，而此目标的获得只有依靠两个人的合作时，那么这两个人的行为彼此依赖并面临共同的命运。研究也发现，相互依赖的行为及面临共同的命运可以增加双方的好感。

» 同物不同价的手机：商家的价格歧视

最近刘女士很恼火，事情是这样的：

刘女士花了 2000 元买了一部最新款的时尚手机，她爱如至宝，一有空就拿在手上把玩。她为了买这部手机，花了整整两天时间跑了大半个城市的手机店，挑来拣去，反复比较，总算使自己称心如意，手机价格低，款式和功能又好。

可是刘女士去了一趟朋友家，先前的高兴劲儿就消失得无影无踪了。因为刘女士的那位朋友最近也买了一款同样的手机，才花了 1100 元，另外每月还赠 15 元话费，赠 20 个月，等于手机只有 800 元！原来刘女士朋友的儿子今年上了大学，那款手机在他们学校进行助学活动，只要凭学生证购买就能享受到如此优惠。刘女士朋友的儿子上学前才买了一部新手机，但又不想错过这个大好时机，于是就买下来送给了妈妈。

为什么同样一部手机在校园里和商场里的价格差别竟这么大呢？这种价格策略在经济学上叫"价格歧视"，即出售完全相同的产品或提供完全相同的服务，却对不同的消费者收取不同的价钱。要知道企业的性质是赢利，是追求利润的最大化，而不是慈善机构，虽然我们不能否认商家有这种崇高动机的存在，但其主要还是为扩大市场、提高利润的一种价格策略。换句话说，商家是在看人下菜碟，也就是同样的东西，给不同的人卖不同的价钱。这种行为表面看来非常不合理，但只要运用得恰到好处，却能够达到商家提高利润和消费者满意的效果。

我们还是拿卖手机来分析。只要买了手机，就要打电话，产生话费，况且大多数学生都是远离家乡异地求学，有了手机会更频繁地和亲人朋友联系，每月的话费将不是一个小数目。手机对学生来说需求弹性较大，学生一来经济不独立；二来手机属于可用可不用的东西，如果价格过高，大部分学生会选择不用，这样商家会失掉很大市场，所以商家给学生的价位极低，这样看似以成本价甚至不足成本价卖给学生，却获得了更多的用户，实际上商家仍能获利。另外商家还实行了一些辅助策略，如每月赠送话费等，以刺激学生多打电话。这样商家扩大了市场，提高了利润，学生也从中得到了实惠。而对于像刘女士这样的社会上的人，对手机的需求弹性相对就小，现代社会，工作、交际离了手机就极不方便，所以尽管价格高一些，你还是会买的。因此，商家就会在这两类消费者之间实行"价格歧视"，以赢得更大的市场份额，获得更大的利润。

在生活中，其实实行"价格歧视"的事例比比皆是。我们都有这样的感受，用电，工商企业与老百姓的价格不同，白天与深夜的峰谷电价也不同；飞机票，寒暑假时对学生、教师打折卖，只要你有学生证和教师的工作证；乘公交车，买了月票的老乘客与偶尔的乘客所花的钱不一样；电影票，一般对少年儿童实行"半票"，有的舞厅为了使舞客在跳舞时可以成双配对，甚至只对男士卖票，女宾可以完全免费;看同样的电影，节假日的观众也要比平时的观众多付钱买票。

按普通人的心理规律，得了便宜的并不觉得特别高兴，而多付了钱的便会觉得很吃亏，所以，作为消费者，人们一般都反对商家的"价格歧视"，而要求公平待遇。

但"价格歧视"对商家来说却是有好处的，每一个消费者都有不同的需求价格弹性，只要商家能够在市场上将他们有效地分割开来，实行"价格歧视"就可以"捕获"更多的顾客，把能够支付高价的顾客与只能支付低价的顾客一网打尽，获取最大可能的利润。所以只要有可能，商家就要实行"价格歧视"的定价策略。

"价格歧视"的极致是实行"完全的差别价格"，它适合于那些一对一服务的行业，如律师、医生之类，因为他们的服务相互分离，他们的顾客也是各不相同。每类顾客对商品价格的敏感程度是不同的，有的人贫穷或节俭，对价格斤斤计较，而有的人富有或大方，对价格满不在乎。对前者实行低价，可以让他们也成为商家的顾客，对后者实行高价，他们也不会因之而放弃购买。

» 女士衬衣清洗费用比男士高：成本不同消费不同

在纽约伊萨卡贾德福尔自助洗衣店，干洗熨烫一件女士有领衬衫收费5美元，但男士衬衫却只收2美元。为什么在很多洗衣店，清洗女士衬衫比清洗男士衬衫收费高？难道这些店歧视妇女吗？

一般来说，一个行业竞争性越强时，顾客给予区别待遇的可能性就越小。即便是在伊萨卡这样一个小城，电话黄页上也至少列着10多家洗衣店，这个数量足以保证竞争的激烈性。有证据显示，在汽车等可还价的昂贵商品上，女性往往会比男性多出钱。但洗衣服务并不属于此列。针对男女衣物，洗衣店一般都会贴出不同的价格，而顾客几乎从不会就此讨价还价。

要是现有洗衣店为处理女士衬衫而索取的价格比成本高得多，那竞争性公司只需贴出一张海报："女士衬衫不额外收费"，立刻就能占领大部分女装清洗市场。

既然上述价格差异持久存在，说明其根源在于处理男女衬衫的成本不同。和大多数服务行业一样，洗衣店的主要成本是人力成本。但我们很难想象，清洗女士衬衫怎么会比男士衬衫贵。毕竟，两种衬衫还不都是扔进洗衣机就完了。所以，如果成本上存在差异，肯定是在熨烫环节。只要有可能，洗衣工就会用标准熨衣机熨衬衣，它能极大地提高处理速度。可要是衬衣太小、扣子太多、细节太繁琐，就不能拿到熨衣机上熨烫。标准熨衣机还会从下摆部分紧紧夹住衬衣，在布料上留下一处显眼的压痕。不能用标准熨衣机处理的衬衣必须手工熨烫，耗时也就更长。

总体而言，熨衣机处理男士衬衣比女士衬衣更稳妥，因为后者做工大多更繁杂，更容易被机器弄坏。而且女性大多也不会把衬衣塞进裤子或裙子，要是衣服下摆被熨衣机夹出一排压痕，那简直叫人无法接受。反过来说，男人会把衬衣塞进裤子，所以对他们来说，有褶皱也问题不大。

简而言之，为什么洗衣店清洗女士衬衣比男士衬衣贵，最说得通的解释是，一般说来，女士衬衣熨起来更费事。

另外，为什么车子的租金比一套礼服的租金更低呢？全国汽车租赁连锁店是批量购买新车，因此可以跟制造商讨价还价，获得一个很低的折扣价。他们旗下的车一般只用两年，之后就按进价的 75% 卖掉。所以，他们拥有一辆车的机会成本比私家用户低得多。

反之，因为二手礼服的市场很小，用旧了的礼服大多只能捐赠或以微不足道的价格卖给学校的表演系和校乐队，而且大多数礼服租赁店都是地方小店。一家中等规模的店，一般可供出租的礼服只有 1000 来套，每年的采购量不足以获得高折扣的批发价。更重要的是，汽车租赁公司的库存汽车，往往比礼服租赁店的库存礼服利用率高得多。大多数礼服只有星期六晚上的重要场合才租得出去。在任一星期六，一家有上千套礼服的租赁店，大概能租出去 100 来套；可在一个星期的其他日子里，最多只能租出去 5 套。反之，一家汽车租赁店的出租率，随便哪一天都差不多。

这样一来，汽车租赁公司收取到的租金，只要在两年的时间内高于购车价的 25% 就行；而礼服租赁店收取到的租金，必须高于每件礼服的全价。还有一个因素是，汽车租赁公司一般会对附加事项收取比标价高得多的费用。比方说，保险附加费比自己保险的费用高得多，顾客还车时忘了把油箱加满，公司也会收取比市价高得多的油费。

最后，为了顾客穿着合身，礼服租赁店大多要改衣服，这会产生的裁改费用，几乎跟租金本身一样高。每套礼服出租之前还必须干洗，这又带来了 10 美元的额外支出。反之，汽车租赁公司收车之后，只要把它加满油就又能租给别人了。所以，尽管一辆车的零售价差不多是一套礼服的 40 倍，它的租金却只相当于一套礼服的 50%，也就不足为奇了。

» "弱"巧"借"荆州："仗势欺人"的智猪博弈

世界并不都是很公平的，有的人势力大，有的人势力小，有的人能力强，有的人能力差，有的人够强势，有的人太软弱，这个时候，我们应该怎样去协调这个关系呢？

公元208年，孙权、刘备联军在赤壁一带大败曹操军队，从而奠定了三国鼎立的局面。但是在赤壁之战爆发以前，孙权集团内部形成了以张昭为首的投降派和以周瑜、鲁肃为首的主战派。弱小的刘备集团派诸葛亮与孙权商议"联吴抗曹"，孙权经过慎重考虑，最终决定与刘备结盟，共同抗击曹操，尽管当时刘备只有万余人的兵力。

曹操二十多万军队横陈在长江北岸，而孙刘联军约五万军队陈列在长江北岸。周瑜鉴于敌众已寡，久持不利，决意寻机速战。部将黄盖针对曹军"连环船"的弱点，建议火攻，得到赞许。黄盖立即遣人送伪降书给曹操，随后带船数十艘出发，前面十艘满载浸油的干柴草，以布遮掩，插上与曹操约定的旗号，并系轻快小艇于船后，顺东南风驶向曹操阵营。接近对岸时，戒备松懈的曹军皆争相观看黄盖来降。此时，黄盖下令点燃柴草，各自换乘小艇退走。火船乘风闯入曹军船阵，顿时一片火海，迅速延及岸边营屯。

孙刘联军乘势攻击，曹军伤亡惨重。曹操已不能挽回败局，下令烧余船，引军退走。此役过后，实力最弱的刘备得到了最大的胜利果实——荆州被顺利"借"走。

赤壁之战的结果看似有欠公允，其实是形势使然。因为面对曹操的进攻，如果孙权和刘备都选择投降，则孙权的损失要比刘备大得多。刘备可以说是光脚的不怕穿鞋的，他没有多少可损失的东西。在这样情形下，只要孙权是一个理性的人，他就必然要选择抗曹的策略，因为他首先要维护自己集团的利益，至于在维护的同时，被刘备捡了便宜，那也没办法。

由孙刘联合抗曹这件事上，我们可以认识到一个全新的博弈模型——智猪博弈。智猪博弈的模型解析如下：

假设猪圈里有一头大猪、一头小猪，它们在同一个石槽里进食。猪圈的一头有猪食槽，另一头安装着控制猪食供应的踏板，踩一下踏板会有10个单位的猪食进槽，但是谁踩踏板就会首先付出2个单位的成本，若大猪先到槽边，大小猪吃到食物的收益比是9：1；同时到槽边，收益比是7：3；小猪先到槽边，大小猪收益比是6：4。那么，在两头猪都有智慧的前提下，最终结果是小猪选择等待。

实际上小猪选择等待，让大猪去踩踏板的原因很简单：在大猪选择行动的前提下，小猪也行动的话，小猪可得到1个单位的纯收益（吃到3个单位食品

86

的同时也耗费 2 个单位的成本）。而小猪等待的话，则可以获得 4 个单位的纯收益，等待优于行动。在大猪选择等待的前提下，小猪如果行动的话，小猪的收入将不抵成本，纯收益为 –1 个单位。如果小猪也选择等待的话，那么小猪的收益为零，成本也为零，总之，等待还是要优于行动。

智猪博弈模型

大猪 / 小猪	踩踏板	等待
踩踏板	（7，1）	（4，4）
等待	（9，-1）	（0，0）

在智猪博弈模型中，反正受罪的都是大猪，小猪等着就行。智猪博弈模型可以解释为谁占有更多资源，谁就必须承担更多的义务。

智猪博弈存在的基础，就是双方都无法摆脱共存局面，而且必有一方要付出代价换取双方的利益。而一旦有一方的力量足够打破这种平衡，共存的局面便不复存在，期望将重新被设定，智猪博弈的局面也随之被瓦解。

因此，赤壁之战中的孙权一方其实扮演的就是智猪博弈中"大猪"的角色，刘备一方则是捡了大便宜的"小猪"。赤壁正面作战的是孙权，出大力的也是孙权，但最大的胜利果实——荆州却被刘备摘去。多出力并没有多得，少出力并没有少得，这就是孙刘在赤壁之战中的博弈结果。

智猪博弈在社会其他领域也很普遍。在一个股份公司中，股东都承担着监督经理的职能，但是大小股东从监督中获得的收益大小不一样。在监督成本相同的情况下，大股东从监督中获得的收益明显大于小股东。因此，小股东往往不会像大股东那样去监督经理人员，而大股东也明确无误地知道不监督是小股东的优势策略，知道小股东要搭自己的便车，但大股东别无选择。大股东选择监督经理的责任、独自承担监督成本，是在小股东占优选择的前提下必须选择的最优策略。这样一来，从每股的净收益来看，小股东要大于大股东。

这样的客观事实为那些"小猪"提供了一个十分有用的成长方式，仅仅依靠自身的力量而不借助于外界的力量，是很难成功的。我们看一下智猪博弈就能明白这一点，小猪的优势策略是坐等大猪去踩踏板，然后从中受益。也就是说，小猪在博弈中拥有后发优势。在博弈中，抢占先机并不总是好事，因为这么做会暴露你的行动，对手可以观察你的选择，作出自己的决定，并且会利用你的选择尽可能占你的便宜。

到底是选择先发还是后发，在博弈论中，就要先分析形势，按照风险最小、利益最大的原则，把风险留给对手，把获益的机会把握在自己手中，做一只"聪明的小猪"。

» 玉米为什么比小麦贵：均衡价格的市场趋势

有心人可能会注意到这样的一件事情：2007 年时陕西宝鸡地区玉米的工业收购价达到 1.66 元／公斤，而每公斤小麦的市场价格仅为 1.44 元。在人们的印象中，小麦属于细粮，玉米属于粗粮，小麦的价格一直比玉米贵。可是从 2006 年以来，粗粮玉米的价格却不断上涨，甚至超过了小麦。人们不禁感到疑惑：经济困难时期让人们吃得难受的玉米，如今怎么又值钱了呢？而且还都比小麦贵了？

其实，这里就有一个均衡价格的问题。价格一直比小麦低的玉米突然值钱了，比小麦贵了，这种价格的变化说明它们的供求关系发生了变化。市场的供求是围绕均衡价格上下震荡调节的。那么，什么是均衡价格呢？均衡价格就是指某种商品的需求与供给达到均衡时的价格。如果供需不平衡，价格就会波动，即需求大于供给，价格就会上升；需求小于供给，价格就会下降。

假设某文化公司邀请一名著名歌手举办演唱会。如果主办方将演唱会门票价格定得很高，并找很大的场地或增加演出的场次，以容纳更多入场观众，就可以获取更多的门票收入。因此，对主办方来说，票价越高，总观众人数（供给量）也越多，价格与供给量呈现正向变动的关系。另一方面，以歌迷对门票的需求而言，票价越低，当然购买的意愿（需求量）就会提高，价格与需求量呈现反方向变动的关系。但是歌迷要求的票价过低，主办方会因收入太低甚至亏损而不愿意举办演唱会；相对地，如果主办方票价定得过高，大多数的歌迷会不愿意购买，主办方的收入反而有限，因此，歌迷为了满足看演唱会的需求，主办方也为了吸引更多歌迷来买票，在需求及供给之间必须找出一个双方都能接受的价格与数量，因而形成了演唱会门票的均衡价格，这里我们假设均衡价格是 280 元。

如果演唱会票价比均衡价格更贵或更便宜，结果会如何呢？假设票价降为 180 元，此时因为价格偏低，消费者需求的数量远超过主办方提供的数量，形成供不应求的现象，因而造成价格的上涨。这时没买到票的人为了一睹偶像风采，不得不花高于 180 元的价钱去买黄牛票。直到消费者因价格提高使需求量逐渐减少，或者主办方为了满足原先买不到票的观众而增加门票供给量，使得最后仍会趋向均衡价格。

反之，当票价定为 400 元的高价，会使表演场地出现大量空位，由于供过于求，主办方不得不降价出售，或以打折、赠送纪念品的方式来吸引观众，避免"存货累积"。观众也因为感觉门票变便宜了而增加需求量，借由如此调整使供需间的差额逐步缩小，趋向最后的均衡价格。

我们再来看玉米与小麦，2007 年宝鸡市玉米种植面积仅为 232 万亩，与往年相比，面积有所减少。在风起云涌的农业产业结构调整大潮中，许多乡镇和粮农压缩了玉米的种植面积，改种了如苹果、西瓜等收益高、见效快的经济型作物，导致了玉米总体产量的下降。尽管科技不断发展，玉米单产有了一定的提高，但是由于种植面积小了，全市玉米年产量不但没有明显增长，而且比过去少一些。

小麦的功用比较单一，需求没有大的变化，且产量稳定，供需基本平衡，价格也就不会上升。而玉米呢，首先猪肉价格的上涨调动了广大养殖户的养猪积极性，养殖业使玉米饲料消费量大增。其次，随着技术的创新，玉米在现代人的眼中已不是用来填饱肚子的主食了，通过工业深加工可以制造出多种产品，如玉米淀粉、玉米油、玉米蛋白和燃料乙醇等。这使得工业对玉米的需求强劲增长。这样一来，玉米的供给严重小于需求，导致价格失去了平衡，这时价格必然要大幅上涨，以达到平衡。通过对均衡价格的理解分析，我们就不会对玉米比小麦贵的现象感到奇怪了。

总之，由于市场中供求双方竞争力量的作用，存在着自我调节的机制，失衡将趋于均衡。均衡是市场的必然趋势，也是市场的正常状态。市场均衡价格的形成，取决于供需双方，脱离均衡点的价格必然形成供过于求或供不应求的失衡状态。

错觉——为什么我们自以为是

» 音乐对孩子成长有影响：莫扎特效应

《纽约时报》音乐评论家艾里克斯·罗斯提出，他们已经科学地证明了莫扎特是比贝多芬更为出色的作曲家。然而，有另一些穿凿附会的人就开始将这个观点夸张化，甚至坚定地宣称只要聆听几分钟莫扎特的音乐，就会让智力得到长期稳定的提升。

之后，这个看似有些不可思议的说法不胫而走，之后，便有一条条的新闻表示了这个观点的正确性和神奇效果，他们都认为，听莫扎特的音乐的确有助于婴儿的智力开发。媒体也对这种神奇的"莫扎特效应"进行了铺天盖地的宣传，甚至影响到了策略的制定。1998 年，美国佐治亚州通过了一条将古典音乐CD 免费赠送给新生儿母亲的政策。而佛罗里达州通过了一项预算，让州基金支持的每日服务中心每天播放古典音乐。于是，许多人都不明就里地相信莫扎特音乐有助于持久全面地提升大脑智力，婴儿尤其受益匪浅。

但是，事实真的如此吗？如果是的话，为什么是莫扎特的音乐有效而不是别人的呢？如果不是的话，那些曾经证据确凿、信誓旦旦的"真相"又是怎么一回事呢？

哈佛大学的克里斯托夫·查布里斯做了详细的研究，并得出结论说，即使莫扎特效应真的存在，其效果也远比最初认为的要小。同时，还有其他研究也表明，即使莫扎特效应存在，其效果也与莫扎特本人的奏鸣曲关系不大，而是与这一种类的古典音乐所普遍引起的快乐感觉有关。

在一项研究中，研究者将莫扎特的音乐和另一首曲调相对较为悲伤的乐曲进行对比播放，结果的确显示，莫扎特的音乐比另一首对人们情绪的愉悦化和脑筋的活化更有效。但是，当研究者只播放莫扎特的音乐，并想对其进行快乐和振奋的对比实验时，所谓的莫扎特效应突然消失了。同时，心理学家们还对比播放了莫扎特的音乐和史蒂芬·金的悬疑小说磁带，结果显示，当实验参与者更喜欢莫扎特而不是金的时候，他们在聆听钢琴协奏曲之后的智力测试得分较高；而当人们更喜欢史蒂芬·金而不是莫扎特的时候，他们在听完故事之后的智力测试得分较高。

由此看出，音乐的确对我们的智力开发和情绪调动有一定的影响力。

一些研究已经表明，参加音乐课程的孩子比其他孩子更聪明。但是，很难说清其中的因果关系。到底是音乐真的提高了孩子的智力，让他们变得更聪明了呢，还是聪明或有天赋的孩子更喜欢音乐？心理学家格莱恩·切伦伯格为我们解释了这个问题。

他让140多个6岁左右的孩子参加他的实验调查，孩子们被随机地分成了4组，同时研究者为这些孩子免费提供每周一次的艺术课程。其中3组在多伦多的皇家音乐学校参加为期几个月的课程，第四组作为对照组则安排在研究结束后再参加课程。参加多伦多皇家音乐学校的3组孩子，又被分别授以不同的课程学习，一组学习键盘音乐，一组接受发声训练，一组参加戏剧课程。这3组孩子在参加课程之前和之后分别完成一份标准的智力测试。

实验结果显示，学习键盘音乐和发声训练的孩子有明显的智力提高，而参加戏剧课程的孩子和对照组的孩子没有什么区别。为什么会这样呢？

实验者提出，在音乐课程的学习中，孩子们能够逐渐学会一些有助于自律和思考的关键技巧，比如，长时间地集中注意力、练习和记忆等。

虽然莫扎特效应没有传说中的那么神奇，但是，我们完全不必因此灰心丧气。即使我们无法证明弹奏莫扎特的钢琴协奏曲会对婴儿智力产生持久的或者意味深长的影响，但是，音乐确实对孩子的智力有好处。这时，我们可以用更为开放的态度选取各种音乐，以此来培养孩子的部分能力。同时，我们也可以采用一些更为具体的方式，来提升孩子的动手实践能力和学习能力，让孩子更广泛地接触音乐，比如叮叮咚咚地弹钢琴。

» 高档餐厅午餐"亏本"经营："追加成本"的使用与高利用率的回报

要在竞争激烈的餐饮行业中实现利润的最大化，保证每个时间段的用餐人流量，是每家餐厅制定餐饮方案时考虑的一个重点。所以，扩大经营时间段，在用餐闲时降低价格来吸引顾客，保证客流量，从而在宏观上降低平均用餐成本，成了很多餐饮经营者的一个有效策略。

一家环境优雅的高档次意式餐厅，原来只经营18：00～22：00的晚餐，主菜配料不同的3种套餐价格均为300元，成本价为250元（包括食材费60～100元不等，平均80元，房租60元、人工费100元、水电费和宣传费等其他费用合计10元）。后来，这家餐厅增加经营11：00～14：00的午餐，并且为了吸引午餐时间的顾客，餐厅推出超值午餐，优惠价格为98元，不仅大大低于晚餐价格，也比成本价低出152元，出现亏本经营。

当然，以上数据的分析，只是基于最浅显的认识。我们忘了，当客流量增加的时候，每份午餐所包含的成本也有所变动，假设我们午餐选用当天最实惠的食材60元，当顾客达到一定人数时每份午餐所包含的房租为20元、人工费为30元、其他费用为5元，这样一来，合计午餐总成本降低为115元，只有原来晚餐成本的一半。但是，即使如此，依然比98元的售价高出17元！不仅出现每餐17元的赤字，而且匆忙的午餐，顾客也会减少红酒、奶酪等晚餐通常会有的额外消费。如此看来，这家餐厅是不是应该放弃午餐的经营计划，停止这种不但没有赢利而且亏本的做法呢？

但是看一下我们周围，很多餐厅还在坚持这一经营路线。算盘打得精细的经营者，怎么可能作出这种亏本的决策呢？那么，这种亏本经营现象背后又蕴涵什么经营秘诀呢？

有人说："如果可以通过午餐让更多的人了解餐厅的味道，能够来消费利润较高的晚餐的话，即使是出现赤字，也可以把它想成是宣传费，所以应该经营午餐。"这种分析也不是没道理，经营午餐是可能对晚餐产生积极作用。但是仅仅因为这个原因，亏本经营午餐也有点冒险，因为我们不能忽略另一种效果：原本来吃晚餐的客人，有可能改吃午餐。所以，经营午餐同样对晚餐也有负面影响。

事实上，懂得经济学的朋友，通常会用"追加成本"来解释以上这种奇怪的亏本午餐现象。

当我们引入"追加成本"的概念来思考时，平均成本里的房费、人工费、厨师的工资（无论是否经营午餐，厨师都要从早晨开始进货、为晚餐作准备等，工资是不变的），都可以从追加成本中扣除，因为不管是否经营午餐，这几项费用的支出都是一样的。当然，午餐时打工的服务员的工资，是需要计入追加成本的，我们把它定为15元。另外，午餐食材费60元，是要完全计入到追加成本中的。合计的追加成本是75元，所以每份定价98元的午餐，店方可以获得23元的利润。而对于顾客来讲，晚上要花300元才能享用到的套餐，中午花98元就能大饱口福，实在是非常实惠。看似亏本经营的超值午餐，在经济学理论的智慧中，便能实现店方和顾客的双赢。

不仅如此，午餐带来中午良好的上座率和周转率，也是餐厅确保利润的重要途径之一。对于大多数人而言，午餐的用餐时间会比较仓促，顾客用完餐通常会马上离开，打个比方，晚上客人的平均用餐时间是 2 小时，而午餐只有 1 小时的话，那么座位的周转率就会翻倍。拥挤时，甚至可以和其他顾客同坐一桌。午餐用餐的这些特性，都可以提高座位的利用率。

餐厅在计算午餐利润时，最重要的因素既不是顾客消费单价也不是成本比率，而是座位的利用率。

一方面，座位的高使用率，可以使花费在每个客人身上的服务员打工成本得到大幅度下降。在追加成本里，原本就不包括房租，如果能够高效提供午餐的话，还可以节省人工费，所以食材费以外的追加成本是十分低廉的。

另一方面，座位利用率高的午餐，其客流量大并且稳定，通过经营午餐可以让餐厅的收入变得更加稳定。而晚餐正好与之相反：由于红酒等酒水的销售额增加，晚上每位顾客的平均消费上升，所以在顾客人数较多时，餐厅收入会大幅度提高；相反，在顾客人数骤减时，餐厅营业额就会发生很大波动。这样一对比，午餐的销售额比晚餐平均，午餐的收入能确保餐厅收入稳定。

虽然最终还是要以利润为主，但对于餐厅来说，每个月都要支付房租、工资、水电费等固定费用，所以较为稳定的收入对餐厅的资金周转起了很大的帮助。因此，我们可以得出结论：经营午餐既有增加利润，又有稳定收入的效果，这两方面可以对餐厅的经营作出巨大的贡献。正因为如此，午饭时间能够客满的餐厅，即使一再低廉的价格提供美味可口的午餐，餐厅经营者也乐意为之。

不仅仅是餐厅如此，几乎整个服务业都在利用这种"午餐效应"。比如，卡拉 OK 白天的利用率较低，于是商家准备了午餐来吸引顾客。除了降低 K 歌价格招揽大家白天消费，同时，隔音效果很不错的包间，也提供给公司作为会议厅使用、给年轻人当做练习乐器的场所、给学生们作为准备考试的地方等。总之，目的只有一个——提高包间的利用率。还有，24 小时营业的快餐店在客流量较低的清晨，增加了不少既美味又便宜的早餐品种，也是为了提高利用率，保证盈利的稳定性。

» 一幅画两个看法：知觉也有选择性

人在知觉客观世界时，总是有选择地把少数事物当成知觉的对象，而把其他事物当成知觉的背景，以便更清晰地感知一定的事物与对象。例如，在课堂上，教师的声音成为学生知觉的对象，而周围环境中的其他声音便成为知觉的背景。在这个意义上，知觉过程是从背景中分出对象的过程。

有这样一幅图，它是由环绕在周围的黑色阴影部分和竖立中央的白色部分组成。但是，当我们在仔细观看这幅画时，如果我们看四周的阴影部分，就会看到两个侧面的人头；如果我们看中间白的部分，看到的则是一个花瓶。

我们在观察事物的时候，总是会有重点和忽略。我们可能看到了其中的一部分，然后，我们将其作为主体，而其他的事物就在我们眼中成了背景。

同一幅画，却既可以看成两个相对而视的人头，又可以看成一个花瓶，这究竟是什么原因呢？原来这是心理学中的知觉选择性问题。所谓知觉的选择性，是指在进行知觉时，尽管同时接受很多刺激信息，但我们总是把其中一部分作为知觉对象，而把另一些作为背景。知觉的选择性使我们在认识事物时将注意力集中到少数对人有重要意义的信息上，排除次要刺激和信息的干扰，从而有效地识别事物，适应环境。

知觉的对象与背景相比较，形象清楚，好像突出在背景的前面，而背景好像退到它的后面，变得模糊不清。例如，当我们注视教师板书时，黑板上的文字被我们清晰地看到，而黑板附近的墙壁、挂图等好像退到它的后面成为模糊的背景。

现实生活中，引起我们知觉的事物很多，但面对同样的景物，个人选择知觉的对象是不同的，那么，什么事物会引起我们的知觉选择呢？

一般来说，人的知觉选择与个体的需要、任务、愿望、兴趣、爱好、情绪状态相关。另外，信息刺激本身的特点也影响着我们的知觉，信息的强度大、对比明显，就容易先知觉。如天空中有一架飞机飞过，我们总是先看到飞机，然后才注意到周围的白云和天空；又如在城市有些马路旁的灯塔、栏杆、路标等处漆上黑白相间的条纹，这样便可突出事物的对比度而引人注目。

利用知觉选择性，我们就可以有技巧地突出我们想要强调的部分。

把这种原理利用到生活中来，我们就可以在做笔记时，如果有需要注意的地方，我们就可以用不同颜色的笔在需要注意的内容上做上标记。

而这一点运用到语言技巧上，就是我们要强化自己语言中的重点和核心。我们可以在对话时重复提到我们的关键信息点。

知觉选择性在实际中的运用也很广。比如，在舞台上，我们一般会将光柱照射到主要演员身上，就是为了引起观众的注意。在学校里，教师用白色粉笔在黑板上写字，利用黑白两色形成极大的反差，从而引起学生的注意。与此相反，在军事上，为了避免引起注意，就必须进行伪装，即设法将目标隐藏于背景当中。如士兵所穿的迷彩服用黄、绿、褐三色组成，图案混杂着斑点和条纹，因为这与自然环境的颜色极为相似，不规则的图案则打乱了士兵本身的轮廓。

而在进行形象塑造的时候，如果我们想突出展现我们脸蛋或身体上引以为傲的部分，我们就可以充分利用这一点。比如，我们想要强调自己的"电眼"，那么，就可以使用突出眼睛的妆饰。如果自己肩膀很美，却想遮掩住自己的小肚子，那么，宽松却有收底的露肩装，就是一个很好的选择。

» 莫名其妙的受害者：记忆变形可能受诱导性因素影响

很多时候，我们听到的未必是真的，但是，我们看到的难道就一定千真万确吗？我们的眼睛或许不会说谎，但是我们的大脑却有可能不说实话。

美国青年罗纳德·科顿莫名其妙地被受害者珍妮弗·汤普森指控为强奸犯，在监牢里耗去了 11 年青春时光。最终，他凭借 DNA 检测为自己洗刷罪名，证明汤普森当初辨认罪犯时确实看走了眼。

研究发现，目击者对事件的回忆会因为提问方式的不同而有很大的差异。例如，在一项研究中，让被试者看一部关于一起撞车事故的影片，然后要求被试者对事故中车辆的行驶速度作出判断。结果发现，当问题是"车辆在冲撞时的速度是多少"时，被试者对车速的判断超过 65 千米／小时；而当问题是"车辆在接触时的速度是多少"时，被试者对车速的判断只有 50 千米／小时。一周之后，主试官要求被试者回忆在事故中车窗玻璃是否被撞碎了，事实上影片中的车窗玻璃并没有被撞碎。结果是，以"冲撞"字眼被提问的被试者中有 33%的人回忆说车窗玻璃被撞碎了，而在以"接触"字眼被提问的被试者中，比例只有 14%。显然，在提问时不同的字眼改变了被试者对目击事件的记忆。

这些研究和实验证明了：一个人回忆时，如果向他提供某些似乎是真实的信息，便会影响他的看法，甚至会使其"看见"了某些实际上并未发生的事件。因而现在法庭已开始注意到防止"诱导性问题"的出现，这也是法律心理学为现实生活所作出的重要贡献。

在法庭对案件的审判中，许多情况下，法官和陪审团都是依照目击者的证词和物证来进行判断的，人们普遍认为目击者的证词是正确和可靠的。但研究表明，对同一件事情，不同的目击者有不同的描述，因而目击证人的证词的可信度值得怀疑。由于证词一般是证人在相隔一段时间后对所发生事件的回忆，因而事实上它并不像人们想象的那样可靠。人们往往会以自己的方式解释所经历过的事或人，并且很难把实际发生过的事和自己经过推理而认为理所当然发生过的事区分开来。这种记忆扭曲现象有时会造成严重的后果。

这个理论，我们可以在说话技巧上反向运用它。表现在人际交流上，就是一种对交流对方的思维的引导。

在这个过程中，可以先巧设陷阱，在对方没有防备的情况下诱其说"是"。比如与人讨论某一问题时，不要一开始就将双方的分歧亮出来，而应先讨论一些双方具有共识的东西，让对方不断说"是"，这个时候，他的思路已经开始被我们引导了，所以，当我们开始提出存在的分歧时，对方一时发现不了这个陷阱，就会习惯性地说"是"。

再将这种技巧拓展为人际关系的打造手段，就是在做事的过程中，即使自己是对的，别人是错的，我们也要避免和别人起直接冲突，最好不要用过于严厉的词句来斥责对方；要用巧妙的暗示，诱使对方注意自己的错误，就可以把事情处理好。

» 不同性格特征的吉姆：第一印象的主导地位

有一个实验，心理学家设计了两段文字，描写一个叫吉姆的男孩一天的活动。其中，一段将吉姆描写成一个活泼外向的人：他与朋友一起上学，与熟人聊天，与刚认识不久的女孩打招呼等；另一段则将他描写成一个内向的人。

研究者让有的人先阅读描写吉姆外向的文字，再阅读描写他内向的文字；而让另一些人先阅读描写吉姆内向的文字，后阅读描写他外向的文字，然后请所有人评价吉姆的性格特征。

结果，先阅读外向文字的人中，有78%的人评价吉姆热情外向；而先阅读内向文字的人中，则只有18%的人认为吉姆热情外向。

在与人的接触中，我们给别人的第一印象——指与人第一次交往时给他人留下的印象，在对方的头脑中形成并占据着主导地位。而第一印象在7秒之内就可完成，这种印象会记忆得非常深刻，同时对整体的综合评价有着不可小觑的作用。

所以，人们对我们形成的第一印象，日后往往很难改变，而且人们会寻找更多的理由去支持这种印象。有的时候，尽管我们的表现并不符合原先留给别人的印象，但人们在很长一段时间里仍然会坚持对我们的最初评价。

我们既然了解了第一印象的重要性，那么，应该怎样做才能给人留下良好的第一印象呢？一般来说，想给他人留下良好的第一印象，要牢记以下5点：

1.讲信用，守时间

现代社会，人们对时间愈来愈重视，所以，许多人往往把不守时和不守信用联系在一起。因此，我们最好避免第一次与人见面就迟到。

2.显露自信和朝气蓬勃的精神面貌

自信是人们对自己的才干、能力、个人修养、文化水平、健康状况、相貌等的一种自我认同和自我肯定。一个人要是走路时步伐坚定，与人交谈时谈吐得体，说话时双目有神、目光正视对方、善于运用眼神交流，就会给人以自信、可靠、积极向上的感觉。

3. 言行举止讲究文明礼貌

语言表达要简明扼要，不乱用词语；别人讲话时，要专心地倾听，态度谦虚，不随便打断；在听的过程中，要善于通过身体语言和话语给对方以必要的反馈；不追问自己不必知道或别人不想回答的事情，以免给人留下不好的印象。

4. 微笑待人，不卑不亢

第一次见面，热情地握手、微笑、点头问好，都是人们把友好的情意传递给对方的途径。在社会生活中，微笑有助于人与人之间的交往和友谊。

5. 仪表、举止得体

脱俗的仪表、高雅的举止、和蔼可亲的态度等是个人品格修养的重要部分。在一个新环境里，别人对我们还不完全了解，过分随便有可能引起误解，以致产生不良的第一印象。当然，仪表得体并不是非要用名牌服饰包装自己，更不是过分地修饰，而是给人一种清新爽朗的舒适感。

我们在与陌生人见面的时候，往往会精心打理一番，掩饰自己平时的性格或外形缺陷，突出自己的优势。这种行为看似平常，不过，现在看来，也是有心理规律可循的。

» 夫妻的两人三脚游戏：新奇互动促进感情

人类行为研究最早是由现代心理学的奠基人之一威廉·詹姆斯提出的，不仅我们的思想和感觉会影响我们的行动方式，反过来，我们的行动方式也会影响我们的思想和感觉。根据这个理论，我们就可以思考一下了，人们陷入恋爱之中，是一种很复杂的综合反映，它有太多的因素集合。我们往往将这个爱的感觉称为内里的、内在的、心灵的、精神的，多数人觉得爱情是一种不可思议的无法掌控的东西。

我们总以为是内心的感受造就了外在的恋爱行为，我们心动、心跳、害羞、兴奋才会有了告白、爱的凝视、追求的艰辛。但是，有人却提出了不同的看法。他想知道这种独特而神奇的感觉在一开始出现的时候是不是更为直接，以及有没有可能通过精心的人为安排来制造出这种感觉。

纽约州立大学的阿瑟·艾伦及其同事进行了一项名为"影响婚姻关系的因素"的研究。艾伦招募了一些夫妻，当这些夫妻刚来到实验室时，他们都被要求填了一张询问婚姻关系的问卷调查表，然后被随机地分成了两组。

第一组夫妻被要求做很简单、平凡的事情。夫妻一方手脚着地，按照实验要求把一个球滚到房间中间的指定位置，另一方则站在一旁观看，当球被滚到指定位置时，他们相互交换位置，然后再把球滚回到起始的位置。

第二组夫妻，则被提供了一卷维可牢尼龙搭扣，并解释说他们要玩一个叫做"两人三脚"的游戏。他们一方的右手腕牵着另一方的左手腕，并用尼龙搭扣把他们的右脚踝和左脚踝绑在一起。每对夫妻被提供了一个巨大的枕头，并被告知在房间中间放置了一个一米高的泡沫塑料障碍。他们必须手脚着地爬到障碍物面前，翻过它，爬到房间的另一头，然后转过身，重新爬到障碍物面前，翻过它，最后回到起初的位置。为了增添游戏的趣味性，夫妻们还被要求在游戏的过程中需要两个人夹住大枕头，而不能用手、臂膀、牙齿帮忙，并限制了一分钟的游戏时间。

在实验结束后，参与实验的所有夫妻都填写了几张问卷调查表，结果显示：第二组夫妻比第一组夫妻表现出更为强烈的互爱感。之后，他们又重复了这项实验，不过这次，他们使用了与上次实验后问卷调查不一样的衡量标准。实验者们询问他们关于下一次度假计划或者将如何改善家庭时，第二组比第一组的夫妻作出了更多积极的评论。

实验者们认为，这样的结果可能是因为大部分夫妻并没有机会做过两人三脚征服大型泡沫塑料障碍这类的事情，这种新奇的体验对他们来说更有吸引力和激动人心的效果。在这个游戏中，他们共同克服着障碍，有着同一个努力目标，两人在这个体验过程中对彼此又产生了新的感觉和不同的认知。这种新奇感和吸引感从概念上来说，类似于初次见面时所产生的感觉和经历。与之相比，第一组夫妻作为对照组，则进行了更为平凡的游戏，而且这个游戏并不需要夫妻双方联合努力。

现在我们知道了，如果有夫妻进入了感情倦怠期，那么定期参加需要夫妻双方联手共同完成的、新奇有趣、激动人心的活动，会增进夫妻双方对彼此的吸引力。因此，夫妻之间可以时常参加一些户外运动或者趣味活动，以此提高两人的黏合度。例如，运动、业余戏剧表演、攀岩、学习新舞蹈、到新奇的度假地旅行等。

» 现在发生的是我过去梦到的：大脑活动的超感知觉

很多人可能有这样的经验，感觉在梦中获得了有关远处或隐藏在后或与此同时的事件的信息，这种超感知觉一般包括两种感应：一种是预言性的心灵感应，即做了梦，在后来的某时某地竟发现一种现实景象跟梦中出现的景象一模一样，这种现实景象就是预言性的心灵感应；另一种就是在时间上梦中的景象与现实某处发生的景象完全吻合的心灵感应。

莱因夫人的著作《生活中和实验室中的透视》中记录了一个有关梦的超感知觉的例子。这是杜克大学超心理学家实验室收到的一位来自明尼苏达州的女性的报告：

　　事情发生在 5 年前，当时我只有 18 岁。一天晚上我睡得很不安稳。早上醒来时，我清楚地记得自己在夜里做了一个梦。我醒来时常常记得自己做过的梦，但是这个梦使我特别烦恼。梦境是这样的：当时我母亲睡在起居室里的一张折叠床上，我则睡在毗邻的一间卧室里，后来，我们一起看着那张折叠床，床上躺着母亲的一位朋友。什么东西都很准确，我和母亲都以同样的姿势站立着，她呜咽着说了 8 个字："她是我最好的朋友。"

　　可是，在这个梦后的一个月，发生了一件截然相反的事，我的母亲因心脏病复发而在睡眠中去世。我被她的喘息声惊醒，立即通知了医生和她的那位朋友，医生先赶到，他告诉我母亲已逝世。而那位朋友这时走进了屋，当时，我俩站的位置恰如那晚的梦一样，只不过角色有了互换，躺在床上的是我的母亲，而她也用同样的语调说了同样的话。

　　古时，人们将梦视为异己的力量、神明的暗示，常常从梦中卜知未来的事件，以决定自己未来的行为。随着梦的研究越来越多，梦的价值也曾成为一个极具意义的话题。梦本身还有许多有待发掘的奥秘，但无论是过去的重演还是生活的警示，梦总像是潜意识浮出水面的小舟，是一面展示人的内心世界的镜子。

　　这种情况下，很多人将梦看做是一种超感知觉。超感知觉又被人称之为"第六感"，埋藏于意识之下，是潜意识的东西，包含了人内心深处所有没有意识到的东西。超感知觉可以让人获得有关远处或隐藏着的事件的信息。其实，这种梦的预示作用，是在我们日常生活信息积累的前提下，对我们生理活动或者心理活动的一种暗示，或者说是表现。我们常说日有所思夜有所梦，在对某一特定事件长时间的思考中，我们的大脑或许会以梦的形式来对这种思维活动作出反应。比如，我们梦到自己赤身裸体地走在校园或者家里，这其实是一种希望自己的能力、才华或者技术得到展示、发挥、重用的一种表现形式。同时，很多时候，当我们的生理机能出现了某种问题，我们的大脑也会用梦来提醒我们。

　　弗洛伊德认为："古老的信念认为梦可预示未来，也并非全然没有道理。"荣格也曾对梦的预示作用发表过这样的言论，"这种向前展望的功能……是在潜意识中对未来成就的预测和期待，是某种预演、某种蓝图或事先匆匆拟就的计划。它的象征性内容有时会勾画出某种冲突的解决……"

　　阿德勒认为，梦的预示作用，其实就是人们未来生活的预演，为人们以后的生活提出心理警示。非现实的或象征性的梦也不一定如实地反映客观事件。在这类梦中，梦者随意而自由地选择想象，结果是，梦的意义不能像现实想象中的那样一目了然。它能带来多么完善的观念取决于幻想离信息诸项本身有多远。

　　但是，梦作为一种思维活动，对于从事艺术或创意类职业的人或许会有一些帮助。梦境之中常常会出现现实生活中不可能出现的景象，梦中无边的想象力和创造性信息，可以作为一种发挥创意的小技巧。我们要学会利用梦境。这样的话听起来似乎有点玄乎，但是，现实生活中也的确可以行得通。当然，这只是一个取巧的技巧，不能作为解决生活问题的主要手段。

» 放弃是人类的天性：退出门槛心理

沃尔夫博士和他的同事做了一个实验。他们在波士顿的杨百翰视觉观察力实验室和女子医院，让参加实验的志愿者观察几千张图片。他们把每一张图像放在十分繁杂的背景之下，然后再让志愿者说明自己是否有看到某一件工具，比如锤子或者扳手。

实验中，当某一工具多次出现时，志愿者的辨识率就相对偏高，错误率仅为7%；但是，当某工具出现次数很少，如一次的时候，那么，志愿者对此工具的辨识率就会直线下降，错误率上升为30%。

从这个实验及其结论我们可以看出，我们天生——或者说我们的身体——在遇到阻碍时更加倾向于放弃，以使自己少走弯路。

这个实验其实表明了我们的一种"退出门槛"心理，即我们的努力如果在特定时间里无法实现，那么，一般情况下，我们会选择放弃。正如实验中的志愿者在面对出现次数较少的工具时，几乎会很快地承认自己无法找到，从而更倾向于加快自己的放弃速度，压缩自己能够忍受的退出时间。

钱穆先生在《德行》中提到，人生到这世界来，一眨眼，五光十色，斑驳迷离，我们该首先懂得什么要得，什么要不得。其次，要得的便要，要不得的便不要。概括地说，也就是既要学会获取，同时又要懂得舍弃。"舍得"，有舍便有得，收放自如，人生才能平衡。

说到放弃，总是有人不屑一顾。我们不是从小就被教育，做事要坚持，要有毅力和恒心。但是，毅力、恒心却和过分执著不是一回事，很多人在追求的道路上逐渐地迷失了自我，固执地将"我想做什么"转变为"我一定要做到什么"，从而让理想与追求反成为一种负担。人们常说："举得起、放得下的是举重，举得起、放不下的叫做负重。"放弃之后，我们会发现原来我们的人生之路也可以变得轻松和愉快。生活有时会逼迫我们不得不交出权力，不得不放走机遇。然而，有时放弃并不意味着失去，反而可能因此获得。

其实，生命如舟，生命之舟载不动太多的物欲和虚荣，要想使之在抵达彼岸前不在中途搁浅或沉没，就必须轻载，只取需要的东西，把那些应该放下的包袱果断地放下。人的一生，不可能什么东西都能得到，总有需要放弃的东西。不会放弃，就会变得极端贪婪，结果什么东西都得不到。

许多人做事总是把眼前利益看得很重，结果反而失去了长远的利益。但是，能够看到别人所看不到的，这是成功者最大的特征。我们不要单纯为眼前看得见、摸得着的利益心动，要学会控制自己的欲望，抵制一时的诱惑，要有"舍卒保车"的变通意识，因为，能够透过诱惑看到长远利益的人，才是成功的人。

» 面带微笑也是抑郁症吗：微笑型抑郁症

在人们的印象中，可以用来形容抑郁症患者的词语无非是"垂头丧气""无精打采""思维迟钝""满面愁容""情绪低落"等，而很难把"抑郁"与"微笑"联系在一起。但在我们的生活中，的确有不少人患上了"微笑型抑郁症"，尤其是在白领阶层。

毛女士是一家四星级酒店的员工，工作中她时刻保持着具有亲和力的微笑。然而一回家，她动不动就和老公吵架，甚至还出现了其他生理问题。毛女士自己也说，她在外面哪怕心情再郁闷，工作中还要保持精神饱满、笑容满面，可一旦回了家，就总是情绪低落、不愿说话，心怀无名怒火。

后来，在精神卫生中心，她被诊断为"微笑型抑郁症"。

精神科资深教授介绍说，"微笑型抑郁症"患者人前强颜欢笑，回家后却感觉孤独、经常发无名火。他们的微笑并不是发自内心深处的真实感受，微笑过后是更深的孤独和寂寞。比如令人羡慕的白领，笑脸迎人是其职业素质，但他们的微笑往往是为了工作需要强装出来的，久而久之就会出现沮丧和抑郁等症状，甚至会出现心理的扭曲或变态，进而引发各种生理问题。

微笑型抑郁症患者尽管内心深处感到极度痛苦、压抑、忧愁和悲哀，外在表现却若无其事，面带"微笑"。这种微笑不是发自内心深处的真实感受，而是出于工作的需要、面子的需要、礼节的需要、尊严和责任的需要、个人前途的需要。"微笑型抑郁症"常见于那些学历较高、有相当身份地位的事业有成之士，特别是高级管理和行政工作人员。有些人错误地认为患抑郁症是种耻辱，有这种观念的人特别多，即使是那些受过高等教育的白领和管理人员也不例外。出现抑郁的早期症状时，这些人甚至还更抵触，他们总认为只是自己情绪不好而已，根本算不上病，更别说是得了抑郁症这种要去精神病医院看的病。

众所周知，抑郁是不好的一种状态。抑郁症病人总是情绪低落、垂头丧气、反应迟钝。而"微笑型抑郁症"因为掩盖在微笑之下，其危害可能更大。有专家指出，"微笑型抑郁症"比一般普通的抑郁症危害更大。一般而言，患"微笑型抑郁症"的人一般都是较优秀的人，他们为了维护自己在别人心目中的美好形象，会刻意掩饰自己的情绪。而当承受的压力大到再也无法承受的时候，他们的反应也是巨大的，可能会从一个极度自信的人变成一个非常自卑的人，甚至会怀疑自己各方面的能力。这时候，人的神经系统可能会受到一定的伤害。

"微笑型抑郁症"不仅会导致心理上的疾病，而且可能导致身心双重疾病。理智和情感是相互依存但又相互矛盾的一对共存体。所谓的"微笑型抑郁症"就是理智过度地压制感情，等把感情压制到一定程度的时候，感情便会出现反弹，这样会使身体出现不适，甚至导致神经系统的损害。而一旦神经系统不能很好地运行，内分泌便会不协调，从而导致免疫能力下降。在这种情况下，人便容易患上胃病、心血管疾病等看似生理上的病。

研究发现，从事服务行业的工作者和职业白领，容易罹患"微笑型抑郁症"，因而从事这类职业的人们要谨防。

当然，还有一种情况是有自杀企图的重症抑郁患者为了实现其自杀的目的，有意识地掩盖自己的痛苦体验而强作欢颜，以此逃避医务人员、亲友的注意。重症抑郁患者情绪突然"好转"、心情"豁然开朗"可能是一个危险的征兆，应高度防范其自杀。这些"微笑"的患者，"微笑"过后是更深的孤独和寂寞。他们的行为具有表演性质，与他们的情感体验缺乏内在的一致，而难以表现其真我的一面。

对于"微笑型抑郁症"患者，治疗时应采取以生物治疗为基础，辅以心理治疗和其他各种治疗的方法。生物学治疗主要是以抗抑郁药作为治疗基础，心理治疗是辅助治疗的手段，这种心理治疗的辅助治疗手段可以在治病之前、治病当中和治病之后，但是它必须有一个前提条件，要在抗抑郁药这种生物治疗的基础上使用才更加有效。

此外，有专家指出，体育疗法是治疗"微笑型抑郁症"的最好方法，如果一个人能坚持每天运动半个小时，那么，即便是有抑郁症，也会很快减轻。因为锻炼能给人一种轻松、自主的感觉，身体的活跃能有效地消除情绪压力，而身体的健康也能指引人的神经系统向好的方向发展。其次还有食疗，多吃水果和蔬菜也能缓解抑郁症。因为很多水果中含有的维生素 B 能够缓解紧张情绪。这样的食物有香蕉、梨、樱桃和苹果等。此外，平时也可以读读自己喜欢的休闲书籍，读书能使人心灵宁静、心境高远，是对抗抑郁情绪的一剂妙方。

要减少"微笑型抑郁症"的发生，最重要的是记住学会给自己解压。人生不可能尽善尽美，皆遂人意。"人本是人，无需刻意做人"，学会超脱，学会自得其乐，这样才会始终保持较好的精神状态。

在这里要奉劝那些从事服务、行政管理等工作的人，要培养对生活和工作的兴趣，让自己的每次微笑都发自内心，遇到烦恼时要向亲友倾诉。症状较轻者可通过各种休闲活动来缓解，病症较重者要尽早接受治疗。

» "老板，我要续杯"：餐馆的整体利润才是王道

我们都知道，在许多地方喝咖啡是可以再续杯的。哪怕只是点了一份并不是很贵的套餐，也可以续杯下去。面对这样的情况，可能有人会想到，假设一杯咖啡卖4块钱，而在某些餐馆里续杯不下5杯，而点的食物却低于20元，这样一算下来，餐馆不是就亏了吗？他们还怎么营业呢？还怎样赢利呢？

乔治·伯恩斯曾讲过一位企业主的趣事，此人说，他每卖一样东西都亏不少钱，全靠量得大赚回来。当然了，真靠这种做法，什么企业都维持不长久。所以，饮料免费续杯的常见做法就成了一个谜。餐馆怎么可能提供这种服务又不亏本呢？

这是因为大多数企业都要卖不少货物，要是主菜、甜点和其他物品已经包含了足够的利润率，餐馆当然可以提供免费续杯服务，同时又不亏本。要想维持经营，企业用不着对每一件货品都索取高于其成本的费用。相反，它只需要使总收入等于或超过所卖货品的总成本即可。但为什么餐馆会想要提供免费续杯服务呢？

从餐馆的角度来看，这种做法的存在与完全竞争的逻辑相矛盾。该逻辑认为，顾客会支付自己购买的任何额外商品或服务的全部成本。但竞争其实并不充分。由于餐馆为每顿膳食索取的费用必须要高于该顿膳食的边际成本，那么，只要能吸引到额外的主顾，餐馆的利润就可增加。和其他很多行业一样，在餐饮业，随着就餐顾客人数的增长，为顾客提供服务的平均成本会下降。这也就是说，餐馆提供膳食的平均成本比一顿膳食的边际成本要高。另一个需要考虑的因素是，一杯只值几毛钱的冰茶、软性饮料加苏打水一类，餐馆一般要收2元。要想喝够本，一个人得添上无数次杯才行。要是有10%的客人因为免费续杯的缘故点了饮料，几乎可以肯定，餐馆是稳赚的。这一推理暗示，提供罐装软性饮料和冰茶的餐馆，提供免费续杯的可能性很低，事实上也正是如此。例外又一次从反面印证了规律。

现在，让我们想象一下最初的情况：所有的餐馆都不提供免费续杯服务。假设此时有一家餐馆开始这么做，情况会怎么样呢？

在该餐馆享受到了免费续杯服务的就餐者，无疑就会觉得做了一笔划算交易。虽然续杯服务会增加一定成本，但这部分成本相当低。随着口碑流传开来，该餐馆很快会发现，自己的顾客比从前多得多。

看到该餐馆在免费续杯服务上获得成功，竞争餐馆肯定会争相效仿。随着这么做的餐馆越来越多，第一家餐馆就餐者的增幅会逐渐变小。如果所有的餐馆都开始提供这一服务，每一家餐馆的业务量，就跟从前它们都不提供免费续杯服务时差不多了。又因为餐饮业的利润率一般都很薄，对不少餐馆来说，免

费续杯似乎预示着亏损。要使这一做法获得成功，餐馆在多卖出的膳食上所获取的利润必须超过免费续杯的成本。而由于餐馆在多卖出的膳食上的利润率极可能超过它为免费续杯所承担的成本，餐馆的整体利润就会出现增长。

倘若上述过程当中，每顿膳食的价格一直保持不变，的确会造成损失。可由于有了免费续杯服务，就餐者在就餐过程中，获得了比从前更多的净利，因为他们现在一文不花，就获得了从前要几元才能买到的续杯服务。就餐者在就餐过程中得利更多的事实，促使餐馆提高了膳食的价格。等一切尘埃落定，膳食的价格应当会大致提高到足以涵盖免费续杯成本的程度。

» "宽容"和"自私"是同义词：对自身利益的关注

在中国的传统文化中，宽容是人的一种美德。人们常常用"忍一时风平浪静，退一步海阔天空"这句话来告诫自己和他人，它叫我们用一种大度的心态来看待世界。于是，在生活和工作中，当我们的利益被他人损害或受到委屈时，我们要努力做到不计较，微笑而过，这样的人生态度叫宽容。

当然，并不是所有人都能对任何事、任何人宽容，有的人就为了一些小事而与他人发生争吵。他觉得如果选择了宽容，就是自己吃亏了，因此非要计较不可。事实上，不想吃小亏的人，往往吃大亏。经济学上的理性人假设，就是每个人都追求利益最大化。然而一点点利益都不肯放过的人，怎么能实现自身利益最大化？

谈论宽容时，人们往往有一种错觉，认为宽容是品德高尚的代名词，处处考虑自己利益的人一定不会懂得宽容。但是从经济学上看，"宽容"和"自私"却是同义词。说到这里，一定有人会质疑：一个自私的人怎么可能懂得宽容别人？其实，理解这点并不是很难。

亚当·斯密在《国富论》中说过："我们的晚餐并非来自屠宰商、酿酒师和面包师的恩惠，而是来自对自身利益的关切。"从某种程度来说，宽容不仅仅是为了维护对方利益，也是减少双方发生冲突将对自己造成的伤害。可以说，宽容也是对自身利益的关注。

要知道，我们要面临的是一个交易费用不为零的真实世界。尽管学界对交易费用的定义还有很多争议，但是这在两个人以上的社会是不可避免的。产品生产出来，并非立刻就可以转到消费者手上。要让产品从生产者流到消费者那里，是一件相当困难的事情。为了完成这个交易而发生的费用就是交易费用。

在同一种情况下，不同的人对事情作出的态度也是不同的。有的人宁愿吃点亏，选择宽容对方，而有的人，却非计较不可，互不让步，引起争吵。比如，当别人踩到你的脚时，你就得承受脚痛的成本。既然是对方造成你的成本增加了，理所当然要求对方承担。这个观点本身没有错，但是索赔过程也需要费用。如果是对方把你的脚踩得非常严重，需要住院治疗。这种情况下，要求对方赔偿是必要的。但是问题是，如果情况非常轻微，要求对方道歉就可以了。可是对方却不肯道歉，甚至很理直气壮。

即使能够让对方道歉，又如何？极端情况就是，为了一个道歉付出的交易费用可能是付出生命的代价。事实上，为了一点小事而付出昂贵的交易费用，往往是得不偿失的。

真正聪明的人明白这个道理：为了鸡毛利益付出巨大成本，是亏本生意，还不如选择算了吧，宽容对方的行为。从某种意义上说，真正懂得算计利益的人，这个人一定学会了宽容别人。一个处处为鸡毛蒜皮而计较的人，他的生活成本是非常高。他可能今天为这事和别人吵架，明天又为那事和别人吵架。本来，他可以把时间投入做正事上，却被他的斤斤计较浪费了。

张五常说过的，交易费用越高，人就越穷，交易费用降低一点点，人民财富就增加很多。如果懂得宽容，交易费用不知可以降低多少。

今天，通过从经济学来分析宽容，我们要比以前懂得宽容别人，这并非是说我们的思想觉悟发生了变化，是因为我们知道选择宽容比不宽容更加合算。同时，我们做到了宽容待人，让他人也觉得我们的思想觉悟提高了，这样一来，两者兼顾，我们又何乐而不为呢？

决策——为什么我们总是找不到最佳答案

» 1 美分硬币成"鸡肋"：成本与收益

我们常说得不偿失，意思是我们得到的东西比不上自己失去的，白费力的意思。

铸造 1 美分硬币需要黄铜、青铜和锌，甚至不锈钢等原料，从 1982 年起，开始采用以锌为主的原料。

早年，1 美分在美国可以买到 1 磅面包，但由于长年的通货膨胀，1 分钱变得越来越不值钱了。美国财政部属下的造币局宣布，由于金属价格猛涨，生产 1 美分硬币的成本已高达 1.2 美分，超过了 1 美分本身的价值。因此，有舆论呼吁，除非商品经济学有某种改变，否则应当让 1 美分硬币退出市场。

其实，"废除 1 美分硬币"运动早在 1989 年就出现了，该运动创始人高尔说，如今再花 1.2 美分去制造 1 美分硬币，显然是荒谬之举。2002 年盖洛普公司的调查也发现，58% 的美国民众因为 1 美分面值太低，收到 1 美分硬币后从来不使用，而是存放在储钱罐或抽屉里，还有 2% 的人干脆扔掉。结果，在街道、汽车、沙发、海滩甚至垃圾堆里，都很容易发现 1 美分硬币。

1 美分硬币的铸造成本高达 1.2 美分，对于国家造币局来说无疑是成本太高而收益过小。当然作为国家造币局而言，并不总是以成本和效益作为考量标准，但是作为市场中的经济人，不能不考虑到成本效益问题。

成本是商品经济的价值范畴，是商品价值的组成部分。人们要进行生产经营活动或达到一定的目的，就必须耗费一定的资源（人力、物力和财力），其所费资源的货币表现及其对象称之为成本。成本是为达到一定目的而付出或应付出资源的价值牺牲，它可用货币单位加以计量。在经济学中，几乎任何成本都是可以用金钱来衡量的。

我们必须首先学会计算成本。比如说你打算开一家服装店，在计算成本时，你可能会考虑到店面的房租、进货的费用、借款的利息、付给雇员的工资、水电费、税金等。在扣除这些费用之后，你认为自己还会赚到钱。但这样的计算是不完全的：你漏掉了自己的工资，你垫付的资金的利息，还有开服装店的机会成本等。只有把这些成本也考虑在内，才能决定开服装店是否值得。

因为我们都是理性的经济人，所以在做任何事情的时候，都要看付出多少成本和获得多少收益。而要获得收益，就必须进行成本与收益的分析，如果成本大于收益，一般都是不会去做的。

我国古代有一个《愚公移山》的故事，愚公移山的精神为人们所称道，但是，从经济学的角度来说，愚公移山绝对不是精明的经济学选择。从经济学的成本收益角度来说，挖山的成本过高，且不说为了挖山所需要的镐、筐等需要花多少钱，仅就愚公一家人不从事任何有酬劳动，放弃的收入该有多少啊！如果天帝并没有将山移走，那愚公的后代可能直到现在还在挖山！需要子子孙孙无数代的付出，收益仅仅是方便了愚公后代的出行。与搬家相比，移山显然是成本高、收益低。当然，作为一种精神，"愚公移山"代表着执著与坚持，受到人们的尊重，这和经济学不能混为一谈。

经济学中，作出任何选择必须考虑成本与收益。经济学家讲实际，我们做任何一件事情，不是为了表现什么精神，而是要获得某种利益，这种利益可以是个人的、群体的，也可以是整个社会的。要获得利益就必须进行成本收益计算。

人们虽然都知道成本效益的概念，却经常忽视从成本收益的角度看问题。小品《装修》中：巩汉林饰演的角色怕装修工人偷工减料，宁愿花几十块钱打的去买一根一毛钱的钉子。其中有一句经典台词：就这脑袋，在我们农村就是叫驴给踢了！但在现实生活中，真正作出类似选择的人并不在少数，付出成本太大而收益较小的选择比比皆是。因此，我们在作选择时，应从成本收益的高度思考问题。

在经济学中，成本效益分析是最基本的概念之一，即使不懂经济学的人也知道它的概念和计算。随着商品经济的不断发展，其内涵和外延都处于不断变化发展之中。

» 女大学生为什么"急嫁"：就业与失业

现代社会，虽然技术进步了，可是人们的生活压力并没有因此减小，我们不得不面对来自社会各方面的压迫感。

过完年后，又到了高校毕业生拿着简历奔走于招聘会之时，个别女大学生并不急着找工作，却把精力放到了找对象上，她们觉得这样可以避过就业难题，过上舒适的生活，校园中就出现了"急嫁族"。

除了家长和朋友的介绍外，上网成了"急嫁族"寻觅男友的重要途径。在很多论坛上经常可以看到这样的帖子："未婚女，22岁，大四在读……觅25岁以上，月薪3000元以上，有住房有车……"这些"急嫁族"们认为直接找个起点高的丈夫，既避过了就业的麻烦，也省去了很多奋斗。

在某校即将毕业的女生宿舍门外甚至出现了一副非常"强悍"的对联：上联——找工作找好工作，下联——找老公找好老公，横批——噢耶。

"急嫁族"和这副对联的出现，从侧面反映出了一个社会问题：大学生就业难。其实，就业是民生之本，因为就业问题牵扯到每一个人的切身利益，也牵涉到社会的安定团结。人们都期望社会能实现充分就业而不期待大规模的失业，因为那样会危及自己的生存。

随着我国改革进一步深入展开，就业问题已不仅仅是单纯的经济问题，而更成为不容回避的社会问题。充分就业是社会经济增长的一个十分重要的条件。只有非自愿性失业消失，社会才算实现了充分就业。

而与充分就业相对，失业更为人们所关注。在经济学中，一个人愿意并有能力获取报酬而工作，但尚未找到工作的情况，就被认为是失业。失业率是劳动人口里符合失业条件者所占的比例，旨在衡量闲置中的劳动产能。

失业率的计算方法为：失业率=（失业人口÷劳动人口）×100%

一般来说，人们都不愿意失业。但失业者可领取一定的失业救济金，但其数额少于就业时的工资水平，因而生活相对恶化，会促使其重新就业。从这一点上来说，不少西方经济学家认为，一个合理的失业率及其失业现象的存在，是促进社会发展所必需的条件之一。

造成失业的原因有很多，因此失业的结构与变动情况是观察重点。失业一般可分为以下几种：

1. 摩擦性失业

指生产过程中难以避免的、由于转换职业等原因而造成的短期、局部失业。这种失业的性质是过渡性的或短期性的。它通常起源于劳动的供给一方，因此被看做是一种求职性失业。从经济和社会发展的角度来看，这种失业的存在是正常的。

摩擦性失业的最终表现是求职者找不到满意的工作，用人单位也找不到需要的人才，造成就业难和招工难并存的现象。现在很多大学生毕业后找不到合适的工作，就属于摩擦性失业。

2. 结构性失业

是指劳动力的供给和需求不匹配所造成的失业，其特点是既有失业，也有职位空缺，失业者或者没有合适的技能，或者居住地点不当，因此无法填补现有的职位空缺。结构性失业在性质上是长期的，而且通常起源于劳动力的需求方。结构性失业是由经济变化导致的，这些经济变化引起特定市场和区域中的特定类型劳动力的需求相对低于其供给。举一个简单的例子，在美国新兴的计算机产业在迅速扩张时，炼钢工人却因为钢铁业的衰落面临失业。

3. 季节性失业

由于某些行业生产条件或产品受气候条件、社会风俗或购买习惯的影响，使劳动力的需求出现季节性的波动而形成的失业。如雪糕厂在销售旺季时要扩招一些员工，而销售淡季时显然要裁减一些员工。

4. 周期性失业

是指经济周期中的衰退或萧条时，因社会总需求下降而造成的失业。当经济发展处于一个周期中的衰退期时，社会总需求不足，因而厂商的生产规模也缩小，从而导致较为普遍的失业现象。周期性失业对于不同行业的影响是不同的，一般来说，需求的收入弹性越大的行业，周期性失业的影响越严重。

奥肯定律给我们提供了一个可能的解决方案。奥肯定律的一个重要结论是：为防止失业率上升，实际 GDP 增长必须与潜在 GDP 增长同样快。如果想要使失业率下降，实际 GDP 增长必须快于潜在 GDP 增长。

» 美国人愿搬家，中国人愿买房：灵活的住房市场

曾经有一个故事讲在中国一个老太太要存一辈子的钱老了才能住上房子，而美国老太太住了一辈子的房子才付清贷款，但实际上在美国，并不是所有人都像我们熟悉的故事中的"美国老太太"一样贷款买私房，也有不少人像"中国老太太"一样攒钱买房，甚至攒了钱也不买房而是租房。至于住房面积，发达和中等发达国家城市普通百姓也不追求宽敞，韩国城市里面积小于 59 平方米的小型住宅达到 40%，日本普通人家的住房面积大都是六七十平方米；而德国前总理施罗德，为了省租金，租住两室的公寓，女儿来了就加一个床，一间房睡 3 个人。而在中国，现在城市里造的新房八九十平方米的房型都算是小的，动辄 100 多平方米，没有钱节衣缩食借巨债购买。

比尔结婚 13 年来一共搬了 6 次家。当比尔的妻子在迈阿密找了一份导游的工作，于是比尔举家迁到了迈阿密，这是他们的第五次搬家。美国人热爱家庭，人到了哪里，家就必须迁到哪里，房子可以换，家可以搬，就是夫妻不能分居，他们刚从美国西海岸的旧金山搬到这里。

比尔的妻子辞去了迈阿密导游的工作，而同时比尔在洛杉矶找了一份不错的工作。不到两年时间，比尔从美国西海岸搬到东海岸，又从东海岸搬回西海岸。

很多美国人都有像比尔这样因工作而搬家的经历，很多美国企业诸如微软、可口可乐都会为从外地搬来的员工支付搬家费。美国人一生平均要搬十几次家。优美的环境、清新的空气、当地税收少生活成本低、更换了工作，甚至那个地方的餐馆多、味道好，都会成为美国人搬家的理由。

美国人搬家不怕麻烦，甚至乐此不疲。美国人刚参加工作时收入不高，一般是租住小房子，工作几年收入高了点就立刻换租大一些的房子，等有钱付首付款了就贷款买房，收入再增加了，毫不犹豫地把小房子卖掉再买大房子。如果再发达了进入中产阶级的行列，就搬到条件更好的地方去住。

在美国搬家没有任何限制，没有户口制度，搬家不必经过任何人的批准，甚至也不需要到警察局去报告一声。搬家也很方便，有专门的搬家公司，有的专管本市搬家，有的则经营往外地的搬迁。

搬家之所以方便，主要因为美国有住房市场。在住房市场条件下，通过房租水平的升降，供应和需求永远是平衡的。换句话说，在美国，你只可能感到房租贵，而不会租不到房子住。相比中国，租房更容易。同时西方发达国家有明确的法律法规保护租客的利益，严防出租方滥涨价，所以在伦敦、纽约，有些房屋的租金甚至是20世纪四五十年代的水平。

就业的灵活性必将引起人口的流动，如果没有住房市场，人口的流动将受阻。

» 被填满的罐子：艾森豪威尔法则的明智之处

我们常常会看到这样的现象，一个人忙得团团转，可是当你问他忙些什么时，他却说不出来，只说自己忙死了。这样的人就是做事没有条理，一会儿做这，一会儿做那，结果没一件事情能做好，不仅浪费时间与精力，还不见成效。

其实，无论在哪个行业、做哪些事情，要见成效，做事过程的安排与进行次序都非常关键。

有一次，苏格拉底给学生们上课。他在桌子上放了一个装水的罐子，然后从桌子下面拿出一些正好可以从罐口放进罐子里的鹅卵石。当着学生的面，他把石块全部放到了罐子里。

接着，苏格拉底问全体同学："你们说这个罐子是满的吗？"

学生们异口同声地回答说："是的。"

苏格拉底又从桌子下面拿出一袋碎石子，把碎石子从罐口倒下去，然后问学生："你们说，这罐子现在是满的吗？"

这次，所有学生都不做声了。

过了一会儿，班上有一位学生低声回答说："也许没满。"

苏格拉底会心地一笑，又从桌下拿出一袋沙子，慢慢地倒进罐子里。倒完后，他再问班上的学生："现在告诉我，这个罐子是满的吗？"

"是！"全班同学很有信心地回答说。

不料，苏格拉底又从桌子旁边拿出一大瓶水，把水倒在看起来已经被鹅卵石、小碎石、沙子填满了的罐子里。做完这些，他又问："同学们，你们从我做的这个实验得到了什么启示？"

话音刚落，一位向来以聪明著称的学生抢答道："我明白。无论我们的工作多忙、行程排得多满，如果要逼一下的话，还是可以多做些事的。"

苏格拉底微微笑了笑，说："你的答案也不错，但我还要告诉你们另一个重要经验，而且这个经验比你说的可能还重要，它就是：如果你不先将大的鹅卵石放进罐子里去，你也许以后永远没机会再把它们放进去了。"

这个故事说明，事先的规划非常重要。在行动之前，一定要懂得思考，把问题和工作按照性质、情况等分成不同等级，然后合理安排完成和解决的顺序，这样才能收到事半功倍的成效。

从心理学应用角度看，这就是"艾森豪威尔法则"的明智之处。"艾森豪威尔法则"，又称四象限法则，指处理事情应分主次，确定优先的标准是紧急性和重要性，据此可以将事情划分为必须做的、应该做的、量力而为的、可以委托别人去做的和应该删除的 5 个类别。

"艾森豪威尔法则"源自艾森豪威尔的十字时间计划：画一个十字，分成 4 个象限，分别是重要紧急的、重要不紧急的、不重要紧急的、不重要不紧急的，把自己要做的事都放进去，然后先做最重要而不紧急那一象限中的事，这样一来，艾森豪威尔的工作、生活效率大大提高。此事成为美国成功学家们所津津乐道的美谈。

通过这个法则，我们可以知道，做事前需要科学地安排，要事第一，先抓住牛鼻子，然后依照轻重缓急逐步执行，一串串、一层层地把所有的事情排列起来，条理清晰，成效才会显著。凡事都有本与末、轻与重的区别，千万不能做本末倒置、轻重颠倒的事情。

» 鲍勃·迪伦的《摩登时代》真便宜：贩卖成本的秘密

市场上，为什么最畅销的书和 CD 卖得比不那么畅销的要便宜，而最热门的电影，票价却比不热门的电影要贵呢？

鲍勃·迪伦的 CD《摩登时代》，定价是 18.99 美元，但 2006 年 8 月正式发行后，亚马逊上只卖 8.72 美元，打了一个对折还要多。反之，法语乐队巴黎康宝的《主题》专辑，定价 17.98 美元，亚马逊上卖 14.99 美元，差不多是 8.5 折，不那么出名的艺人的专辑，折扣就要小得多。图书的情况也很类似，例如在博德斯书店，畅销书可打 7.5 折，但其他大多数书籍则按封皮上的定价出售。

电影票的情况则恰好相反。虽说特定电影院在特定时间上映的电影，定价基本上都差不多，但和其他电影相比，院方尤其不愿意给热门电影提供折扣券。为什么只有电影院经营者利用了消费者愿意为更流行的产品多付钱的心态，而卖书和卖 CD 的却不这样做呢？

那是因为对电影院来说，决定票价的稀缺资源，不是电影本身，而是座位。一旦电影院的座位坐满了，给再多的钱，都无法为额外的顾客提供服务。所以，影院所有者很有理由不给满座的电影打折。而对于书籍和 CD，事实上，所有的零售商都会库存最畅销的书籍和 CD，因为他们知道到时候市场需求量会很大，但不同的商店库存的非畅销书籍和 CD 却各不相同。这也就意味着，对于最畅销的书籍和 CD，零售商要面临的竞争压力更大。要是顾客对这家店出售迪伦新专辑的价格不满意，他可以到任何其他商店去买，但库存巴黎康宝乐队专辑的商店可就没那么多了。想立刻拥有这张专辑的顾客，除了按供方的标价付钱，似乎没有其他的办法可想了。另外，商店给最畅销书籍和 CD 打折，还有一个动机：这种做法能吸引更多顾客进商店，购买其他物品。

每一本书、每一部电影、每一张 CD，都是独一无二的。由于竞争卖家不能提供这些产品的完美替代品，使得市场竞争并不充分。即便如此，在非完全竞争的市场中，一般的情况仍然是，买家最重视的产品和服务售价也较高。如前所述，电影票的销售模式与此相符。

那为什么书籍和 CD 背离了上述模式？首先，可以从这些产品的销售者所面临的成本条件与影院经营者截然不同说起。反过来说，书籍和唱片卖家给热门产品打折，并不会赶跑顾客。大多数时候，他们可以预见到哪些产品最热门，并提前准备好充足的库存，确保供应。由于这些产品流通速度很快，在货架上保存每一副本的成本是相当低的。而不热门的书籍和 CD，可能一两个月才卖得出一套，同样的货架空间带来的收入较少，所以库存成本更高。

另外，畅销作品折扣大，一部分原因在于它们的贩卖成本更低。最成功的书店和音像店会向顾客推荐不太流行但很有希望流行的新专辑。如若没有这种推荐，顾客或许根本不会注意到这些作品。因此，越是非畅销的专辑，越需要知识渊博的店员进行推荐。这部分人力成本，自然要由非畅销专辑来承担。所以，下一次你坐下来听这张了不起的巴黎康宝乐队新专辑，请务必记住：你买它的价格，比在沃尔玛买的畅销 CD 要贵得多，因为音像店必须承担聘用知识足够丰富的销售员的额外支出，毕竟，只有这种员工才知道，这张专辑或许对你的胃口。

» 追女孩时不能太殷勤：关于自己的营销策略

咱们先来设想一下，假如你是男生，是否发现你追女孩子追得越紧、献殷勤越多，她却好像离你越远；而稍微保持点距离，为自己树立一些酷酷的形象，她反而会对你更加上心呢？假如你是女生，你回忆一下，成为大学时"卧谈会"中的白马王子的，是经常来献殷勤的男生，还是那些偶尔露峥嵘但大多数时候保持克制距离的帅哥呢？

其实道理很简单。那些可以让男生们频频献殷勤的女生，要么气质脱俗，要么情趣高远，要么姿色出众，要么才貌双馨。从"边际效用"的理论来考虑，她是你的100%，而你很可能只是她的1%或是2%。对于这种优秀的女生来说，她从小到大身边优秀的、帅气的男生一定是层出不穷。对于你来说，这样的女生就是你的全部，是你的女神，而对于她来说，你则是她几十个甚至上百个候选人中的一个而已。

就好像爱情片里和男主角一起长大的青梅竹马的女邻居，即便楚楚可怜、清新可人，却很难得到男主角的青睐，为什么？因为她在他的生活中出现的次数超过了她在他心目中的地位。我们男同胞们可以换位思考一下，如果一个女生也很喜欢你，但你对她的感情只能占到你生活的1%，当她频繁闯入你的生活，甚至有些死乞白赖的时候，你是不是也会开始讨厌她了呢？那么，是不是我们就只好放弃对心爱的女生的追逐，消极地等待她有一天蓦然回首，然后在灯火阑珊处发现你还在为伊消得人憔悴，继而感动不已，投入你的怀抱？错！这样的剧情，让多少优秀的男生最终难以追寻到自己的幸福。所以从现在开始，忘记那些电影中的桥段，运用经济学的原理来武装自己的大脑，抢得美人归吧！

在经济学中，如果想要让自己在市场中占据有利地位，我们要让自己变得与别人不一样。大抵有3种营销策略可以供我们选择。

（1）低成本策略。顾名思义，低成本策略就是以低成本、低价格、低质量来打开市场，比竞争对手永远更低一筹的成本是每个厂家矢志不渝的追求。

（2）差异化策略。差异化策略则打的是品质牌，要么有高新的技术，要么有独到的配方，能让自己拥有独一无二的竞争优势，最终形成的局面就是"人无我有，人有我优"。

（3）混合型策略。则是低成本和差异化策略同时使用。根据咱们中国人惯常的中庸思维，肯定认为第三种策略是最佳策略。但事实却恰恰相反，企业界多年的实践证明，走中间路线做骑墙派是行不通的。其实在感情中也是如此。在感情路线上如何走低成本策略？那就是——让自己永远比竞争对手多做一些。事实证明，这样的做事习惯与郭靖类似，确实能够得到类似于黄蓉这样的女生的欢心，但是更有可能的是，女生本就对男生做的这些事情非常反感，做得越多反而会招致更多的反感，得不偿失了！那么我们要选择的策略已经不言而喻了，那就是走差异化路线，打出个人的品牌。

比如大家都给女生送花，你就要送得最多；大家都给女生宿舍打水，你就要打得更多、打得更勤……总而言之，你的竞争对手在做什么，你也去做什么，而且一定要做得更多更好。

如果你真的很喜欢她，但是又实在没办法成为她喜欢的那一种类型，虽然希望渺茫，但还有一种险中取胜的可能，那就看看她周围的追求者都是哪一种类型，如果他们都在装斯文，那么你就表现得狂野；如果他们都在装成熟，那么你不妨展示一下阳光与激情。这是什么道理呢？说到底还是利用"边际效用递减"规律。一个人成天吃满汉全席也会吃厌，而这时可能临时换上来一个叫花鸡却能让其食欲大振。你要做的就是成为"叫花鸡"，运用差异化策略，形成自己的品牌。

另外，如果她还不知道你这个仰慕者的存在，那就最棒了。女孩子大都相信缘分，如果在她做很多事情的时候你都不经意地出现，那么你在她的心目中已经产生自己的品牌形象。你最开始要做的就是"随风潜入夜，润物细无声"地走进她的生活。每个女孩子都有自己的固定的生活轨迹，比如大概什么时间会出现在哪里，会去做什么。一定要去搜集这样的信息，将信息不对称现象控制在最小的范围内。接着，那就是要制造邂逅，例如手机忘带了，向她借手机打给自己的朋友，却打在自己的手机上保存下号码。越自然越好。如果你这么做了的话，很好，起码你有了一个和别人不太一样的开端。

接下来，可以给她发些有趣的短信，但切忌一次发很多条，否则和那些平时献殷勤的人也没有什么差别了。短信虽然不多，但是尽量要在同一时间段发，让她习惯于生活中有你的存在，让你在她心目中的地位从1%逐步上升到10%，而当你感受到她对你的感情发生了变化后，突然开始减少给她发短信的次数，让她忽然间发现你的可贵。

很多非常执着却没有得到幸福的男生，就是因为在这一点做得不好——付出过多而导致所做的努力形成了"边际效用递减"，让对方不稀罕你的付出。当然，如果你不是她真正喜欢的那一型，那该怎么办？每一种女孩都有自己青睐的对象，有喜欢才华横溢的，有喜欢成熟老练的，有喜欢阳光帅气的。首先，我们要记住，供给会自己产生需求的"萨伊理论"只存在于供不应求的市场，比如说你所在的环境女生数量远远大于男生数量，且她们没有向外界开拓的愿望，那么你可能继续保持自己的形象也能够得到一些女生的欢心，但毕竟这样的情况极少出现。如果实在成不了她喜欢的那一型，且对她的好感有限，还不如勇敢地放弃，因为追求她的"机会成本"变成了你失去了追求一个喜欢你当前特质的女生的机会。

不过说到最后，追女孩子最根本的是什么？

真诚。对自己的内心诚实，不要因为别人喜欢了一个女生而随大溜地去追求，要听从自己内心的召唤。对她真诚，对感情忠诚，树立自己的品牌，以情动人，相信你所仰慕的女生最终会接受你这个与众不同的追求者的。

» 你是如何解决难题的：思维模式

在工作中，面对同样的问题，不同的人会采用不同的处理方法，这就是他们思维模式不同所产生的差异。比如，教师出了一道数学难题，有几个学生都给出了正确的答案，事实上，他们用的并不是同一种的解题方法。正因为他们的思维模式不同，所以解决难题的方法就产生了差别。

思维模式是人脑多种思维过程和思维结果的集合；是人类通过对客观世界的认识和实践，并受一系列基本概念所规定和制约的、已经被模式化的思维定式；是人们看待事物的观点、参考结构和信念的一种内在程式，并对人们的言行起着决定作用。

思维模式本身受多种因素的影响，分类很复杂。但一个思维发达的人，凭直觉就能利用许多思维模式。以教师教学为例，教经济学的老师会从精练的、经过拆解的经济案例着手，能让这些案例被那些没有经济思维模式的学生理解。"假设你种植苹果，我种植橘子，周围只有我们两个人。再假设我们都想吃两种水果而不是光吃其中一种，我们是不是应该交易呢？如果是的话，我们该怎样开始这笔交易？"

在这个经过简化的背景下，老师开始教导学生如何进行交易。如此往复，这种认识就会成为学生基本的交易思维模式。而一旦掌握了这种思维模式，学生便可以将它的意义延伸得更远。

思维模式可以帮助我们从简单的材料中创造出复杂的信息。在学校里，许多科学课程的教学都是通过巧妙地利用思维模式来完成的。物理学的入门课程一般都会介绍一些简单的、理想化的状态：滑轮、斜坡、物体在光滑的表面做匀速直线运动。随着学生对"滑轮"思维模式的熟悉与了解，它就可以以某一种方式或同其他思维模式一起来解决复杂的问题。

很多人在小时候学过的原子太阳系模型，也是思维模式的典型运用。这个模型告诉我们，电子在原子核周围沿轨道而行，就像行星绕着太阳转一样。这个形象的类比会带给学生关于原子的快速而精练的直观认识。

通常情况下，人们在理解难题时，总是倾向于选择复杂描述而放弃精练的思维方式。比如，人们更容易理解"一种外壳厚而又软的柑橘类水果"这样的描述，而不太愿意接受"一种超大尺寸的葡萄柚"的说法。

通过利用固有的思维方式，我们往往能更快地了解到真理。比方说，现在物理学者已经知道电子围绕原子核的方式与行星绕太阳的方式大致相同。事实上，电子的运动是在"概率云"中进行的，一个老师怎样才能把这点告诉一个六年级的学生呢？

你是用比较容易让他理解的行星运动来解释这一接近真理的事实，还是跟他讲"概率云"这个准确但根本不可能被他理解的概念？

如果你想确保准确性就意味着牺牲可理解性；如果确保可理解性，就要牺牲准确性。看起来这是一个很艰难的选择。至于如何选择，这里有一个前提，即一种说法如果不能被用来帮助人们预言或作决定，那不管它的表达多准确、多么容易让人理解，它都毫无价值。

美国西南航空公司的创始人赫布·凯莱赫曾经告诉空乘人员，他的目标是"使股东价值最大化"。从某种意义上讲，这种说法比"低价航线"更为准确，表达的意思也更加完整。

美国西南航空公司可以通过减少飞机维修费用或让旅客承担餐巾纸的成本来实现更低的价位。很显然，还有额外的价值（旅客的舒适、安全性）完善着西南航空的经济价值核心。"使股东价值最大化"的问题在于，尽管它的意思表达得很准确，可它甚至无法让空乘人员决定是否在飞机上提供鸡肉沙拉。一个准确但空泛的说法仍然是不起作用的。

人们试图精确地解释每一件事，为了达到这个目的，他们必须向你提供足够多的有用信息，然后慢慢地提供更多。

防止准确性不起作用的关键途径是使用类比。类比从固有思维方式中汲取能量：蜜柚与葡萄柚相似，一条成功新闻的结构与"倒金字塔"相似，皮肤损伤就像年龄增长一样。类比之所以让人更容易理解精练的语言，是因为它引用了人们早已熟知的概念。

一些类比非常有用，它们不是单纯地强调概念，而是已经成为新思想的平台。比如说，在过去的 50 年中，把人的大脑比做电脑的比喻已经成为心理学家进行研究的基础。解释电脑的工作原理要比解释人脑容易得多。正是由于这个原因，心理学家从电脑在许多让人容易理解的方面（如存储器、缓冲器和处理器）中汲取灵感，为的是在人脑中植入相似的功能。

类比思维的方法是解决陌生问题的一种常用策略。可以充分开拓人们的思路，从而创造性解决问题。在工作和生活中，我们要重视类比思维的灵活，提高我们解决问题的能力。

» 最好别相信直觉：共同偏差造成缺陷

生活中，绝大多数人在遇到某件无法解释清楚但又执意坚持的事情，总是宁愿相信自己直觉，而不是他人描述的事实本身。尤其是在无法辩解的情况下，脱口而出的是"我相信自己的直觉"。

心理学家认为，人们的直觉是有缺陷的，不管你是否相信，我们的直觉往往会由于一些共同的偏差造成缺陷。然而大部分人仍认为自己的感觉良好，并很难让他们相信其实不是这样的。

这是研究决策问题的心理学家所要面对的一个艰难课题。心理学家为了证明人们的直觉是不可信的而做过这样一个简单的实验，花一点时间来考虑一下答案，以下哪种事件会死更多的人：

他杀还是自杀？

洪水还是肺结核？

龙卷风还是哮喘？

他杀、洪水和龙卷风会更常见，人们普遍是这么认为的。但是在美国有50%的死亡是因为自杀而非他杀，肺结核的死亡率是洪水的9倍多，哮喘导致的死亡也是龙卷风的8倍多。

那么为什么人们的直觉是错的呢？这正是由于"可获得性偏差"的原因。可获得性偏差是一种自然的倾向性，当我们在判断一个特殊的事件时，它会导致我们用记忆中对该事件已经获得的信息来判断事件的可能性。我们的直觉会认为当事件更容易记忆的时候会更有可能性，但是我们记住的事情经常不是最精确的总结。

我们可能会因为事情能引发我们更多的情绪而记住它，而不是因为它们是经常发生的。我们也会因为媒体对它的更多相关报道而记住它，而不是因为它们更普遍。可获得性偏差会使我们误入歧途，促使我们把不寻常的事认为是普遍的，而把不可能的事想为可能的。

我们可以举例来理解这一点。想象一下你的工作是指导NBA新秀认识艾滋病的危害。NBA球员都是年轻人——新秀们通常都不到21岁，他们会一夜成名，获得随着名声而来的所有关注。他们肯定听说过艾滋病，因此风险不在于对艾滋病的未知，而在于他们身处的环境会让他们在一夜之间卸下所有防备。

这就需要你把艾滋病的危害变得更可信和迫切。想象一下关于可信度的可能素材。你也许可以使用一位著名专家的权威说法，也可以是一个与艾滋病战斗到最后阶段的运动员。你可以使用生动的细节——一个运动员可以重新估计他正常的安全性交警惕性是如何被一次特殊的狂欢派对破坏的。其中的任何一种都会是很有效的，但是如果你想要把这些可信的素材植入这些运动员的脑中，你得采用某种方法。NBA 针对这个问题使用了一种很巧妙的方法。

在 NBA 新赛季开始前的几个星期，所有新手们都被要求到纽约的塔里敦集合。他们会被锁在酒店里 6 周：没有传呼机，没有手机。新秀们被讲授在联赛中的生活——所有的一切：从如何与媒体打交道到如何对他们的财产进行合理的投资。

第一天，尽管围绕培训的保密工作做得很好，但还是有一群女球迷在驻地附近出现。在培训的第一个晚上就可以从酒店酒吧和餐厅里认出她们，因为她们穿着惹眼。队员们对于受到关注很满意，到处都是调情搭讪的人，他们计划在培训的后期认识其中的几个姑娘。

第二天早晨，新秀们和往常一样出席会议。他们很惊讶地发现那些女球迷守候在房间门口，她们再次一个接一个地介绍自己。"你好，我是希拉，我有艾滋病。""你好，我是唐娜，我有艾滋病。"刹那间，有关艾滋病的讨论让队员们恍然大悟。他们明白人生如何开始失去控制，一个晚上的放纵如何造成一生的遗憾。

» 别让记忆白费力气：注意力是关键

记忆力的催化剂是自信心，而增强记忆力的关键是提高注意力，因为注意力的高低直接从某个侧面反映了其智商水平的高低。

有这么一道益智抢答题：

在公车始发站上来 3 个乘客；在下一站上来两人，下去 1 人；再下一站上来 5 人，下去 3 人；再下一站……许多人都以为会问最后剩下几个乘客，便一边听一边计算人数。可是到最后问题竟是："公车一共停了几站？"听题者由于只注意乘客数，而没有数公车站数，虽然注意听了，却没把注意力放在应该记忆的事物上，结果白费力气。

要增强记忆力，有许多方法。但采用这些方法之前有个绝对必要的条件，那就是要把注意力集中到自己所要记忆的对象上来。没有意识地去记，或观察不认真细致，都是记不住的。有人认为背诵不是什么高级脑力活动，只要有较强的背诵能力也没什么了不起，因此不愿意积极地努力背诵。这种观念实际上是错误的。

那么，怎样才能使注意力集中到要记忆的对象上呢？

首先要对想要记忆的对象感兴趣。举个例子，新来的老师要想很快记住所有学生的名字是根本不可能的。可是老师会很快记住那些显眼的学生，如课堂上爱发言的学生、学习特别好的学生、最不遵守纪律的学生等。相反，对那些不显眼的学生、缺乏个性的学生，老师就很难在短时期内记住他们的名字。

然后要培养良好的习惯，持之以恒。注意的习惯是多方面的，首先在事情开始时要能立即集中注意力于活动对象；在活动发展过程中，需要能保持高度注意，尽可能减少分散力；遇到困难时，则能动员自己的意志力，迫使自己思想集中；结束时仍能使注意保持紧张状态。有始有终，不虎头蛇尾。一旦养成良好的注意习惯，无论从事任何活动都会事半功倍。另一方面，也要有意识地经常进行调控注意力的训练。比如，经常提醒自己集中注意某一事物，目不斜视、耳不旁听，力求在大脑中只形成一个兴奋中心。过一会儿，再把自己的注意力迅速转移到别的事物上，而置原来的注意对象于不顾，经常这样练习，就能提高自己调控注意的能力。

当然，我们也会经常遇到无法集中注意力的情况。下面，我们来看一下有哪些方法可以应付这种困境，改善注意力。

当你无法集中精力时，又是一个人在房间里的话，可以采用一种简便的办法——自言自语。我们经常看到幼儿园里的小朋友，一边做游戏，一面自言自语，颇感自得其乐。这种用自我对话来刺激大脑功能的语言，被瑞士心理学家称之为"自我中心语言"。对于难懂的逻辑问题，同样可以采取"自我中心语言"来打消念头、集中思想，不但易于记忆，而且能帮助理解问题，加深印象。

当考试、做功课或者工作中要作出某项决策时，却被外在的其他事物所吸引，无法专心，怎么办？美国有一所记忆术训练学校对此进行了专项研究，并提供了一种解决方法。大致是这样的：

第一阶段：先将注意力转移到钢笔、课本、玩具、零食等各类琐碎的事物上。

第二阶段：再凝视某一目的物，直到厌烦为止。

第三阶段：将眼睛闭起来，回忆刚才所见的事物，例如圆珠笔，将其颜色、形状、长短等外形特征描绘在脑海中。

第四阶段：将思维从圆珠笔上移开，然后睁开眼睛。

第五阶段：间隔30秒。

接着，再选其他事物重新从第一阶段做起。

根据受此训练的人介绍，刚接受训练时，精神集中力无法持续8秒钟以上，但经过一周的训练后，集中力便能持续到3～4分钟。

"冰冻三尺非一日之寒"，掌握了改善注意力的方法，要坚持不懈地锻炼，才能收到成效，提高记忆力。

第四章

低效——为什么总有人做无用功

» 瞎忙的小文：挖掘高效背后的最佳思想

在我们的工作中，要提高工作效率，要提高解决问题的效能，都必须找出最简单、省力的方法。对一个员工来说，要的是事半功倍，而非事倍功半。

在一家大公司工作的小文一下班就向家人诉苦，说自己每天从一上班就开始忙个不停，一会儿干这，一会儿干那，天天忙得晕头转向。一起进公司的同学兼同事小李虽然和自己做着同样的工作，看起来却总是从容不迫的样子。更让小文有些心理不平衡的是，到月底工作量一统计出来，自己还不如小李高。

在职场中，很多人都有和小文类似的感觉：每天忙忙碌碌，却总是忙而无功；感觉自己付出了很多，却总是不能让老板满意；没有一刻空闲，到总结时却说不出自己作出的成绩。

如果你正处于这样的状态，这时的你就需要提高警惕了，也许你不是工作不努力，而是需要掌握正确的方法提高工作效率。因为如今可不是讲求"慢工出细活"的时代，效率总是与工作业绩、奖金，甚至晋升挂钩，因此每天费尽心思琢磨的应该是如何提高工作效率。

下面就教你几个提高工作效率的好方法：

1.制订适宜的工作计划

在工作中，每个人都应认识到作出合理计划的重要性。为工作制定合理的目标和计划，做起事来才能有条理，你的时间就会变得很充足，不会扰乱自己的神志，办事效率也会很高。所以，你应当计划你的工作，在这方面花点时间是值得的。如果没有计划，你就不会成为一个工作有效率的人。工作效率的核心问题是：你对工作计划得如何，而不是你工作干得如何努力。

对于技术与管理员工，制订计划的周期可定为一个月，但应将工作计划分解为周计划与日计划。每个工作日结束的前半个小时，先盘点一下当天计划的完成情况，并整理一下第二天计划内容的工作思路与方法。聪明的员工会尽力完成当天的工作，因为今天完不成的工作将不得不延迟到明天完成。这样必将影响明天乃至当月的整个工作计划，从而陷入明日复明日的被动局面。在制订日计划的时候，必须考虑计划的弹性。不能将计划制订在能力所能达到的100%，而应该制订在能力所能达到的80%左右。这是由员工的工作性质决定的。因为，在工作中每天都会遇到一些计划外的情况以及上级交办的临时任务。如果你每天的计划都是100%，那么，在你完成临时任务时，就必然会挤占你完成已经制订好的工作计划的时间，原计划就不得不延期了。久而久之，你的计划失去了严肃性，你的上级也会认为你不是一个很精干的员工。

2. 将工作分类

将工作分类的原则主要有轻重缓急的原则、相关性的原则和工作属地相同的原则。轻重缓急的原则包括时间与工作两方面的内容。很多时候员工会忽略时间的要求，而只看重工作的重要性，这样的理解是片面的。相关性原则主要指不要将某一件工作孤立地看待。因为工作本身是连续的，当前的工作可能是过去某项工作的延续，或者是未来某项工作的基础。所以，开始工作之前，先向后看一看，再往前想一想，以避免前后矛盾造成的返工。工作属地相同的原则指将工作地点相同的工作尽量归并到一块完成，这样可以减少因为工作地点变化造成的时间浪费。这一点对于在现场工作的员工尤为重要，如果这一点处理得好，可避免在现场、自己的办公室及其他部门之间频繁接触。既节约了时间，又少走了路程，还提高了工作效率，何乐而不为呢？

3. 营造高效率的办公环境

每次办事的时候总是马马虎虎，好像需要的每一样东西都故意和自己作对，需要它们的时候总是找不到，其实这些都是办事杂乱无章、办公环境混乱造成的。要提高效率，就要营造整洁、高效的办公环境。

» 拿破仑需要什么：缺乏交流语境的信息是毫无价值的

"我思故我在"是法国哲学家笛卡儿的名句。像笛卡儿一样，美国人相信自己的任何想法都是正确的，认为自己的道路可以通往任何一个他们想去的地方。

可是，这个哲学命题无疑是荒谬可笑的。要是笛卡儿认为自己是花栗鼠，那他就是花栗鼠了吗？我们可以穷尽一生在他的作品中求证，但他这个观点的缺陷是显而易见的：笛卡尔认为事物是以人的主观意志为转移的，我们认为它是什么样子的，它就是什么样子的。倒不是说我们人类能以其他方式来认识世界，只是笛卡儿这种以自我为中心的思想根本就是在邀请麻烦上门，因为这种思想过分夸大了我们的自信心，会引诱我们做出破坏性行为。

比如 1982～2000 年这一轮疯狂的牛市期间，人们普遍认为，生活中最重要的部分都将数字化。人们认为，信息技术将带来一系列的社会进步，包括治愈病人、缩小贫困、消除经济周期和永远终结战争等。信息特别是数字信息，比石油和土地更有价值。每个人都将可以了解到最新的医疗信息；每个人都可以使用互联网获悉财富的奥秘，而以前这些奥秘都被强势的精英组织牢牢掌握着。

企业在这方面做得尤其过火。当经济景气时，商人们会借贷过多，生产过多的商品。大家都知道，繁荣或萧条、牛市或熊市都是由信息不充分造成的。于是当经济变差时，市场上会出现过多的商品和过多的债务。既然这种情况是由信息不充分造成的，那么充分的信息就可以解决这个问题。如果企业能获得更准确、更及时的信息，就能作出更理想的计划，也就不会再出现恶性循环，不会再有收入的下降，更没有了导致熊市的理由。

人们的想象力开始天马行空。在他们的想象中，数字化时代的 1 和 0 排着队浩浩荡荡地前进，世界将永远和平，财富将不断增长，生活将越来越令人满意。这就是人们所追求的，而最新的信息技术能帮助人们实现这一切。至于战争，战争难道不是沟通失败的结果吗？既然人们都可以上网，通过这个广阔的、崭新的、免费的平台进行沟通，那么战争不是也该成为古董了吗？现在，整个世界都了解到以自由选举和自由经济为代表的美国模式的优越性。那么，世界上大大小小的国家都将放下武器，拿起计算机，开始生活中最重要的事情——赚钱！

任何理论都有弊端或漏洞，这种理论也不例外。我们可以将最强大的计算机——配备最完备的信息数据库——放到柏拉图时代雅典最聪明的人面前。对他来说，计算机能带来什么好处呢？他能理解他所拥有的是什么吗？假设拿破仑在帐篷里冻得直打哆嗦，我们告诉他纽约市场上粮食的价格，或一立方厘米白兰地中所含有的原子数，对他来说毫无意义。送一箱防晒霜给他也是没有用的，因为缺乏交流语境的信息是毫无价值的。

拿破仑非常清楚他不可能得到每一条信息，也不可能对每一条信息都加以衡量，以确保制定出最佳行动路线。与地球上任何一位将军或任何一个个人一样，拿破仑只能根据不完全信息来采取行动——猜测什么是最重要的，然后祈祷自己掌握了所需的信息。超过需求的信息都是成本，可能还是相当昂贵的成本。因为多余的信息会拖延他的时间，降低他的速度；他必须评估这些信息的相关度和真实性，最终还要决定要或不要这些信息。

"研究导致瘫痪"是个流行词，意思是说由于可供参考的信息太多，需要无休止地研究一件事情，最终导致没有任何行动。当对方不需要或缺乏交流语境时，信息是没有价值的。信息过多时也是没有价值的，因为对这些信息归类、更改甚至丢弃需要耗费大量的时间。在任何一个既定的情况下，无限多的信息都是一种负担，即便所有信息都是相关的、有用的，时间却是有限的。

» 谦让反而会导致效率降低：社会规范的遵守

在纽约的伊萨卡，有几条单向行驶的桥。多年来，先到先过的社会规范掌控着车辆过桥的顺序。在这一规范下，如果对面方向有车等着，我们绝不应该开上桥。这一规范的表面目的是防止单方向的车流等太长时间都过不了桥。

让群体遵守一定的社会规范，这种社会规范能使个人和群体利益保持平衡。如果排队等公车的人比车上的座位要多，大家争抢座位时就可能引发混乱。可不管人们抢得多厉害，车上的座位数保持不变。为了解决这个问题，英联邦国家建立起一种社会规范，人人都知道排在队伍前面的人先得座位。这种规范提高效率，带动社会和谐。可有时候，先到先得的规范也会造成不受欢迎的结果。在大多数情况下，鼓励自我克制的社会规范能带来更高效的结果。可有时候，谦让反而常常会导致效率降低。那么为什么司机们还要遵守这一规范呢？

不妨先假设在完全没有规范的情况下，过桥的车流会是个什么样子。

假设头一个司机从北面开来，发现桥上没有车，于是就开始过桥。过了一会儿，第二个司机从南面开来，看见对面方向已经来了一辆车，于是就决心等到对方过完桥再走。因为要是后来的那辆车也开上桥，两辆车就会在桥上面对面堵着，除非一方退回桥下，否则谁也走不了。

假设第一个司机开过桥要 30 秒，他刚开了 10 秒的时候，第三个司机，从北面来的，开车上了桥。这时，第二个司机最好的做法仍然是继续等下去。如果北面来车的时间间隔短于 30 秒，并且每辆车都依次上桥，先到的第二个司机还是只有继续等着。在交通量相对较大的时候，南面的来车要过桥恐怕得等上几个小时了。

伊萨卡的社会规范试图消除这种可能性，它要求两个方向的来车都按先来后到的顺序过桥。所以，在前述情况下，规范要求第三个司机等第二个司机过完了桥自己再上桥。可是要是第三个司机直接跟在头一辆车后头开始过桥，第二个司机根本没办法，所以这需要自制，他只能等到第三个司机以及跟在他后面的其他车辆过完桥之后再说。

这时候，假设两个方向各来了一队 10 辆车的旅游队，车队里每辆车的行驶间距皆为 10 秒钟，而且北向车队的打头车比南向车队的先到桥边。如果不遵守先到先过的规范，所有北向行驶的车一口气过桥，之后再轮到南向行驶的车队过。

北向行驶的车辆完全不用等，而南向行驶的车队总共需要等待12分30秒，各位读者只需要拿支笔，拿张纸，稍加计算就能算清楚。

这一规范效果如何呢？在南北方向车流量都大的时候，等候时间其实比不存在此规范的情况更长。反之，如果遵照先到先过的规范，头一辆北向行驶的车开过桥以后，轮到南向车队的第一辆车过，接着是北向车队的第二辆车，再接着是南向车队的第二辆车，如此反复。如果我们有耐心，不妨把相应的等候时间加起来算算看，我们就会发现，等候时间总计达到80分钟之久——北向车队总共要等37.5分钟，南向车队要等42.5分钟，比没有规范的情况长6倍。

由此可见，先到先过的规范，不仅极大地延长了等候总时长，还使等候时间分布得更不平均。但这些问题只在车流量大的时候才显得突出，而伊萨卡车流量大的时候相对比较少。

尽管有此缺陷，先到先过的规范仍经受住了时间的考验。每辆车顺利过完桥之后，司机一般会向对面方向排头车的司机致个敬，算是感谢对方遵守规范，没有紧跟着前头的车抢先过桥。

» 80后跳槽风：择业新标准

"80后"这个词似乎已经成了这几年社会上的流行词汇，它代表了新生一代不同于老辈的"属性"：追求创意、另类、新颖，崇尚自由、独立、个性，他们被称为"'我'字开头的一代"，带有强烈的个人意识和自我认知。80后虽然向往"新世界"，但是从人性上来说，他们也都渴望理解和认同，也正是由于他们强烈的自我色彩，他们对"尊重"也就有了更大的需求。

到了现在，许多80后已经成长为担任"工薪一族"的年龄段，而逐渐成为职场上的主力军。但是，这些没有经历过巨大社会磨难洗礼的曾经的"小皇帝""小公主"，似乎也因他们的"个性"而让企业有所苦恼。而频繁跳槽似乎就是其中一个让人头痛的问题。调查显示，八成80后职场人有过跳槽经历，其中跳槽次数达到3次含以上的比例达到了45.7%。80后的工作年限集中在3~5年和6~8年，这样的跳槽次数相对来说确实有些频繁。同时值得注意的是，80后的"后继者"90后作为目前最晚进入职场的一代，表示自己已经跳槽5次以上的比例已经达到了11.6%。

跳槽如此频繁，他们选择职业的标准又是什么呢？对80后来说，选择职业的标准有二，一是能够体现自身的价值，二是公司本身有很好的发展空间（归根结底也是为了自身价值的提升），他们希望公司能够发挥自己的优势和力量，并且有一个能让自己自由发挥的空间。所以，许多80后不愿意自己被束缚，而更愿意选择人性化的企业，也更欣赏有弹性的管理制度。同时，因为80后自身的理想化，普遍对从事的工作有过高的要求和期待，但是当这种期待与自己所想有落差时，许多人就会因此而失落。如果这时他们不能及时地调整自身的状态并去适应环境，普遍就会选择跳槽。

既然知道了他们的特点所在，管理者就可以去"捋顺毛"了。正如美国成功的女企业家玛丽·凯说的："企业成败的关键在于是否把员工视为最重要的财产，是否尊重每一个员工。如果做到这一点，就能依靠员工创造出不同凡响的业绩。"那么，企业就可以尊重和关心每一个员工，在企业管理中多一点人情味，让80后员工有一种归属感、一种责任感，再进一步培养他们的成就感，进而衍化出幸福感。这就有助于赢得80后员工对企业的认同感和忠诚度。

那么，如何尊重80后员工呢？这里给管理者提几点建议：

（1）礼貌用语多多益善。当我们将一项工作计划交给员工时，请不要用发号施令的口气，真诚恳切的口吻才是我们的上上之选。在现实超过我们对他们的期望时，员工们会得到最大的满足，当他们真的做到这一点时，用上一句简单的"谢谢，我真的非常感谢"就足够了。

（2）不要对员工颐指气使。有些管理者使用起员工来非常随意，对员工吆五喝六，"小王，给我倒杯水"，"小张，给我去马经理那儿拿个文件"。在日常工作中，有不少管理者就是这样随意使唤自己的员工。他们扩大了员工的概念，把员工与保姆等同，员工心里会怎么想呢？他们心中肯定充满了不满，从而对企业管理者有了抵触情绪。那他们还怎么可能会把百分之百的精力投入到工作中呢？

（3）聆听员工的心声。在日常工作中，注意聆听员工的心声是尊重员工、团结员工、调动员工工作积极性最有效的方法，也是成功管理者一个十分明智的做法。对于犯错误的员工，好的管理者同样采用聆听的办法，不是一味地去责怪他们，而是给他们解释的机会，他们就会认为我们很尊重他，这样，处理起问题来就方便得多，员工也会乐于接受。

（4）对待员工要一视同仁。在管理中不要被个人感情和其他关系所左右；不要在一个员工面前把他与另一个员工相比较；也不要在分配任务和利益时有远近亲疏之分。

（5）要感谢员工的建议。当我们倾听员工的建议时，要专心致志，确定我们真的了解他们在说什么。让他们觉得自己受到尊重与重视；千万不要立即拒绝员工的建议，即使我们觉得这个建议一文不值；拒绝员工建议时，一定要将理由说清楚，措辞要委婉，并且要感谢他提出意见。

» 我们的拖沓恶习："此刻满足"可能满足不了长远利益

相信很多大学生都知道"不挂科的大学是不完整"的校园经典"名言"。其实，很多人确切地说应该算是"有其因必有其果"，许多人总是在课业开始前拍着胸脯保证"课前我一定会预习，课后我一定要复习，论文我一定要按时交"。然而，每个学期，我们总会发现有很多人放下学业去参加课外活动，去看电影，去约会，甚至有些人属于"顶风作案"——论文交前的一晚才开始动手，结果可想而知。

课业似乎越积越多，很多人原本的计划似乎也越拖越后。"临时抱佛脚"般地啃书本、背笔记似乎成了考试前一道"亮丽"的"风景线"。于是，拖延的、挂科的自然应运而生。

在日常生活中，我们一定碰到过这样的情况。我们信誓旦旦地对天发誓，一定要开始学会存钱，但是，在面对自己想吃的美食和想要的东西时，理智就已经成了"浮云"；当我们面对肚腩上的"层层梯田"而下定决心要坚持晨跑和晚间散步后，不出几天，照样"浮云"而过。这样，我们的计划就被搁浅了，许多人的座右铭就变成了"从明天开始"。这样的情况，我们就将之称为"拖沓"。

为什么大多数人都会屈从于自己的惰性呢？难道是我们根本没有能力进行自我约束吗？答案当然是否定的！

显然，我们在自我控制的底线方面存在着一定的困难，即及时满足与延后满足之间的矛盾。我们为了眼前利益和快感而放弃长远的目标，因为"此刻满足"带来的快乐会麻痹我们的理性和对未来"利益最大化"的感知，这个时候，就意味着我们已经被拖沓恶习压制住了。

那么，我们应该怎么对付拖沓呢？

当我们自己内心的声音开始模糊的时候，我们就可以借助"外部声音"，即别人的强制性命令。这种"家长式"的声音会帮助我们强力自我设置底线，掌握好潜在的自我控制机制。同时，想要克服这个坏习惯，我们必须随时准备行动，因为只有你的行为才能决定你的价值，以此来战胜我们的心理惰性。同时，适当地考虑一下我们的情绪因素，因为当我们心情愉快或热情高涨时，很多事情就可以轻松完成。所以，当机立断常常可以避免做事情的乏味和无趣。而且，我们更要学会面对，不要遇到什么事情就只知道逃避，这样的结果往往就是不了了之。

对一位成功者而言，拖延也许是最具破坏性、最危险的恶习，它使我们丧失了主动的进取心。一旦开始遇事拖拉，我们就很容易再次拖延，直到它们变成一种根深蒂固的恶习。

做事情如同在春天里种下一粒种子，如果没有在适当的季节行动，那么未来也就不可能有丰收。

» 人类为什么需要"圈子"：群体倾向性

在生活中，我们经常看到很多人才，感慨怀才不遇，一生碌碌无为，却始终不得志。其实，人生成功机遇的多少与其交际能力和交际活动范围的大小几乎是成正比的。我们应把运用圈子与捕捉成功机遇联系起来，充分发挥自己的交际能力，不断建立和扩大自己的圈子，发现和抓住难得的发展机遇，进而拥抱成功！

斯坦斯研究中心的一份调查报告指出：一个人赚的钱，12.5% 来自知识，87.5% 来自关系。关系只是面对个别人的，而圈子却是关系的扩大化。从心理学的角度来看，人与人之间的交往是必不可少的，同时，人也更倾向于让自己成为某个群体中的一员，在这个群体里，多会有共同的思维、意识、行动。这也就是我们常说的"物以类聚，人以群分"。

上海威顺康乐体育咨询有限公司董事长兼总经理吴檀华直言自己有两三千个朋友，每年都会见三四次的有 1500 多个，而经常联系的就有三四百人。目前，吴檀华的个人资产已经超过 8 位数。吴檀华感言，自己的事业是因为得到圈内朋友的照顾才会如此顺利，"包括开公司、介绍推荐客户和业务等，各种朋友都会照顾我，有什么生意都会马上想到我。"

在朋友的推荐下，从 1999 年到 2000 年，吴檀华开始涉足房地产业。当时上海的房市非常热，很多楼盘都出现了排队买房的盛况，而且有时即使排队也不一定能买到房子。吴檀华通过朋友不仅买到了房子，而且还是打折的。

最好的时候吴檀华手中有几十套房产，2004 年，政府开始对房地产业实行限制政策，吴檀华听从朋友的建议，将房产及时变现，收益颇丰。

可有些人急于融入到某个圈子中，也不管这个圈子里的人是做什么工作的、大家有什么样的爱好，只要进去了，就很兴奋，但之后或许会发现这个圈子不一定适合自己，对个人今后的目标没有多大的好处。因此，我们要根据自身的情况学会鉴别自己能够融入的圈子。

首先，要了解自己的背景和能力。圈子会带给我们一些共享的资源，同样我们要给这个圈子带来一些资源，这时候我们的背景跟我们的这种能力，各种综合的情况，能不能给圈子带来一些益处，也变得重要了。我们如果不够格，或者说没有资质，不满足要求的时候，可能会逐渐脱离这个圈子。我们也有可能被并到另外一个圈子里去，这也是由不得我们自己的事情。

其次，应该有一个自己发展的大致的方向，找到在这个方向上比较一致的、比较接近的一些圈子，或者说这种人脉关系，着重去发展。

再者，现代社会的圈子五花八门，可以说是种类繁多，虽然圈子的数量突飞猛进，但圈子的质量严重下降。过去的圈子崇尚"谈笑有鸿儒，往来无白丁"，但现在越来越多的功利色彩充斥其间，圈子的功能就是提供获取利益的机会外加娱乐消遣。

最后，一个圈子的利益取向决定于圈子里的人和他所处的职位。所谓"量体裁衣"就是这个道理，比如有的HR（从事人力资源工作的人）在公司任总监职位，那么他对圈子的取向和给予会与一般HR经理不同，他所谈论和要求的会是高管一级关心的事情，而一般经理人更倾向于个人职业发展。

我们无论是选择还是建立适合自己的圈子，都要遵循以下两个原则：

（1）邻近原则，指上班族的社交网络中多是和跟自己待在一起时间最长的人，用共同活动原则来建立社会关系网络。强大的社会关系网络不是通过非常随意的交往建立起来的，我们必须借助一些有着较大利害关系的活动，才能把自己和其他不同类型的人联系起来。事实上，任何人都可以参加多种多样的共同活动并从中受益，包括运动队、社区服务团体、跨部门行动、志愿者协会、企业董事会、跨职能团队和慈善基金会等。

（2）类我原则。所谓类我原则，指的是在结交关系时倾向于选择那些在经历、教育背景、世界观等方面都跟自己比较相似的人。因为"类我"可以更加容易信任那些以同样的方式来看待世界的人，我们感觉到他们在形势不明朗的情况下会采取和我们一样的行动。更重要的是，和那些背景相似的人共事，通常工作效率会很高，因为双方对许多概念的理解都比较一致，这使得我们能更快地交换信息，而且不太会质疑对方的想法。

21世纪的今天，不管是保险、传媒，还是金融、科技、证券，几乎所有领域，人脉竞争力都起着日益重要的作用。专业知识固然重要，但人脉更加重要。从某种意义上说，人际关系是一个人通往财富、荣誉、成功之路的门票，只有拥有了这张门票，我们的专业知识才能发挥作用。否则，我们很可能是英雄也无用武之地！为了实现成功梦想，我们需要建立自己的人脉，融入圈子。

» 忠实客户：路径依赖

在当前博弈界，路径依赖是一个使用频率极高的概念，它说的是人们一旦选择了某种制度，就好比走上了一条不归之路，惯性的力量会使这一制度不断自我强化，让你轻易走不出去。

淘宝上买东西、炒股的系统交易、企业管理等行为其实也是源于路径依赖。你的系统交易、企业治理模式不一定对，但一旦你使用了很长时间，你就会产生依赖，即便明知是错误的，也可能一直使用下去。

某学生因为曾在淘宝网购买过图书，此后就经常光顾淘宝网。

一日，女友问他："网上哪里买化妆品便宜？"

某学生："淘宝网。"

女友："哪里买衣服便宜？"

某学生："淘宝网。"

女友："网上哪里买手机便宜？"

某学生："淘宝网。"

突然，女友笑着推了他一下："你家是开淘宝网的？"

某学生只因使用了一次淘宝网，就继续光顾。当女友要购买东西时，他就积极向女友推荐。可是，反过来想想，正如女友说的那样，买东西一定要上淘宝网吗？

回答当然是否定的。还有很多网站可供选择，例如卓越、当当等。那他为什么给女友推荐淘宝网？因为他熟悉淘宝网，让女友直接去买，觉得提高了行为的效率（尽管未必会减少甚至增加付出的成本）。这种状态，在博弈中就是典型的路径依赖效应。有一个例子可以很好地解释这种路径依赖效应。

有一天，城市青年小董到乡下的亲戚家做客，他在田间看到一位老农把一头大水牛拴在一个小木桩上，就走上前，对老农说："大伯，它会跑掉的。"老农呵呵一笑，语气十分肯定地说："它不会跑掉的，从来都是这样的。"这位城市青年有些迷惑地问："为什么会这样呢？这么一个小小的木桩，牛只要稍稍用点儿力，不就拔出来了吗？"老农靠近他说："小伙子，我告诉你，当这头牛还是小牛的时候，就给拴在这个木桩上了。刚开始，它不是那么老实，有时也想从木桩上挣脱，但是，那时它的力气小，折腾了一阵子还是在原地打转，见没法子，它就蔫了。后来，它长大了，却再也没有心思跟这个木桩斗了。有一次，我拿着草料来喂它，故意把草料放在它脖子伸不到的地方，我想它肯定会挣脱木桩去吃草的。可是，它没有，只是叫了两声，就站在原地望着草料了。"听完这个故事，小董恍然大悟。原来，束缚这头牛的并不是那个小小的木桩，而是它的思维定式。

依据路径依赖理论，人们一旦作了某种选择，惯性的力量会使这一选择不断自我强化，并在头脑中形成一个根深蒂固的惯性思维。久而久之，在这种惯性思维的支配下，你终将沦为经验的奴隶。

僵化的思维方式不仅使我们无法创造辉煌的人生，有时还会对人的生存和发展造成阻碍。其实，世界上的事物都不是一成不变的，用过去的思维应对当今的世界，则无异于刻舟求剑，不可能取得成功。

每个人都积累过各种各样的经验，同时又会从别人身上学到很多经验。对于经验，必须辩证地看待，灵活地运用。因为经验用得好可以使你继续成功，用得不好则会让你一败涂地。

因此，经验并不是真理，千万不要让自己以往的经验束缚了自己。老观念不一定对，新想法不一定错，只要你敢于突破思维定式，相信你也会获得成功。

» 商业敌手原是兄弟：聪明的价格战是一种销售策略

事情的真相并不都像我们表面看到的那样，有的时候，看似自然的一切其实别有策略。

美国费城西部的某条街上，有两家布料商店——纽约贸易商店和美洲贸易商店，这两家店相对而开。由于同样是卖布料的商店，两家的老板间常常出现争吵，而爆发"价格战"更是家常便饭。

比如，纽约贸易商店的窗口突然挂出一个木牌，上面写着："出售爱尔兰亚麻被单，每床价格 6 美元。"这时，美洲贸易商店的窗口也挂出了一块木牌："本店被单定价仅为 5.9 美元！"

两个老板互不相让，不断地降价，直到最后，他们其中有一个愿意认输。这时，输掉的老板一定会当街大骂，说获胜的老板是疯子。没多久，这两个老板"事迹"就被宣扬开去，越来越多的人开始跑到这一带来买东西。因为每次在他们的"价格大战"结束时，人们就能买到物美价廉的商品。

这样的日子一直持续了 30 多年……

后来，两人中的一个老板突然去世了，一周后，另一位老板以年纪大为由也退休了。而此时，一个令人意想不到的真相浮出水面：这两个平日相互咒骂的老板竟然是同胞兄弟！

两兄弟的价格战争，就像是在演双簧一样，表面上互相残杀，实际上却是在演戏！最后无论是谁获得了胜利，都能将两家店铺的商品一同抛售出去。这样精明的骗局，实在难以让人识破，难怪人们被蒙蔽了 30 多年。

价格战指的是商家之间以降低产品价格为竞争手段的活动。在我们周围，更多的还是商家之间你死我活的价格战，所以消费者也就乐得坐享其成。

当今社会，市场经济发达、生产规模扩大，市场上逐渐出现了产品过剩的局面，也就是商品丰富，货源充沛。对消费者来说，在挑选产品时有了更多的机会；对于经营者来说，他们必须在产品的品种、服务、价格等方面展开激烈竞争。很快，市场上硝烟四起，各式各样的无声"战争"爆发，其中尤以价格战最为残酷，最为直接有效，最能彻底摧毁对手。于是，打价格战，成了很多品牌产品占据市场的最佳选择。

在近几年的价格战中，无论是哪个行业，挑起价格战的企业都得到了不小的好处，有的市场份额大幅上升，确立或稳固了行业龙头老大的位置；有的知名度迅速提高，赢得了消费者倾心，这正是降价策略的魅力所在。

技术的、服务的、品牌的竞争是企业制胜的法宝，但这只能满足消费者对产品价值的追求，却无法满足消费者追求实惠的心理，物美还需价廉。以差别化策略进行营销固然能减弱消费者对价格的敏感度，却不能启动一个购买力不足的市场。在彩电业、影碟机业、电脑业，许多企业不是没有技术优势、质量优势和品牌优势，但他们还是不得不加入降价竞争的行列，为市场占有率而战。

看来，降价竞争对有的企业是战略决策的需要，对有的企业则是市场环境下的无奈的行动。启动消费、抢夺市场是企业生存的关键，生产的产品难以售出则意味着危机，利润一时没了，来日还可以挣回，市场没了，则等于丢了江山，这才是生命攸关的大事。

由此说明，在激烈的竞争环境下，立足于企业的现实，即使在多种多样的营销策略面前，价格的作用仍不可忽视，价格竞争的环境还没有消失，价格仍是企业掌握的一张竞争王牌。甚至有人说："很难想象，如果没有价格的竞争手段，企业还能依靠什么在市场竞争中取得优势。"

不过等一个或者几个商家合力占领了市场，"战争"的烽火不再，我们会面临什么？根据历史的经验，消费者将会迎来一个或几个独裁者的时代——在这种时代下，占领市场的少数企业将慢慢提高价格，狠宰消费者。

那么，没有价格战，商品物价高了不好，有了价格战，一路打下去，形成了垄断也不好。这一问题该怎么解决呢？正是看到这点，各国才颁布了《反垄断法》，让市场上的竞争者仍大量存在，甚至扶植部分中小企业，让价格战就这样没有结束地打下去，让消费者能真正受益。看来，有些"战争"的存在也是必要的，只要不像开始的两位兄弟那样搞"虚假战争"，那就还有一定的价值和意义。

» 学热门专业也会难找工作：择业经济学

小孙即将毕业于某名牌大学，所学专业正是时下热门的计算机专业。在人山人海的招聘会上，他信心满满地去求职。然而，在先后递交了几十份简历并经历多次面试后，却没有结果。不仅如此，他还发现其他同一专业的学友似乎也遇到了同样的困难。小孙疑惑不解：计算机不是热门专业吗？为什么会出现求职难的问题？

计算机，作为公认的热门，已经出现了"热门不热"的情况。确实，虽然这两年 IT 行业看上去非常热门，但是现在很多大学的计算机本科毕业生都难以找到饭碗。这是因为当前人才市场上并不缺乏一般的计算机人才，缺少的是高级、顶尖的 IT 人才。另外，前些年计算机人才走俏，人们一窝蜂地选择这个专业，并且各个学校都开设了计算机专业，造成这方面人才越来越多，庞大的毕业生数量使得整个就业形势都受到影响，导致在家待业的毕业生越来越多。

与之相对的是，一位毕业生在接受采访时说："当初找工作时，用人单位并没有特别在意我的专业出身，他们更看中的是我的沟通能力和适应社会的能力。"某西部高校哲学专业的大学生，所谓的冷门专业并没有限制他们的出路。毕业时，有人在市电视台找到工作，有人当记者、教师、企业策划，还有市场营销——甚至有几个大三时就和人签约了。

而 2008 年的一项调查显示，农学专业的就业水平最高，达 78.38%；被视为冷门专业的哲学和历史学就业率分别达到 40.35% 和 51.85%。除此之外，像港口航道与工程、海洋地质等专业的毕业生就业情况也很不错。小语种专业，如韩语、日语、德语等，也都不够用人单位争抢。经过调查，近两年曾经被认为供需较小的传统冷门——地质学专业的学生也几乎都找到了工作，另外，化工、材料、土木工程、机械、自动化专业的毕业生就业形势也都很好。正所谓"三十年河东，三十年河西"，上述就业情况让我们感到了冷门专业已不再像昔日那样被人冷眼相视，相反，它正以自身的优势在逐渐升温。目前，在人才市场最难找工作的是管理类专业，如工商管理、旅游管理、人力资源管理、土地资源管理、信息管理、行政管理等，都出现人才严重饱和的状况，就业非常困难。

我国现在已经有很多高考生第一志愿就报了冷门专业。据调查，人们传统观念上认为的社会需求相对较小的专业，如哲学、历史、地质、海洋、气象、农业、林业、勘探等，近几年的报考人数都呈现出增加趋势，这正是"冷门不冷"。

那么，个人又应该如何看待这些形势变化呢？其实，专业选择早已不再仅仅是选择未来从事的行业，更是选择未来的一种生活方式——这是个攸关发展前景、就业方向、兴趣爱好的选择。它已经成为人生规划的第一步，特别是在严峻的就业形势之下更是如此。

我们应该明确，从长远看人才对于市场永远是紧缺资源。但是，在市场上，人才同样也面对着供需规律的支配。供大于求时，某行业的人才求职就会受到影响；反之，供小于求，该行业人才就会成为抢手货。一些曾经的热门专业，比如新闻专业，在前些年，各类高校纷纷开设这一专业，由于招生太多，导致几年后该专业就业不佳，已经成为就业"困难户"。这就是由人才饱和导致的就业不易。

那么，冷门专业为何升温呢？这里面同样有一个供求规律的作用。据专家分析，冷门专业就业率上升，主要还是因为这些学科的社会需求比较稳定。随着扩招的增加，一些热门专业学生人数增多，造成了供大于求的局面。但一些冷门专业的学生人数却相对比较少，竞争相对较小，所以出现了稳中有升的现象。

在我国，有一种传统说法叫做"一技傍身"，指的就是专业选择。那么，具体到个人，又该如何选择自己的专业呢？据一份对上海 10 所大学在校生的调查显示，竟然有 65.8% 的学生对自己所选专业表示后悔。此外，对 100 个工作半年到 3 年的职业规划咨询案例进行统计后发现，竟然有高达 75% 的人因大学专业选择失误导致职业定位不清，遭遇发展瓶颈。应该说，许多人在专业选择上出现了很多失误，给自己的前途造成了十分不利的影响。要避免这种情况，需要在择业过程中避免两个误区：

误区一：缺乏了解。

曾有这样一个实例，某交通大学生命科学专业的某学生，在报考前着迷于中国的命相学，一直以为生命科学专业是学习《易经》、命理一类的内容，没想到真正的课程却是人体、基因和解剖，为此他非常失望。

如果对自己不了解，对专业不了解，从专业名称去望文生义，觉得自己很喜欢，等真正进入大学攻读之后就会发现与自己的想象相差甚远。刚刚接触专业就了无兴趣，如何能把它学好，又如何能在未来把工作做好呢？

误区二：跟风现象。

这几年哪个专业吃香，报考的人数就呈直线增加，都没有考虑适不适合自己，4 年大学读完后的市场前景会怎样。比如，前几年非常火爆的财务专业，现在已经趋于平静，就业市场上供大于求。

因此，要做到合理择业，就要针对这两个误区，采用如下方法：

第一，充分了解热门专业的市场行情。要注意，热门专业往往具有很强的时效性，并非一直都会热下去，应对该专业几年后的就业形势作出一定的评估。

第二，要有明确的目标，根据个人兴趣选择合适的方向。比如，如果将来非常想做研究型人才，选择基础学科就会更为合适。一个人应该对自己有一个职业规划，个人的职业生涯规划不一样，选择的专业就会不同。

第三，充分发挥自己的能动性，针对社会环境就业形势不断对自己进行完善补充，加强自我的拓展实践。这不仅适用于在校学生，更适合于已经参加工作的人们。一个人，只要有毅力、有热情，完全可以凭借自己的争取和努力进行各种学习培训，对自己的人生作出及时的改进。

归根结底，没有永远的冷门，也没有永远的热门，一切都是随着社会市场的变化而变化着。选择专业不要太拘泥于冷门与热门，选择自己最有兴趣的、将来最想做的，才是上上策。要知道，只有这样，一个人才能在自己热爱的行业深入钻研。试想，假如我们有着扎实的理论知识、高深的业务能力和娴熟的交际能力，那么，无论我们学的是什么专业，做的是哪个行业，最终都会有所成就。

第五章
超常——我们怎样强化自己的心志模式

» 招聘企业管理者：坠机理论

试想，假如当年 IBM 个人电脑业务部总裁埃斯特利奇没有被拉下台，没有登上那架会让他送命的飞机，他的功劳应该远不止使 IBM PC 被《时代》评为 1982 年 "年度风云人物"，也许他还能使 IBM 抓住 OS2 的机会，而不仅仅让微软称霸整个操作系统。当然，以上的假设并没有发生。但我们不可否认的是商业界也会不断出现各种个人的意外，比如 2003 年 12 月家乐福集团的第一股东保罗·路易·哈雷及其夫人的坠机身亡。而中国也有一些企业家死于非命，如海鑫的李海仓、青啤的彭作义等，他们的突然逝世都对其企业的战略和管理造成了巨大的影响。

一直以来，在企业管理领域，人们常常把企业的命运寄托在某个管理者的身上。因为他才能非凡，资源丰富，个人魅力十足，他是企业的 "护身符"。但是，我们有没有想过，一旦他突然 "坠机" 身亡，那么企业就有可能像失控的飞机一样，会在哪里着陆，谁也不知道。这就是我们常说的 "坠机理论"。

美国哈佛商学院教授拉凯什·库拉纳在《寻找企业拯救者：无理性地追求有魅力的首席执行官》一书中曾这样说过，将有魅力的救星式的首席执行官看做包治百病的灵丹妙药在目前已经成了企业的流行病。

中国著名的芯片生产企业之一上海华虹，2002 年爆出头 8 个月亏损 7 亿元的惊人消息。华虹的 CEO 对此承担了责任，9 月被免职下台。然而，华虹的 CEO 下台后，却没有继任者。9 月 17 日，华虹集团在《解放日报》刊登的一则广告又掀起轩然大波：直接由上海市市委组织部出面，华虹集团公开向海内外招聘集团 CEO，这样的大型企业集团 CEO 通过社会公开招聘在上海尚属首次，全国也不多见。然而，新CEO起码两三个月后才能到任。企业在没有CEO的情况下维持经营运行，显而易见，企业的发展战略和管理必然受到影响。

这个案例中，我们有看出什么问题吗？而作为企业管理者，从这个问题中，我们又会做出怎样的思考呢？

"坠机理论"告诉我们：不怕一万，只怕万一。如果我们的企业在平日的经营管理中采取恰当的措施，形成一套完整的制度；同时，能够培养"二把手"，可以在"头把交椅"不在的情况下，及时准确地作出决策，那么，即使出现管理者突然"消失"的事情，也能够尽量面对危机，将企业损失降到最小。

那么，怎样才能不让管理者对企业的影响过大，以防出现一人死亡而企业衰亡呢？怎样才能避免企业出现这一可怕的"死亡定律"，能够持续健康地发展下去呢？

建立"准管理者"继任制度是十分必要的。具体操作可以是在企业内设立一个培养具备管理潜能的候选人小组，为管理层提供源源不断的后备军——企业接班人。而从企业发展的角度来讲，"准管理者"培养制度的完善和加强是至关重要的环节，不仅关系到短期内企业的发展速度，还关系到企业在飞速发展的市场洪流中是否能够长久巍然屹立。

那么，在具体的管理实践中，企业管理者如何培养准管理者呢？关键注意以下几点：

1. 理论与实践培养双管齐下

（1）理论是基础。理论学习中，比较有效的培养方式仍然是学习MBA、MPA课程或者参加在职管理培训等。但是管理者要关注的不是准管理者是否毕业，而要看他是否掌握了系统思考的能力和以经营头脑看待问题的思维方式。

（2）实践出真知。

这样的培养方式关注的是准管理者是否掌握了有效的管理技巧、可操作的管理方法等。在经验学习中，比较有效的培养方式有两种："干部轮调制"和"一带一制"。

2. 挑选合适的人

企业应避免无论什么样的人都参加准管理者培养计划的"一窝蜂"培养形式。因为企业资源有限，培养的目标也很明确，职位就那么几个，不需要卷起整个企业竞争的尘埃。因此培养的准管理者应该是企业中的精英分子。

» 门房职员做"公司主人"：用行动推进公司的发展

在公司里，每个员工的行动都会推动公司的发展，每个员工的努力都会为公司的进步增添一份力量。用实际行动促进公司的发展是每一位员工义不容辞的责任，因为公司就是你的船，只要踏上了公司这条船，你的行动就与公司的发展息息相关。

在公司这艘巨轮上，每个人都有责任让自己成为公司发展的推动力量，为公司的发展积极行动、献计献策，把自己当做公司发展的参与者和推动者。

尼尔森是波士顿市马里奥特饭店的一名普通的门房职员。在尼尔森眼中，一个称职的门房职员除了要在第一时间内满足客户的需求，做好自己的本职工作之外，还应当把自己当成公司的主人，主动为公司的发展贡献自己的智慧和能力。

尼尔森认为一名称职的门房职员应当做到以下几点：

第一，要有时间观念。因为大部分客人的时间都很宝贵，让他们等1分钟就等于等10分钟。

第二，如果有一个客人在餐厅里用餐，应当向他打声招呼，因为他可能很想家。

第三，要留意客人的真正需求。如有可能，一定要给他一点额外的东西。

第四，上班时要面带微笑。你的心情将会对同事产生良好的影响。要把个人的事情留在家里。

在工作中，尼尔森给所有人留下了乐于助人、精通业务、热情好客、安全可靠的印象。他懂得如何让客人觉得受到欢迎。更可贵的是，他往往是客人在离开时接触的最后一个人，他为客人送行时良好的服务态度，常常在客人心中留下深刻而持久的印象。

除此之外，尼尔森一直想方设法为客人提供更优质贴心的服务。例如，他建议管理人员在电梯间装上镜子，这样顾客在等电梯时可以关注一下自己的着装，而不会感到时间难熬；他花几个月的时间动员宾馆总经理投资50万美元，为宾馆车道加盖遮蔽雨水的钢架玻璃天棚。他还建议在旋转玻璃门上印制图案，以免顾客一头撞上。

尼尔森有一种非常可贵的品质，就是他能看出在某种情况下缺少什么。有一次，尼尔森参观酒店的总统套房，结果发现了问题："是什么人设计的？全宾馆最昂贵房间的窗户居然没有面对查尔河！"他又发现摆在桌子上的小宣传单的点餐卡，却在介绍价格只有4.99美元的比萨饼。他建议应当打上一些酒类广告才是。尼尔森认为一个员工如果了解了公司的整体经营策略，就会把工作做得更好。

尼尔森是一个普通的门房职员，但是，他和奥特饭店的经营者以及饭店里的每一位工作人员一样，都在推动奥特饭店发展。

绝大多数人都必须在一个公司中为自己的事业奠基。只要你还是某个公司中的一员，就应当抛开任何借口，投入自己的责任和忠诚。如果你能够将自己的身心彻底融入公司，尽职尽责，把公司当成自己的，时刻不忘用自己的行动让公司变得更兴旺，那么，任何一个老板都会将你视为公司的支柱。

» 小天鹅董事长对员工的奇怪要求：企业管理要重预防

英国的人力培训专家 B．吉尔伯特曾提出一个管理学上的著名法则，即"工作危机最确凿的信号，是没有人跟你说该怎样做"，人们将之称为"吉尔伯特法则"。这句话引申到企业管理上，就是最平静的时刻往往是最危险的时刻。企业要想发展顺利，须加强危机管理，争取消危机于无形中。

小天鹅集团董事长朱德坤对员工有一个很有意思的要求：要唱好两首歌。一首是《中华人民共和国国歌》，一首是《国际歌》。他强调，小天鹅的处境就像国歌里唱的那样"到了最危险的时候"，不愿工厂破产的人们，请跟我一起拯救小天鹅。唱《国际歌》就是要大家明白"世上没有救世主""全靠自己救自己"的道理。朱德坤认为，一个没有忧患意识与危机感的企业，是没有希望的企业，所以要求员工们天天唱这两首歌，唱出信心，唱出志气，唱出发展小天鹅的新举措！

当年上海的上菱冰箱销售得红红火火，上海市民为能购得一台上菱冰箱而兴高采烈，所以，当青岛的海尔家电开始登陆上海滩时，上菱冰箱厂并没有把它放在眼里。但是没过多久，上菱冰箱就被"海尔"彻底打败。同种情况也发生在上海空调市场上，上海生产的空调在全国起步较早，牌子老，信誉也不错，但由于它缺乏应有的市场敏感性，没过几年就被地处泰州的春兰空调夺走大片领地。

世界著名的大企业，随着全球经济竞争的发展，它们面对的挑战会越来越激烈。要是沉醉于自己的优势地位，就可能会遭到淘汰。为改变这种状况，各国企业都较为重视危机管理，并开始在实践中推行这种管理方式。否则，只是一味地闭眼沉迷于自身的成功，就很有可能会出"交通事故"。

清华大学公共管理学院危机管理课题组、零点调查和中国惠普有限公司曾经共同对企业危机管理现状进行调查，结果显示：内地45.2%的企业处于一般危机状态，40.4%的企业处于中度危机状态，14.4%的企业处于高度危机状态，这就意味着有一半以上的企业处于"十面埋伏"之中。微软公司的总裁比尔·盖茨说过一句很有名的话，"成功是一位糟糕的老师——它会诱使聪明的人误以为他们不会失败"。事实上，任何一家企业，无论成功与否，在发展的道路上都可能遇到危机。

中国有句古话："人无远虑，必有近忧。"既然有些危机不可避免，企业管理者就应时时绷紧弦，多一些危机意识，多制定几套策略，这样在危机来临时才不至于惊慌失措、使企业受损。

在实际工作中，有一种叫"预防性管理"的思想，认为要想避免管理中不想要的结果出现，就要在事情发生前采取一些具体的行动。当危机即将来到时，我们就要做好预防准备。以下两点可以为企业管理者提供参考：

第一，做好危机的预控。危机预控是在对危机进行识别、分析和评价之后，在危机产生之前，运用科学有效的理论及方法，以减少危机产生的损失、增加收益的经济活动。企业管理者可采取回避、分散、抑制、转嫁等有效措施的有机结合，通过互相配合、互相补充，达到预防和控制危机的目的。

第二，树立危机意识。从主观上来看，没有人希望危机出现，俗话说"天有不测风云，人有旦夕祸福"，无论是天灾还是人祸，危机都有可能发生。天灾无法避免，但应急措施可将损失降到最低限度或限制在最小范围；人祸是可以避免的，关键取决于企业管理者是否重视对人祸的预防，是否有较强的危机意识。

从某种程度来看，成功并不总是一件好事。过去的成功往往会成为今天的危险所在。但是，企业做出一定成绩后，各大新闻媒体纷纷报道，企业的知名度提高了。在这种情况下，其管理者就容易骄傲自满，丧失对市场和经营风险的警惕。"骄兵必败"，这是亘古不变的真理。随着竞争的白热化，市场环境和社会环境的变化，以往成功的经验不再适用，若企业管理者安于现状，那么企业的寿命就有可能在无形中被夺走了。

» 微软公司的"回馈圈"：不逃避危机可能

现实中，很多管理者都喜欢听好话、说好话。危机产生了，也一心向"好"，容不得别人说一丝不吉利的话，有人好心指出漏洞所在，也被戏骂为"乌鸦嘴"，这反映了管理者逃避危机的心理，不喜欢"乌鸦嘴"，不喜欢坏消息。这种逃避不仅无助于危机的解决，反而会一味地放纵危机蔓延、滋长，最后发展到无可救药的地步。

事实上，管理者应该明白：一个企业里需要多几只"乌鸦"，才能及时发现责任落实上的盲点。"乌鸦"虽然叫得令人讨厌，但是总比酿成灾祸后亡羊补牢好。

微软公司有这样一条规定：在软件中出现任何漏洞都必须马上纠正过来。这条规定也同样适用于微软的内部管理。在盖茨的影响下，公司建立了有效的回馈机制以确保每件事都在不断的改进之中。

公司也十分重视从过去的错误中吸取教训。"我曾有本备忘录，我每年都对它进行更新。上面记载了微软的10大错误，我尽量让这些错误看上去耸人听闻。只有这样，人们在谈到微软的未来时才不至于重蹈覆辙。"盖茨说。

在微软，盖茨还建立了同事之间互相提供回馈意见的机制。他热衷于建立"回馈圈"，并将其渗透到微软日常处理的每一项工作上。

正如世界上其他主要计算机公司一样，微软也有自己复杂的电子基础设施。公司的每个员工都可以通过电子邮件的方式与别人交流，这其中也包括盖茨。

"在这个错综复杂的产业里，形势瞬息万变，我们必须不断调整我们的航向。所以，我们必须建立起有效的'回馈圈'。"盖茨说，"我们的电子邮件系统可以让人们不分等级地自由交流信息，通过电子邮件，人们在 48 小时内就可以知道所出现的问题了。"

盖茨本人总是及时回复微软任何员工的电子邮件。有一位失宠的微软高级管理人员遭到解职，就是因为没有及时地处理他的电子邮件。

微软的"回馈圈"使市场上的各种危机和微软产品的各种缺陷能够在第一时间内被发现和解决，这种正视危机的企业文化也是微软帝国能够实现常青运营的秘诀。

"回馈圈"就是现实版的"乌鸦嘴"。当企业的每一位员工成为安全的监督员时，企业就能在祸患处于萌芽状态时注意防止并消除它，这样一来，企业的安全就能得到最有效的保障了。

实践中，企业管理者不能忽视"乌鸦嘴"的作用，应该既能接受好消息又能接受坏消息，这样才有利于自己的管理工作。具体来说，应该做到：

1. 应主动倾听不同意见

一个优秀的管理者，不仅要欢迎坏消息，还要主动倾听不同的意见。如果企业内人人都是一面镜子，那么企业内部的危机根苗便无处藏身。

2. 设置一个"回馈圈"

企业管理者应当专门设置一个部门用来搜集各种"坏"消息，并且由专人负责提出反面意见，集思广益，这样才能避免企业危机的潜滋暗长。前面提到微软公司的"回馈圈"就是一个很好的例子。

» 为何百事甘做"老二"：实力弱时退居二线

无论两者怎样互相攻击，却总维持着一种微妙的平衡——这是百事可乐与可口可乐之间常发生的一个很有意思的现象。

正如百事公司的前任 CEO 罗格·恩里克所说："只要我们能做到有规模的第二品牌，那就够了。因为在这个行业，我们能做到有规模的第二品牌，就能得到成熟性的利润。"

百事可乐和可口可乐不断做大市场，不容第三方插足。也就是说，他们既有利益争夺，又有利益共享。而且，不管双方在广告投入、产品开发等方面如

怪诞行为
心理学

何竞争，却不依靠价格战来削弱对手的实力。不打价格战，其实还与市场定位有关。作为"老二"的百事比谁都清楚：在饮料市场，可口可乐拥有无可撼动的老大地位。也正因为清楚自己的定位，百事才甘做"老二"，乐做"老二"，不发动价格战与可口可乐"死磕"，以免两败俱伤。

这是因为，在未成型的市场，群雄混战，谁都有成为"老大"的可能，此时是可以奋力一搏的；但已经很成熟的市场里，竞争对手的实力太强，且基本不犯错误，此时强求"老大"地位，尤其是在市场策划、新品开发都不如对方的情况下，只能施行以价格战为代表的恶性竞争，这无异于自掘坟墓。

对于企业来说，做"老二"并不是没有上进心，也不是把市场拱手相让，而是对市场进行准确分析，知己知彼后所作的明智选择。

虽然"人往高处走，水往低处流"是规律，每个人都希望得到最高位，想成为"老大"，但是应先想想自己有没有与之相符的实力，如果暂时还没有，就要及时调整目标。合理、客观地制定目标，并按部就班地实施，终有一天会变成业界的"头把交椅"。此外，即使实力具备了，也可以暂时先当"老二"，这样会避免一些"树大招风"带来的麻烦。

总的来说，当"老二"有的时候并不是一种无能的表现，它更可能是一种淡定处事的态度：当"老二"可以冷眼旁观"老大"的做法，无论成功、失败都可以为自己提供参考的素材，扬长补短，免走弯路；当"老二"可以养精蓄锐、韬光养晦，培养自己的实力，等待有朝一日厚积薄发；当"老二"可以最大限度地保全自己，避免成为被枪打的"出头鸟"……

因此，在企业竞争中，我们要正确认识自己的实力是十分重要的。当我们的实力还很弱，不具备争"老大"的条件时，那么就要向"老大"学习，立足于做"老二"。学会做"老二"其实并不是目的，而是一种手段，正所谓"不积跬步，无以至千里"，好高骛远很可能导致走不远。学会做"老二"，是在资金有限，实力、技术及人才资源不足的阶段中一个现实的选择，是生存的需要。在与强大的对手竞争时，要避免硬碰硬，可以坚持错位竞争，寻找对抗空白。例如，可口可乐始终坚持自己是适合男女老少饮用的全家型产品，而百事可乐则定位为青少年时尚饮料。

不动声色，甘当"老二"，会让别的竞争者放松警惕，等于上了一层"保护色"，在激烈的企业竞争中得以保全。

中国有句话说"宁当鸡头不做凤尾"，古往今来多少人费尽心思要拔个头筹。而百事可乐却甘做"老二"，这种态度对企业和个人来说，都是有启发性、指导性的。

» 猎捕梅花鹿和兔子：猎鹿博弈中的合作哲学

话说某个部落有两个出色的猎人，某一天他们狩猎的时候，看到一只梅花鹿。于是两人商量，只要守住梅花鹿可能逃跑的两个路口，梅花鹿就会无路可逃。只要他们齐心协力，梅花鹿就会成为他们的盘中餐。不过只要其中有任何一人放弃围捕，梅花鹿就会逃掉。

"福兮祸之所依；祸兮福之所伏。"有时运气太好并不一定有好的结果。正当两个猎人严阵以待，围捕梅花鹿的时候，在两个路口都跑过一群兔子，如果猎人去抓兔子，会抓住4只兔子。从维持生存的角度来看，4只兔子可以供一个人吃4天，一只梅花鹿如果被抓住将被两个猎人平分，可供每人吃10天。这里不妨假设两个猎人叫A和B。

这样，两个人的行为决策就可以写成以下的博弈形式：要么分别打兔子，每人得4；要么合作，每人得10。

结局就有两种可能性：要么分别打兔子，每人吃饱4天；要么合作，每人吃饱10天。两种结局到底哪一个最终发生，这无法确定。比较（10，10）和（4，4）两个纳什均衡，明显的事实是，两人一起去猎梅花鹿比各自去抓兔子可以让每个人多吃6天。

按照经济学的说法，合作猎鹿的纳什均衡，比分头打兔子的收益大。与（4，4）相比，（10，10）不仅有整体福利改进，而且每个人都得到了福利改进。

换一种更加严密的说法就是，（10，10）与（4，4）相比，其中一方收益增大，而其他各方的境况都不受损害。

猎鹿模型启示了我们实现共赢的可能性。目前，世界上比比皆是的企业强强联合，就接近于猎鹿模型。跨国汽车公司的联合、日本两大银行的联合等均属此列。这种强强联合造成的结果是企业资金更加雄厚、生产技术愈发先进、在世界上占有的竞争地位更优越，发挥的影响更显著。

总之，他们将蛋糕做得越大，双方的效益也就越高。宝山钢铁公司与上海钢铁集团强强联合也好，其他的重组方式也好，最重要的在于将蛋糕做大。在宝钢与上钢的强强联合中，宝钢有着资金、效益、管理水平、规模等各方面的优势，上钢也有着生产技术与经验的优势。两个公司实施强强联合，充分发挥各方的优势，发掘更多、更大的潜力，形成一个更大、更有力的拳头，将蛋糕做得比原先两个蛋糕之和还要大。

随着社会的不断发展，个人之间、企业之间合作的案例不断增多，因为大家都明白，与人有效合作可以提高效率、降低成本并且提高双方的竞争力，从而实现双赢。在如今的时代，有效合作以实现合作博弈已经成为一种生存方式。

一个人的才能和力量总是有限的，唯有合作，才能最省时省力、最高效地完成一项复杂的工作，没有别人的协助与合作，任何人都无法取得持久性的成功。最能有效地运用合作法则的人生存得最久，而且这个法则适用于任何物种、任何领域。

合作与竞争看似水火不容，实则相依相伴，在知识经济时代，竞争与合作已经成为不可逆转的大趋势，合作与团队精神变得空前重要，只有承认个人智能的局限性，懂得自我封闭的危害性，明确合作精神的重要性，才能有效地通过合作来弥补自身的不足，以达到单凭个人力量达不到的目的，成为博弈中的赢家。

» 花公司的钱要像花自己的钱：学会节约公司成本

对于企业能否节约成本，以及将成本节省到何等程度上这一问题，员工肯定有很大的决定权。很多企业虽制定了很好的成本压缩制度，但没有得到员工的支持，结果都没能取得成效。所以，要想节约成本，关键是员工要具备节约的品质。每一名员工要在脑海里有这样的意识，那就是"花公司的钱要像花自己的钱"。

可是，在一些公司里仍有许多员工认为自己为公司接的每一笔业务可能会有几十万或几百万的收益，在公司里浪费一点点是无所谓的。如果公司的每一名员工都有这样的想法，每一名员工都只浪费一点点，那么最后累积的数字将是十分惊人的。

一家大型企业的财务经理讲述过这样一个事实。

这家企业为了方便员工和财务部的工作，所有报销单都采用自动复写的特殊纸张，每张报销单A4大小，成本为1.8元人民币。财务部门一再强调请员工注意这种报销单的节约，但是员工在填写报销单时仍然是随意填写，填错了就撕毁，重新取一张来用。

财务部曾经做过一个统计，他们拿出去的报销单是收回的将近3倍，也就是说平均每位员工填写一张正确的报销单就浪费了另外两张。每位员工平均一个月报销两次左右，这样算下来，每位员工平均每年浪费近百元人民币。可能单看一个员工还不觉得成本有多高，可是1000多名员工每年因填写报销单竟然就浪费了近10万元！

他们也考虑过将报销单改为领用制，但是这样的确不方便员工的工作，如果企业员工为了领张报销单就要跑上几层楼，填错了又要跑几层楼再次领用，这样管理也的确太不人性化了。

这位财务经理痛心疾首地表示，报销单是基本能够计算出来浪费了多少的，很多其他的费用，譬如纸张、墨水、笔等却很难精确计算出究竟浪费了多少，如果以这个比例去计算，得出的数字可能非常惊人。

所以，无论是公司的主管还是公司的一名普通员工，都应树立自己的节约意识，要时刻督促自己："花公司的钱要像花自己的钱。"当你有这种意识后，你慢慢也会从中得到益处，相信你的上级对你同样也会像对待自己的家人一样地信任你、重用你。

小王和小李两个人到一家公司应聘，一路过关斩将，进入了复试阶段。招聘公司总经理交给小王一项任务，要他去指定的那家商场买一打铅笔。距离要去的商场只有一站路，总经理建议他乘公交车去，自己买车票，回来报账。

过了一会儿，总经理好像忘记了一件事，又吩咐小李去那家商场买一瓶墨水。

他们两个先后都回来了，在总经理面前报账。小王除了买铅笔的钱，来回坐车的钱是2元。而小李除了买墨水的钱，来回坐车的钱是4元。

原来，时值盛夏，天气酷热，小王坐的是普通公交车，所以票价是1元，而小李坐的却是空调公交车，上车就要2元，所以小李的车票钱和小王的车票钱不一样。

在现代社会，一个企业的兴衰成败很大程度取决于员工的节约意识，如果员工缺乏这种意识，那么整个企业的命运也就危在旦夕。

只有每一名员工都将节约根植于意识中，树立"花公司的钱要像花自己的钱"的意识，公司才能在激烈的市场竞争中永远立于不败之地，并永远领先于其他公司。只有公司的每一名员工都能主动去节约，公司的每一分钱才不会白花，公司的每一分钱才不会浪费，成本才能降到最低，公司也才最具有竞争力。

» 以牙还牙，以眼还眼：回报行为很常见

尽管中国是一个崇尚礼让、宽容的国度，古人早在2000多年前就教育人们要以德报怨，但对于某些快意恩仇的人来说，宁愿选择以其人之道还治其人之身的方法，这样就是人们常说的"以牙还牙，以眼还眼"相互回报的行为。

下面这个故事说的是一个相互回报的行为。

春秋战国时期，晋国的知氏败亡，知伯的臣子豫让决意为故主复仇，行刺敌国的首脑赵襄子。豫让行刺未遂被抓，但赵襄子认为豫让是一个讲义气的贤士，就放了他。

然而，豫让获释后再次行刺赵襄子，不料又失败了。赵襄子怒斥道："你不是曾经侍奉过范中行氏吗？知伯把他们消灭了，你不但不替他们报仇，反而委身为知伯的家臣。知伯为我们所灭，不是一样的道理吗？你怎么给他报起仇

来就没完没了呢？"豫让说："范中行氏以众人遇臣，臣故众人报之；知伯以国士遇臣，臣故国士报之。"

赵襄子很感动，但又觉得不能再把他放掉。豫让知道生还无望，无法完成誓愿了，就请求赵襄子把衣服脱下一件，让他象征性地刺杀。赵襄子派人拿着自己的衣裳给豫让，豫让拔出宝剑多次击刺，仰天大呼："而可以下报知伯矣！"然后伏剑自杀。

范中行氏以一般人来看待豫让，豫让就以一般人的行为来回报范中行氏；知伯以国士来对待豫让，豫让就以国士的行为来报答知伯。豫让的行为就是心理学中所说的"相互回报行为"，简称"回报行为"。

回报行为在我们的日常生活很常见。例如，张家在娶媳妇时收了李家所送之礼，则李家嫁女儿时，就会收到张家送来的礼钱。那么，人们采用回报行为的心理动机是什么呢？回报行为又有哪些特征呢？

心理学家认为，相互回报行为同其他行为一样，也是由人的某些社会需要和动机引起的，只是需要和动机并不相同，大体分为3个层次：

1. 维持心理上的平衡

保持心理上的平衡是回报的主要原因。施恩和结怨虽是两种性质不同的人际作用行为，但都打乱了个人原有的心理状态。这种心理状态要得到改善并达到新的平衡，只能通过回报得以实现。

2. 有利于保持人际关系

回报行为中的报恩行为，在保持人际社会交往的功能中具有较明显的效果，不仅还了所欠人的"礼"，还可扩大社会交际圈，消除孤独感。而回报行为中的复仇行为却会影响人际交往的正常，要知道，"冤冤相报何时了""冤家宜解不宜结"，结缘总比结仇好。

3. 回报可以获得赞许

在传统的认识中，相互回报与社会的伦理道德相符。有恩不报太无情，有仇不报人窝囊。所以，回报行为能为当事人赢得社会的赞许，而如果不回报，则会成为社会谴责的对象。可以说，获得社会赞许也是回报行为的一个重要的动机。当然，回报的关键在于真诚，只有发自内心的真诚的回报，才是社会所赞许的。

当然，回报行为具有十分复杂的一面，时常使人处于矛盾与困惑之中。这就需要人们正确理解回报行为，更好地完成回报行为，发挥出回报行为的积极作用，从而恢复心理平衡状态，使人际关系更融洽。

"君子之交淡如水"。在人际交往中，我们要采取自然、大方、真诚的人际交往方式，共同创造人间的真情。这就需要我们做到：付出时不要想着回报，否则只是商业行为的"交换"；对他人的回报应做"冷处理"，依据友情而受礼，不接纳重物回报，需知"千里送鹅毛，礼轻情义重"。如确想回报，则应以表达感谢为主，借以小礼品表达心意即可。

» 王琦玉的餐饮服务经历：用敬重的态度对待平凡的工作

德国著名哲学家尼采说过这样一句话："男人们要坚信自己的职业比其他任何职业都重要，如若不然，他就无法坚持这个职业。"现在看来，这句话又何尝只是对男士们的忠告？我们每一个人都应该重视自己的工作，无论工作多么平凡，都应以一颗敬重的心去对待。

当老板交给你一项极平凡的工作时，你可试着从工作本身去理解它、认识它、看待它。当从它的平凡表象中洞悉其中不平凡的本质后，你就会从平庸卑微的境况中解脱出来，不再有劳碌辛苦的感觉，厌恶的感觉也自然烟消云散。圆满完成这些平凡的工作后，你自然就超越了其他同事，迈出了成功的第一步。

王琦玉在 1999 年加入远东大饭店成为餐饮部门的经理之前，曾在瑞士、法国顶级的饭店和中国台湾的西华大饭店服务长达 7 年之久，是属于那种觉得工作令人振奋又能表现卓越的后起之秀。

虽然才 30 岁出头，王琦玉却没有时下年轻人自大、傲慢、自以为是的特征，反而处处展现出成熟男人独具的"谦和、礼让、热力四射"的品质。王琦玉非常热爱工作，并将热情完全表现在工作之上。对他来说，服务的工作是再合适不过了。

他给人的第一印象是快乐、积极、乐观、声音洪亮、动作利落，还有亲切迷死人的笑容。

到远东大饭店香宫用餐的客人，常常会碰到他在餐厅里巡视，他不停地招呼客人，帮同事上菜，是个脚踏实地、乐于工作的人。

有一回，有人问他："琦玉，你总是笑口常开，是不是非常喜欢这份工作？"

"我不是非常喜欢这份工作，我是'超特'喜欢这份工作！"王琦玉微笑着幽默地说，"真的！我'超特'喜欢餐饮服务，尤其是在这种五星级的饭店。在这里，我有很大的发挥空间，感到自由、弹性与愉悦，很有成就感。我真的很爱这份工作了！"

一个敬重自己工作的人才会赢得他人的尊敬，因为心怀崇敬之情才会把工作做好。敬重工作的同时也是在肯定自身的价值，无论你做的工作多么不起眼，甚至卑微，也应怀着一颗敬重之心，那样才能获得真正的快乐。

有一个叫麦克的年轻人，他的工作是煎汉堡。他每天都很快乐地工作，尤其在煎汉堡的时候,他更是专心致志。许多顾客对他为何如此开心感到不可思议,十分好奇,纷纷问他:"煎汉堡的工作环境不好,又是件单调乏味的事,为什么你可以如此愉快地工作并充满热情呢?"

麦克自豪地回答道:"在我每次煎汉堡时,我便会想到,如果点这汉堡的人可以吃到一个精心制作的汉堡,他就会很高兴,所以我要好好地煎,使吃汉堡的人能感受到我带给他们的快乐。看到顾客吃了之后十分满足并且神情愉快地离开时,我便感到十分高兴,心中觉得仿佛又完成一件重大的工作。因此,我把煎好汉堡当做是我每天工作的一项使命,要尽全力去做好它。"

顾客听了他的回答之后,对他能用这样的工作态度来煎汉堡,都感到非常钦佩。他们回去之后,就把这件事情告诉周围的同事、朋友或亲人,一传十、十传百,很多人都喜欢来到这家店吃他煎的汉堡,同时看看"快乐煎汉堡的人"。

顾客纷纷把他们看到的麦克认真、热情的表现反映给公司,公司主管在收到许多顾客的反映后也去了解情况。公司有感于麦克这种热情积极的工作态度,认为值得奖励并给予栽培,没几年,他便升为分区经理了。

一个粗俗不堪或态度恶劣的人,必然会给人留下很不好的印象;世界上还有无数的人才能平平,却靠着他们良好的态度,能做到处事顺利、事业有成。

无论你正在从事什么样的工作,要想获得成功,就要敬重自己的工作,并用最优秀的态度去完成工作,努力创造佳绩。因为如果你轻视工作,工作也会轻视你,最终你将一无所获。珍惜自己的工作岗位是实现自己人生价值的必经之路。只有踏踏实实,充分利用自己在岗位上的每一天,刻苦钻研,奋发图强,才能获得成功。

» 著名节目主持人的18次碰壁:战胜挫折心理

当我们面对挫折,想要战胜它成为人生的赢家,我们又要怎么做呢?

莎莉·拉斐尔很早就立志于播音事业。但由于当时美国各家无线电台都约定俗成地只聘用男性,所以,当她在各家电台应聘时,都被认为不能胜任这类工作而屡遭拒绝。

后来,她在纽约的一家电台找到一份工作,但不久却以"赶不上时代"为由遭到辞退,结果又失业了。

一天,她向一家广播公司的负责人谈起她的节目构想。"我相信公司会有兴趣。"那人说。但此后不久那人便离开了公司,她的美梦破灭了。后来,她又找到公司另外两名职员,却被要求主持她最不擅长的政治节目。

但是,她并没有退缩,而是抓住了这次机会,通过自己的勤奋,使她主持的节目一时间成为最受欢迎的节目。

"我遭人辞退 18 次，本来大有可能被这些遭遇所吓退，做不成我想做的事；结果相反，这鞭策我勇往直前。"拉斐尔自豪地说。她对于自己的碰壁似乎没有那么悲观。

如今，莎莉·拉斐尔已成为著名的自办电视节目主持人。在美国、加拿大和英国，每天都有 800 万观众收看她的节目。

每个人都必须学会在挫折中成长。挫折并不是我们想象的那样可恶，恰恰是它，让我们不断成长。莎莉靠着坚韧的毅力承受了一次又一次的挫折，她不但没有丧失信心，反而勇敢地面对一切，用积极的心态赢得了最终的成功。

从心理学上分析，人的行为总是从一定的动机出发，经过努力实现自己的目标。但是，如果在实现目标的过程中，遇到了与自己设想的正面发展相对立的阻碍，就可能会产生挫折。而挫折表现在心理上，就是个人会出现抑郁、消极、愤懑等情绪；表现在生理上，就会发生一些不利于身体健康的问题，比如，血压升高、心跳加快易诱发心血管疾病；胃酸分泌减少，会导致溃疡、胃穿孔等。

在挫折面前，我们也可以适当用点"精神胜利法"，即所谓"阿 Q 精神"，这有助于我们在逆境中进行心理补偿。例如，实验失败了，要想到失败乃是成功之母；若被人误解或诽谤，不妨想想"在骂声中成长"的道理。但是，在做心理补偿时也要注意，自我宽慰不等于放任自流和为错误辩解。一个真正的达观者，往往是对自己的缺点和错误最无情的批判者，是敢于严格要求自己的进取者，是乐于向自我挑战的人。

在面对挫折时，行动起来才是王道。束手无策地坐以待毙不是一个明智的选择，用自己的头脑去思考，去寻找走出困境的路，才是正确的选择。因为生命的张力正在于面对脆弱时，我们能够发挥自己的无尽潜能。有的人陷落于挫折和困难之中，甘愿一蹶不振，如行尸走肉般生活，放弃自我救赎的可能，但是，越是这样的情况，我们越要用自己强大的内心去震慑困难，让自己在面对挫折时有更大的勇气。

既然挫折会给我们带来这么多的负面影响，那么，在对待自己当下人生中的挫折时，我们就要保持一种理智的态度去战胜挫折，去摆脱自己负面的思维模式，冲出自我设置的消极牢笼。这样才能给自己的人生一段崭新的开始，才能够拥有辉煌灿烂的人生。

» 为梦想打工：对工作的责任和态度

许多人总是一边工作一边抱怨："为老板打工真是太累了，自己根本就是公司的赚钱工具，毫无乐趣可言。"这里要告诉你：不要以为你是在为别人工作！其实，每个人正在做的事都是在为自己，为自己的成功铺路搭桥。如果消极怠工、敷衍了事，那么成功之路恐怕会崎岖坎坷，甚至成功会遥不可及。所以，请你记好了："对工作有利的就是对自己有利的。"

工作中要么忙里偷闲或出工不出力，要么上班迟到、早退；要么在上班时用电脑聊天，老板在时便表现出努力工作的样子，老板一走就立即闲散下来，这些人也许暂时没有因此被开除，但是如果照此下去，被炒鱿鱼是早晚的事。如果他们想改换门庭，也不会有公司对他们感兴趣的。

现在，有许多年轻人对于薪水常常缺乏更深入的认识。其实薪水只是工作的一种物质回报方式，而精神的回报却被人忽视。工作能够丰富我们的经验，增长我们的智慧，激发我们的潜能，这些都是让你终身受益的财富，它比金钱重要万倍，既不会遗失也不会被花光。所以，认真工作才是提高自己能力的最佳方法，认真工作才是在为自己积累资本。只要你把工作当做难得的学习机会，不断地从中学习处理业务和人际交往的经验，就可以获得很多知识，还能为以后的工作打下坚实的基础。认真工作的员工都不必为自己的前途担忧，由于他们已经养成了良好的习惯，到任何公司都会受到欢迎。

一个人无论从事什么行业，无论担任什么职务，心中应该常存责任感。要热爱自己的工作，时刻表现出忠于职守、尽职尽责的敬业精神，不仅仅要完成他自己分内的工作，而且还要时时刻刻为所服务的企业着想。公司会为拥有如此关注其发展的员工感到骄傲，只有这样的员工才能够得到公司的信任。事实上，只有那些勇于承担责任并具有很强责任感的人，才有可能被赋予更多的使命，才有资格获得更高的荣誉。无论是什么人，只要永远保持积极的工作态度，就会得到他人的称许和赞扬，就会赢得公司的器重，同时也会获取一份最可贵的财富——自信和热情，它将推动你走向成功，将会给你带来欢欣和喜悦。

小张是一个企业终端科的科长，只负责对销售终端布置的规范性进行指导和提供咨询。可小张除了完成自己的本职工作外，还总喜欢接手一些相关的工作——企业培训导购员时，他是当仁不让的组织、策划和对口管理者；依仗灵活多变的谈判能力和对消费者需求的熟知程度，积极参与促销活动所需的礼品采购；他还大包大揽地承接了信息收集工作，为此安排专人每日为企业高层与相关职能部门整理、报送各项最新资讯……同事都觉得小张是"傻瓜"，甚至有人对他冷嘲热讽。小张对此处之泰然，他说："我不光是为老板打工，更不是为了赚钱，我是在为自己的梦想打工，为自己的前途打工。我要在业绩中提升自己，我要使自己工作所产生的价值远远超过所领的薪水。只有这样，我才能得我想得到的东西——工作的快乐，成功的快乐。"一年以后，小张的下属已经从最初的几人增加到了几十人，随着部门的扩容和职能的增多，他所在的部门由科级升为处级，当时说小张是傻瓜的人，有的成了他的下属，有的辞职另谋出路。

莎士比亚曾说过:"我们宁愿重用一个活跃的侏儒,也不要一个贪睡的巨人。"现实生活中,像说小张是傻瓜那样的人并不少,他们没有想到"公司是老板的,舞台是自己的"这个浅显的道理,结果错过了机会,错过了时光。你要永远记住:多干一份活,你的能力就多增一分,你的影响力同时也多增一分。个人能力与绩效的提升最能说明问题:老板可能没看到你长期废寝忘食忙碌工作的身影,但不会对你的进步视而不见。如果对上司交办的事务和其他部门邀请的工作,能推就推、能挡就挡,总是以"这事我做不了""这不是我们部门的事"来应对推托,到头来你就会发现,你所在部门的重要性与影响力将会越来越低,你自己的话语权与活动空间将会越来越小。工作得过且过会伤害你的老板、你的公司,而受伤害最深的其实是你自己。一些人花费很多精力来逃避工作,却不愿花相同的精力来努力完成工作,他们以为自己骗得过老板,其实,他们愚弄的只是自己。老板或许并不了解每个员工的表现或不熟知每一项工作的细节,但没有哪个公司愿意出钱养闲人,当有一天你终于完全闲下来的时候,不只你的部门要被撤销,连你本人也离下岗不远了。那时候,你还想享受少干工作所带来的轻松快乐?那只能是痴心妄想。不要为了老板而工作,也不要仅仅为了金钱而工作,要像小张那样——为梦想而工作,为自己的前途而工作。周围环境不是你懒散的借口,要时刻牢记:心有多大,舞台就有多大。

» 老被墨子责骂的能人耕柱:折腾是对自己的考验

工作中有许多人都在抱怨:我已经做得很好了,为什么老板要对我那么苛刻?我的一点点小失误他都不放过,竟然在公司例会上点名批评!难道我创造的业绩还不足以弥补所犯的过失吗?

如果你也有这样的想法,那么,就请看下面这个小故事,相信你的思想会有所转变。

耕柱是春秋战国时期一代宗师墨子的得意门生,不过,他老是挨墨子的责骂。有一次,墨子又责备了耕柱,耕柱觉得非常委屈,因为在许多门生之中,耕柱是大家公认的最优秀的人,但又偏偏常遭到墨子指责,让他觉得很没有颜面。终于有一天,耕柱愤愤不平地问墨子:"老师,难道在这么多学生当中,我竟是如此的差劲,以至于要时常遭您老人家责骂吗?"墨子听后并没有生气,而是十分平静地反问道:"假设我现在要上太行山,依你看,我应该要用良马来拉车,还是用老牛来拖车?"耕柱回答说:"再笨的人也知道要用良马来拉车。"墨子又问:"那么,为什么不用老牛呢?"耕柱回答说:"理由非常的简单,因为良马足以担负重任,值得驱遣。"墨子说:"你答得一点也没有错,我之所以时常责骂你,是因为你能够担负重任,值得我一再地教导与匡正你。"

原来，老师是因为看重耕柱，才一再地批评指正他。相比之下，老板对我们近乎苛刻的要求与匡正，不也是因为看重吗？

若用逆向思维来思考，假设老板对你持无所谓的态度，或你并不能让他对你委以重任，恐怕他也不会对你严加要求，更不会"百般责难"了。

企业对优秀的员工也会进行一番"折腾"，"折腾"是组织、老板考验员工忠诚度的手段。它说明你已经被老板看中，所以也可以说，被"折腾"是一种资格，是一种幸运。

从这个角度说，组织中的干部有必要接受各种历练和考验。

许多企业创业领袖都羡慕联想的柳传志，因为他有两个好接班人：杨元庆、郭为。殊不知，柳传志为培养这两个人，前后"折腾"了他们多年。

在联想，杨元庆和郭为是被"折腾"的典型代表。据说，他们是一年一个新岗位，"折腾"了十几年，换了许多岗位，才成为全才。"折腾"，其实就是公司对你的考验。

你忠于公司吗？忠于老板吗？不忠于公司和老板的人是得不到重用的。你说你忠诚，有什么能证明呢？老板怎么才能知道你是忠诚的呢？所谓患难朋友才是真正的朋友，朋友如此，企业与员工的关系更是如此。

企业在危机时，可以看出谁是忠诚的，那么在"和平时期"，考验忠诚的方法是什么呢？一个办法是老板单独面对员工，亲自跟踪员工的工作绩效，这样能迅速发现一些忠诚于公司的员工，但是这个办法仅适用于小范围，对于一个拥有上千人的企业，就不可能采用这个办法。另外，跟踪绩效考核也只能知道员工的专业素质怎样，而很难检验出这个人是否忠诚于公司。因此老板就人为地制造出危机来，"折腾"就是检验忠诚的很好办法。

在企业中，老板承担的风险是最大的，企业完蛋了，老板可能要跳楼，而员工损失相对较小，还可以到别的企业去打工。

老板最相信的人是他自己，他怎么可能随便相信别人呢？老板的信任是一点一点给的，他要看你的表现，你表现了多少，他就给你多少信任。如果你想"出头"，就要有被"折腾"的准备，老板会不断地"折腾"你，因为他相信忠诚是考验出来的，不是听你嘴上说的。在公司"折腾"你的过程中，你能不能扛住，能不能坚持下来？如果可以，那你就是忠诚于公司的，因为你用行动证明了这一点。

一位人力资源主管在对新员工进行培训时，说了这么一段发人深省的话：

"压力为什么降临到我们身上？因为上天并没有放弃我们，因为我们具有发展的潜能，因为所有成长的机会都蕴藏在压力之中。挑战与机遇总是并存的，压力与希望总会相伴而行，只要我们还有机会、还有希望，挑战和压力就会来临。压力不会降临到万念俱灰、不思进取的人身上，因为他们不会感到压力的存在；压力也不会为难了无生机、走向穷途末路的公司，因为对它们施压已经没有任何意义了。"

由此，我们也可以看出，压力并非平白无故地施与，也并非毫无原则地涌来，而是作为一种考验的手段来应用。之所以有压力，是因为被看重，那么，从这个层面上讲，所谓的"施压"又何尝不是机会来临的讯号呢？能不能把握住机会，就看你能否以一颗平常心和上进心去看待"施压"了。

» 爱工作的有钱人：成长比薪水更重要

比尔·盖茨的财产净值大约是 466 亿美元。如果他和他太太每年用掉 1 亿美元，也要 466 年才能用完这些钱——这还没有计算这笔巨款带来的巨额利息。那他为什么还要每天工作？

斯蒂芬·斯皮尔伯格的财产净值估计为 10 亿美元，虽不像比尔·盖茨那么多，不过也足以让他在余生享受优裕的生活了，但他为什么还要不停地拍片呢？

美国威亚康姆公司董事长萨默·莱德斯通在 63 岁时开始着手建立一个很庞大的娱乐商业帝国。63 岁，在多数人看来是尽享天年的时候，他却在此时作了重大决定，让自己重新回到工作中去。而且，他总是一切围绕威亚康姆转，工作日和休息日、个人生活与公司之间没有任何的界限，有时甚至一天工作 24 小时。他哪来这么大的工作热情呢？

诸如此类的例子还有很多。那些拥有了巨额财产的人们，不但每天工作，而且工作相当卖力。如果你跟着他们工作，一定会因为工作时间太长而感到精疲力竭。那么，他们为何还要这么做，是为钱吗？

还是看看萨默·莱德斯通自己对此的看法："实际上，钱从来不是我的动力。我的动力源自于对我所做的事的热爱，我喜欢娱乐业，喜欢我的公司。我有一个愿望，要实现生活中最高的价值，尽可能地实现。"

由此可见，一个人若只从他的工作中获得薪水，而其他一无所得，那么他无疑是很可怜的。因为他主动放弃了比薪水更重要的东西——在工作中充分发掘自己的潜能，把握工作中的每一次机遇，在工作中不断增长自己的才干。

在一个人的事业发展过程中，能力比金钱重要万倍。

许多成功人士的一生跌宕起伏，有攀上顶峰的兴奋，也有坠落谷底的失意，但最终都能重返事业的巅峰，俯瞰人生。原因何在？是因为有一种东西永远伴随着他们，那就是能力。他们所拥有的能力，无论是创造能力、决策能力还是敏锐的洞察力，绝非一开始就拥有，也不是一蹴而就，而是在长期工作中学习和积累得到的。

不要为薪水而工作，因为薪水只是工作的一种报偿方式，虽然是最直接的一种，但也是最短视的。一个人如果只为薪水而工作，没有更远大的目标，并不是一种好的人生选择，最终受害最深的不是别人，而是他自己。

一个以薪水为个人奋斗目标的人无法走出平庸的生活模式，也从来不会有真正的成就感。虽然工资应该成为工作目的之一，但是从工作中能真正获得的东西却不只是装在信封中的钞票。

所以，对想要成就一番事业的你来说，老板支付给你的只是薪水，但你一定要在工作中赋予工作更多的价值，你要在工作中支付给自己更多的东西。对于一个员工来说，一定要善待老板，将老板当做第一顾客，同时，在工作中要努力经营自己。不管你是为老板工作，还是为自己工作，你都要想到，你得到的不仅是薪水，还有珍贵的经验、良好的训练、技能的提高、自我认识的加深等很多东西，这些东西与有限的金钱比较起来，其价值不知要高出多少倍。

工作给你带来的，远比有限的薪水更多。

只为薪水而工作，无疑是把自己封闭在了小小的圈子里，对更广阔的空间视而不见。

如果你不只为薪水而工作，而是全心全意地努力工作，你就会发现，你的工作能力会逐步提高，这样的话，你就会为自己的成长而感到高兴；同时，你的薪水也会在不知不觉间得到提升。因为，你工作努力，就会为老板创造业绩；为老板创造业绩，老板就会因为你的工作态度和工作成绩而奖励你，不管这种奖励是提升薪水还是提升职务。

卡罗·道恩斯原来是一名普通的银行职员，后来受聘于一家汽车公司。工作了6个月之后，他想试试是否有提升的机会，于是直接写信向老板杜兰特毛遂自荐。老板给他的答复是："任命你负责监督新厂机器设备的安装工作，但不保证加薪。"

道恩斯没有受过任何工程方面的训练，根本看不懂图纸。但是，他不愿意放弃任何机会。于是，他发挥自己的领导才能，自己花钱找到一些专业技术人员完成了安装工作，并且提前了一个星期。结果，他不仅获得了提升，薪水也增加了10倍。

"我知道你看不懂图纸，"老板后来对他说，"如果你随便找一个理由推掉这项工作，我可能会让你走。"

年轻人对于薪水常常缺乏更深入的认识和理解。薪水只是工作的一种回报方式，每一份工作除了带给我们薪水之外，还为我们带来了很多成长的机遇。譬如，艰难的任务能锻炼我们的意志，新的工作能增长我们的才干，与同事的合作能培养我们的人格，与客户的交流能训练我们的品性。公司是我们成长中的另一所学校，工作能够丰富我们的经验，增长我们的智慧。与在工作中获得的技能与经验相比，微薄的薪水就显得不那么重要了。公司支付给你的是金钱，工作赋予你的是可以令你终生受益的能力。

第三篇

揭秘我们的欲求

第一章
动机——为什么我们想做那件事

» 致富的捷径：快乐与现实原则的对抗

人都有享受的欲望，每个人都想享受富足的生活、美味的菜肴、华丽的衣饰……但是，我们在追求这种快乐的同时，也要兼顾到自身的实际条件，要看到落在自己身上的现实。所以，对于金钱的认知，我们不仅要学会挣，还要学会攒。

俗话说，"从俭入奢易，从奢入俭难"。花钱花习惯了，一下处处计划，学会攒钱，不是一件容易的事。但是习惯也是养成的，一开始可能会感觉不适应，但是攒钱的习惯一旦养成，我们的财富也就可以有一个稳定的开端了。

从小就立志要做个有钱人的电视主持人小侯，果真在 30 岁时买下人生第一栋房子。梦想能实现，主要是因她彻底奉行自创的"防御与攻击"理论。在小侯眼里，防御就是储蓄，靠着工作辛苦存下的 60 万元，使她顺利熬过失业期；而也是靠着账户里的积蓄撒网布局，为她带来丰厚的利益。现在 33 岁的她，已累积超过 100 万的资产。

小时候家境贫穷的小侯，因为知道钱来得不容易，所以总是特别珍惜每一分钱，她也因此养成省钱的个性。看着打工赚来的钱扎扎实实地存到自己的户头里，就是小侯学生时代最大的满足。

一心只想努力工作、拼命存钱的小侯，随着主持工作越来越多，最高纪录一个月收入达 30 万元，而她银行户头数字也一路往上攀升，突破百万大关。然而好景不长，1997 年她手中的节目突然全部喊停，小侯只好到西餐厅唱歌，靠每个月不到 1 万元的收入过活。还好户头里的 60 万元宛如定心丸，让她得以熬过近 5 个月的空窗期，直到进入另一个电视台。防御做足了、子弹存够了后，小侯开始上场打仗，也就是把部分钱拿来投资，并在 30 岁时买下人生第一栋房子。即使现在小侯的手头越来越宽裕，仍不改"铁公鸡"的个性，每个月收入的2/3，还是老老实实地存起来。翻开她的皮夹，永远不会超过5000元的现金；资产超过100万的她，只有两张银行信用卡，只要一刷卡，她一定马上将刷卡的费用提领出来，放在信封内，用来提醒自己花了多少钱，绝对不动用循环利息。

省吃俭用、努力赚钱存钱的小侯，已经替未来奠定了稳固的基础，她认为许多人理财都是光想不练，而努力储蓄，是迈向"钱途"的第一步。特别在高失业率、景气又不佳的现在，理财先重守财，累积足够的资本，才有办法进可攻、退可守，立于不败之地。

心理学认为，人的心理存在两种系统，一种系统是受"快乐原则"支配，另一种系统则是受"现实原则"支配。理性受"现实原则"支配，所以，当我们开始产生某种生命冲动（比如想买喜欢的衣饰），就要在现实的外部环境下进行判断（值不值得买，还有没有钱），这种生命冲动的存在是否合理（性价比高不高，到底需不需要）。如果不合理（太贵，或者根本就没用），就要对其进行节制（不买），使自己适应外部环境的现实要求（有更合理的预算去做其他的事情）。

我们天天想着要有一个属于自己的小金库，里面有让父母吃一惊的财富。可是为什么工作已多年，小金库里还是存不下钱。想想每个月的收入也不少，那些收入都跑哪去了。

所以，我们要改变一下自己的看法。不要以为自己挣得多就比别人有钱，还要看我们会不会花钱，会不会攒钱。攒钱也有很多技巧的，相信以下内容会给你启发：

1.定期储蓄选长期，获利相对较高

50元起存，存期分为3个月、半年、一年、两年、3年和5年6个档次。本金一次存入，银行发给存单，凭存单支取利息。在开户或到期之前可向银行申请办理自动转存或约定转存业务。存单未到期提前支取的，按活期存款计息。定期存款适用于生活节余的较长时间不需动用的款项。在高利率时期（20世纪90年代初），存期要就"中"，即将5年期的存款分解为一年期和两年期，然后滚动轮番存储，如此则可以利生利，而收益效果最好。

在低利率时期，存期要就"长"，能存5年的就不要分段存取，因为低利率情况下的储蓄收益特征是"存期越长，利率越高，收益越好"。

2.少用活期存款储蓄

日常生活费用，需随存随取的，可选择活期储蓄，活期储蓄犹如我们的钱包，可应付日常生活零星开支，适应性强，但利息很低。所以应尽量减少活期存款。由于活期存款利率低，如活期账户结余了较为大笔的存款，应及时转为定期存款。

3. 试试 "利滚利"

所谓利滚利存储法又称驴滚存储法，即是存本取息储蓄和零存整取储蓄有机结合的一种储蓄方法。此种储蓄方法，只要长期坚持，便会带来丰厚回报。假如我们现在有5万元，我们可以先考虑把它存成存本取息储蓄，在一个月后，取出存本取息储蓄的第一个月的利息，再用这第一个月的利息开设一个零存整取储蓄户，以后每月把利息取出来后，存入零存整取储蓄户，这样不仅存本取息储蓄得到了利息，而且其利息在参加零存整取储蓄后又取得了利息。只有选择好适合自己的储蓄品种，才能在储蓄这个看似没有 "油水" 的理财方式中获一点利。

4. 选择阶梯存储法

我们储蓄理财，要讲究搭配，如果把钱存成一笔存单，一旦利率上调，就会丧失获取高利息的机会，如果把存单存成一年期存单，利息又太少。为弥补这些做法的不足，不妨试试 "阶梯储蓄法"，此种方法流动性强，又可获取高息。

例如，假定我们手中持有5万元，我们可分别用1万元开设一个一年期存单，用1万元开设一个两年期存单，用1万元开设一个3年期存单，用1万元开设一个4年期存单（即3年期加1年期），用1万元开设一个5年期存单。一年后，我们就可以用到期的1万元，再去开设一个5年期存单，以后每年如此，5年后手中所持有的存单全部为5年期，只是每个1万元存单的到期年限不同，依次相差1年。这种储蓄方法是等量保持平衡，既可以跟上利率调整，又能获取5年期存款的高利息，也是一种中长期投资。

此外，还要注意巧用自动转存（约定转存）、部分提前支取（只限一次）、存单质押贷款等理财手段，避免利息损失或亲自跑银行转存的麻烦。

所以，收入多并不能代表我们就有钱，关键是要会花钱，把钱都用到刀刃上。把剩余的钱攒起来，存在小金库里的钱才是我们的财富。无论哪一个亿万富翁，在他事业开始时的原始资金，都是通过 "攒" 聚集起来的。

» 麦当劳城里涨价农村降：需求价格弹性

提起全国连锁的麦当劳快餐店，大家可能都会有因为菜单和价格完全相同，即使去外地也能放心食用的印象，但这种观念应该发生转变了。

2007年夏天，麦当劳在日本开始实行不同地区不同价格的制度。通过此制度，约90%的麦当劳连锁店进行了提价，其幅度按照地区不同分为3个档次。剩下的店铺有的价格不变，还有极少一部分店铺实行了降价。根据2007年8月27日的日经流通新闻报的报道，实行新的价格制度后，原价580日元的巨无霸套餐在东京、大阪、神奈川、京都的价格最贵，涨到640日元；千叶、埼玉、爱知、兵库、静冈、广岛其次，为 620 日元；包括北海道、冲绳在内的大部分的县上升到 590 日元。青森、石川、爱媛、熊本等县保持原价不变，而降到 560 日元的只有山形、宫城、福岛、鸟取、岛根这 5 个县。

从以上的价格变化分析，东京、大阪等大城市的涨价幅度达到了 10% 以上，相反降价的只有东北、山阴地区的 5 个县。之后，麦当劳在 2008 年 5 月再次进行了价格调整，下调了青森、爱媛等县的价格，这样最低价格的县就增加到了 12 个，城市和农村之间的价格差距更加明显。

那么，麦当劳为什么对城里人严格而对乡下人宽松呢？其实，也有其他的全国连锁快餐店实行不同地区不同价格的制度。

想要提高收入的企业在考虑应该提价还是降价时，应该重点分析消费者对价格变化的反应大小，经济学称之为需求价格弹性。总体上说有两方面的内容：一方面是"消费者对价格弹性小（反应迟钝）的时候，企业可以选择提价"；相反，"消费者对价格弹性大（反应敏感）的时候，企业可以选择降价"。

几年前上市的日产风雅共有 3 个级别——豪华版本（Base Model）47.8 万元，豪华导航版本（Navi Model）51.8 万元，VIP 版本（VIP Model）54.8 万元。但上海市场显然更青睐其豪华款车型。

47.8 万元的豪华版本一辆未售出，而此前 51.8 万元的豪华导航版本和 54.8 万元的 VIP 版本两辆样板车，均已被客户购买。

"我们第二批车订的全是 VIP 版本。"某汽车销售有限公司的谈先生说，"买得起这种价格的车的客户，是不会选择相对低配置的车型的。根据我的经验，这种消费档次的客户，一般都会看重车的舒适度，在同一排量和价格档次的基础上，喜欢选择一些'享受型'的配置，如 GPS、分独立空调等。"

中高档车消费群体的特殊性决定的，这部分有能力消费中高档车的消费者，更看重车辆的配置与自己身份的相配程度，他们对价格相对不敏感，不会为了几万元甚至十几万元退而求其次，所以在中高档车市场，特别是豪华车市场，一般情况都是越豪华、配置越高越好卖。对几万块钱的差距就不会在乎了。相反，那些购买桑塔纳、捷达、奇瑞汽车的消费者对几千块甚至几百块的价格都非常敏感。

面对生活中的很多经济现象，它或许会以很让人疑惑和奇怪的形式发生，这样的现象往往让我们摸不着头脑，但是，我们只要透过现象看到了它发生的原因和本质，就可以解释并运用这种信息，从而提高我们的生活质量和思想认知。

» 家庭争吵：亲和动机是家庭安慰

家庭是我们幸福的加油站，而温馨的家庭往往到处都弥漫着爱的味道，这样的味道则是需要夫妻双方共同经营的。

青和江已经结婚有 3 年了，两个人都在柴米油盐的平淡日子里过活着。随着婚龄的增长，他们两人之间似乎不再像当初那样亲密缠绵，总感觉有一层薄霜罩着似的。他们都觉得对方好像不再在乎、关心自己，家里的气氛似乎也不再如当年新婚般温馨。

有一天，当青从单位回家时，她的肩都累得要塌下来了。进门见丈夫江正坐在沙发上看报，青懒得多说话，无精打采地开始洗米、择菜。当锅里的油开始欢腾时，江蹭到青背后，笑着说："我们单位……"不想青一声大喝："走开！"江吓得不轻，待要发问却见青脸色不佳，只好把话咽下去。接着青开始重重地摔盘扔碗，见江在厨房门口站着，又甩出一句："就知道吃！"江莫名其妙。

于是，这场家庭中的突发之战就这样爆发了。最后江披上外套摔门而去，青则扔了炒勺坐在沙发上抹泪。

用心理学的知识来解释这种"突如其来"的家庭争吵就是，我们从内心深处都需要别人关心，需要友谊，需要爱情，需要别人的认可、支持与合作等，而这些就被称为人类的亲和动机。亲和动机是指个体在社会情境中，希望与他人亲近的内在动力。所以，婚后的两个人，不仅要懂得携手共建自己的温馨小窝，更要学会保养和保鲜窝里的温暖味道。

之所以发生以上情况，就是因为他们夫妻之间忽视了爱的法则。一般情况下，青乐于做晚饭，可这一天她实在太累了。一直贤淑的她不会一回家就叫："饿死我啦！累死我啦！江快做饭！"她隐忍着继续扮演贤淑的主妇角色，没想到怨气却突然爆发。如果青愿意向江袒露她的难处，请求江过来做帮手或主厨，她心中的怨气就没有了。江只觉得"走开"刺耳，他却没洞察到隐藏在这两个字背后的青的真实需要。其实江不是不愿做，是不知道今天很需要他做。青用了怒气冲冲的"就知道吃"来掩饰她自己都未必清楚的真实目的：希望江给她一些爱的回报。这种回报也许就是江亲手做晚饭，也许是江一个温情的拥抱加一句"累吗"，也许是江在客厅里喊一句："我给你泡了杯茶，你来歇会儿……"我们不能要求青在任何场合下都对江直言相告："该是你'回报爱'的时候了。"但我们可以建议青一面了解自己的真实想法，一面试图让江也明白这种想法，把"就知道吃"换成"我很累，亲爱的，你能帮我一把吗？"只要这么简单的一变，或许就是另外一种局面了。

那么，如何才能运用"爱的法则"，使我们的小窝充满温馨和幸福呢？

首先，入睡之前，对爱人的赞美无疑是一首动听的"催眠曲"。想一想，爱人在这一天中做成了哪些事，有什么不平凡的表现，这时认真地总结出来，给予赞美，当可舒筋活络、松弛神经、一夜好眠。

饭后，夫妻俩应共同收拾、洗涮一番。边做家务边聊天，是夫妻间最好的一种交流方式，既是"男女搭配，干活不累"，又很好地沟通了夫妻情感，表示出了做丈夫的对妻子的尊重和做妻子的对丈夫的体贴。同时，为了加强夫妻间语言、心理和思想上的交流，当夫妻俩看完一个精彩的电视节目之后，最好来一个"中场休息"，转换到"夫妻频道"上来，关上电视机，当一回"节目主持人"，来一通"侃大山"。

而在一天的辛苦工作之后，夫妻双方都会很疲惫，有时还会把工作中的压力带回家，此时难免会心情不好。所以，夫妻二人回家初碰面的那一时刻，不应是发泄的时候，而该是"造气氛"的时机，为整晚营造一份好心情。而这时，餐桌上就成为夫妻二人最好的交流地点。吃晚饭时，夫妻最好在饭桌上谈些开心的事儿，来冲淡一天的焦虑和烦躁。愉快的心情可以增加食欲，消除一天的疲惫，增进彼此的了解，这对于特别忙的夫妻更为适用。

常言道："一日之计在于晨。"为了在新的一天里更好地生活和工作，夫妻俩可以在起床后进行一些交流，有什么意见和看法，在临上班前提出来最适宜。

» 促销"滚雪球"：求廉动机占不到便宜

很多时候，我们会不自觉地落入卖家的陷阱里去。

比如，有一些商家不断推出免费品尝、咨询、试用等形形色色的促销活动，待消费者免费消费过后，才知道所谓的"免费"其实是"宰你没商量"。年轻的单身贵族消费具有很大的随机性，因此常常上免费的当。

对于那些"买一送一"的广告，我们也要保持警惕，送得越多，更要加倍小心，小心有以下几种：其一，礼券的购买受到严格控制，也就是说，没有几个柜台参加这个活动，只要稍加留意就会看到"本柜台不参加买××送××的活动"的不在少数。其二，到了秋装上市的季节，那些夏天的货品时日无多，赶紧处理。这就意味着我们在今年也没多少时日穿它了，而明年可能就已经过时了。其三，连环送的形式送得"有理"，由于实际消费过程中一般不可能没有零头，这就无形中使得折扣更加缩小，商家最终受益。其四，要弄清楚送的到底是 A 券还是 B 券，A 券可当现金使用，而 B 券则要和同等的现金一起使用。

还有很多商场经常标出"全场几折起"的牌子，我们要注意，千万不要小瞧了这个"起"字，这个"起"字可是给了商家很大的活动空间。很多时候我们都会误以为是所有商品都打折，等去付款的时候才发现仅是部分商品打折。实际上，真正打这个折扣的商品不足 50%。

佳佳在一个手机专卖店买了一款手机，付钱时随赠优惠券一张。优惠券上说了好多优惠活动。比如赠送一张 10 寸的照片，一张水晶照片，免费 3 个化妆造型，免费拍照 20 张。听起来很是诱人。于是，她去了，结果呢？化妆免费，可是粉扑 10 元一个，假睫毛 20 元一对；造型免费，能选的衣服比路边小摊的还差，稍好一点的衣服穿一下 5 元；照片洗出来后，先给你看洗成一寸的小照片，这些小照片你想要的话，每张 2 块钱。从里边你选想要放大的照片，洗一张 20 元，如果你只要送的，服务员会告诉你，他们业务太忙，你想要的话一个月以后来取。忘了说了，事先还有 20 元的拍照押金，交的时候说是以后肯定退，结果退的没有几个人。最后，佳佳花了 200 多元但是依然没拿回底片。她总结，自己的这次经历就像是滚雪球，感觉永远没有一个尽头。

曾经流行过这样一句顺口溜——七八九折不算折，四五六折毛毛雨，一二三折不稀奇。商场里几乎天天都有打折活动。爱美、爱逛街的女人们都知道，现在商家打折的花样可谓五花八门，层出不穷，没有细心研究过、不明真相的人，还真能被迷惑。

从心理学上讲，大多数人购物时，会调动起更多的算计，而我们的购物行为又自有其动机。而大卖场常用的手法就是用低价来吸引我们的眼球，从消费心理学看，大卖场的最低价，就是利用了我们的"求廉动机"。

那么，到底怎样才能在超市买到物美价廉的商品呢？这里还有一些小窍门：

（1）逛超市时尽量将时间安排在周末。周末虽然人较多，但商家也因此会推出许多酬宾活动，像特价组合或买二送一等的优惠。而在商品打折时，像饼干、糖果等零食，若是家人都喜爱的，在看清楚了保存期限后，就可趁特惠酬宾的机会多买几包，这是很划算的。

（2）若不是知名的品牌商品，就不要因广告所打出的宣传效果而迷失了自己的判断，因为大部分广告都是为了吸引消费者，实质上并不像宣传的那般神奇。对知名品牌的新产品，试试也无妨；但对不知名品牌的新产品，最好还是等得到大众的认可后再作考虑。

（3）在超市买完东西以后，要核对发票，以防无谓的支出。核对发票是为了避免收银员将所购物品的数量或价格打错而造成的损失。当场核对，发现问题就可以当场解决，省得再跑一趟，也可避免离开柜台就说不清的事发生。

（4）购物抽奖应该以平常心对待。超市常常举办一些满多少金额就可以抽奖的促销活动。商家刺激的是购物热情，买家在诱惑之下应保持平常心。买该买的东西，抽个奖、拿个小赠品，当然皆大欢喜，但千万不要为了抽奖而盲目购物，否则最后奖没有抽到，还花冤枉钱买了一堆不需要的商品，这就得不偿失了。

（5）眼睛多往货架的最底层看。经过研究，只有不足 10% 的人把注意力放在货架底层，60% 的人注意中层，30% 的人注意上层。对整个零售业来说这可是个绝对重要的信息，全球的超市都在因此而调整自己的货架摆放体系。当商家打算增加销售额的时候，他们会把偏贵的产品放在中层和上层；但他们打算追求最高利润的时候，就把对自己利润最高的商品放在中层和上层。所以，货架底层的商品，当然就可能是同类产品里便宜或者对商家来说利润偏低的"物美价廉"的好东西。

所以，在面对商场打折的巨大诱惑的时候，我们不能凭着闹热而一时冲动了。

» 是女神还是路人甲：三分好奇能成全万般想象

生活中存在很多这样的爱情现象，许多人都在疑惑，为什么恋爱对象一旦拥有了自己，就不像以前那样热烈了。那是因为双方一旦进入这种状态，就开始要求对方什么都要向自己开放、坦白，不允许对方有隐私。我们不再神秘，对方没了想探寻我们的愿望，所以，他就要开发新的神秘目标了。而这种神秘感，其实就是利用了人的好奇动机，都说"好奇害死猫"，要攻克恋人这只小猫，非此法莫属了。

有人曾说，枕上无英雄，枕上也无美女，天天在一起，早晚要原形毕露。

追求"台湾第一美女"胡因梦时，李敖曾说："如果有一个新女性，又漂亮又漂泊，又迷人又迷茫，又优游又优秀，又伤感又性感，又不可理解又不可理喻的，一定不是别人，是胡因梦。"然而，当两人进入现实的婚姻生活中，胡因梦身上那层神秘的面纱被揭开，一切镜中月、水中花的朦胧美都不复存在，大才子李敖就在爱情的路上打起了退堂鼓，这段才子佳人配的婚姻仅仅维持了 3 个月就告终。被媒体问及和胡因梦分手的原因，李敖的话多少有些恶毒："在我心中她一直都是完美的，有一次半夜起夜，忽然看到胡因梦因为便秘在马桶上龇牙咧嘴的样子，觉得完美被打破了。"

李敖的话虽恶毒，但剖开来细细思索，也不是全无道理，当一个女人失却了在男人心目中的神秘感，也就让男人失却了继续探索的兴趣，我们也就渐渐由"女神"下放成了路人甲乙丙丁之类。

美国作家克·莫利曾经说过："每个人都需要一点神秘感。"

早期心理学家们相信，我们一旦满足了自己的生理需求，就将选择安静的状态。但这种观点已经被证明是错误的。人类与动物都倾向于寻求刺激，主动探索环境。这和我们给婴儿提供玩具，他们就会喜欢抓握、摇晃玩具，是一样的道理。这就是人类天性中的好奇动机。而我们蕴含的神秘感，正像是玩具一样，将调动着恋爱对象的好奇心，从而让他们爱不释手。

这就好像两个刚认识不久的人，一定会非常迫切地希望知道对方的事情，尽管这是理所当然的，却也会造成不利局面。对方一旦了解了我们的全部，对我们的兴趣也会随之急速冷却。因此，要使每次约会都有新鲜感并使对方一直对我们抱有兴趣，一定要在恋爱期间保有一点儿神秘感，让他／她对我们仍有不明白、不清楚的部分。

　　所以，处于恋爱中的人需要保留一点儿神秘感，让对方永远觉得我们是一本百读不厌的书。变，一刻不停地变！将自己的心灵不断地放逐，将自己的外表不停地迁徙，永远保持着神秘感。这是给恋人最好的礼物，也是我们保持魅力的最好手段。

　　为了让这种"纯天然无污染"的神秘感能够"由衷"地散发出来，我们最好怎么做呢？

　　我们偶尔可以做一些"出人意料"的事情。比如说，我们与一位女性之间关系已经很亲密了，但在她侃侃而谈时，我们突然视线移开，陷入沉思，或者无意识地移动一下位置，拉开与她的距离，却又在注意听着。这些都会使这位女士增加对我们的神秘感和好奇心。即使第一次见面，她也会对我们留下深刻的印象，而产生第二次、第三次见面的欲望。如果我们也正有"美意"，那么这种若即若离的态度会使我们像一块磁石一般，将她越吸越紧。

　　同时，恋爱中的"神秘感"的另一层含义是"新鲜感"。新鲜感能适当地调动起人类自身的好奇动机，于是就出现了对复杂多变、神秘莫测的新鲜事物的探索需求。当一个人在恋人的眼里失却了神秘感，也就失却了新鲜感。如果把恋人比做天文学家，那么我们一定要成为浩瀚的宇宙，保留着广袤的空间，隐藏着无数的秘密。让他／她在探索的过程中，既有发现新星的惊喜，也给他／她无法探知黑洞的沮丧。让恋人觉得我们是一个无尽的宝藏。所以，很多时候，无论是物质还是精神上，最好都要有些"犹抱琵琶半遮面"的美感，让对方琢磨不透我们的价值和丰富。

»"一锤子买卖"和"59岁现象"：重复博弈理论

　　下班回家的路上，你像往常一样去菜市场买菜，当你对某种菜的质量、口味等有疑虑时，卖菜的阿姨常会讲："你放心，我一直在这儿卖呢！"这句朴实的话中其实包含了华丽的博弈论思想：我卖与你们买是一个次数无限的重复博弈，我今天骗了你，你们今后就不会再来我这儿买了，所以我不会骗你的，菜的质量、口味肯定没问题。而你在听了阿姨的上述话后，常常也会打消疑虑，买菜回家。

　　相反，你在出差或旅行时常会在车站或景点购物时发现，这些人群流动性大的地方，不但商品和服务质量最差，而且假货横行。这是因为此时在商家和顾客之间不是重复博弈。一个旅客不大可能因为这些地方的饭馆饭菜可口而再次光临，这种一次性博弈是一锤子买卖，不赚白不赚。给你缺斤少两你也只好自认倒霉，多半不至于再搭车回来和卖家较真。一些人在快调离原单位或快退休时的拙劣表现也是如此，这常被称为"59 岁现象"。

由此看来，所谓重复博弈，是指同样结构的博弈重复多次，其中的每次博弈成为"阶段博弈"。重复博弈是动态博弈中的重要内容，它可以是完全信息的重复博弈，也可以是不完全信息的重复博弈。

重复博弈说明，对未来的预期是影响我们行为的重要因素。一种是预期收益：我这样做，将来有什么好处；一种是预期风险：我这样做，可能将来面临问题——这些都将影响个人的策略。譬如，你在社区开了一家便利店，此时你就要考虑预期的收益和风险。因为你的赢利靠的是那些回头客——周围的居民，他们就是你的衣食父母。这时如果你的便利店欺骗顾客，那么你就会面临失去长期的赢利机会的风险。所以此时你会选择诚信地对待顾客。

其实，在任何博弈中，最佳策略直接取决于对方采用的策略，特别是取决于这个策略为发展双方合作留出多大的余地。这个原则的基础是下一步对于当前一步的影响足够大，即未来是重要的。总的来说，如果你认为今后将难以与对方相遇，或者你不太关心自己未来的利益，那么，你现在可以选择适度地背叛，而不用担心未来的后果；反之，如果你们今后见面的机会很大，那么你最好还是选择与对方合作。

资深博弈论专家罗伯特·奥曼指出，人与人的长期交往是避免短期冲突、走向协作的重要机制。罗伯特·奥曼在此所指的长期交往即构建一个"熟人社会"，通过人与人之间的重复博弈来协调人们的利益冲突，增进社会福利。

譬如，在公共汽车上，两个陌生人会为一个座位争吵，可如果他们认识，就会相互谦让。在社会联系紧密的人际关系中，人们普遍比较注意礼节、道德，因为大家都需要这个环境。

在古朴乡村，犯罪率一般会很低，这是因为大家在一个村子里，世代生活在一起，整日低头不见抬头见，若做损人利己之事，必招致对方的记恨以及村民的道德谴责。而在繁华的都市，人们相对陌生，同楼居民"电视之声相闻，老死不相往来"者甚多，如果法制不健全，犯罪率就有可能提高。

从以上的比较中我们可以明显看出，在人群之间构建一个"熟人社会"，可以让我们走上真正的和谐之路。"熟人社会"这一概念，是费孝通先生提出的。费先生认为，中国传统社会是一个"熟人社会"，其特点是人与人之间有着一种私人关系，人与人通过这种关系联系起来，构成一张张关系网。背景和关系是"熟人社会"的典型话语。民间"熟人好办事"的说法，正是对"熟人社会"的一种朴素表达。

费孝通先生认为，在现代社会中，由于社会变迁、人口流动，在越来越大的社会空间里，人们成为陌生人，由此法律才有产生的必要。因为当一个社会成为一个"陌生人社会"的时候，社会的发展就会依赖于契约和制度，人与人之间的交往就必须通过制度和规则，建立起彼此的关系与信任。随着契约、制度和规则的逐步发育，法律就自然地成长起来。

但如果我们处于一个熟人社会中，情况就会有很大不同。此时，道德、法律、权力利益的划分，都与"还要见面"有关。从消极的层面看，我们互不侵犯，是为了避免没完没了、两败俱伤的循环报应。例如，两个原始人见面，一个拿着兽皮，一个拿着野果，他们都想把对方的东西据为己有。如果他们的见面是偶然的，可能相互抢劫。可是如果他们都生活在附近，考虑到对方家族的报复，抢劫的风险就大了，所以他们不去打对方的主意——所有权就这样产生了。如果确实想得到对方的东西，他们可以选择合作——以物易物，交易就这样产生了。所以，构建一个熟人社会是我们走向共赢的最好策略。

» 生理期，购物无罪：冲动型消费

英国心理学家研究发现，女性所处月经周期越靠后，她们超支的可能性越大，在花钱方面更不节制、更冲动、超支金额更多。所以女性在月经周期最后 10 天左右更易产生购物冲动。

科学家认为，女性月经周期中体内荷尔蒙的变化容易引起不良情绪，如抑郁、压力感和生气。她们感到非常有压力或沮丧，容易选择购物这一方式让自己高兴并调节情绪。对许多女性而言，购物成为一种"情感上的习惯"。她们不是因为需要而购买商品，而是享受购物带来的兴奋感。"我被购物冲动抓住，如果不买东西，我就感觉焦虑，如同不能呼吸一般。这听起来荒唐，但这事每个月都在发生。"一位参与这项科学研究的女性这样说。

研究同时发现，不少女性会为冲动购物感到懊恼。以大学生塞利娜·哈尔为例，她平素习惯穿平跟鞋，但一时兴起想买高跟鞋，于是一口气买下好几款颜色不同的高跟鞋。然而没隔多久她就不喜欢这些新鞋了，甚至不愿再穿。

当我们在商场中看到一些比较便宜或者很讨我们喜欢的东西，这些东西可能是我们经常看到但从来没有使用过的。我们猛然间觉得自己好像很需要它，于是将其买下。但是事后却发现我们根本不需要它，或者它的作用很小。其实，这就是典型的冲动型消费。冲动型消费是指在某种急切的购买心理的支配下，仅凭直观感觉与情绪就决定购买商品。在冲动消费者身上，个人消费的情感因素超出认知与意志因素的制约，容易接受商品（特别是时尚潮流商品）的外观和广告宣传的影响。

而女性无疑是冲动型消费的主力军。日本一个专门研究消费者形态的机构有一个统计,女性冲动性购买的比率为34.9%。换句话说,每3个女性消费者里面,就有一个是冲动性购买者。女性的非理性消费彻底颠覆了经济学家所能预测的消费模式,你常常会看到这样的现象,她们在进入超市之前作了周密的购物计划,但在购物的时候却买回不少自己喜欢却并不实用、甚至根本还用不上的商品。科学家说,如果女性担心自己的购物行为,她们应该避免在月经周期后期购物。她们应考虑干点别的,而不是周末去商业街。

有人说,女人钱是最好赚的。一个女人可以在冲动之下专程打"飞的"去扫荡名牌,也可以一时兴起买下上万的穿不上几次的衣服。经济学家说,女人们的这种消费轨迹无法琢磨,因为没有一丝规律可循。

所以,琢磨女人的消费动态,就成了难以完成的任务,她们消费的理由林林总总,总是不乏借口。但困扰着经济学家们的是女性为什么倾向于非理性消费?

事实上,具有冲动消费的不仅仅是女性,其实我们每个人都有冲动消费的倾向。因此,冲动消费涵盖了各类人群,其中新婚夫妇最易冲动购物。因为这一部分消费者往往更没有消费计划,消费冲动行为较多。在消费者最容易冲动购物的商品类别上,男女是有区别的,男性一般青睐高技术、新发明的产品,而女性在服装鞋帽上很难克制自己的购物欲望。

这可能是因为女性更容易受到情绪因素的影响,是心理更不成熟、更为脆弱的群体。女性中最常见的就是情绪化消费。据统计有50%以上的女性在发了工资后会增加逛街的次数,40%以上的女性在极端情绪下,心情不好或者心情非常好的情况下增加逛街次数。可见,购物消费是女性缓解压力、平衡情绪的方法,不论花了多少钱,只要能调整好心情,80%左右的女人都认为值得。这也可以佐证上文中科学家们的研究成果。

当然冲动型消费还容易受到人为气氛的影响。当消费者光顾的门店在进行商品促销的时候,往往能够激发消费者的购物冲动。对于某些商品来说,可能消费者处于可买可不买的边缘,但促销折扣往往能够引起消费者的冲动购物。冲动型消费其实是一种感性消费,而作为经济人的我们,应该能控制随兴而起的购物冲动,做到有计划、有目标的购物,只有这样才能尽量减少自己的购物后悔感,做一名真正的理性人!

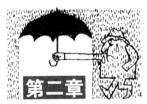

进退——我们怎样趋利避害

» 应警惕过劳死：疲劳问题不可小觑

我们常说，能者多劳，但是，能者也不能像"永动机"一样不知停歇地工作，所以，如一尊石雕般端坐电脑前直到凌晨的"工作狂"，最容易出现健康问题。

2011年，某公司一名年仅25岁的女硕士员工去世了，死因是由病毒性感冒引发的急性脑膜炎。虽然此后其所在公司发表声明说，不能直接断定她的死因为"过劳死"，但在一些专家看来，病毒性脑膜炎的发作与过度疲劳引起的免疫力下降有关。

这位女硕士生前在自己的微博里一度说到"忙到天昏地暗""我要睡觉""世界睡眠日，太讽刺了"之类的话。而这个年轻生命的凋谢，也引起了网络上关于白领健康问题的讨论和感想。

在一线城市里，职业竞争普遍激烈，所以，职场压力自然也就很大，尤其是一些白领，为了高薪和更好的工作机会，他们往往需要负荷高强度的工作，那么，加班自然也成了他们的家常便饭。但是，我们却为这种压力下的隐患而暗暗地感到担忧。

有专家称，过高的工作负荷会造成高度的心理应激，使人体的紧张程度过高，心理能力使用过度，从而造成心理疲劳。心理负荷过低的单调工作也会引起心理疲劳。单调、乏味、长时间地从事一件事情会引起操作者极度厌烦，它能引起和加速操作者心理疲劳的产生。

很奇怪，许多工作的人会掉入这样一个怪圈——工作是为了赚钱（仅从物质层面分析），赚钱是为了更好地生活。很多人的初衷就是如此，但是，最后似乎在"赚钱"到"更好生活"的过渡中迷失了自己本来的目的。于是，我们本来的理想就被"阉割"了,变成了:工作是为了赚钱,要赚钱就要更强力地工作。我们的生活应该是发散的,由一个稳固的点发散出丰富的内容,而不是像三角形,把多姿多彩的日子收缩在一个范围内。

除了情绪,疲劳状态还容易给我们带来一些身体上的不适。过度脑力劳动、精神长期紧张很可能导致"疲劳综合征",它的症状有精力不足、注意力分散、胸闷气短、心悸、失眠、健忘、颈肩腰背酸痛、遇事紧张等;由于内分泌失调,更年期综合征、人体衰老所引起的烦躁、盗汗、潮热、抑郁、头晕目眩、月经不调、性机能减退等以及重病恢复期及长期慢性病所引起的各种不适等。

我们不应该把生活就浓缩成工作。应该适当休息,培养自己随遇而安的情怀,处事"糊涂"一点,不对所有的事处心积虑地算计着。可以的话,我们可以多去旅行,跋山涉水,去一些地方冒险。

我们时刻告诉自己,生活本是丰富多彩的,除了工作、学习、赚钱、求名,还有许许多多美好的东西值得我们去享受:可口的饭菜、温馨的家庭生活,蓝天白云、花红草绿、飞溅的瀑布、浩瀚的大海、雪山与草原,大自然的形形色色,甚至遥远的星系、久远的化石……我们还可以试着去参与各类的活动,诗歌、音乐、沉思、友情、谈天、读书、体育运动、喜庆的节日……

享受生活,是要努力去丰富生活的内容,努力去提升生活的质量;愉快地工作,也愉快地休闲;散步、登山、滑雪、垂钓,或是坐在草地或海滩上晒太阳。在做这一切时,使杂务中断,使烦忧消散,使灵性回归,使幸福重现。用英国小说家乔治·吉辛的话说,是过一种"灵魂修养的生活"。

我们偶尔还可以"嚣张"一把,什么也不准备就上街,四处走走看看,放纵地享受每一分、每一秒。无人之时,赤足走出户外,用这个身体好好地感觉世界的美丽与和谐。这种状态就好像林语堂先生说过的:"我总以为生活的目的即是生活的真享受……是一种人生的自然态度。"

其实人生就像是一趟没有回程的单程火车,如果我们的脚步太过匆忙,我们就会错过很多美丽的风景。对于"加班族""工作狂"来说,放慢脚步,学会对生活喊"停",学会享受生活,才是其最需要学习的人生哲学。

» 生命在于运动:运动改善身心健康

运动是一切生命的源泉,是幸福的发动机,是快乐的接收器,运动让生命之树常青。每天坚持做一点运动,对我们有百利而无一害。

邹先生不到50岁,经营一家连锁公司,可是他的性生活几乎处于归零状态。他和其他白领男士的生活方式大体相同:白天上班在办公室里久坐不动;下班后坐车回家,到家就躺在沙发上什么也不想多做。久而久之,连男性基本的"功能"也在这慵懒的生活中逐渐丧失。

其实，邹先生的这种情况很有代表性。最近，日本科学家一项研究发现，从事脑力劳动长期久坐办公室而很少锻炼身体的人，更年期会提前来临。常赖在椅子上会导致反应迟钝、感觉灵敏度减退，由此产生性功能障碍也就不足为怪了。最可怕的是，男性功能障碍也有可能是血管瘤、动脉硬化、心肌梗死、糖尿病等恶性病变的早期表现。而对于女性来说，久坐不动容易得子宫疾病。同时，因为宫颈本身感觉不到疼痛，所以，很多女性往往得了妇科炎症也不会自知。而这样的情况，也很容易导致男女不孕不育。

为什么有很多人懒惰于那几分钟的站立或者是时间不长的运动呢？他们似乎总是有理由，"我很忙，没有时间运动"或是"我不喜欢运动"，诸如此类。然而，如果不运动，就等于是在伤害自己。因为，我们失去了一种最简单的能让我们感觉快乐、平静、不急躁的有效方法。也说明我们对自己不够关心，无所谓让自己患上本来可以避免的疾病。

其实，生命在于运动，这句话是真的有道理。运动能使老人益寿延年；能让中年人强身健体，摆脱繁重的工作、家务后的疲惫；运动同样也让青少年受益无穷。其实，从心理学的角度来看，规律运动或增加身体活动量不但可以提升体适能，也有助于整个人体的健康，还能增进人际互动与心理、情绪的改善。

世界上许多成功者都有自己的休息和保持健康的运动方法，旧金山全美公司的董事长约翰·贝克每天坚持晨泳和晚泳，还经常抽空去滑雪、钓鱼、越野走以及打网球；包登公司的总裁尤金·苏利文养成习惯每天走过20条街去他的办公室；联合化学公司董事长约翰·康诺尔偏爱原地慢跑，一直保持着标准体重。

所以，热爱运动，享受运动，能让我们在运动中体验运动的魅力，获得快乐。

那么，在都市丛林里的我们，又应该怎样利用运动来调节自己的身体和精神呢？

我们可以在清晨迎着第一缕阳光奔跑在马路上，呼吸着清新的空气，耳旁聆听着婉转的鸟鸣，目睹城市从静谧走向繁忙。这种对于生命的活力、生活的美好的感知会让我们以一种积极向上的心态投入一天的学习工作。

我们也可以在球场上与伙伴们奔跑、跳跃、扣球、拦网，紧张无比、全神贯注地进行比赛，分享每一次得分的兴奋，探讨每一次失误的原因。这时候，一种集体的荣誉感，一种拼搏的劲头充盈身心，就会让我们把忧愁、烦恼、矛盾、不快……全都抛到九霄云外。

我们还可以和几个志同道合的朋友在假期里结伴去登山，怀着喜悦、新奇的心情行进在蜿蜒小道中，感受着鸟语花香，流连忘返于自然美景。当我们登上数千米的巅峰，面对重峦叠嶂、苍茫大地时；或当我们采集到一种珍稀化石、观察到一只罕见蝴蝶时，那一刻我们将与同伴一起分享着人生的快乐与感动。

总之，我们可以寻找一种最适合自己的锻炼方式，通过一些低强度但又十分有效的形式使自己保持充沛的精力和敏锐的思维，这无疑是最明智的选择。

» 欣赏不了的名曲和名琴：价值归因易错看

有这样一个故事：

2007 年 1 月的一个清晨，在美国华盛顿的朗方广场地铁站里响起了一阵音乐。那是处于上班高峰期的时刻，一位穿着平常、长相更为平常的男士正在进行小提琴演奏。地铁里的乘客来去匆匆，很少有人会在人流之中停下脚步来欣赏一下这动听的音乐。

其实，这是《华盛顿邮报》正在进行的一个现场研究项目。而正在进行演奏的平常男子则是当今最优秀的小提琴家之一——约夏·贝尔，同时，他所使用的小提琴则是价值 350 万美元的"斯特拉瓦里"，他所演奏的曲目更是以巴赫的《无伴奏小提琴奏鸣曲和组曲》开始，这曲目相当具有挑战性。

然而，就是这么一系列优秀的组合，却因为演奏者不是西装革履而是服饰普通，演奏地点不是顶级音乐厅而是地铁站。所以，最后测试的结果竟然是：1097 位乘客从这位世界顶级小提琴演奏家的身旁经过，然而只有一位男士听了一会儿，两个孩子望去了几眼，只有一位女士终于认出了对方是贝尔，显然，她是相当吃惊的。

为什么我们多数人会觉得森马、美特斯邦威的 T 恤就一定比街上小摊的质量好、款式强？为什么许多人会认为香奈儿香水就一定比普通精品店里的香水味道更加的优雅迷人？

事实真的如此吗？这样的认知是百分百的正确吗？我们的"心"有没有对我们撒谎呢？或许，有的时候，我们大家都掉进了一个自己编织的陷阱而不自知！

也许有很多人说，之所以大家没有注意到这位大师，是因为大家都要赶车而无暇顾及。但是，现场也出现了很多的提示性信息，比如，有很多的新闻记者在拍照，也有一些人知道贝尔是位大师。但是，大家并没有忙里偷闲驻足停留，这是为什么呢？

因为他没有穿着正式的服装，也没有站在舞台上，就像是一个如你我一般的普通人一样，而且，大师的装扮也不过是街头流浪艺人的样子，所以，他的音乐听起来虽然不错，但是在人们的耳中也仅仅限于"不错"。所以，地铁乘客也在不自知的情况之下对他进行了价值判断，他们将普通的穿着、平常的地点强加到了音乐质量上，乃至于大多数人都觉得这只是一个普通的人和不错的音乐。

而这种心理现象，我们称之为"价值归因"。价值归因是指我们基于对某人或者某事的感知价值，而不是客观数据，为其灌注某些特性的倾向。价值归因在我们的心中扮演着心理捷径的角色。即当我们遇到一样新鲜事物的时候，我们会自发自觉地为其进行形象设定和价值定位，赋予对方人、物相应的价值，但是，这种价值其实是我们强加给对方，而非对方的真实本质。

那么，从我们自己的角度来看，我们要留意自己对别人不合理的价值归因，但是，同时，我们更要学会怎样利用别人的价值归因来增加自身的"价值"。

首先，如果要打造我们的品牌，那么首先就要有"质量保障"，即"包装"和"品质"。也就是说，在加强精神面貌的时候，更要培养自己优秀的才干品德。建立了个人品牌，就说明我们要在做事态度和工作能力上加强保证，为自己和别人创造更大的价值，给人带来信任感。再者，品牌形成是一个慢慢培养和积累的过程，不是自封的，而要经过别人检验、认可才能形成。

然后，我们可以把这种理论应用到日常生活中，塑造自己的"个人品牌"，即我们的德行、个性和魅力，让别人一提到"三好青年""三好丈夫""三好妻子"等就会在第一时刻想起我们。只有"品牌"打造得够强、含金量够高，我们才有资格做别人眼中的"与众不同的第一名"。比如在工作上，我们可以给人一种干练、强悍、敬业、解决问题的能力很强、擅长财务管理等印象，从而打造出我们的"品牌"，成为别人和我们接触时的价值定位。

» 懒人更渴望天上掉馅饼：逃避的不良心理倾向

我们都有这样的经验：每个人都喜欢舒适，能站着拿到东西绝对不会跳起来，能坐着拿到东西绝对不会站起来，能躺着拿到东西绝对不会坐起来。

懒惰是人的一种劣根，为了做成某件事，必须与它抗争，超越这种劣性的钳制。但是这种抗衡和超越一开始总要由一些外力来强制，进而才逐渐内化为恒定的精神和行为习惯。

一旦养成恒常性的勤劳习惯，往往会拥有一份稳定的愉快心情。因为它专注，意念与行为谐调归一，所以恶劣的情绪便没有潜入的机会，更没有盘踞的空间。一个进入勤劳状态的人，心灵中就不会有长久驻足的懒惰。所以，克服懒惰最直接、最有效的方法就是使自己忙碌起来。

《颜氏家训》说："天下事以难而废者十之一，以惰而废者十之九。"惰性往往是许多人虚度时光、碌碌无为的性格因素。惰性集中表现为拖拉，就是说可以完成的事不立即完成，今天推明天，明天推后天。"今天不为待明朝，车到山前必有路"，结果，事情没做多少，美好年华却在这无休止的拖拉中流逝殆尽了。

一个人如果想战胜懒惰，勤劳是唯一的方法。对人来说，勤劳不仅是创造财富的根本手段，而且是防止被舒适软化、消磨精神活力的"防护堤"。

美国某知名公司董事长雅克妮原本是一位极为懒惰的妇人，后来由于她丈夫的意外去世，家庭的全部重担都落在她一个人身上，而且还要抚养两个子女。在这样贫困的环境下，她被迫去工作赚钱。她每天把子女送去上学后，便利用余下的时间替别人料理家务，晚上，孩子们做功课时，她还要做一些杂务。这样，她懒惰的习性就被克服了。后来，她发现很多现代妇女都外出工作，无暇整理家务。于是她灵机一动，花了7美元买来清洁用品，为有需要的家庭整理琐碎家务。这一工作需要付出很大的勤奋与辛苦。渐渐地，她把料理家务的工作变为一种技能。后来甚至大名鼎鼎的麦当劳快餐店居然也找她代劳。雅克妮就这样夜以继日地工作，终于使订单滚滚而来。

俄国文学家列夫·托尔斯泰年轻时为了克服惰性，采取了两条措施，一是天天做体操，二是每晚睡前写日记。这两条措施，他一直坚持到八旬高龄，日记坚持写到他逝世前4天。正是因为他克服了惰性，养成了毕生勤奋的习惯，才有了《复活》《安娜·卡列尼娜》等伟大著作，并使他成为文坛巨匠。

"业精于勤荒于嬉。"产生惰性的原因就是试图逃避困难的事，图安逸，怕艰苦，积习成性。人一旦长期躲避艰辛的工作，就会形成习惯，而习惯就会发展成不良的性格倾向。

比尔·盖茨说："懒惰、好逸恶劳乃是万恶之源，懒惰会吞噬一个人的心灵，就像灰尘可以使铁生锈一样，懒惰可以轻而易举地毁掉一个人，乃至一个民族。"这给我们敲响了警惕之钟。懒惰，从某种意义上讲就是一种堕落，它就像一种精神腐蚀剂一样，慢慢地侵蚀着你。一旦背上了懒惰的包袱，生活将是为你掘下的坟墓。马歇尔·霍尔博士认为："没有什么比无所事事、懒惰、空虚无聊更加有害的了。"

懒惰者是不能成大事的，因为懒惰的人总是贪图安逸，遇到一点儿风险就吓破了胆，另外，这些人还缺乏吃苦实干的精神，总存有侥幸心理。而成大事之人，他们更相信"勤奋是金"。不经历风雨怎么见彩虹，一个人怎能随随便便成功？所以在被懒惰摧毁之前，你要先学会摧毁懒惰。现在开始，摆脱懒惰的纠缠。

» 让孩子干家务：理想比金钱对孩子更有用

怎样教育孩子，一直是家长们特别关心也很揪心的问题。市面上也有各种书籍试图为家长们支招。但是很多书籍，比如《富爸爸，穷爸爸》，都在倾注一种金钱的价值观。那么，在孩子对钱还没有足够认识时灌输这种观念，是有利于孩子理财，还是容易侵蚀孩子的心灵呢？

石油富翁洛克菲勒的5个儿子，从小就干家务劳动来赚钱。洛克菲勒还让这些孩子竞标做家务。很多人把这个家喻户晓的故事解释为培养孩子的金钱观，并引申到孩子的教育上，也让孩子干多少活拿多少钱，希望这样能让孩子长大后也像洛克菲勒的儿子那样有出息。但是这样做有可能让孩子从小就以钱为本，只为钱工作。事实上，洛克菲勒让孩子们干家务赚钱的初衷，并不想让孩子树立金钱至上的观念，而是希望他们懂得钱来之不易，有付出才有获得，有竞争才能成功。这些孩子的成功也不是从小树立了金钱至上的观念，而是树立了勤劳与竞争的观念。

一个事例，在不同人的心中会有不同的解读。如果家长们把金钱至上的观念灌输到每一个成功人士的成长经历中，并借此来教导孩子，那么，我们的孩子将来只会问能赚多少钱、能发多少财，而不会思考我该为社会做点什么。

孩子还需要一个相对平静的环境，这里应该有的不是市场经济的金钱至上、物欲横流，而是一种理想主义的气氛。孩子要有理想。正如当年肯尼迪总统的一句话：不要问国家为你做了什么，先问问你为国家做了什么。

我们让孩子读的书中应该有这种理想主义精神。给孩子选书的关键是要孩子从小培养一种正确的观念。

市场经济中金钱是一个不能忽视的问题，但金钱并不是一切，也不是市场经济的本质特征。人追求的是自由与幸福，没有钱当然不幸福，但有钱并不一定幸福。有学者指出，就一般情况而言，金钱带给人的幸福不会超过全部幸福的20%。

市场经济中成功的人士不是以金钱为追求目标的人，而是有理想、要做一番事业的人。正如刘永好先生说的，人一生需要的钱是有限的，只有事业才是无限的。许多成功的企业家仍在勤奋工作，并不是为了钱，而是在做一番事业。如果一个小孩子从小接受的是发财第一、金钱至上的观念，恐怕很难成就一番事业，到头来仍然是没钱。如果他有理想，无论从事什么工作，都会努力去做，钱是努力的回报，不去追求也会得到。

充斥着对金钱的欲望的现代社会，理想化的、高尚的东西，是孩子们的心灵鸡汤。如果他们能在孩提时代有自己的理想，即使最后这些理想并不能都实现，但这种理想精神会成为以后人生道路上的精神支柱，鼓励他们奋进与努力，家长们的教育和培养也才算是成功了。

» 酒吧出租车："高载客率＋高价格"背后的可观收入

很多经营者希望通过提高价格实现高收益，但实际上，很多时候提高价格只是增加收入的方法之一，提高经营设备和时间的利用率往往能够实现出乎意料的收益。

2008 年春天，日本"酒吧出租车"的报道成了焦点话题。日本财务省的公务员在深夜下班回家时，由于打车的行驶距离长，出租车司机以这些人为好主顾，在车内预备啤酒和小菜供乘客品尝，甚至赠送代金券，等等。这种奇怪的现象引起了社会的关注。

我们来分析一下这个现象后面的经济效益。为什么出租车司机愿意给予远距离乘客额外的服务，甚至还送出代金券等礼品？

起步价包含的距离暂且不说，车费是根据行驶距离而定的。无论是 3 公里后的 1 公里，还是 30 公里后的 1 公里，单价几乎相同（有时候距离远还有折扣）。所以并不是说一位客人的打车距离远就有利。理论上，即使光是近距离的客人，如果合计距离和远距离的客人相同，那么收入也不会有太大差距。

但实际上，能够连续碰到近距离客人的概率很小，所以只有拉到远距离的客人，载客率才会提高，才能在相同的时间内增加收入，这就是我们说远距离的客人能够赚钱的原因。不仅是餐饮店和出租车，对于客流量大时拥挤、小时闲散的服务业来说，能否根据利用率制定价格将会对利润产生很大的影响。在出租车的例子中，"远距离的客人赚钱"的想法事实上也是如此。如果远距离顾客的行驶时间是两个小时的话，其间的利用率（载客率）为 100%，可以高效地增加收入。

为了便于讲解，我们根据时间计算车费，想要乘坐出租车的人数（＝出租车的需求量）；时间，分为"拥挤时"和"空闲时"两个时间段。"拥挤时"（比如说突然下雨时等），希望坐车的人数超过 100% 的载客率，所以打不到车的人就要等待。相反，"空闲时"乘客的人数只能让出租车的载客率达到 30%。也就是说，"出租车的收入＝价格 × 载客率"，其中载客率的上限是 100%。按照每 10 分钟 100 元的条件计算出来的数字。拥挤时的载客率是 100%，所以 100元 ×100%，每 10 分钟的收入是 100 元。相反，空闲时只有 30% 的概率拉到客人，所以 100 元 ×30%，平均每 10 分钟的收入是 30 元。

以上计算方法，暂且将白天和晚上的出租车价格视为等价，就已经能看出其中因载客率引起的收入差距。

而事实上，出租车为了能够同时增加两个时间段的收入，其做法是将拥挤时的车费提高到每 10 分钟 150 元，而空闲时的车费下调到每 10 分钟 75 元。空闲时降价，可以增加因为价格便宜而想要打车的顾客人数，提高载客率。特别是，同时实行降价和涨价的话，原来想要在拥挤时坐车的人，会错开时间搭乘出租车，可以进一步提高空闲时的载客率。保持利用率在 100% 的范围内提价，既可以减少拥挤时想要坐车的人数，也可以增加出租车的收入（提价的部分）。用数字计算的话，150 元 × 100%，每 10 分钟的收入可以提高到 150 元。

所以考虑深夜出租车的价格要比白天贵，在晚上如果能够拉到远距离的客人，实现了"远距离＋深夜的高价格"，这对于出租车司机来说是效率最高的赚钱方法。所以，司机给公务员代金券等礼品，也就不再是不可思议的做法了。

» 音乐盛宴：听音乐减缓压力

微闭着眼睛，倒不用刻意地去留意音乐表达了怎样的一种情感，只是很随性、很随意地，让音乐缓缓地流过，通过我们的耳朵，传到我们的心里。我们可以随意地让自己的思绪飘飞，音乐让我们想起什么，我们就随着自己的心绪，不必强求，也不必压抑，一切都是那么的自然随性。

2010 年 6 月，由特仑苏举办的城市音乐会在北京首次成功举办，受到了各地白领的大力追捧。这次的音乐会走过全国 21 个城市，共举行了 42 场。每场音乐会均给各地听众带去了高雅的音乐盛宴，也为大家奉献了最华丽的乐章。许多脍炙人口的曲目被一一演奏，比如，《梁祝》《卡门》《茉莉花》《蓝色多瑙河》，这些或清新欢愉或悠扬舒缓的音乐让在座的所有人都体验到了音乐的欢畅、激荡、梦幻或轻松，许多白领也为此调节情绪，抛却工作中的不适和压力，让自己的心灵得到解压。

此次特仑苏城市音乐的门票不是通过售出，而是通过抢票、赠票、活动等方式，为广大音乐爱好者提供观赏音乐的机会，许多网友对此次音乐会大加称赞，称让许多人感受到了零消费的尊贵减压体验。

健康生活是近年来备受关注的话题，尤其是一直处于重重压力下的白领人群，由于生活不规律、工作压力大等众多因素，导致大部分白领长期处于亚健康状态下。而如何排解压力，成为白领之间不变的热门话题。

忙碌了一天，晚上回到家里，不妨选取一组我们喜欢的音乐，在一个安静的房子里，开着音响，如果我们怕影响到其他人，塞着耳机也行。给自己一个比较舒适的姿势，斜倚在沙发上，或者半躺在躺椅上，或者干脆随意地让自己倒在床上，总之，我们觉得怎么舒服怎么来……

也许刚开始我们无法完全沉浸在那片海洋，没有关系，慢慢地让自己的所有神经都放松，不要再把心思放到那些烦恼事情上，抛开外面的一切，听音乐吧，想象音乐的世界里发生了什么，它可能是一个浪漫的爱情故事，也可能是在诉说满腔的情思，也可能在表达对理想的渴望，对未来的希冀；它也有可能让我们回想起从前，从前的某些人某些事，也许我们已经许久都不曾想起，重拾往事，是不是会让我们有一些新的感悟？

心理音乐减压与通常意义上的听音乐、音乐欣赏有很大区别的。不像往常那样将音乐只是作为我们活动的背景，一边读书看报一边听音乐，这时的音乐是不占注意力的。而音乐减压是需要把内心的体验感受与音乐融为一体，是要对人的生理或是心理产生一定影响的。音乐减压是人处于边缘状态（意识和潜意识间的一种状态）下的一种让人身心深度放松的心理减压方法。减压的目的是通过音乐冥想来体验自我生命的美感，丰富内心世界的想象力和创造力。在徜徉的思想中去感受生命的美好和心灵的自然，从而改变焦虑急躁的心理状态，使人处于一种放松境况下。

这么畅然的享受，不需要我们花费大量的精神和财力就可以获得，聆听轻缓的音乐是一种廉价却又有效的心理治疗术。心理学认为，音乐能表达情感，音乐的旋律、节奏和音色通过大脑感应可唤起听者相应的情绪体验，使内心积极的情感得以激发释放，使消极的情感得到宣泄缓解。同时，音乐还有转移和吸引注意力的功效，让消极情绪抽丝剥茧地缓解甚至消弭，从而让心灵恢复平静。在舒缓音乐的调适中，人的情绪得到了安抚；在悠扬的曲调下，使人获得徜徉的宁静；在轻快的节奏下，让人心也跟着愉悦起来。轻松、欢快的音乐可以使大脑及整个神经功能得到改善，消除疲劳。

进行心理音乐减压是十分容易操作的，不需要什么特别专业的技巧，只要安排一个安静的环境，选择一个舒适的姿势，然后放松身心，随着音乐进入冥想。当音乐结束时，不要急于把眼睁开，先想象下自己所处的环境、自己所处的地方，慢慢地回到现实中来，然后，再慢慢睁开眼睛，活动下手脚，结束音乐减压活动。

» 额外工作是机遇：展现职业精神和气度

现代社会，人们仅全心全意、尽职尽责地工作是不够的，还应该比自己分内的工作多做一点，比别人期待的做得更好一点，只有这样才能吸引更多的注意，给自我的提升创造更多的机会。

丹尼尔是一家大型企业的质检员。有一次，他看见公司的一位宣传员在为公司编撰一本宣传材料。他发现这位宣传员文笔生疏、缺乏才情，编出来的东西无法引起别人的阅读兴趣。因为平时喜爱阅读、有些文采，丹尼尔便主动编出一本几万字的宣传材料，送到了那位宣传员的面前。

那位宣传员发现，丹尼尔所编撰的这一本材料文笔出众而且资料详实，远超过自己的水平。他大喜过望，舍弃了自己所编的东西，把丹尼尔所编的这一本材料交给了总经理。

总经理详细地把这本宣传材料看过了一遍之后，第二天把那位宣传员叫到了自己的办公室。

"这大概不是你做的吧？"总经理问那位宣传员。

"不是……"那位宣传员有些战栗地回答。

"是谁做的呢？"总经理问道。

"是车间里的一位质检员。"宣传员回答。

"你叫他到我办公室来一趟。"总经理指派宣传员找来丹尼尔。

"小伙子，你怎么想到把宣传材料做成这种样子的呢？"总经理问他。

"我觉得这样做，既有益于对内部员工进行宣传，灌输我们的企业文化、理念和管理制度，更有益于对外扩大我们企业的声誉，加强我们的企业品牌，有利于产品的销售。"丹尼尔说。

总经理笑了笑说："我很喜欢它。"

这次谈话过了没几天，丹尼尔被调到了宣传科任科长，负责对外宣传自己的企业。不到一年时间，他因为在工作中表现出色，被调到总经理办公室担任助理。

做宣传材料并不是丹尼尔分内的工作可是他却没有对这份"分外"工作置之不理，正是这份"分外"工作给他带来了提升的机会。

有许多员工认为不做分外的工作，是有气度和有职业精神的表现。这种想法是大错特错的，一个勇于负重、任劳任怨、被老板器重的员工，不仅体现在认真做好本职工作上，也体现为愿意接受额外的工作，能够主动为上司排忧解难。因为额外的工作对公司来说往往是紧急而重要的，尽心尽力地完成它是敬业精神的良好体现。如果你想成功，除了努力做好本职工作以外，你还要经常去做一些分外的事。因为只有这样，你才能时刻保持斗志，才能在工作中不断地锻炼、充实自己，才能引起别人的注意，才能有更好的发展机会。

第三章
需求——我们都有什么欲求和渴望

» 人为什么需要一份工作：从需要层次理论说起

我们当然知道"工作"是什么，也肯定知道在自己的行业里怎么工作。但是，我们是否有思考过——人为什么要工作？

工作仅仅是为了能够吃得饱穿得暖奔小康？那么人又为什么要朝着更好的职位和行业去呢？为了吃得更饱穿得更暖变富翁？工作难道真的只关钱和肚子的事吗？

心理学认为，人类的动机是一个有机的系统。在这一点上，心理学家马斯洛提出了著名的"需要层次理论"。该理论认为，人类的发展和需要的满足有密切关联，需要也有层次之分，像金字塔般的排列，由低到高分别为生理需求、安全需求、社会需求、尊重需求和自我实现这5种不同层次的需求，但是在不同的时期表现出的需求层次是不同的。

自然，工作是为了填饱肚子，但是根据需要层次理论，人的整个有机体还是一个追求安全的机制，人的感受器官、效应器官、智能和其他能量主要是寻求安全的工具，对于工作自然也是如此。所以，我们只有在工作中才能得到最基本的生活保障，有了基本的生活保障就能产生一种相对安全的感觉，这也就是我们不断拓宽自身的工作领域和提升工作能力的原因。

那么，除了安全感之外，探讨得再深入一些，为什么在一视同仁的劳动中还会有职业的高低之分呢？为什么社会上会有"好的职业就是一张社会通行证"的说法呢？

其实，我们都希望自己有稳定的社会地位，需要别人承认自己的能力和成就。这种尊重的需要在工作中也可以获得满足，一方面当我们做了一项工作得到别人的认可而给予最高的评价和荣誉的时候，我们的尊重会得到满足；另外一方面就是当我们能够漂亮地完成一项工作时，就会感觉到自己的伟大，从而赢得自尊。在工作中来自外界的荣誉会驱使我们更加认真地工作，当一个人听从心中的召唤并付诸行动时，才会发挥出他最大的潜能，而且也能更迅速、更容易地获得成功。因为赢得荣誉而产生自我的尊重，这种力量会产生持久的冲力。

总之，造物主是最公平的，它赋予了每个人工作的权利，它在创造人的时候为每个人都留了一个根，这个根就是存在于工作背后的一种无形的精神力量。正因为这样，所以人们自从脱离蒙昧以来就一直在追求蕴涵这种精神的力量，并试图以此来推动自己在工作中的不断成长。

» 24 小时营业：赢得顾客忠诚度

越来越多的超市或者餐馆会实行"24 小时营业"，24 小时营业为什么如此有吸引力，让这么多经营者纷纷为此投入时间、物力和人力呢？

近来，快餐业巨头麦当劳在中国市场主推的 24 小时店也高调亮相。细心的消费者会发现麦当劳餐厅招牌上的"24 小时全天候服务"的蓝色统一标志开始增多。目前，麦当劳中国 1000 余家门店中，已有超过 400 家是 24 小时餐厅。不仅仅是麦当劳，我们不难注意到，街道上不少的便利店打出了 24 小时营业的牌子。放眼上海、北京等大城市，便利店已遍地开花。据报道，现在上海便利店网点已近 2000 家，可谓竞争十分残酷。

在 20 年前，如果一家商店的营业时间超过了晚上 10 点，那么人们一定认为老板疯了。传统的商业时间像一道坚实的门槛牢牢将人们的购物习惯固定了。但是随着经济的发展，人的活动自由度越来越大，夜生活也越来越丰富，再也不是以往的晚 9 点 10 点关门断电的情况了。

24 小时便利店因为它不间断的营业时间为夜间有所需要的市民大开方便之门，而得到了群众的一片叫好声。因为我们在午夜肚子饿得咕咕叫的时候还有地方可以就餐，在急需一样东西的时候不会急得团团转了。24 小时便利店使夜深人静时购物有了可能，现代都市人的生活才真正意义上得到了延伸和方便。但是，24 小时店究竟是赚钱还是赚吆喝，则受到大家的质疑。

当然，对于餐饮行业而言，24 小时是一个相当不错的卖点，能吸引到夜间工作的职员、夜间休闲娱乐的人士及情侣等顾客群体。但就长远而言，随着城市夜生活的愈加丰富，"午夜经济"仍旧给拓展消费市场带来无限商机，有些城市甚至已发展成为成熟的商业热点。但是，24 小时通宵营业中，深夜 12 点至第二天早晨的利润远远比不上其他时间段，甚至这样的经营还存在很大的风险。

最初，到底是什么原因促使经营者选择 24 小时经营呢？

先让我们来看一下一家便利店如何吸引顾客从而实现赢利的。一般来讲，影响顾客到哪家便利店去买东西的因素主要包括：价格、商品种类、商店位置和营业时长。大多数顾客会选中最符合自己要求的商店，而后大多数时间都到该店去买东西。因为一旦你熟悉了一家店的布局，为什么还要到另一家店费时费力地找东西呢？更因为时常光顾，所以跟店员都很熟悉，有事没事还会开开玩笑，也算是工作之余的一种放松吧！

因此，便利店想尽一切办法成为尽量多顾客的第一选择。每家店商品的价格和种类大同小异，而一旦哪家店的上述因素稍有不同，就可能成为一部分购物者选中该店的决定性因素。

现在，让我们假设所有便利店都在晚上 11 点关门，次日早晨 7 点开门。如果一家店把营业时间延长到半夜 12 点，它就能成为营业时间最长的店。即便那些偶尔才会在晚上 12 点买东西的顾客，也会因此选中这家店作为自己固定买东西的地方，万一真的哪天需要在半夜买东西、找东西就很方便了。虽说便利店在晚上 12 点吸引到的顾客并不多，但由于它营业时间长，所以能吸引到更多顾客固定到此购物。

竞争性便利店肯定不会坐视自己的顾客被拐跑，它们必然会延长营业时间。可这时，其他店铺又会把关门时间延长到凌晨 1 点，坐收渔利。倘若维持商店多营业一个小时的成本并不太大，那么唯一可能出现的结果就是大多数商店通宵营业，于是，就涌现出越来越多的 24 小时营业的便利店。

其实，商家实行 24 小时服务，在方便顾客的基础上培育顾客的品牌忠诚度才是他们的最初目的。因此，提供 24 小时服务的商家从某种程度上说，不应只着眼于当夜的销售额，因为服务才是第一。

从经营者的角度来说，24 小时营业的市场肯定是有的，但 24 小时经营并不意味着能 24 小时赚钱。这要牵扯自己的商品是否和夜间服务有关以及成本支出、安全问题、内部管理等各方面。在条件不成熟的时候，24 小时营业就会造成亏损。所以，对于经营者，是否要 24 小时营业也要谨慎考虑。

» 高中生暴食症：健康与审美

生活中，我们会看到有一些人会无法控制地、定期地（约每周两次）暴饮暴食，感觉好像没有办法停止"吃"的动作，一直吃到自己受不了为止。这些人通常体态适中，但很强烈地担心自己的体重上升，而且对于自我的评价很受其身材所影响，因此往往在大量进食之后会有羞愧、罪恶的感觉，并且会以催吐、灌肠、使用泻药或绝食等方式来避免体重上升。

17岁的婷婷是个高中生，她有严重的暴饮暴食症。她已有一年病史，每隔半个月左右就会发作一次，每次发作时，她一接触食物便会将它全塞入嘴里，不停地吃，一直吃到撑得实在吃不下了，感觉肚子都快撑破了，就把吃下去的再全部吐出来。但下次见到食物还是控制不住想吃。吃完后再用手抠喉咙，刺激咽喉，吃下去的东西再吐出来。有时竟能吐出血来。但每次病发，就忘了以前的一切痛苦经历，还是大吃特吃。有时候吐完了哭着说："难受得恨不得去死。"她自己也曾努力控制自己，却控制不了，逐渐地，婷婷这个原本漂亮的小姑娘被折磨得狼狈不堪。

后来经向心理医生咨询，发现暴饮暴食其实只是表面上的症状，真的问题是她自身心理上的。婷婷从小就特别爱干净、爱漂亮。再加上她从小就长得十分漂亮，邻居都夸她，爸爸妈妈也老向其他人夸他们的女儿有多可爱、多美丽。婷婷在大家的夸奖声中长大。等她逐渐长大，上了中学后，更是发育得亭亭玉立，成了班里公认的"班花"。可是上个学年，班里转来一个女孩。这个女孩一来就抢走了她一半的拥护者。于是，两个女孩开始明争暗斗，比谁的衣服更漂亮、谁的气质更好、谁的身材更棒。为这，那个女孩和婷婷都拼命节食。可每天只吃苹果却不能吃美食的日子实在太难熬了。

终于有一天，婷婷发现了一个又可以吃到美食又不会发胖的办法：吃完后再用手抠喉咙，刺激咽喉，让吃下去的东西吐出来。开始时很困难，吐不出来。但时间长了以后，婷婷做这项工作已很熟练了。现在她每隔一定时间就要来这么一次，而且由于可以不变胖，她吃的东西越来越多，根本就无法停止。

暴饮暴食行为多数发生在二十几岁，主要是起源于心理困扰，然后再演变为过度重视食物的摄取和身材的比例。在越来越多女性追求苗条身材、承受较大压力的情形下，其发生率显著上升。

患有暴饮暴食症的患者，在心理上其实有许多相同的特质，例如具有完美主义的倾向，以过度理想的身材为追求的目标。持续的不但不能使患者摆脱心理上的困扰，而且会严重地影响身体健康，导致贫血、脱水、肠胃功能障碍、心脏血管病变等问题，一旦有暴饮暴食症，应及时寻求专业人士的协助。

当然，在这个"尚美时代"中，我们都希望用各种手段为自己赢得回头率，但是，我们一定要有正确的生活习惯和方式才行。

我们要学会选择朋友，这是非常重要的。如果身边只是那些重视外表的朋友，那这样的友谊是不会长久的。多结交几个有思想的朋友，他们会给我们带来意想不到的快乐，并能在我们把握不住自己的时候提出忠告。

同时，建立以健康为美的信念。外表和身材的完美并不能代表一个人的一切。要抛弃那种病态的审美观，只有心理和身体健康的人才会是美丽的。我们要不断充实自己，不要盲目攀比，不要把时间和精力浪费在那种肤浅的比较中。

人活着应该寻求高尚的竞争目的，如对知识和智慧的追求等。同时，要树立正确的人生观和价值观，一个有远大理想和正确人生观的人是不会陷入这种盲目的竞争中的。

» 旅游为何流行：假日经济正走俏

据北京市旅游局发布的 2010 年统计结果显示，北京市十一黄金周期间旅游总收入 52.5 亿元，同比增长 27%。

据统计，黄金周 7 天北京市共接待外地旅游者 235 万人，比 2007 年同期增长 22%；本市居民在京旅游人数 370 万人次，同比增长 56%；乡村旅游人数 197 万人次，同比增长 20%。旅游总人数达到 802 万人次，同比增长 35%。

统计结果显示，故宫、天坛、长城等传统旅游景区仍然是来京游客的必到之处，其中故宫接待游客 62.5 万人，创下最高日接待量 13.58 万人的纪录。另外，天坛接待 31.4 万人，同比增长 89%；八达岭长城接待 39.6 万人，同比增长 58%。

黄金周期间，北京市餐饮销售营业额大幅增长。北京商业信息咨询中心对 37 家餐饮企业的监测数据显示，节日 7 天营业额累计达到 1.1494 亿元，同比增长 53.6%。特别是一些老字号企业和特色餐饮受到青睐，最为突出的是婚宴火爆，华天集团节日 7 天包桌总数达到 7000 多桌，包桌数量同比上升超过 30%。

在住宿方面，北京市星级饭店平均出租率 63%；社会旅馆平均出租率 70%；远郊区酒店平均出租率 43%，均远远高于平时水平。

北京市公共交通客运量达到 1.41 亿人次，创历史新高。在 9 月 29 日，当天公共电汽车最高客运量达到 1474.98 万人次，地铁最高客运量达到 445.82 万人次。

假日经济是指人们利用节假日集中购物、集中消费的行为，是带动供给、带动市场、带动经济发展的一种系统经济模式。有人形象地称之为"因为有一部分人休息，而使另一部分人获得工作的机会"。假日经济属于消费经济范畴，其主要特征是消费，假日经济具有的文化特征是休闲与旅游，空间特征是流动与聚合，包括人流、物流和资金流。从时间上来讲，集中在双休日与几个节日高峰。

假日经济的产业体系涵盖面非常广，几乎涉及了第三产业中的大部分行业。除作为假日经济支柱行业的旅游业外，商业、餐饮业、娱乐业、体育产业、交通运输业、影视业、展览业、广告业，甚至是彩票业都是假日经济的一部分。

假日经济是一种由各种需求、供给和资源配置所引起的经济行为，其消费条件是既要有钱，又要有闲，还要有文化。消费层次越高，其文化特征越浓，文化含量越大，其消费外延越广。

假日经济是在国家扩大内需、刺激消费的政策作用下发展起来的。它伴随着我国第一个黄金周而出现。1999年9月，随着我国国民经济的发展，人民生活水平的提高，国家在经过一段时间的双休日的试行后，决定增加广大劳动者的休闲时间，将春节、"五一""十一"三个中国人民生活中最重要节日的休息时间延长为7天，于是"黄金周"的概念应运而生。在旅游管理部门的心中，这是一个难得的赚钱机会；在广大老百姓心中，这则是一个难得的旅游休闲的假期。

近年来在我国出现"假日经济"现象主要基于以下原因：

第一，随着改革开放的进行，社会生产力迅速发展，居民收入水平有了很大提高。

第二，人们闲暇时间的增加。

第三，我国大多数市场进入买方主导态势，商品和服务种类越来越多。

第四，人们消费观念的变化。传统道德的影响以及多年来"短缺经济"下的艰难生活使大多数中国人重积累、轻消费，尤其无暇顾及精神消费和生活品质的提高。伴随着我国迈入"相对过剩经济"时期，居民的消费观念逐步发生变化，人们开始注重生活质量的提升。

» 为什么最受欢迎的角色是"听众"：身体和心智

每个人都有想曝光的欲望，所以他们会在人前滔滔不绝地讲个不停。如果我们想在人际交往中获得好人缘，就要在别人想要表现的时候打开自己的耳朵，给他几分钟的曝光权。

既然倾听对我们来说这么重要，那么，它背后到底有什么心理学原理呢？

人类存在几种共通的需求，其中一种就是身体刺激和心智刺激的需求，我们称作为对刺激的需要，就像小婴儿需要我们对其身体进行触碰、抚摸、拥抱的刺激需求。成年后，这种需求转化成了需要对方认可的需求，有人称其为"被认可的需求"。这种认可往往在人际互动沟通中去获得，其实简单讲就是"刺激—回应"的模式。经过循环的互动，我们都在沟通中获得和给予这种认可，从而获得心理满足，同时转化为心理能量。我们需要不断地补充这种能量，不至于让它消失殆尽。所以，倾听就是在沟通中使用语言和非语言态势来表达自己对对方的重视，这种重视本身就成了对对方价值的一种认可。

那么，我们怎样做才能学会倾听呢？

1.使用开放性动作

开放性动作是一种信息传递方式，代表着接受、容纳、兴趣与信任。而开放式态度是一种积极的态度，意味着要控制自身的情绪，克服思维定式，做好准备，积极适应对方的思路，去理解对方的话，并给予及时的回应。所以，热诚倾听与口头敷衍有很大区别，它是一种积极的态度，传达给他人的是一种肯定、信任、关心乃至鼓励的信息。

2. 倾听时要有良好的精神状态

良好的精神状态是倾听的重要前提，如果沟通的一方委靡不振，就不会取得良好的倾听效果，它只能使沟通质量大打折扣。良好的精神状态要求倾听者集中精力，随时提醒自己交谈到底要解决什么问题。听话时应保持与谈话者的眼神接触，但对时间长短应适当把握。如果没有语言上的呼应，只是长时间盯着对方，就会使双方都感到局促不安。另外，保持身体警觉可以使大脑处于兴奋状态。

3. 适时适度地提出问题

沟通的目的是为了获得信息，是为了知道彼此在想什么，要做什么。因此，适时适度地提出问题是一种倾听的方法，它能够给讲话者以鼓励，有助于双方的相互沟通。

4. 及时用动作和表情给予呼应

作为一种信息反馈，沟通者可以使用各种对方能理解的动作与表情，表示自己的理解、传达自己的感情以及对于谈话的兴趣。如微笑、皱眉、迷惑不解等表情，给讲话人提供相关的反馈信息，以利于其及时调整。

5. 必要的沉默

沉默是人际交往中的一种手段，它看似一种状态，实际蕴涵着丰富的信息。它就像乐谱上的休止符，运用得当，则含义无穷，可以达到"无声胜有声"的效果。但沉默一定要运用得体，不可不分场合、故作高深而滥用沉默。而且，沉默一定要与语言相辅相成，才能获得最佳效果。

6. 要有耐心，切忌随便打断别人的话

有些人话很多，或者语言表达有些零散甚至混乱，这时就要耐心地听完对方的叙述。即使听到我们不能接受的观点或者某些伤害感情的话，也要耐心听完，听完后才可以有技巧地表达我们的不同观点。当别人流畅地谈话时，随便插话打岔，改变说话人的思路和话题，或者任意发表评论，都是一种没有教养或不礼貌的行为。

倾听是对别人的尊重和关注，也是我们与别人沟通的一个组成部分，它在日常的人际交往中具有非常重要的作用。学会倾听的人，往往能够表现得大度与接纳，散发出我们特有的温情魅力，更容易受到倾诉者的欢迎。

总之，倾听是一种动听的"语言"，倾听是我们对别人最好的一种"恭维"，很少有人拒绝接受专心倾听所包含的赞许。

» 《淘气少女求爱记》：主动是交往的前提

韩国有一部有趣并经典的电影《淘气少女求爱记》，剧中就讲述了一个女孩为了成全自己的爱情倒追男人的故事：

张娜拉扮演的女主角孔姬智就是一个勇敢追爱的小女人。一天，她遇上了心目中的白马王子——朴正哲饰演的金贤俊，对方是跨国旅行社 CLUBMED 的行政总裁。为了追求这位完美的男子，她使出全部的招数，展开了号称世上最伟大的恋爱计划。

追爱的第一步，姬智需要明确知晓贤俊接下来的时间安排，以便自己制造机会接近。为此，姬智决心要去偷贤俊的笔记本，她偷偷跑去他所住的饭店的房间。正要离开的时候，贤俊突然回来了，她只好躲进阳台，结果看到贤俊换衣服。后来她又生怕被人发现，在东躲西藏的过程中不幸地掉入垃圾桶。另外，她为了想要得到贤俊的心，骗他说她得了不治之症，而假装躺在病床上，其实她得的并不是什么不治之症，而是难以启齿的痔疮。就是这样，姬智成了一块强力胶布，牢牢地粘住贤俊。她无所不用，有时候很可爱，有时候又古怪得不得了，为此贤俊感到十分无可奈何。但在一次偶然的机会，贤俊发现姬智原来是一位充满爱心的天使，她曾热心帮助她的朋友渡过难关。

正当贤俊准备打开心扉接受姬智的时候，他发现姬智竟然藏有他的笔记本。原来姬智是有目的地接近他……最终，贤俊为姬智追爱的执着感动，一对有情人终成眷属。

剩女们经常遇到这类问题：已经在 QQ 上暧昧地你来我往一个多月了，他怎么还不约我出去呢？跟他在一个办公楼里上班，每天见面都微笑，他怎么就不主动跟我说一句话呢？之前跟朋友聚会，他对我表现得很照顾，可是聚会散了以后，他怎么不管我要电话号码呢？上次与他合作，各方面都很谈得来，可是在项目结束之后，他怎么就从此不见踪影了呢……

当我们在遇到自己心仪的对象时，很少有能像孔智姬这样主动的。我们通常的表现都是不积极、不主动、守株待兔。可是天上不会掉馅饼，更不会掉好对象。更何况，即使真的有好的恋爱对象走过来，我们不主动凑过去，他怎么会注意到我们的存在呢？

用心理学知识分析，人一旦有了坚定的意志，就会用此来指导自己的行动，从而获得使自己满足的结果。意志和行动是密不可分的，意志总是通过行动表现出来，并对行动有调节和支配作用，而人的行动主要也是有意识和有目的的。当有了恋爱的想法时，不要空在思维中构建柏拉图的"理想国"，要用实际行动去将自己的想法实践出来，或许那一直只能在脑海中盘旋的恋爱就成了事实。有时候，幸福就是这么简单！

爱情就如同一场博弈，我们却常常陷入"表白的困境"。比如说，我们喜欢上了一个人，但不知道他对我们是什么感觉。那么下一步应该怎么做呢？当然是要追求，争取机会。尤其是对女性来说，女人追求男人，可能首先要突破自己心理的困境。追求的结果有两种：一种是对方感受到了自己的心意，同时也对自己有同样的心意，所以两个人就在一起了。套用童话故事的结尾，"从此两个人过上了幸福的生活"。还有一种是对方不想接受自己的心意，拒绝了，从此之后，两个人见面都挺尴尬。

相对于后一种做法，前一种往往意味着风险，可是爱情就是一种风险投资，风险越大，收益越高。所以，当我们想要追求某人时，就应该适当地表达自己的想法，大胆地说出自己的喜欢，那么即使是被拒绝了，也问心无愧。不可一味将爱埋藏在心底，到最后就只能带着遗憾离开。即使是过了许多年再追忆，可能还是满腹遗憾、悔不当初。

与幸福相比，与其考虑这么多，不如用实际行动做出来，当初"谁主动追谁"的面子并不重要，因为爱情是要靠自己去追求和创造的！

» 结婚不能只是为了"结婚"：感情共鸣性

有人说，婚姻应是以爱之名，当然是有它的道理。

心理学认为，婚姻需要交流，无论是语言或是非语言交流，能彼此产生情感共鸣和无法沟通的人，分别具有不同的表现。其实，这也是一个人从心理上对他人的信任和接受，也能清楚彼此之间的交往愿望。夫妻自然是最亲密的关系了，所以，婚姻需要建立在灵魂共鸣的基础之上，无爱的婚姻对双方来说都是一种痛苦和折磨。

杨丽跟丈夫结婚3年了。结婚前，他们对彼此的了解都不多。两人认识的时候，杨丽已经33岁了，她老公也快40岁了，都是受够了家人催婚的人，彼此都对婚姻有很急切的愿望，所以他们很快就结婚了。

在结婚以前，杨丽听别人说她老公很孝顺，没什么脾气，很知道心疼人，而且工作稳定。她觉得有这些就已经够了，自己在婚姻里应该不会太委屈。可是，结婚以后两个人在一起过日子，才发现事情并没有想象中那么简单。她老公是一个很敏感的人，也特别爱吃醋，对她过去的男朋友的信息都很在意，甚至连她电话里一些男性朋友的电话都要统统清除。

在与老公结识以前，杨丽交往过3个男朋友。尽管后来都分手了，但是彼此之间也没有闹得太僵，见了面还是会打个招呼，平时也会在一些公共的场合碰面。如果不巧她见到前几任男友的场面被老公遇上了，他就好像捉奸在床了一样的气愤，甚至还威胁前任男友，让他从自己老婆的生活里消失。

她老公总是疑神疑鬼，一旦杨丽接到了男性的电话，不管对方是谁，他都会抢过电话，对着另一头破口大骂。有一次，杨丽的老板打来电话，希望她能赶往公司处理一些紧急事务，可是她老公依然没有放过发泄的机会，把她的老板骂了一通，害她差点失去工作。

他总害怕她出去跟别的男人勾三搭四。杨丽总是跟他争吵，甚至提出了离婚。可是每到这个时候，老公又求她，说是因为自己太在乎她了所以才会那样的。双方的父母知道了以后，也从中作协调。可是杨丽总觉得自己跟老公之间隔的东西太多了，他们的婚姻注定不会太长。

因为婚前没有过多地了解，感情上也没有相互磨合，所以杨丽的婚姻生活过得很不开心，甚至可能出现离婚的悲剧。在生活中，类似的例子不在少数。女人在承受过多压力的时候，希望找到一个依靠，这本身并没有错，错的是对这个依靠表现得太急切，行动也过于迅速。电视剧《北风那个吹》中，叶青在得不到帅子之后，心灰意冷，草率地跟一个医生结婚了。可是，由于婚前相处时间太短，她根本就不了解那个医生的为人，致使在婚后受了很多折磨。韩剧《我叫金三顺》中金三顺的姐姐，剩女愁嫁，为了减轻压力，她随便找个男人结婚了，结果两人在婚后的生活中没有办法沟通，经常吵架，最后也以离婚收场。

虽然只是影视艺术，但是也从侧面反映了一个现象：不要为了结婚而结婚。

两个人在一起生活，并不仅仅是柴米油盐酱醋茶的琐事，还需要精神上的交流。婚前，我们可以谈谈彼此的理想和对某些事物的观点，分析一下彼此的契合度和感知力。这样才能稍微探知之后婚姻的可维持性到底是多久。如果婚后连对方想什么都不知道，那么注定了不能很好地交流，也就不可能做到充分地理解和包容。然而，如果一个浪漫主义者真的和一个现实主义者走到了一起，真的有种"缠缠绵绵到天涯"的冲动，那么，学会调和不同观念之间的鸿沟，就是双方必不可少的行动事项了。我们可以看到对方与自己的差异性，但是，我们不要强调不同思维之间的冲突和矛盾，而应该看到彼此间可以互补和互相学习的地方。

婚姻需要爱情的支撑，同时也需要一种责任的束缚。但是，为了结婚而结婚的人，在婚姻中没有爱情作为基础，甚至两个人都不能做到充分的了解。有些人在别人面前表现得很好，但是回到家里就会变成另一番模样。所以，有些人适合做朋友，有些人适合做爱人。

婚姻除了选择以外，还需要经营，千万别为了结婚而结婚，别因为感性而结婚，别为了摆脱经济压力而结婚，要以彼此的认同与共识而结婚，只有这样的婚姻才有可能呈直线发展，不然很难看到婚姻里的完满。婚姻是一场无期的磨合与考验，没有准备好之前，还是不要轻言结婚。

» 婆媳不和：老辈更需要关爱和交流

半夜 11 点多，有人敲门，谭辉在书房听到妻子喊自己出去，原来是谭辉的表妹张靓依来了。她提着行李，满脸泪痕地坐在沙发上。

"你怎么了？"谭辉妻子关切地问。

"我跟我婆婆大吵一架，跑出来。我先来你们家住几天，躲躲她。"张靓依咬牙切齿地说。

其实，张靓依自从结婚后就一直和婆婆住在一起，两人常有矛盾。谭辉曾劝说表妹和她婆婆暂时先分开住，但她说婆婆早年丧夫，独自把儿子养大，现在老了，她也不忍心让她婆婆一个人住，所以，磕磕绊绊也就一直这么过了下去。

谭辉见过表妹的婆婆，是个悲观的老太太，自从失去丈夫后，她就陷入了一种孤独与痛苦之中。也因此，她婆婆的脾气变得很暴躁，家庭矛盾不时产生。

谭辉安慰张靓依说，她婆婆的孤独和暴躁是因为自己身处不幸的遭遇之中，年纪轻轻便失去了自己生活的伴侣，自然令人悲痛异常。但时间一长，这些伤痛和孤独便会慢慢减缓消失，她也会开始新的生活——从痛苦的灰烬之中建立起自己新的幸福。

谭辉也断断续续听张靓依提过，她的婆婆对儿子管得很严，有时半夜还把儿子叫去聊天；看到表妹和她儿子有什么亲昵动作就在一旁冷嘲热讽，然后含沙射影地哀叹自己孤单可怜。

张靓依的婆婆的行为显然是一种严重的悲观情绪所引起的表现，由于悲观情绪造成的孤僻，使得张靓依和她婆婆相处困难，终于恶化到了反目离家的结果。一般情况下，单亲妈妈因为和子女相依为命，她们对子女有一种本能的护犊情结，这也是上例中表妹和婆婆之间的矛盾所在。两个女人都想独占一个男人，自然无法和平共处。其实，这只是老人对孤独感的一种恐惧，如果任由这种孤独感发展下去，很可能就会造成老人心中的扭曲。所以，要多和老人沟通，消除她的孤独感。

其实，从人的心理来看，孤独本来是人类的自然本性，但是极度的孤独或者长期的孤独而使自己与世隔绝，就成为一种心理障碍了。有孤独心理障碍的人，会认为全世界都抛弃了自己，正如张靓依的婆婆那样，她是个单亲妈妈，经历过的人情冷暖让她对生活充满了畏惧和不安。现在，她年纪大了，儿子结婚后，她害怕唯一的儿子被媳妇抢走，所以想尽办法要把儿子"夺回来"。

那么，我们应该如何帮助老人走出孤独的阴影呢？不妨采取以下方法：

首先，我们可以让老人给自己再次订下一个人生目标，比如，安排一份适当的工作，用这个工作再次激励他们的工作意识和精神动力。

其次，让老人多交一些同龄的朋友或者参加一些同龄人比较喜爱的集体活动。这样不仅可以增添生活中积极向上的趣味性，也可以让老人与同龄人进行充分地交流。

最后，要经常给老人一些鼓励，不要老是让他们一个人闷在家里，最好还能和自己一起参加一些温和性质的户外活动。多给老人一些乐观、积极的精神暗示，与他们一起去接触生活中阳光的一面。

» 公司的福利设置：赢得员工归属感

"连续几个月业绩都不错，还得到了上级主管的表扬和公司的奖励，我特别高兴。能为公司作出贡献，并且得到上级的认可，是我最引以为自豪的。"在某广告公司任项目经理的郝洋这样对朋友说。他一直觉得，自己对公司的归属感主要来自他为公司业绩作出的贡献，"能为公司带来效益就是我自身价值的最大体现。我不想做别人眼中的窝囊废，只要在公司的这个岗位上，我想体现自己的价值，为公司创造更大的力量"。

为什么这位经理对公司会有这么深刻的感情呢？是什么东西牵绊住了他？

谜底就是——归属感。所谓归属感，是指由于物质和精神两方面的共同作用，使某一个体对某一整体产生高度的信任和深深的眷恋，从而使该个体在潜意识里将自己融入整体，将该整体利益作为自己行事的出发点和归结点。

如果员工对企业不满意、不信任、欠缺对团队的归属感，他们就不可能会以在团队中工作为傲，工作的热情和实力就可能不会被完全激发。他们只是为"工作"而工作，只会"做完"工作而不是"做好"工作。为了确保竞争和发展，就会有另一种情况随之产生，那就是企业的流动性会相对增大，企业的稳定和长期发展就得不到保障。

员工的归属感是赢得员工忠诚、增强企业凝聚力和竞争力的根本所在。公司要用各种充满人文关怀的手段来增加员工的被需要感，并且不断激发员工的创新意识。如果公司在平时给予员工的优良待遇和人性化管理中已经和员工个人建立了相当的感情，那么，当企业出现经营困难时，有归属感的员工就会表现为不离不弃、共渡难关。而一旦员工对企业产生了依恋心、归属感，就会撇不下手中的工作，离不开合作的团队，舍不得未完的事业。

所以，员工的归属感对企业的发展尤为重要，能否使员工产生归属感，是赢得员工忠诚、增强企业凝聚力和竞争力的根本所在。那么，管理者如何才能满足员工的归属感呢？

（1）可以给员工安排其感兴趣的工作。正所谓兴趣是最好的老师。心理学研究表明，一个人做他所感兴趣的事比做他不感兴趣的事的效率高出若干倍，做自己感兴趣的工作往往容易出成果，且长期从事自己感兴趣的工作有利于身体健康。作为管理者要善于观察、分析每位员工的兴趣差异，因人而异地安排工作。如果每位员工所做的都是自己感兴趣的工作，他们就会热爱各自的岗位，工作就会对他们有吸引力。

（2）增加员工之间相互交流的机会。成员之间多交流、多沟通，才能相互了解、达成共识、消除误会、增进认同感，从而增加归属感。比如说，多组织大家开展一些娱乐活动，对一些问题开展讨论等。

（3）让员工有安全感和温暖感。"哪里最安全、最温暖？"当有人问这样的问题时，相信绝大部分的人会回答"在家里"。所以每个人都想营造一个温馨的家，并为家庭的建设奋斗终生。一个好的公司应给员工以家庭般的温暖感、安全感。其中，最重要的一条就是不轻易解雇员工，并且当员工在工作中、生活中遇到困难时应及时提供帮助，使其在公司中能够得到家庭般的温暖。

（4）让员工有成就感，让其觉得自己是在做有意义的工作。还要对做出成绩的员工不失时机地表扬，尤其对成就欲望强、抱负大的员工，要给他们安排能充分施展才华的岗位，且委以重任，让他们从事业中获得极大的成就感。

（5）让员工觉得自己很重要。掌握每一个员工的情况，既可以量才而用，又能够给下属一种"我在上司心目中有位置"的感觉，以增强他对工作的责任心。通常情况下，员工都愿意让上司知道自己的名字，愿意在上司面前表现自己，以引起上司的关注。因而，管理者一定要了解员工的这一心理，来满足他们的需求，并以此来激励员工。你对员工越关注、越了解他，他就越高兴、工作热情也会越高，对公司的贡献便会越大。

第四章
损益——我们是怎样得到和失去的

» 裁缝的赌约："美女经济"的利用

大街上，随处可见的"婚纱秀""时装秀""内衣秀""轿车秀"无不打着美女招牌，依傍美女的姿色。同时，在商家的炒作下，香车美女等概念深深植入消费者的大脑中。除此之外，商家们还乐此不疲地制造美女：各种选秀活动，各样"模特大赛""都市小姐""明日之星"等选美活动轮番上阵，目的就是在商业制造美女的同时，为自己日后的产品销售打下审美的基础。所以，确切地说，美女们不但没有在飞速发展的经济中被商家忽视，反而正在被不断地发掘出来，渗透到各种行业，并逐渐演变成了今天非常时髦的"美女经济"。

经济学中的美女经济，即围绕美女资源所进行的财富创造和分配的经济活动，也是我们常说的"眼球经济"，因为美女吸引的就是人们的注意力。

古印度有个大财主摩诃密。他家财万贯，却仍唯利是图。他有7个女儿，均有沉鱼落雁、闭月羞花的姿色。他将她们视如掌上明珠，每有宾客前来，必然让她们出来炫耀一番。

一日，一名来访的宾客突然对摩诃密说："我是这里最有名的裁缝，听说您的女儿容貌绝色，特来参看。但我发现，她们都名不副实，甚至还没有我做出的衣裳漂亮。"财主一听，不免怒火中烧。这时，裁缝说："我们打个赌，我将制作世界上最美丽的衣裳，让您的女儿到我的店里来试穿。假如大家都说您的女儿比我的衣服漂亮，那我就输给你五百两黄金，否则你就输给我五百两黄金，怎么样？"摩诃密一听，立即答应了。

第二天，摩诃密专门请人将女儿们打扮一番，然后带着她们来到裁缝的店铺。女儿们穿上裁缝的衣服，顿时周围发出啧啧的赞叹声。在漂亮服装的装扮下，摩诃密的女儿显得异常美艳。于是，人人都夸奖摩诃密的女儿美貌绝伦，同时也赞叹裁缝的手艺巧妙精良。不过，当提到哪个更胜一筹时，大家一致认为——摩诃密的女儿们更漂亮。得到了人们的肯定和五百两黄金，摩诃密非常高兴。奇怪的是，输了钱的裁缝似乎比他更高兴。

摩诃密很疑惑，便偷偷派人观察，结果发现，自从这次打赌后，没几天裁缝店里就挤满了爱美的女子，人人都要购买裁缝做的衣服。而裁缝所卖的衣服也从打赌的那天开始，由一两白银变成了三两黄金。此时，摩诃密才大呼上当。

裁缝利用了摩诃密贪财好胜的心理，利用美女的"时装秀"，为自己的手艺做了宣传。通过这样的手段，他成功地吸引了人们的注意力，扩大了衣服的销售量。只是，精明的摩诃密未能看到这其中的陷阱，为裁缝做了"垫脚石"。

不过，裁缝的成功，不在于提高了商品的销售量，而在于发现了美女宣传在商家经营中不可忽视的力量。仅从这一点看，这位裁缝就是位通晓经济学的人物。当然，他不是唯一一个懂得利用这种力量的人，随着商品经济的发展，美女对商家的吸引力愈来愈强，而懂得使用美女力量的商家也是层出不穷。

为什么商家会宠爱"美女经济"？为什么"美女促销"的戏码总是在不断上演？

从经济学的角度看，商家采用这样的方法是有一定的理论依据的。说到底，他们就是在充分地利用美女的经济价值。

首先，人们必须承认，美貌在这个世界上属于稀缺资源，美女是女人中的"精品"。就像一位经济学家说的那样，并不是每个人都天生丽质，因此，美貌就愈发显得珍贵。

当然，稀缺是经济物品的显著特征之一。美貌具有稀缺性并不意味着它是绝对稀少的，而是指相对于人们的欲望而言，美貌资源是有限短缺的。正是由于它的稀缺性，人们就愈发将有限的目光投注到美貌之上。厂商利用了这一点，顺利地将人们的目光都吸引到了自己的商品之上。

美国一家著名汽车公司的调查表明，在车展中，如果有名车而无美女，观众停下观看的平均时间是 2 分钟；如果既有名车又有美女，观众停下观看的时间则是 9 分钟。也就是说，美女让观众对这种产品的关注增加了 7 分钟。而正是这短短的 7 分钟，就为企业赢得了不少的商业机会和销售收入。

其次，美女一般有漂亮的脸蛋、魔鬼般的身材以及年轻和朝气，这些是能够征服一切男人甚至女人的魅力。且这种魅力能够激发消费者消费的欲望。曾经，马萨诸塞州中心医院向 10 名年龄在 21 ~ 28 岁之间的正常男子展示了一些漂亮女人的照片，同时又对他们的消费活动进行监测，结果发现，这些男人像服了可卡因、拿到钞票一样兴奋。当要求他们将钱付给这些美女时，他们的大脑仍旧能够保持兴奋。通过生物学的分析我们可以发现，美貌不仅能吸引消费者的注意力，还能让更多的人主动地为产品掏钱。这点对于消费者来说是一种致命的诱惑，它就像是魔咒一般在说："漂亮的脸蛋值得你掏出金钱。"

最后一点，美女的容貌一般能带给人们视觉上的冲击，通过"爱美之心人皆有之"的效应，人们可以感受到更多的幸福和满意。商家利用这种视觉艺术，让顾客的感官受到深刻影响，从而降低对产品的抵触感，更快地认同自己的产品和服务。

"美女经济"就这样带动了相应行业的繁荣，也日益成为商家手中的一种生产性资源，而厂商的目的就是要让资源最大限度地转化为资本或者说商品，并将之产业化。基于这些原因，商家才会重视"美女经济"，并愿意花重金去雇佣美女做各式各样的宣传和形象代言。

在现代媒体强大的推波助澜之势下，眼球经济比以往任何一个时候都要活跃。比如，电视需要眼球，只有收视率才能保证电视台的经济利益；杂志需要眼球，只有发行量才是杂志社的经济命根；网站更需要眼球，只有点击率才是网站价值的集中体现。在注意力成为稀缺资源的时代下，能吸引人们眼球的美女们，自然也成了稀缺资源。

以"整容"闻名于世的韩国1990年外科专业医生人数还只有几百人，但截止到2005年已经超过千人，美容院更是数不胜数。据韩国业内权威人士估计，包括整容美容、化妆品以及减肥食品、健身俱乐部等在内，韩国的"美丽产业"价值高达120亿美元。说韩国男女老少一起加入美容行列，一点也不夸张。据悉，在韩国70%的父母同意子女做整容手术。许多受访者在调查中认为，外貌对人生的成功起着巨大作用。

可见，在世界范围内，美女经济都已是市场经济发展到相当程度的产物，它不仅冲击市场营销之理念，也改变了人们对财富及家庭婚姻观念之理解。同时，美女经济也表明，在市场经济中，尽管我们每个人的际遇不同、资质各异，但每个人都有自己特别的天分，发掘自己的天分来增加收入是每个人都希望的。

» 爱情要像选购靓鞋：苏格拉底的麦穗原理

爱情是什么？说不完的甜言蜜语？数不尽的珠宝首饰？看不清的未来蓝图？

如果我们不知道什么是爱情，怎样选择爱情，那么，我们就来看看苏格拉底的答案。

一天，柏拉图向老师苏格拉底请教什么是爱情，苏格拉底就叫柏拉图去麦田里捡一颗最大最好的麦穗回来，只能捡一颗，而且要不回头地走。结果柏拉图两手空空就回来了，苏格拉底问他为什么。柏拉图解释说：自己在麦田看到很多又大又好的麦穗，而他以为后面还会遇到更大更好的麦穗，所以直到走出麦田也没捡一颗麦穗。

苏格拉底于是告诉柏拉图这就是爱情。

柏拉图有一天又问老师苏格拉底什么是婚姻？苏格拉底叫他到杉树林走一次，要不回头地走，在途中要取一棵最好、最适合用来当圣诞树用的材料，但只可以取一次。柏拉图有了上回的教训，充满信心地出去。半天之后，他一身疲惫地拖了一棵看起来直挺、翠绿却有点稀疏的杉树。

苏格拉底问他："这就是最好的树吗？"

柏拉图回答老师："因为只可以取一棵，好不容易看见一棵看似不错的又发现时间、体力已经快不够用了，也不管是不是最好的，所以就拿回来了。"

这时，苏格拉底告诉他："那就是婚姻。"

这则故事就是心理学上的"苏格拉底的麦穗原理"，从中我们可以明白，对于婚姻来说，合适的就是最好的。在我们面对选择时，决策的核心并不在于结果的最优化，而是决策过程的最优化所得出来的合理结果。著名心理学家西蒙提出人的"有限理论"的观点，认为人们的认识是有限的，因此往往会以更简单、更节省脑力的"满意原则"取代"最佳原则"。这是很有道理的，就像平常人们做判断和决策的时间往往是有限的，很多时候容不得我们斟酌再三，只能追求让自己满意的。

婚姻也是同样的道理。

我们都知道，天下人都爱鞋却各有所好。或喜华丽的，或喜名贵的，或喜普通的，或喜舒适的……至于穿上的感觉如何，就只有自己的脚知道了。有的鞋看上去华丽名贵，穿上脚却不舒服，穿的时间一长，甚至会伤到脚；有的鞋看上去虽然粗俗普通，但它却舒服耐用，适合长路远行。别人看到的是鞋，自己感受到的是脚。当我们穿上一双舒服合脚的鞋时，将能轻松上路、健步如飞；当我们穿上一双不合脚的鞋时，将会负重而行、步伐蹒跚。

婚姻就是我们一生当中最重要的一双鞋之一，不仅要合脚舒适，更要经得起人生的磨损。

有人说脚正不怕鞋歪，再歪的鞋子看穿在什么人的脚上。虽然说这是个真理，可是去适应这样的一双鞋子，脚需要磨出多少血泡，穿的人又需要忍受多少痛苦，到了最后百忍成金，而这双鞋子却已破得不成样子，就如婚姻已经残缺，再想弥补，也是不能，最终只得抛弃这双鞋子，再买新的。

婚姻是因为相爱也是因为适合而两个人相依相守，流行的东西不见得都适合自己，当然流行感冒更是越远越好。现在就连鞋子也已经返璞归真了，更多的人喜欢轻便的平底鞋，而衣服也少了些花哨，多了些简约。我们的眼睛也不要光盯在那些华丽的鞋上，其实，简单合适的鞋子更容易搭配衣服，这也越来越成了我们的共识。如同婚姻，不是给别人看的，而是自己一生一世的幸福。只有适合自己的才是最好的。

» 孩子的家庭软暴力：骄纵可能致感情淡漠

孩子气家长，常见的情况是不听话，让干什么不干什么，不让干什么却偏干什么，说话不礼貌、无理顶撞、有错不改、胡搅蛮缠、软磨硬泡，非让家长听他的不可。这些属于孩子一般的缺点。如果发展到严重的程度，有些孩子甚至经常谩骂家长，专门说让家长听了寒心的话，甚至以离家出走或自杀相威胁，以让父母生气为乐趣，这就不是一般的缺点了，而变成了孩子对家长的家庭软暴力。

有一对夫妇结婚4年喜得一子，取名贝贝。视为至宝，对他百般呵护，一味地迁就他。贝贝上幼儿园时动不动就踢人、打人、咬人，家里谁也管不了。他居然让奶奶学乌龟并骑在奶奶身上满地爬。贝贝上幼儿园经常讲条件，要吃一顿"肯德基"或"麦当劳"。于是，贝贝常以不上幼儿园为要挟，要求家人带他去吃"肯德基"或"麦当劳"。就这样从幼儿园到小学至现在的中学，只要贝贝开口，家长就无条件地满足他。后来这对夫妇找到心理专家咨询，妻子说："我们以为只要对孩子百依百顺。孩子将来就会孝顺我们，其实生活中往往适得其反，我们家贝贝就是从小百般呵护，吃、穿、用都满足他，但是他反而没有学到感激和体贴，甚至回到家就活像个小霸王，冲我们乱发脾气。有一次我问他：'将来我们老了怎么办？'你知道他怎么回答我？他竟然说：'那还不好办，你没看报纸吗？安乐死呀！'这句话就像钢刀扎在我的心上，真是让人后悔莫及啊。"

现代社会，我们经常可以看到一些家长对孩子百般呵护、纵容娇惯，对孩子百依百顺，要星星不敢摘月亮，对孩子的娇惯到了令人震惊的地步。他们以为"只要我对孩子百依百顺，孩子将来就会孝顺我"。但事实说明恰恰相反。

贝贝之所以发展到现在这样，与家长的娇纵不无关系，生活中，因家长的娇纵孩子而酿成悲剧的事例并不少见。

所以，我们需要从小培养孩子尊重和孝顺长辈的品德，树立良好的人生观。要在精神上给予关照，而不是单纯的物质富足。在对其的教育上，更要以人文道德为先。而父母自身也要做好榜样作用，不要只知道用言语来教导孩子是非善恶而对自身的德行放松警惕，那么，孩子也会对父母所说的话产生质疑。

家庭是孩子的心灵根据地。孩子敢于在精神上虐待父母，是家长从小过分纵容、娇惯的恶果，养成孩子对家长的依赖和逆反心理，是家庭教育的失误。苏霍姆林斯基曾经说过："娇纵的爱是最可悲的，它是一种本能的缺乏理智的爱。父母对孩子像对偶像似的百般宠爱，这不仅必然给自己带来苦恼，而且使孩子的心灵受到腐蚀，任性和虐待的种子就这样从小播下。"他同时还指出："赎买式的爱也是一种缺乏明智的父母之爱。许多父母以为可以用满足孩子在物质上的需要来衡量父母的爱，其实这种爱同样不能给孩子带来幸福，而带来的都是精神上的空虚和思想上的贫乏。"

按现代的健康概念，健康不只是指身体健康，而应该是一种躯体、心理和社会适应等方面的健全状态才称之为健康。上述案例中的贝贝表现得占有欲强、为所欲为、无理取闹，发展到最后甚至感情淡漠。应当说，其心理发育是不健全的。进一步而言，这种心理发育的异常与家庭的教育有极为密切的关系。

» 牛奶装方盒，可乐却装圆瓶：额外存储成本的抵消

人们在喝饮料的时候是否留意过这样一个问题：几乎所有软性饮料瓶子，包括可乐、橙汁、矿泉水等，它们的包装，不管是玻璃瓶还是铝罐子，都是圆柱形的。但有一种饮料例外：牛奶。牛奶盒子大多都是方的。理性一点看，方形容器能比圆柱形容器更经济地利用货架空间。可是，为什么软性饮料生产商还是坚持使用圆柱形容器呢？

这是博物经济学家罗伯特·弗兰克在他的畅销书《牛奶可乐经济学》中提出的问题。

弗兰克认为，造成这个差别的原因之一可能是，软性饮料大多是直接就着容器喝的，所以，由于圆柱形容器更称手，抵消了它所带来的额外存储成本。而牛奶却不是这样，我们要么会将牛奶倒出来饮用，要么会插入吸管喝，大多数的人不习惯就着盒子喝牛奶。

可就算大多数人直接就着盒子喝牛奶，成本效益原则亦显示，它们还是不大可能装在圆柱形容器里贩卖。我们知道，超市里大多数软性饮料都是放在开放式货架上的，这种架子便宜，平常也不存在运营成本。但不少牛奶由于保质期不长，需专门装在冰柜里冷藏保存。冰柜很贵，电费等运营成本也高。所以，冰柜里的存储空间相当宝贵，因此，牛奶包装做成方形可以更有效节省冷柜的储藏空间。

另外，还有人提出，碳酸饮料假如有震荡的话里面的液体就会膨胀，假如做成三角或方形的话那稍有震荡瓶体会变形，因此，从力学和美学角度来说碳酸饮料的瓶体都应该做成圆的，而牛奶等不含碳酸的饮料设计成方形、圆形都可以。

不仅是饮料瓶子的设计有学问，其实，在我们的生活中，处处都充满着经济学的智慧。弗兰克在他的书中提出了"博物经济学"的概念，就是提倡我们用经济学的概念去理解日常生活中的某些现象。这种思维方式建立在经济学的简单常识上，试图通过基本的推理去理解并解释事物的本质。而我们去思考推断的结论也不在于对错，而在于发现事物的合理性，增加理解和预判。经常性地运用这种思维方式，会是非常有趣的经历。

两杯哈根达斯冰淇淋摆在受试者面前，一杯冰淇淋 A 有 7 盎司，装在 5 盎司的杯子里，看上去快要溢出来。另一杯冰淇淋 B 是 8 盎司，装在 10 盎司的杯子里，看上去还没装满。那么，受试者会为哪一杯付更多的钱呢？

实验结果表明，人们反而会为 7 盎司的冰淇淋付更多的钱。在冰淇淋实验中，人们评价的标准往往不是真实的重量，而是冰淇淋满不满的程度。实际生活中，类似的例子更是比比皆是。比如麦当劳的蛋筒冰淇淋、肯德基的薯条，都是蛋筒或纸筒的上部装得满满的，好像要溢出来的样子，其实，商家总是利用人们的心理惯性，制造出"看上去很美"的视觉效果。

他们巧妙地运用了一些对比项。比如，用较小的杯子和并不多的冰淇淋对比，使冰淇淋看上去满得要溢出来。再比如，用"原价"衬托"折扣价"。

» 少给 CEO 薪资行不行：为公司利益用激励机制

首席执行官（Chief Executive Officer，CEO）是在一个企业中负责日常经营管理的最高级管理人员。

关于 CEO 这个管理层，经济学确实有介绍过管理层的薪水问题。经济理论中认为，公司 CEO 的薪水通常是以激励机制的形式发放的，这样他们在作决定时就会把公司的利益放在第一位，也才能达到 CEO 在公司所处的最理想的状态——将公司的长远利益最大化。也就是说，一般情况下，CEO 的薪资都是比较可观的，这就确保他们能将自己的能力和智慧自主自发地贡献给公司，让他们意识到公司的利益和自身的利益是紧密结合起来的。

那么，既然公司用可观的薪资作为促发 CEO 发展公司的动力之一，那么，如果给 CEO 们少发点工资和奖金，是否会让企业丧失竞争力呢？

经济学家认为，如果 CEO 的年薪和奖金都是固定的，如果不考虑道德人情因素，那么，一般情况下，CEO 就不会有动力去勤奋创业，同时，对于产品、生产和开拓市场上的创新就有可能更加的忽视。在这样毫无动力的环境下，他们只会按部就班，日复一日地做好分内的事，然后心满意足地领他们的工资。这样的情况对公司来说非常不利。

而且，无论是从经济学的角度还是从常识来看都可以说成"一分价钱一分货"，能力强的CEO获得的待遇肯定要比那些经验、学识、成绩相对较弱的CEO高。如果一家公司为了省眼前的小钱，雇用一名能力不够强的CEO，那么对公司本身的利润、股价，甚至公司的生存都有可能是有害的。如果启用没有能力创新和引导公司发展的CEO，公司的各项发展策略也就会没有方向和效用，而竞争力也会因此下降。

但是，以法律或是经济的标准来衡量，有些时候CEO的薪水确实太高了。董事会有可能会被一个能说会道却没什么能力的CEO欺骗，甚至有些CEO道德败坏，做出一些违法乱纪的事情，比如监守自盗、私吞公司资产，或是以恶意的举动破坏公司声誉。所以，这也就要求董事会在聘请CEO之前，需要对其做出一些必要的调查，最好是越全面越好，当然包括人品和能力。同时，公司最好也能在签订雇用合同的时候写清楚激励方案，并且在之后的工作中长期监督CEO的行为。

那么，现在我们知道了，无论是克扣给CEO的客观薪资还是选错CEO，最终会有所损失的终归是企业。既然如此，我们应该采取哪些相应的措施来确保CEO的工作质量呢？

为了激发CEO的创新精神，CEO的薪水必须与激励方案挂钩，实际上各公司通常也是这样操作的，以公司业绩为基准发放奖金（将奖金与公司的利润或者是股票价格挂钩）。同样，股票也可以作为激励方案的一部分，当股票价格暴涨的时候，CEO的身价也会大幅度提高。

不过问题也随之出现，有些CEO只把注意力放在眼前的短期利益上，只在意今明两年的短期利润，只关心当前或者是近期的股价，这样就会为公司的长远利益和股价带来不利影响。但是话又说回来，很多时候公司的股东（还有投资者以及投资顾问）对公司的收益和股价十分关心，CEO不得不顶着巨大压力并以超常决心以及勇气去采纳一些对公司长远发展有利的观点。

» 月嫂难求，白领过剩：劳动力供需不平衡

在我们的传统认识里，认为一个人的工资跟一个人的学历是成正比的，但在今天看来，白领的工作并不保险，而保姆的工资也不是低廉的代名词了。

要添丁了，是人生中的一件大喜事，但对于大连的市民吴先生来说却成了一件大难事，因为他的妻子快要临产了，可是找了大半年多还是没有找到月嫂。

吴先生妻子的预产期是7月初，可现在四处托亲朋好友找月嫂，却一直没有消息。他也咨询了不下10家的家政公司，可是都说让他等，可这一等就是半年多了，眼看妻子就要临产了，还没有一家家政公司给他回过话。

无奈之下，吴先生就只有亲自登门去家政公司"抢月嫂"，"我一共去了

7 家家政公司,都说让他先登记,再回家等回话。"吴先生说,他到了每一家家政公司,都向人家解释他的妻子快生了,等不了太久,如果有人愿意,他可以出高价聘请的。可是没想到的是,这些家政公司的工作人员都告诉他,现在有很多人比他还要急啊,现在请月嫂必须提前两三个月就预订。

甚至有一家家政公司还拿出了登记表来给他看,他发现,登记在册要找月嫂的人就已经有 10 多位了。

随着保姆工资走俏,保姆也成了大学生的择业选择,"从 2008 年 8 月到 12 月,平均一个月就有五六百人前来应聘,其中 90% 以上都是大学生,还有 28 个是硕士。"广州市一家家政公司的副总经理这样说道。川妹子家政公司首都大学生家政事业部,2008 年暑假报名参加大学生高级家政助理培训班并被录用的学员已达 200 人,与往年相比人数翻了七八倍。这批学员大部分来自北京著名高校,都是在校生,其中不乏硕士研究生,具有素质高、英语水平高的特点。

当总经理叫李莉去他的办公室时,她正谈笑风生地和同事们交流在网上买房、抢车的经验。她放下内线电话,整整衣裙,走到经理的办公室前。推开门的刹那,她还以为他会像过去半年中每一次和她的单独谈话一样,表扬她的业绩,然后布置下一步任务。

谁知,她错了。

经理开门见山地对她说,由于经济危机已经波及公司的业务,公司从节约开支的角度出发,不得不开始考虑适当裁员。

她的心里"咯噔"一下,有种不祥的预感。

果然,经理停顿片刻,终于说出口:"公司准备先从试用期的员工中开始裁员,由于你的试用期还没过……"

她叹了口气:"经理,我明白您的意思,可是,我什么时候正式离职?"

他说:"再过 5 天。"

她走出经理的办公室,将要离开银行的消息也随之传播开。

将近半年了,周围的同事和李莉已经相熟,接下来的几天,时不时有人关心地问她:"接下来你怎么办?"当然,也有不少和她资历差不多的新人,她们忧心忡忡。

2008 年经济危机失业高峰所波及的群体正是城市的白领阶层以及正准备迈入这一阶层的众多大学毕业生。白领的需求过剩,一些白领转而做蓝领了。广州市市容环卫局下属事业单位的一次公开招聘中,13 个环卫工职位竟然引来286 名本科生、研究生争相抢夺。无独有偶。一个终日要与病死畜禽打交道的职位,竟也引来 19 名本科生和 7 名研究生角逐。最后 1 名博士、4 名硕士和 6 名本科生被录用。

其实无论是做白领还是做月嫂，最重要的还是赚取薪水、创造价值。离开工作，谈白领、蓝领就没有价值和意义了。当月嫂工作的附加值上升了，月嫂的薪水自然高过了白领，而在深圳还曾出现过 10 万年薪的天价保姆。

» 迷恋小概率事件：对损失的厌恶

运气的另一个名字叫"小概率事件"。即使明白是小概率，我们中的大多数人还是存在侥幸心理，祈求好运会降临在自己身上。

很多人都买过彩票，虽然赢钱可能微乎其微，你的钱 99.99% 可能支持福利事业和体育事业了，可还是有人心存侥幸，搏小概率事件。同时，很多人都买过保险，虽然倒霉的概率非常小，可还是想规避这个风险。人们的这种倾向，是保险公司经营下去的心理学基础。

买彩票是赌自己会走运，买保险是赌自己会倒霉。这是两种很少发生的事件，但人们却十分热衷。前景理论将这种奇特现象归结为人类具有强调小概率事件的倾向。何谓小概率事件？就是几乎不可能发生的事件。比如天上掉馅饼，这就是个小概率事件。掉的是馅饼固然好，但如果掉下来的不是馅饼而是陷阱呢？当然也属于小概率事件。

对小概率事件，很多人都存在赌一把的心理。孔子很反感这种事，他说："小人行险以侥幸。"庄子认为孔子是个"灯下黑"，他借盗跖之口评价孔子："妄作孝弟，而侥幸于封侯富贵者也。"对小概率事件的迷恋，连圣人也不能免俗。

不过，有趣的是，在小概率事件面前人类对风险的态度是矛盾的，一个人可以是风险喜好者，同时又是风险厌恶者。面对小概率的赢利，多数人是喜欢冒险。面对小概率的损失，多数人厌恶风险。

为什么会出现这种微妙的心理差别呢？

前景理论认为,在收益和风险面前,人是"偏心"的。前景理论的"确定效应"指出，涉及收益时，我们是风险的厌恶者。而"反射效应"表明，当涉及损失时，为了挽回损失，我们是风险的喜好者。

但是在涉及小概率事件的时候，风险的偏好又会发生离奇的变化。所以，人们在认为合适的时候非常乐意赌一把，而不再是风险的厌恶者。说到底，人们厌恶的是损失，并不是风险。

第五章
捆绑——为什么我们有认知局限

» 世界末日真的会到来吗：投射效应

电影《2012》的情节设置是——2012 年 12 月，地球各地突然出现极其反常的气候变化，这一切与已经消失的玛雅文明里关于世界末日的预言不谋而合，根据玛雅文明中的预言，2012 年的 12 月 21 日，末日将会到来，世界将会陷入永无止境的黑暗，而滔天的洪水会湮没整个地球。全球人类的恐慌、骚乱在各地时有发生……

而观看过这部电影的人都被那惊心动魄的"真实"场景所震撼。然而，一种悄然的恐惧感似乎也开始在人群之中流窜，让人们总是觉得自己能够在某些天灾人祸后面看到"2012"的"伟大预言"。于是，人们震惊之余，又挖出了一系列似乎能证明"世界末日"的"真实证据"，然后，大家都恐慌着，或者说是悄无声息地担忧着。

于是，许多人开始在猜测：汶川地震，成了 2012 的前兆；天坑出现，成了 2012 的前兆；日本地震，还是 2012 的前兆。有心人士甚至还拿着海啸中的巨大旋涡和《2012》的场景做了对比，也有传言黄石公园即将喷发，美国大半国土或将覆盖，一群人鼓吹着世界末日就快要到了，大家应该及时行乐！

我们会按照以往所积累的经验和认知推断出"2012"的灾难性后果，即我们会在脑中自行预测世界末日时的地震、火山喷发、地坑塌陷等等后果。然而，当这种"后果"发生在现实中时，我们的脑中就会出现这样的因果关系：因为"世界末日会发生灾难性场景"，所以"发生灾难性场景的时候就有可能会出现世界末日"。当这一连串的"投射"效应出现时，我们更加肯定自己的观点，稳固我们的自以为正确的推论。

"投射"一词在心理学上是指个人将自己的思想、态度、愿望、情绪、性格等个性特征，不自觉地反应于外界事物或者他人的一种心理作用，也就是个人的人格结构对感知、组织以及解释环境的方式发生影响的过程。

可是，一连串的灾难中，我们有没有在思考这样一个问题：如果当初没有"玛雅人的预言"的广为流传，我们甚至不知道"2012"这回事，我们还会为世界末日忧心忡忡吗？我们还会认为这些灾难是世界末日的前兆吗？就像当年的马尔代夫海啸一样，有谁在当时大肆"忽悠"着世界末日的言论吗？

也就是说，我们脑子里有了"2012"的这支观点"笔"，就会在观测和判断我们所遇到的事物的过程中涂上这种观点色彩。只要我们自己把这种想法和事件做了某种观念上的联系，就会无意识地自发去寻找所谓的能够证明自己观念的证据。但是，我们自己却无法意识到，这种所谓的证据很有可能是我们自己创造出来的！这就好像喜欢灵异事物的人，见到什么难以解释的现象时都会觉得是诡异事件。因为他的观点、想法和观测分析事物的方式是"灵异"的，那么，那些不可知的谜就成了证明其观点的最好证据。这可以说是人的一种投射心理。

然而，在我们的生活中，不仅仅只是这一个"2012"投射问题。当我们以自己的有色眼光去看待别人的时候，内心狡诈的人在我们的眼中也会是圣人，而天真纯良的人也可能被我们误解是坏蛋。

所以，这就要求我们要用发展的眼光来看问题。世界是时时刻刻在发展变化的，如果用刻舟求剑的办法处理问题就会是落后的、要闹笑话的，最终会导致严重的错误。再次，要多方位、多角度观察社会，"横看成岭侧成峰，远近高低各不同"。只有观察多了，才有可能比较全面地对事物进行认识。其次，以客观的眼光来看待人和事，不要以自己的初步判定和刻板印象来分析他们。也要求我们在评价人或事的时候，首先要有大系统思维观，切忌单线条或者直线思维，要考虑事情原因和结果的多样性、复杂性，而不是"一个事物、一种现象、一个结果"，要建立多原因、多结果论。

» 复杂的行为未必与智力有关：智力体现在简单的创新上

我们总想给智力一个定义、一些参数，好评测一个人智力的高低，或者通过这方面的研究，试图通过某些训练提高一个人的智力。但是，智力到底是什么，至今却依然众说纷纭。

自然界中很多连贯的行为，都是无意识的非智力表现，虽然它们看起来那么复杂并且充满目的性。鸟为了求偶，连贯地鸣叫，紧接着是筑巢、下蛋、孵化等复杂过程，然后则是各种定型的对后代的照料行为。实际上，行为越是复杂、越是"有目的"，它可能离智力行为就越远，这是因为自然选择已经确保其完成的途径，留下了很少的机遇。对于学习，通常只是对一些很简单的事情而言，并非复杂的、连锁性的意义重大的行为。

动物的许多复杂行为是先天的、是与生俱来的，并不需要学习。这些行为不易变更，常难以随意演示。这些一成不变的动作模式就像计算机程序一样并不需要深究其目的，它们只是按序进行的。

我们并不那么理解我们的某些行为，如打呵欠，或拥抱和接吻的欲望（倭猩猩和黑猩猩也有这些行为），动物也不见得理解它们的行为。我们常喜欢刨根问底，就此而言，大多数动物在通常情况下并不那么渴求"了解"什么，它们也没有创新的企图，至多只是一些小小的变化和缓慢的学习过程。思维好像是一种备而不用的东西，要在事物正常的进程中对此加以依靠那就太慢了，而且时常容易出错。

我们常犯的错误之一是将智力与有目的复杂性行为等同起来。所以，总是用十分狭窄的术语为智力设定框架，好像它是某种数字，可以指派于人。这个数字越大越好，就像棒球比赛中的"击球率"那样。智力总是用各种不同的指标来加以度量的，诸如空间能力、言辞理解力、词语表达的流畅性、数字能力、归纳推理、感知速度、演绎推理、机械式记忆力等。近数十年来有一种趋势，就是把这些种类繁多的测试表现视做"多重性智力"。精致而复杂的行为本来可能是寻找智力标志的合理所在。毕竟，我们的语言和预见行为无疑是智力行为的某些方面，而且它们也是够复杂的。

但是，无论是先天的还是学习得来的行为都可能是持续和复杂的。就拿一个白痴的行为为例，他能记住很多事情的细节，却缺乏把信息分解为有意义的部分加以重组、在一种新的情景下加以利用的能力。鲸的呼叫和昆虫的筑巢同样是非智力性的。

那么，智力到底是什么，何时需要智力，智力优势如何运转的？

智力的最佳标志见于这样的情况：动物面临一些较简单但又不易预料的问题。对这些罕见而新奇的情况，进化并没有提供标准答案，动物必须即刻动用它的智力。虽然我们常用"智力"来指范围广泛的能力和实现这些能力的效率，但是其中也蕴涵灵活性和创造性。用行为学家古尔德夫妇的话来说，即"摆脱直觉的束缚，创造解决问题的新方法的能力。"这就大大局限了讨论的范围。

皮亚杰所认为，智力就是你不知怎么办时动用的东西，他强调"新奇"这个要素。智力就是无计可施，而惯常的做法不奏效时所需要的应付能力，所谓计上心来。试想一下爵士音乐的即兴创作，它不是那些精心构思的作品，如莫扎特或巴赫的协奏曲。智力是在举手投足的瞬间所作的即兴创作和完善的过程。

神经生物学家霍勒斯·巴洛把问题表达得更简洁，他向我们指明了智力中可用实验测试的那些方面。他说智力就是作猜测——当然不是旧的猜测，而是在于发现一些新的、内在的秩序。"出色的猜测"清楚地把很多方面都包括进去了：找到问题的答案或者论点中的逻辑关系；碰巧想到一个合适的比喻；建立一种令人愉快的和谐关系或是作出机智的答复，或者预测即将发生的事。

由这些讨论可以总结，智力的涵义包括聪颖、预见、速度、创造性，能同时应付多少事件以及其他。而其中创造性尤为重要。由此看来，提高智力的一个有效方法是——发散性思维。相对几乎总是只有一个结论或答案、思维必须沿着该答案的方向汇聚或被控制的收敛性思维模式，发散性思维的特性就在于不受约束。它允许思维自由地向各个方向发展，否定旧的答案，向新的方向探索，智力更容易得到发展。

» 麦当劳不经营快餐经营房地产：商业模式问题

麦当劳的创始人雷·克罗克，被邀请去奥斯汀为得克萨斯州立大学的工商管理硕士班作讲演，在一场激动人心的讲演之后，学生们问雷是否愿意去他们常去的地方一起喝杯啤酒，雷高兴地接受了邀请。

当这群人都拿到啤酒之后，雷问："谁能告诉我，我是做什么的？"当时每个人都笑了，基思说："大多数 MBA 学生都认为雷是在开玩笑。"见没人回答他的问题，于是雷又问："你们认为我能做什么呢？"学生们又一次笑了，最后一个大胆的学生叫道："雷，所有人都知道你是做汉堡包的。"

雷哈哈地笑了："我料到你们会这么说。"他停止笑声并很快地说："女士们、先生们，其实我不做汉堡包业务，我的真正生意是房地产。"

提起麦当劳，巨大的"M"拱门、金黄色的薯条、爽口的可口可乐、美味的巨无霸会首先映入脑海。其实，麦当劳不仅仅只是个卖汉堡的快餐商，还是一个地地道道的房地产商，旗下的地产数量已经足以让麦当劳成为世界地产巨头。

这涉及商业模式问题。商业模式就是公司通过什么途径或方式来赚钱。简言之，网络公司通过点击率来赚钱，通信公司通过收话费赚钱，超市通过平台和仓储来赚钱，等等。只要有赚钱的地儿，就有商业模式存在。麦当劳的商业模式就是汉堡＋地产的模式。

麦当劳的汉堡其实利润非常少，甚至不赚钱。因为这么大的汉堡，要用最好的牛肉、最好的面包，面包里的气泡在 4 毫米时口感最佳，这样的面包不能用有些餐饮企业用的地沟油，只能用最好的油，而且十分钟以后不卖掉，只能扔掉。这么高的成本，加上房租、人员费用、推广费用，麦当劳的汉堡包其实并不赚钱，但汉堡包恰恰是吸引众多消费者去麦当劳的一个主要原因。通过辛辛苦苦地卖汉堡包，通过辛辛苦苦建立麦当劳的餐饮文化，建立起麦当劳商圈，通过麦当劳商圈不断拉动海量的人流量来到麦当劳以及附近的商圈。这种做法就会主动、直接地推动房产价格的提高，这就是麦当劳之所以成为"史上最牛的房地产公司"的秘密所在，它不是被动地等待房产升值，并不是单纯依靠所谓的专业选址能力，而是积极主动地长期拉动房产价格的增长。

麦当劳总部干得更多的事情，是琢磨哪个地段是一个城市将来人流最旺的地方。论证完毕后，就买下看中的地块并建起快餐店，然后寻找特许经营的合作伙伴，将快餐店租给他们经营，向他们收取特许经营费和这块商业旺地的铺租。

麦当劳的房地产战略来源于他的创始人之一——克罗克。克罗克为了推广麦当劳的连锁店只收取非常低廉的连锁服务费。麦当劳取得了成功，使得除了克罗克之外的所有加盟者都赚到了钱。例如：20世纪50年代末期的时候，平均一家麦当劳餐厅的年营业额为20万美元，而克罗克只依照合约每月收取2800美元（另外1000美元要给麦当劳兄弟），而他的一大堆加盟店主平均每人可获利4万美元。为了使自己的麦当劳公司能够赚到钱，克罗克决定从房地产中取得利润。麦当劳一直沿用"朝着两个截然不同的方向赚钱"的经营办法。

一般情况下，麦当劳公司首先从业主那里以极低的租金租得店面，然后再把店铺转租给加盟商。在转租出去的时候，他就加上了2~4成。在订立条款的时候，他从不允许业主在租约内加上"逐年定期涨价"这样一条。当然，在将同一片产业租给加盟者的时候，已经把对方的保险费、纳税等一切都加了进去。这样，只要承租的加盟者能够存在下去，麦当劳至少可以在房地产上赚到40%的利润。更有利可图的是，物价逐年上涨，麦当劳收取的租金也水涨船高。麦当劳理直气壮地收取涨价的资金，而它付给原来那个业主的钱，却根据合约不加改变。

除了通过特许加盟收取的占销售4%的特权收益外，当餐厅生意达到一定水准之后，各店还必须缴纳一定的营业额百分比给麦当劳，称作"增值租金"。

这样，麦当劳不仅由此赚到了一定比例的利润，而且还可以通过房地产来控制加盟者完全依附于总部。据统计，在麦当劳的收入中，有1/4来自于直营店，有3/4来自于加盟店，而总收入的90%来自房租。

麦当劳店址的选择也是其中至关重要的条件。麦当劳华东地区总裁施文哲这样表述：麦当劳之所以开一家火一家，第一是地点，第二是地点，第三还是地点。通常一个店的开与否都要经过3~6个月的考察，考察的问题极为细致，甚至涉及店址是否与城市规划发展相符合，是否会出现市政动迁和周边动迁，是否会进入城市规划红线。进入红线坚决不碰，老化商圈内坚决不设点，纯住宅原则上也不设点。

麦当劳在中国开设的第一家分店，是在北京东单大街与长安街接口处的黄金地段。后来碰上了王府井改造，麦当劳仅因拆迁的土地补偿就大赚了一把，此时人们才知道麦当劳投资房地产眼光之犀利。

在全球100多个国家拥有数万块黄金地段的麦当劳，是个房地产运营的高手。

如今的麦当劳总结出一套科学合理的经营快餐的程序、店面摆设的规则、店铺选址的秘诀，并利用麦当劳响当当的牌子以特许经营的方法扩张，在很大程度上已变成了一家经营房地产的企业。麦当劳今天已是世界上最大的房地产商了，麦当劳已经拥有美国以及世界其他地方的一些最值钱的街角和十字路口的黄金地段。

麦当劳表面是在卖汉堡，实则是在聚焦人气，拉升地产的价值；表面上不赢利，实际上却成为全世界最大的房地产商。麦当劳的地产运营的商业模式很大程度上为西方著名商业企业所共有，全球超过40%的项目最终依靠房地产成为主要的赢利点或支撑点。这些企业不仅仅在自己的业务范围内赚取利润，而且以自己的方式经营着房地产，悄悄地赚取巨额利润。很多品牌零售企业其实就是商业用房的大房东，因为这些企业是一个品牌，同时它要的商业用房的量要大一些，所以他用一个很低的价格租到房子。由于它是一个品牌，对地段的商业前景有非常专业的分析，他们租的地方会有很多小租户跟进来，所以他们可以用比较高的价格把店铺分成很多块租给小业主，这个租金差价就是这些企业的一个重要的收入来源。

反过来看，中国房地产公司的商业模式简单而粗暴，与中国的地产投资和开发商相比，麦当劳地产的成功之处在于：前者是在努力复制一批相同风格的商业地产项目，但它本身的商业经营并不强势，至少没有形成品牌，而后者是已经在商业经营方面形成了相当强势的品牌，他对商业的分析使人信任；前者只在卖地产项目，而后者是在卖专业的商业经营分析水平。

这就是中国的企业所需要学习的地方。一些大的企业可以复制麦当劳的成功经验，而对于一些小的企业，你可以在麦当劳开业之初就把你的店址选择在麦当劳附近，随着麦当劳的升值，你也可以享受到麦当劳地产升值的红利。

» 老人的寂寞：多给父母一份体贴和关怀

每个人的生命总是要一步步接近衰老，在我们风华正茂的时候，是否想过那养育我们多年的父母呢？他们把余热都已发挥至尽，他们的人生正如一幕戏剧般行将落幕，对此，我们可否对他们多一点体贴和关怀呢，别让寂寞包围他们的心。

在南方一座宁静的小城里有一个不大不小的图书馆。图书馆里的一名管理员发现有一位奇怪的老读者，他背驼得厉害，但他风雨无阻地天天泡在图书馆的报刊阅览室里。不仅如此，在所有读者中，他总是第一个进去，最后一个走。有时读者都走尽了，他也不走，天天如此，阅览室管理员对这个读者烦透了，打心眼里烦。

那个老读者每次来到阅览室，翻翻这看看那，看上去毫无目的，纯粹是来消磨时光的。管理员越来越看不上这个驼背的老头，他一来她就烦，别的管理员也如此，对他也没有一点好感。但有一天偶然发生的一件事，让管理员从此改变了对这位老人的看法。

那天在下班的路上，同事突然问她："你母亲是不是被聘为我爱人那个商场的监督员了？"

管理员愕然："没听母亲说过呀。"

同事说："我老婆在某商场当营业员，她们商场每天开门，迎来的第一个顾客常常是你母亲。而且老人什么也不买，却挨个看柜台，还要问这问那。时间一长，营业员们就以为老人是商场的领导雇的监督员，是来监督他们工作的——因为商场领导有话在先。营业员们就对老人很戒备。"虽然同事没有直接说出来，但是她依然听出了那话语中的不友好和厌烦。

管理员径直回到母亲家，她父亲两年前病故，母亲一个人生活。她把同事所说的事情一说，问母亲是否真的在给人家做监督员。母亲矢口否认："没有这回事呀？他们大概是误会了，我就是闲逛而已。"

她开始数落着母亲。孰料，母亲长叹了一声，伤感地说："我们这些老人一天到晚太寂寞了，逛逛商店，消磨一下时间，可时间一长就养成习惯了，一天不去就觉得不得劲儿。要不，你要我干什么呢……"母亲说到这里，垂下头，悄悄地流下了眼泪。

就在一刹那间，管理员突然感到心里酸酸的。母亲有一儿两女，可由于很多方面的原因，他们很少来看母亲、陪在老人身边、陪她聊聊天，母亲需要的是排解寂寞和孤独呀！那天管理员没有回家住，而是陪母亲住了一晚，聊了一晚上的天。

第二天早上，管理员上班很早，但驼背老人仍然等候在阅览室门前，也不知怎么她心中突然涌起一股柔情，她第一次没有用以前的那种眼光来看这个老人。

管理员面带微笑，对他说："早啊，大爷，这么早就来了，来了就进来吧。"

有心理学家提出，不同于过去简单的敬老、爱老，床前屋外地伺候老人，现在的老人们更多的是需要心理上的慰藉和观念上的沟通。然而，与需求相反，"丁克""啃老""月光"等现代年轻人的生活方式，以及越来越重的社会打拼压力，却在拉大着两代人之间的心理距离。

"百善孝为先。"孝顺，是一切道德的根本，所有好品德的养成都是从孝行开始的。孝是一个人善心、爱心和良心的综合表现。孝敬父母，尊敬长辈，是做人的本分，是天经地义的事，也是各种品德养成的前提。一个人如果连孝敬父母、报答养育之恩都做不到，那他就不能称之为"人"，也会遭到社会的谴责和鄙视。

而要做到"孝"，我们要努力做到几点：

首先，我们要听得三分唠叨，才能做得一等孝子。老人的唠叨就像是小儿的好问一样，是一种天性，只是很多人长大之后，忘了自己小时候也曾这样"烦扰"过父母，而父母却不厌其烦地一遍一遍满足孩子的好奇心。所谓"顺者为孝"，对于父母的唠叨，儿女不应嫌弃与疏远，应抱着感恩、包容之心，理智谦和之态，学会善待父母的唠叨，学会倾听父母的唠叨。

其次，常回家看看。孝不仅仅在于形式，空巢老人缺的绝不仅仅是钱，他们更希望得到我们的关心与牵挂。一声问候远胜过金钱的慰藉，一次探望足以让老人幸福很久，父母要的其实很简单。

最后，记得父母的生日。有句老话叫：树欲静而风不止，子欲养而亲不待。趁着父母都还健在的时候及时表达你们的爱吧，哪怕是一个简单的电话或者一声亲切的问候，千万不要让自己将来悔恨终生。

"你可是又在村口，把我张望。你可是又在窗前，把我默想。你的那一根啊，老拐杖，是否又把你带到，我离去的地方，娘啊，娘啊，白发亲娘，儿在天涯，你在故乡。娘啊，娘啊，白发亲娘，黄昏时候，晚风已凉……"当《白发亲娘》的歌声飘进心房，我们是否也想到了那青丝变白发、那笔直的身躯渐渐弯曲的父母。一日日，我们的成长就这样催老了父母，我们翅膀硬了之后单飞，就给父母留下了无尽的寂寞。

» 发型不同，人也不一样了：特征改变引发"违和感"

一个人的发型是我们仪表美的一部分，头发整洁、发型大方是个人礼仪对发型美的最基本要求。整洁大方的发型易给人留下神清气爽的印象，而凌乱的披头散发则会给人以委靡不振的感觉。发型美是构成社会生活美的一部分。随着人类审美能力的不断提高，对发型美的要求也就越来越多样化、艺术化。

不过，让人感到奇怪的是，有的时候发型似乎会影响到一个人的整体气质。所以，有的时候，我们常会说："我要换一个发型，改变一下形象。"以女性为例，同样的一个人，如果让她做个"梨花头"，会显得清纯可爱；如果剪的是短发，会让人觉得简明干练；如果留了长卷发，可能又会让人觉得女人味十足。为什么仅仅是改变一个人的发型而已，就有这么大的差别呢？

发型在我们的形象中是一种独特的语言，它更能直观地体现人的身份、年龄、个性、气质等特征。一个适合我们的漂亮发型将会为我们增添无限魅力，相反，不论男女，如果我们的面容、服饰都很美，一个不合适的发型就会使我们顿失光彩。同时，发型必须与化妆、服饰及场合相协调。

首先，发型是令人直接感受到精神及个性的地方。不同的发型，可以塑造出不同的视觉效果，发型设计可以使人活泼年轻，也可以让人变得端庄文雅，起到修饰脸型、协调体型的作用，使人感觉活力充沛或修长高大。这就是从视觉上进行了心理调整。因为发型的持久性比较长，不像服饰的"更新"速度那么快，当我们长时间感受同种具象，即统一发型，我们会将发型与人物形象、个性、气质等进行关系建立，久而久之，我们就会产生一种"哦！这就是他/她的样子"的观念。然而，一旦最为明显的特征，同样也是持久性较长的特征有所改变时，我们就会在心里对观察对象进行重新关联，而正是这段不适应期，会让我们产生一种"违和感"，从而形成一种新鲜感和变了一个人的错觉，等时间长了，我们对新发型适应了，那种"哦！这就是他/她的样子"的观念就又重新回来了。

然后，我们都知道，头部位于身体的最上方，居高临下，占据十分有利的地理位置，因此也是最引人注目的地方。当我们和别人近距离接触时，头发就有可能变成我们的"闪光点"。但是这个"闪光点"究竟该闪什么样的光，那就要看我们的妙手了。

一般来说，发型本身是无所谓美丑的，只有一个人所选的发型与自己的脸形、肤色、体形相匹配，与自己的气质、职业、身份相吻合时方能显现出真正的美。决定发型美的许多因素是人所无法随意改变的，但通过对不同发型的选择，可以充分展现自己美的部分而让人忽视自己的缺陷，从而起到扬长避短的作用。

既然我们已经知道了发型的重要性，那么，我们可以充分利用这一点来打造自己的形象。不过，发型的塑造那是发型设计师的事情，而对于我们自己来说，可以在日常生活中做好的就是保护好我们的头发。

» 动物能够提前为未来做计划：动物种属特异的季节性行为

我们把预见性作为智力的一个衡量因素。有人不禁要问，那么动物们预知季节的变化，提前做计划，是否也是智力的一种体现？

松鼠预知冬天的到来而储存硬壳果，是动物王国里超前计划的标准例子。这看起来好像松鼠是具有提前计划能力的。而实际上是由松果体在天黑时分泌的激素——褪黑素预告冬天将来临。渐渐变长的黑夜每周都会导致褪黑素分泌的增加，这触发了食物储存行为和皮毛生长。作这种"计划"并不需要动用太多的脑力。

松鼠的这种计划能力，其实是一种动物种属特异的季节性行为，并不等同于需要高智力的遇见。就像下棋虽然需要智力支持，但是如果有一大套下棋的"妙着"烂熟于心，"预见"便不需要大费周折。

动物在长期的进化发展中，尝试搜索图像和动作的新组合，尔后又发现这种组合的用处。这些组合的积累有助于才能的发展。一些进化的趋势，包括动物的驯化，趋向于将童性带进成年，那也许有助于这个物种的生存发展。而这些在进化中慢慢驯化而来的行为，是可以被模仿并一代代沿袭下去的。动物们不仅在自己的经历中学习，也在模仿周边的同类，以更快地适应生存的需求。

当然也有一些其他行为是由脑中先天的布线所建立的，用来提前几个月对某些事作准备。季节性的迁徙也许是本能，也许是动物在成年后期成为一种自然的程序。当然，那谈不上是计划——季节显然是可预测的，而千万年来，植物和动物已在进化过程中形成了某种内在的机制来感觉冬天的来临：当白天变短时把硬壳果储存起来可能会"感觉良好"，很像在空气中弥漫的性外激素的梯度导致的感觉一样。

此外，作为十几分钟的计划也见诸于不同情形中，比如当关在笼子中的猴子看到食物藏于何处，在20分钟以后被放出笼子后能找到食物。这有时被称为"计划"，但是这会不会只是记忆——记住一套动作的程式？另一个受到质疑的证据是关于空间行为。如果把蜜蜂装入容器中，带到千里之外的陌生地方放出，它们很快会找到一条最佳的途径追逐它们未曾见过的所喜爱的食物源。这到底是计划还是对地形的参考性记忆？它们首先飞几圈以辨认方向，然后向着正确的方向飞去。它们可能是从对地形的勘察中得到了线索。

以上情形，无论是对时间的计划还是关于空间的行为，都不能算是事先的完备计划，它们事实上只是在目标的基础上加一点点修正就足够了。就像你举起咖啡杯将其送到嘴边，有时间在半途作即兴调整。如果杯子比记忆中的要轻，你能调整它的轨迹以免让它撞上你的鼻尖。你的大多数动作就是这样完成的：由大致的方向开始，然后略作调整，就像登月火箭那样。多数关于动物作计划的故事就是这种类型的。

真正难以完成的，是对独特的情况作详细的预先的计划，就像面对冰箱中的残羹剩肴你决定怎么办一样。无论你是一名猎人策划逼近一头鹿的各种方法，或者是一名未来学家周旋于3种不同设想以勾勒出一种工业在10年后会发展成什么样，都需要设想多种方案。较之于猿，我们所做的要多得多：我们有时甚至能留神埃德蒙·伯克在18世纪所作的警告："公众利益要求现在做的，正是聪明而善良的人们希望在5~10年内做到的事情。"

因此，对于新情况的多阶段计划肯定是智力的一个方面，这只有在高级的群体智力中才能得到最佳体现。不难发现类人猿这种多阶段计划的证据实在是少得可怜，甚至在其频繁发生的行为中。正像雅各布·勃洛诺夫斯基曾经指出的那样，没有一头黑猩猩会"彻夜"徘徊为明天备下足够量的供养。虽然野猩猩常常在果实成熟时走近远处的果树，其中有多少成分是由于迁移程式使然，又有多少成分是由于事先作路径选择的计划呢？确实，多阶段计划能力是自猿脑向人脑过渡中被大大增强的一个方面，也是高智力的一种体现，是动物季节性行为所不能比及的。

» 钻石比水更珍贵：价值悖论

很多时候，一个事物的价值不是由我们自己用想当然的想法来定义的。

有一个穷人家徒四壁，仅有的财产是一个旧木碗。一天，穷人上了一只渔船去帮工。不幸的是，渔船在航行中遇到了特大风浪，被大海吞没了。船上的人几乎都被淹死了。穷人抱着一根大木头才幸免于难。穷人被海水冲到一个小岛上，岛上的酋长看见穷人的木碗，感到非常新奇，便用一口袋最好的珍珠、宝石换走了木碗。

一个富翁听到了穷人的奇遇，心中暗想："一只木碗都能换回这么多宝贝，如果我送去很多可口的食品，该换回多少宝贝！"富翁装了满满一船山珍海味和美酒，历尽艰辛终于找到了穷人去过的小岛。酋长接受了富人送来的礼物，品尝之后赞不绝口，声称要送给他最珍贵的东西。富人心中暗自得意。一抬头，富人猛然看见酋长双手捧着的"珍贵礼物"，不由得愣住了：它居然是穷人用过的那个旧木碗！原来木碗在这个岛上是绝无仅有的，是最珍贵的东西。

亚当·斯密曾在《国富论》中写道："没有什么东西比水更有用，但它几乎不能够买任何东西……相反，一块钻石有很小的使用价值，但是通过交换可以得到大量的其他商品。"一吨水才几块钱，而成千上万吨的水才换得的一颗钻石，除了能让人炫耀他的财富外，几乎没有什么用途。但为什么水的用途大而价格低，钻石的用途小却价值大呢？这就是著名的"钻石与水悖论"，也就是"价值悖论"。

这的确是一个悖论！水的使用价值大，却不值钱，而钻石却没有多少实用价值，却价值连城。

经济学家约翰·劳认为水之所以用途大、价值小，是因为世上水的数量远远超过对它的需求，而用途小的钻石之所以价值大，是因为世上钻石的数量太少，不能满足对它的需求。正像俗话所说的那样，物以稀为贵。他的观点是以数量与需求的关系来决定物品价值的。

而经济学家马歇尔则用供求均衡来解释这一"谜团"。他认为，人们对水所愿支付的价格，由于水的供应量极其充足，而仅能保持在一个较低的水平；可是，钻石的供应量却非常少，而需要的人又多，所以，想得到它的人，就必须付出超出众人的价格。

这些解释不无一定的道理，让我们再来看看西方边际学派用"边际效用"

来如何说明价值悖论。

由于水的数量一般来说总是取之不尽的，而人对水的需要总是有一定的限度，不可能无休止。就拿喝水来说，随着人的肚子逐渐鼓胀起来，最后一单位水对他来说就变成可喝可不喝的了，也就是说，最后一单位水对人增加的"效用"也就很小。西方边际学派认为边际效用决定商品的价值，边际效用小，其价值也小。而钻石的数量相对人的需求来说却少得可怜，因此它的边际效用很大，于是价值也大。这就足以解释"水与钻石的悖论"了。

而上文讲述的"木碗与钻石"的故事也可以用边际价值理论来解释。一般情况下，随着人类手工业的发展，只要有木材，就能造出木碗，于是木碗比比皆是，但人类社会的宝石极其稀少，因此，最后一个木碗对于人们来说是几乎不可能出现的。因此，最后一个木碗对人增加的效用是极小的，所以，钻石的价值或价格远远高于木碗。

而在这个海岛上的情况却完全相反：钻石数量极多，木碗仅此一个。对于这个海岛上的人来说，木碗不仅造型奇特，还具有实用功能，显而易见，木碗的边际效用价值远远大于宝石。

因此，我们也可以用边际效用解释生活中的其他一些常见现象：某些物品虽然实用价值大，却廉价；而另一些物品虽然实用价值不大，却很昂贵。

» 路边苦李：产权问题不能知之甚少

什么是产权呢？

不同的经济理论和派别对其所下的定义是不尽相同的，一个为多数理论学派所接受的定义是这样的：产权不是指人和物的关系，而是指物的存在及关于它们的使用所引起的人们之间相互认可的行为关系。也许这个定义听起来有点拗口，我们不妨举个例子来说：

假设小黄有一套房产，他将这套房子租给小李，小李每年付给小黄5万元人民币。

实际上，小黄就拥有这套房产的完整产权，具体来说：

（1）拥有房屋的占有权。这种占有权具有排他性，即产权是属于小黄的，他在占有房产的同时，意味着其他人不能占有这种财产。

（2）拥有房屋的使用权。小黄能够自主决定房产使用的权力，比如他可以选择自己住，也可以选择出租，他对房产有自主处理的权力。

（3）拥有房屋的转让权。其实小黄的这套房产还可以在市场上自由地买卖，因此产权可以像任何一种商品一样可以自由交易、转让。

（4）拥有房屋的受益权。说所有者可以获得并占有财产使用和转让所带来的利益，又称为剩余索取权。比如小黄向小李收取的每年 5 万元的租费，就是房屋产权的收益。

产权的问题之所以引起人们的重视，在于产权与经济效益有密切的关系。如果没有产权制度，就会导致资源浪费、效率低下等后果。我们不妨通过一个通俗的故事了解产权制度缺失所导致的可能结果。

王戎是"竹林七贤之一"，小时候就聪明过人。一天，他同村里的孩子发现路边长着一棵李子树，树上长满了鲜润的李子，十分诱人。王戎却是一副漠不关心的样子，并跟其他人说，李子肯定是苦的。

这时尝过李子的人不禁叫苦连天。他们不禁问王戎："你怎么知道这些李子是苦的呢？"王戎说："路边的李子树不归任何人所有，来来往往的人这么多，如果李子好吃早被人摘光了，哪还轮到我们？"

为什么王戎能够从李子树不归任何人所有这点，就能推断出满树李子是苦的？这就牵涉到经济学中的产权概念。"路边苦李"的故事表明，既然李子树的产权是属于公众的，不属于某个人，自然就没有人愿意对李子树进行培育，树上结的很可能是苦李子。如果李子树上有甜李子，自然会被别人摘光了。

因此，只有通过产权界定，才能使资源得到有效的保护和利用。市场经济的制度基础是产权明晰，所以，实行市场经济的国家的立法无一不把保护产权作为基本原则。产权之所以重要，是因为产权使所有者权责一致，即所有者有权使用自己的资源，获得由这种使用得到的利益，也承担使用不当的责任。在这种情况下，所有者就会最有效地利用自己的资源。

面对目前产权制度缺失的实际情况，我们更应该在实际的经济生活中注意保护自己的财产权利，在经济活动中要保护好财产获得的法律依据，比如购买房屋的凭证，它是你合法取得房屋的主要凭据，据此你才可以在房产管理部门办理房屋产权登记证，有了这个证件，你的房产才能够被合法地使用、抵押、保险、出租、转增、出售等。

可以说，产权制度是市场经济的基础，建立一套完整、有效、可操作性强的产权保护制度，无疑是重要和必要的。

第四篇
平复内心的波动

第一章

摇摆——内心的动摇从何而来

» "以貌取人"的择偶心理：同征择偶

在生活中常有这样的现象，一些娱乐圈里的女星在退出圈子后，总会嫁入豪门成为"少奶奶"级人物。然而，如果是那种年龄不符的"老少恋"，或者外形不搭的"美女野兽配"，尽管男方家财万贯，却仍旧让人倍觉可惜，直叹一朵鲜花怎么就插在"金牛粪"上了。按理说，女貌男才或者女貌男财，也算是不同优势的均衡了，那些外形抱歉的富豪也不见得就差在哪里。但是，到底是什么东西影响我们的观点呢？长相出众难道就是这么大的优势吗？漂亮的脸蛋比经济利益更具有影响力吗？

漂亮的脸蛋总是十分具有吸引力的，所以，才有无数的男女为了出众的外形做出许多牺牲和努力，比如，对自己身体动刀的整容，让人瞠目结舌的各种减肥秘籍，等等。那么，一张脸的魅力究竟在哪儿呢？

其实，不仅我们人类世界，动物界也是如此，比如，对于雌鸟来说，羽毛亮丽多彩的雄鸟就比色彩黯淡的雄鸟更有吸引力。这是为什么呢？

从心理学来讲，在我们的社会中，美貌比其他优点更容易决定一个人在社交金字塔中的位置。我们常说"美女俊男"配对才是养眼的，所以，在选择配偶的时候，许多人都有与己相配的想法，而在外人的眼中，也下意识地认可外形的和谐和统一，也就是所谓的"丑人配丑媳""美女配英雄"（这里的英雄还是有一定相貌优势的），这种现象专家将之称为"同征择偶"。同时，很多人不愿意承认自身的条件不高，再加上人对美貌的天生崇尚，用"光环效应"讲，就是认为一个美貌的人在性格、能力等方面也会存在一定的优势。再者，人们对"美"的追求则是出自天性的，因为视觉上的享受会向内传达转化为愉悦的情绪。

但是，归根到底，这样的想法虽然没错，如果一味"死心塌地"地"贯彻实行"，则可能成为一个不小的"悲剧"。

我们要时刻提醒自己，美貌是会随着时间而枯竭的，真正美丽的灵魂却是能永驻人心。

在现实生活中，我们最好要控制一下"以貌取人"的择偶心理，不要只会片面地关注对方的外貌，而要更多地从对方的道德品性、家庭责任感、智慧才能、经济条件，还有双方之间的性格特点、能否长久亲密相处等十分现实的问题来考虑。要知道，靠对方漂亮的外表产生的爱情是短暂的。随着岁月流逝，爱情也会随着外貌的衰老而消失。正如歌德所说："外貌美丽只能取悦一时，内心美方能经久不衰。"

» 夫妻相也是可以长出来的：天长日久的变色龙效应

生活中也不乏这种夫妻相的发生，两人建立亲密关系后，本来颇有差距性的两人，变得越来越像。有时让人误以为是兄妹，打听之下才知道是夫妻，这让人充满了好奇——夫妻相到底是怎么来的呢？

张丽和萧源是某所中学的老师，两人相恋了 3 年，终于在 2009 年 10 月举办了婚礼。从恋爱到结婚，两人关系很好，相处得十分甜蜜。

但是，有一个奇怪的现象逐渐被他们的同事和学生发现了，那就是两个人似乎越长越像，大家都说，这两人真是越来越有夫妻相了。真实的情况的确也是这样，张丽和萧源本来在兴趣爱好上面就很多共同点，个性也很合。恋爱后，两人的生活习惯甚至神情动作都开始保持高度的一致性。张丽的学生打趣地说："两个老师都快成双胞胎了！"

不知道大家是否有自觉，在生活中我们一直模仿着他人。从成长中的说话行走、学生时代的知识接受、踏入社会的处世原则，可以说，我们是在模仿中成长出来的"原创"。

人们在和他人交往时，习惯性地都会给别人"贴标签"，即当我们与人见面时，会产生"我认为这是一个怎样的人"的印象，心理学家弗朗兹·埃普丁解释说，当我们"被贴上标签"的时候，我们就很容易开始按照人们赋予我们的方式付诸行动。我们会去迎合由他人的判断为我们创造出的模式。"从而，让我们在真正的自我与我们被赋予的特质之间产生混乱"。即我们可能会变成别人期望的样子。在心理学界，这种期望被概括性地称为"变色龙效应"。

其实，两人确立亲密关系后，双方的生活习惯、饮食结构相同。时间久了，彼此相同的面部肌肉得到锻炼，笑容和表情逐渐趋于一致，让两个原本有差异的外貌看起来也有了相似之处。同时，饮食、生活习惯的相同，还会让两人患同一种疾病的概率大大增加，让外人产生"这对夫妻真是惺惺相惜"的感觉。针对这样的现象，美国科学家的一项研究表明，无意识地模仿别人动作、表情、口音乃至呼吸频率和情绪的变色龙效应，正是产生夫妻相的原因。

我们的这种模仿，或者说对别人期望的满足，就是为了更好地与他人交往和交流。变色龙效应的这种诡异作用，让我们在这个求大同存小异的社会中产生了更大的生存价值。我们可以在各种人群、集体里面穿梭，然后大摇大摆地招手，"我们是同一国人"，这样的共同性就成了我们的保护色。就像自然界的变色龙一样，融入生存环境，不让自己成为狩猎的目标。

对于模仿这个问题，许多人对此嗤之以鼻，但是，要能成功掌握模仿的精髓，那么，也将是我们走向成功和胜利的秘密武器。

要想打造自己的"让老百姓喜闻乐见"的形象，我们就需要一个模板，或者说榜样。我们在模仿的过程中，去粗取精，张扬优势，克服缺陷，让自己趋向完美。同时，在人际交往中，大多数人更喜欢和自己有共同性质的人相处，因为他们会觉得彼此的生活方式更有共鸣性和感染力，所以，当我们想融入一个团体，或者结识某个人时，适当地模仿，让对方注意到我们与之的共通点，这也是一个人际吸引的小技巧。

» 浪漫情怀和桥的摇摆："吊桥效应"引发心动错觉

我们往往用心动来判定一份感情的开始。但是，我们是否曾经想过，这份心动里到底几分真、几分假？

有人做过这样一个实验，研究者让女助手分别在两座桥的桥头等待他人，一座是安全木桥，一座是颇具危险度的吊桥。她被要求去接近18～35岁的男士，时间则被限定在他们走过桥头的时候。她要同那些男士交谈，并请每位填写一张简短的调查表，同时对他们声称之后会告诉他们这项研究的相关事宜，并把自己的名字和号码写在小纸片上交给对方。

实验显示，几天后，走安全木桥的16位男士中只有两个给女助理打了电话，而走过吊桥的18位男士中几乎有一半主动与她联系了。

当然，这些主动者不太可能是一夜之间就对心理研究产生了兴趣，更合理的解释则是——这位女助理的魅力。但是，为什么安全桥和吊桥之间又产生了如此大的差距呢？为什么吊桥上的男士明显比安全桥的男士对她更感兴趣呢？

研究的答案就是：两座桥的摇晃程度不同。

因为当人们经过吊桥的时候，我们会因为不稳定感和不安全感产生一些生理反应，比如，下意识屏住呼吸、心跳加快、冒出冷汗，异常紧张，而这些都是肾上腺素上升的反应，大部分男士就将这种反应和紧张感转化为一种浪漫情怀。同时，研究还表明，行走路径的选择也分类出了这些男士的性格特征，选择吊桥的人比选择安全木桥的人更具有冒险精神和主动意识，他们都是相对更勇敢的人。所以，心理学上将这种把生理上的紧张感转化为浪漫感的状态，称为"吊桥效应"。

正如这种心理现象所表达的，我们在与人交往的过程，往往会不由自主地受到许多外界环境的影响或干扰，但是，这种微妙的信息发送和接收，可能是我们本身很难察觉的。所以，很多时候，我们所说的心动到底是因为什么因素，或许我们自己都很难说清。但是，我们很难否认，自己会下意识地仅凭一种生理反应就判定对交往对象的好感度。

所以，对于爱情来说，心动的开始，或许有很多复杂的成分在其中，而我们的感情或许也没有自己想象中的那么单纯和理智。

爱情本身并不简单，它就好比一锅大杂烩，是百种滋味的纠结和融合。而想要让这锅大杂烩更美味，各种材料都入味三分，我们最好多一份心理准备和技巧。

所以，无论是在恋爱或是婚姻中，想要得到真挚的爱情，恋人之间要相互观察、了解乃至考核，这都是有必要的。只有经过多方面的观察、了解、考核，才能从里到外认识对方的本质，并由此作出判断：能否与他/她共度一生。无论在选择恋爱的时候还是在恋爱之中，我们的智商都不能降为零。不要不爱，也不要太爱，更不要因爱淹没了自己的人格和想法，要明白"过犹不及"的道理，要时刻谨记人的心里是需要一把"适度原则"的铁锁。无论有多么的狂热，一定的理性还是需要的。把这种理性化为一种力量和智慧，不要让自己轻易变成别人手中的玩物和傀儡，也不要抱着一种非君不可的牺牲精神去飞蛾扑火，而是要让自己坚强得如同一座堡垒，不会让爱成为自己的弱点和软肋。

同时，在处理人际关系时，我们也可以利用这种吊桥效应来制造好感。偶尔制造一些紧张感，然后再在适当的时间展示自己。

» 为何对于流言我们易轻信：戈培尔效应

生存于一个团体之中，无论你如何做人，也无法让每一个人都满意，更何况当有利益纷争的时候呢？出于种种原因，对我们不利的谣言就来了，有攻击我们能力的，也有诽谤我们的信誉和人格的。生活中的流言很多，常常令我们身陷被动的境地，古代大学者曾子的母亲也曾因轻信流言以为自己的儿子真杀了人。

孔子的弟子曾子是一个有名的孝子，有一天，他说："我要到齐国去，望母亲在家里多保重身体，我一办完事就回来。"母亲说："我儿出去，各方面要多加小心，不要违反人家齐国的一切规章制度。"

曾子到齐国不久，有个和他同名同姓的齐国人因打架斗殴杀死了人，被官府抓住。曾子的一个同门师弟听到消息就慌忙跑去告诉曾子的母亲说："出事啦，曾子在齐国杀死人了。"曾母听了这个消息，不慌不忙地说："不可能，我儿子是不会干出这种事的。"

那位师弟走后，曾母仍旧安心织布，心里没有半点疑虑。

过了一会儿，又有一位邻居跑来说："曾子闯下大乱子了，他在齐国杀死人被抓起来啦。"曾母心里有点慌了，但故作镇静地说："不要听信谣言，曾子不会杀人的，你放心吧。"

这个报信儿的人还没走，门外又来了一个人，还没进门就嚷道："曾子杀人了，你老人家快躲一躲吧！"

曾母沉不住气了。她想：三个人都这么说，恐怕城里的人都嚷嚷开这件事啦，要是人家都嚷嚷，那么，曾子一定是真的杀人了。她越想越怕，耳朵里好似已听到街上有人在说："官府来抓杀人犯的母亲啦。"她急忙扔下手中的梭子，离开织布机，在那两个人帮助下从后院逃跑了。

人们常说，谎言说了1000遍就成了真理。的确是这样的，曾子的母亲开始处于对流言的拒绝状态，坚信自己的儿子不会杀人，但是，当3个人都这样说，她就逐渐认同，甚至最后吓得逃跑了，这是因为心理积累暗示发生了作用。

心理学上有一个与心理积累暗示相关的名词，叫"戈培尔效应"。戈培尔是纳粹的铁杆党徒，1933年，希特勒上台后，他被任命为国民教育部长和宣传部长。戈培尔和他的宣传部牢牢掌控着舆论工具，颠倒黑白、混淆是非，给谎言穿上了真理的外衣，愚弄德国人民，贯彻纳粹思想。他还做了一个颇富哲理的总结："重复是一种力量，谎言重复100次就会成为真理。"这就是"戈培尔效应"。

无论是流言还是谎言，重复得多了就会使人相信，这都是由心理积累暗示导致的。心理积累暗示有移山倒海的功效，可以改变人的信念，具有两面性，关键在于如何运用。

世上没有完全不受暗示影响的人，只是程度的深浅不一。他人对我们造谣的动机各种各样，但无论是出于嫉妒还是别的阴谋，我们越在不顺心的时候就越要保持冷静，绝不能被谣言的制造者打倒。

谣言产生并不是什么可怕的事，冷静思考是我们对待谣言的最好处理办法。对于身陷谣言旋涡中的人来说，最需要的是冷静的头脑，而非沮丧的心情和失望的愤怒。因此，我们要做一个不易受心理暗示影响的较为理智的人，让"流言止于智者"。

» 吃饭时当服务战胜口感："程序正义"找平衡

安·兰德曾经对公平有过这样的解释——人们都知道"公平"二字，但不知道什么是公平，公平其实就是交易的粉饰。什么是交易？两个需要的交换方式就是交易。什么是需要？本能利益的需求就是需要。但是，公平却在很大程度上时常处于一种失衡状态。这个结论又是怎样得出来的呢？我们来看看下面的案例。

广东有一家茶餐厅，顾客对里面所出售的食物是颇有微词——不仅价格贵、菜式少，口味还不行。但奇怪的事情是，这家茶餐厅的客源从来没有断过，特别到了周末或者假期，甚至可以用生意兴隆来形容。同时，其中的客人还有大部分都是回头客，这不禁让人丈二和尚摸不着头脑了。

后来经人调查才发现，原来这家茶餐厅不只装潢幽雅独特、环境清新宜人，而且服务人员的素质还十分高。最后，很多人去餐厅饮食，只是因为它给人的良好感觉，而非它的主打食物。

身为现代人，我们从出生开始，便寻求一种生而为人的平衡感和平等感，这种追求就是我们常说的"公平"。我们现在可以讨论一下这种奇怪的现象了。按理说，我们去茶餐厅吃饭，是在用金钱和食物做交易，食物好花费多，食物差花费少，我们用金钱去衡量食物的档次，这是一种公平。但是，现在的情况完全就是不公平的，因为提供给我们的食物已经不能满足我们的财产支出了，然而，并没有人因为这种失衡而嚷嚷着"这是欺诈"，这又是为什么呢？

从心理学来讲，其实公平对我们而言，不是一个结果，而是一个过程，而这种导致我们不合理性的反应，就被称之为"程序正义"。简单地说，就是餐厅的食物再不可口，但是，我们仍旧从餐厅的环境和服务中得到了享受，因为我们往往会原谅甚至是忽略食物这一因素。所以，过程的公正性和均衡性——别人对我们的综合态度——与我们的最终满意度挂钩。

由此可知，我们要去衡量公平，就不要用太过单一、狭隘的思维和判别方式，要综合性地去进行定义。

在现实生活中，一个人的发展往往会受到很多因素的影响，这些因素有很多是自己无法把握的，工作不被认同、才能不被重用、职业发展受挫、上司待人不公平、别人总用有色眼镜看自己、自己和别人的财富差距、他人充满浪漫的感情经历、与自己截然不同的优越身世……很多人似乎感慨着，在公平和现实的摩擦中，我们从别人身上看到了许多优越感，而自觉低人一等。这时，能够拯救自己出泥潭的只有反思和忍耐。我们要认识到公平中的复杂性和它本身的失衡性。所以，这就需要我们学会控制自己，学会忍耐，学会去适应身处的这个真实的环境和社会。

我们要明白，公平很难主动向我们靠齐，但是我们可以凭借自己的努力朝着公平前进。

首先，在恋爱关系上，我们不要过分地强调情感上的公平和等价交换，这样很容易让感情出现物质化的倾向。很多人感慨"爱情中，付出多的一方就输了"，但是，如果彼此都对情感的付出充满了畏惧，那么这份感情的真实度到底是多少，就可能会让人质疑了。

其次，在人际交往中，当我们遇到了不公平的待遇，与其花费时间去贬低对手、急着跳出来表现自己，不如冷静下来思考怎样编织更为和谐的关系网。如果能做到做事得体、待人有礼，在品德上不断完善自己，而把个人恩怨先放在一边，久而久之，我们必然会得到大家的认可。

最后，在现代职场上，当企业内部还处于有等级区分的金字塔结构时，我们就要明白一个道理，与其一味地追求公平，不如主动提高我们的工作效率。其实，用逆向思维思考一下，如果一个公司内部没有适当的等级制度和淘汰制度，它就可能会因为自己的"仁义"而失去竞争力，而遭到现实更为残酷的淘汰。

» 选择饼干还是方便面：生产可能性边界

类似这样的情况在现代企业中是经常见到的：

临近年末，一家同时生产饼干和方便面两种产品的食品公司开始制订明年上半年的生产计划，该怎样筹划呢？我们知道，公司的资源，如工人、机器、厂房、资金等是有限的，怎么有效地利用这些资源生产，使得公司取得最大赢利是问题的关键。如果调动所有资源，单去生产饼干或者方便面，各自都会有一个最大的生产值。但是，公司不可能只去生产一种物品，而忽略另一种物品，饼干和方便面都有各自的市场，放弃任何一种产品，公司都会失去订单。因此，管理者们商讨的核心就是怎么确定饼干和方便面之间的产量关系。

这涉及"生产可能性边界"的概念。"生产可能性边界"是指在可投入资源数量既定的条件下，一个经济体所能得到的最大产量。作为一种理论模型，为了便于研究，生产可能性边界需要事先假定3个基本条件：

（1）资源不变。即所有资源投入的数量和质量在整个生产期间不变。

（2）资源得以充分利用，从而得到最大产量。

（3）在生产中，技术水平保持不变。

如果企业的生产在这一边界内，则说明尚未达到有效生产，但是如果超过这一边界，则意味着目标会超过企业的生产能力，是难以达到的。

我们以该食品公司为例，它此刻面临着怎样分配其相对稀缺的经济资源问题。假定全部经济资源用来生产饼干，可生产 15 个数量单位；全部用来生产方便面，可生产 10 个数量单位。用既定的经济资源和生产技术，多生产饼干就必然减少生产方便面；反之亦然。不难理解，在这两个极端之间，还存在着各种生产可能性，即将生产资源的用途进行转化，会使两种产品的数量此消波长。

现在我们假设共有如下生产可能性：

我们在脑海里描绘一幅图，用纵轴表示饼干，用横轴表示方便面，根据数据找出坐标点，连接各点便得到一条曲线，这条曲线就叫生产可能性边界。它表明在既定的经济资源和生产技术条件下所能达到的两种产品加大产量的组合曲线。

微观经济主体中，除了企业，还有家庭和个人。食品厂作为一个企业，属于微观经济主体，将其所拥有的经济资源在不同用途间进行分配时，借助生产可能性边界，可以帮助其最有效率地实现目标。实际上，即使对于一个高中生，生产可能性边界也同样适用。"万变不离其宗"，其原理与企业生产是一样的。对他而言，生产就是学习，资源就是时间，但他不会将有限的时间全部用于学习物理，也不会将时间全部用于学习英语，像这种"极端的生产"对于他来说都是不利的。他必须根据自己的实际情况设计出一个最有效率的时间安排，这也可以看做"生产可能性边界"。

资源配置不仅是微观经济学的主要研究任务，同时，对宏观经济学也有着重要的价值。在 20 世纪 30 年代时，处于经济大萧条时期的西方国家就普遍存在这种情况。大量煤炭销不出去，大批牛奶倒入江河，而工人们纷纷失业，社会资源严重浪费。另外，当经济缺乏效率时，也会造成生产处于可能性边界以内。而要使社会处在生产可能性边界上，就必须充分利用现有的经济资源。对于社会而言，如果生产处于可能性边界以内，则表示社会未能充分、有效地利用资源，社会往往就存在着失业；而当社会使用了这部分资源，不仅可以解决就业问题，还可以得到更多的产品。现在，我国经济建设正处于高速发展之中，生产可能性边界对于充分发挥企业运营效率有着更为重要的意义。

» 吉列刀片的传说："充裕"时代的到来

早在 1903 年，有位叫金·吉列的推销员，虽已年近五十，却仍然满脑子幻想，渴望成为一个发明家。所谓工夫不负有心人，他花了 4 年时间，终于发明研制了可更换刀片式剃须刀。然而，在最初投入销售的一整年里，新产品只卖出了

51 副刀架和 168 枚刀片。

吉列没有放弃，他接下来做的事情开创了一种全新的商业模式。他以极低的折扣将数百万副刀架卖给美国陆军，自然，军队将刀架当做生活必需品发给了士兵们。吉列指望这些士兵退役还家后变成自己回头客。

然后，吉列又将刀架卖给银行，让银行作为礼品来送给新开户的客户。他设法将刀架和几乎所有商品都捆绑在了一起，比如从绿箭口香糖到红茶茶包。这种做法颇具成效，仅仅过了一年，他就已经售出了 9 万副刀架和 1240 万枚刀片。

吉列刀片的畅销乃至风行世界，给后世的商家们留下了一个重要的遗产：提供免费（或者廉价到近乎免费）的平台产品，然后通过耗材、补给、服务等，来获得真正丰厚的利润。

比如，中国移动会免费送给消费者一部手机，条件是这之后的两年间，消费者每个月都要打大量的电话。惠普的打印机最便宜的一款才 300 元人民币，但打印机的墨盒，正是惠普公司的主要利润。在今天，这样的经营策略仍然频繁出现在生活中。

这种"免费获得 A 商品，但需要支付 B 商品的钱"的方式，被经济学家定义为"交叉补贴"。美国《连线》杂志主编克里斯·安德森就表达了这样的观点。不过，随着时间的推移，"免费"已经不仅是一种营销方式了。在一些人看来，这很可能是一个"充裕时代"将要来临的前奏。安德森写作了《长尾理论》一书，提出"免费经济学"的观点。安德森及其同行认为，在未来社会，不是免费商品的成本进行了交叉补贴，而是免费商品的成本极大地降低，低到趋近于零。

由于技术的发展，服务或商品的提供商可以触及大量甚至是海量的用户，而每新增一个用户或者给每个用户新增一项服务的边际成本，则在急速向零靠拢。再准确一点说，是提供免费商品的边际成本正趋近于零。这听起来有些难以置信，然而，现实中，确实有这样的事情。比如，对于谷歌来说，新增一个用户，或者给每个 Gmail 用户新增 1GB 字节的存储空间所需增加的成本，小得几乎不可计算。在全世界电脑游戏产业中，增长最快的是免费的比如《征途》和《传奇》等网页休闲游戏，它们可以看做是交叉补贴模式的代表者，也可以视做免费经济时代里的一种基础模式。而前提是，每位用户边际成本的降低。

观察了世界各地种种这类现象之后，经济学家认为，会有越来越多的东西变得不要钱，"充裕"将替代"稀缺"，成为今日经济生活的主题，再小的需求也可以被满足。当然，这种"充裕"不可能涵盖所有的商品和服务，人类也不会进入一个完全免费的时代。充裕经济学还有一个重要意义，就是让我们重新思考经济学的终极问题：在有限资源下如何进行选择？因此，当资源和供应呈现极大充裕时，反而需求这端出现了瓶颈。实际上，安德森提出这种理论的目的，是提醒企业改变思路，明白自己在数字时代应该如何去生存？因为随着科技的爆炸式进步，企业必须考虑，在一个边际成本趋近于零的商业环境里，很多过去收费的商品和服务必然走向免费，他们应该怎样应对这一局面。

随着时间的推移，随着社会的发展，人类眼中最稀缺的资源，总在发生变化，在今天，很多日常用品的生产成本已经极低，也异常廉价。不过，对此也不用过于担心，因为不管经济发展到哪个时代，人们总是有办法制造新的稀缺、新的昂贵、新的增长极……

再或许，这个问题永远不会有固定的答案。

» 交往越多越亲密：邻里效应

在现实生活中，人们大部分的朋友，不是同学、同事关系，便是住所比较近的邻居。心理学家认为，熟悉能增加人际吸引的程度。如果其他条件大致相当，人们会喜欢与自己邻近的人交往。我们甚至总是能够比较方便地在同学、同事或邻居中找到意中人。

处于物理空间距离较近的人，见面机会较多，容易熟悉，产生吸引力，彼此的心理空间就容易接近。常常见面也便于彼此了解，促进相互喜欢，我们经常说"远亲不如近邻"，是因为我们和邻居接触多，而与相隔较远的亲戚接触少。接触得多的人，我们会有一种亲密感，而接触得少的人，我们会感觉到生疏。

生活中，我们会看到一些"近水楼台先得月"的事情。比如某个女孩和男朋友不在一个城市。公司的某个男同事特别关照女孩，女孩开始只是出于礼貌与男同事保持正常的交往。由于男朋友不在身边，女孩有了什么事，男同事总是给予帮助，渐渐地，随着交往的密切，两个人之间产生了感情。于是，女孩与千里之外的男友分了手，选择了这个男同事。这个现象，在心理学上被叫做"邻里效应"。心理学家曾做过一个关于"邻里效应"的实验。

20世纪50年代，美国社会心理学家对麻省理工学院17栋已婚学生的住宅楼进行了调查。这是些二层楼房，每层有5个单元住房。住户住到哪一个单元纯属偶然，哪个单元的老住户搬走了，新住户就搬进去，因此具有随机性。

调查时，所有住户的主人都被问道：在这个居住区中，和你经常打交道的最亲近的邻居是谁？统计结果表明，居住距离越近的人，交往次数越多，关系越亲密。在同一层楼中，和隔壁的邻居交往的概率是41%，和隔一户的邻居交往的概率是22%，和隔3户的邻居交往的概率只有10%。多隔几户，实际距离增加不了多少，但是亲密程度却有很大不同。

由此看来，人们之间交往得越多，他们的关系就越亲密。因此，我们要想与人建立亲密关系，需要主动与人多接触、多联系。每与人多接触一次，他人对你的印象就更深一点。

对于现在的很多年轻人来说，最困难的是不知道如何主动跟人联系，如何主动与人保持联系。也有很多年轻人委屈地说："我很好相处，只是不好意思找你！"的确，这种不好意思就是我们与别人沟通的"心理障碍"，我们要想办法把它克服。

米小娅是在一个优越的家庭环境中长大的，爸爸是一家企业的领导，妈妈是机关干部。因为父母的关系，身边的人对她都是客客气气的。从小学到大学，她在别人的赞扬声中长大，不懂得什么是"迎合"；向来是别人逗她说话，她却不知道如何在交谈中寻找话题。

大学毕业后，米小娅很顺利地进入一家大公司，她凭借出色的英语水平赢得了总经理秘书的职位。在别人看来，她工作最接近高层，最容易得到老板的欢心，也最容易高升。

可是进入公司不久，米小娅就开始犯了难。她不懂如何与老板沟通，一些很正常的话，在她看来那都是在讨好老板，无论如何就是说不出口。一开始老板还对她问长问短，而她除了有问必答外，也绝不多说什么。

渐渐地，她发现老板不太和她闲聊了，即使说话，也局限在工作范围内。工作刚开始，她和老板的关系就陷入了僵局，米小娅不知道怎么办才好。

米小娅确定存在与人沟通的心理障碍。要想改变这种状况，要利用生活中的邻里效应，多与他人沟通、交往，以增加自己和他人的亲密程度。这里就如何主动与他人交往归纳几点建议以供参考。

1. 打招呼是一种好习惯

想得到，先给予。每个人都渴望认识好朋友，却吝于"先给予、先付出、先主动"伸出友谊之手。在工作和生活中，我们要主动地跟人打招呼，主动地与人建立联系，少一点心理设防，有事没事跟朋友常聚聚。

有一家保险公司曾对20岁至49岁的人进行"人生课题的意识调查"，结果发现，不同年龄层的人都认为，结交朋友是人生最重要的课题。可有趣的是，人都有惰性、怯性，宁愿一个人待着，也不去主动结交朋友、与朋友们联系。

2. 主动联络朋友

无论是与邻居间还是朋友间、客户间，平时的联系都非常重要。建立关系最基本的原则就是：不要与别人失去联络，不要等到有麻烦时才想到别人。关系经常不联系，就会变得生疏。所以主动联系朋友尤为重要。在工作之余，有事没事都可以打个电话，哪怕是随便聊聊；有空的时候发一个E-mail，节假日的时候发一则问候的短信，或者上QQ聊上几句都是简单有效的方法。

3. 及时回应朋友

打招呼是对等的，有人跟自己打招呼，立刻回声招呼才是基本礼仪。面对讨厌的人时，一般人都会不由自主想回避，这种做法是错的。愈是讨厌的人，愈要控制自己的情感，积极地去接近对方。礼貌这种东西就像交通规则一样，别人不遵守并不代表自己也可以不遵守，就算没有人要遵守，自己也非得坚持到底不可。

4. 少一点设防心理

在生活中，我们都会有一些设防心理。人与人之间在交往中有意或无意地采取措施的设防行为就是设防心理。在两个人独处的时候，我们不时地会有些防范心理；在人多的时候，你会感到没有自己的空间，自己的物品是否安在；你的日记总是锁得很紧，这是怕别人夺走你的秘密。为了这些，你要设防。这种心理是很正常的。但是，如果过于防御别人，则会对你的人际关系起到负面作用，阻止你与他人的正常交流。

古人说："过犹不及。"的确是这样，心理学的研究发现，人们的交往频率与喜欢程度的关系呈倒 U 形曲线。也就是说，交往过于频繁或生疏，关系过于亲密或淡漠，都不利于人际关系的保持。因此，与朋友之间保持中等交往频率时，彼此喜欢程度才最高。

第二章

情商——为什么我们会喜怒无常

» 情绪反应：刺激后的内部主观体验

人类拥有数百种情绪，20世纪70年代，美国心理学家伊扎德用因素分析和逻辑分析的方法，将情绪分为兴奋、喜悦、惊吓、悲痛、憎恶、愤怒、羞耻、恐惧、傲慢9种。目前一般认为，最基本的情绪有快乐、愤怒、悲哀和恐惧4种，是我们可以看到的机体外部表现。当情绪发生时，除了可以直观看到的机体外部表现外，同时还会伴有一系列的体内生理反应，如悲伤时呼吸频率变慢、恐惧和愤怒时心率加快同时血压升高等。情绪的生理反应多数是可以通过不同的方法进行测量记录的，这些测量指标虽然不能判断一个人的情绪种类或性质，但对于分析判定人的情绪活动水平还具有一定意义。所以，医学和心理学上常利用一些生理记录仪器对人的心理、生理指标进行测量，综合分析评价人的情绪。

我们几乎每天都要表达自己的情绪，如"我今天特别高兴""我现在很难过"，也会描述他人的情绪，如"他今天火气特别大""她今天貌似很兴奋"。可见，情绪是我们每个人不可缺少的生活体验，是我们最熟悉、体会最深的一种心理活动。

我们的情绪反应虽然是司空见惯的事情，但是，谁又能对自己说，我已经看透了自己的喜怒哀乐呢？我们为什么会有喜怒哀乐呢？我们自己又是怎样体验和表达这些不同的情绪的呢？

情绪是人的一种内部主观体验，但随着这些体验发生的同时往往会伴随着一些外部表现，也就是我们常说的表情。以往人们认为表情就是我们的面部表情，但实际上，除了面部表情之外，语言声调和身体姿态也能表达我们情绪。

普通心理学认为，情绪是指伴随着认知和意识过程产生的对外界事物的态度，是对客观事物和主体需求之间关系的反应，是以个体的愿望和需要为中介的一种心理活动，包含情绪体验、情绪行为、情绪唤醒和对刺激物的认知等复杂成分，它的产生与人们的认知、生理和刺激有关。简单来说，情绪就是个体感受并认识到刺激事件后而产生的身心反应。

所谓刺激事件，既包括来自外部环境的某种刺激，还包括来自个体内部环境的生理上的以及心理上的刺激，例如施工工地的噪音、婴儿的啼哭、饥饿、牙疼等，都会引起情绪的反应。

那么，由此可知情绪是由感受活动引起的。而参与感受活动生理结构众多，有大脑边缘叶的扣带回、海马结构、梨状叶和隔区，丘脑前核、背内侧核，下丘脑的众多核群以及杏仁核等，其中丘脑核团是获得情绪的核心结构，在丘脑中还存在一种叫丘觉的遗传结构，可以产生情绪体验。

知道了这些情绪表达的蛛丝马迹，我们就可以更加深入地了解别人，以此可以明白什么时候我们应该做怎样的反应来回应对方，才能让对方更满意。而从我们自身的角度来看，我们要学着掌控自己的情绪，当情绪来临时，我们要学会控制而非任它倾泻而出。就像我们想要表达喜悦时应该适当，如果高兴得过了头，就会让人觉得我们洋洋得意起来。而我们的哀伤也要尽量克制，不要让这种消极情绪一再影响我们的生活，要做出适当的调节。

语言声调也是人们交流情绪的重要工具，而且语音的高低、强弱、抑扬顿挫等，也是表达说话者情绪的手段。例如体育比赛解说员在解说比赛的时候，声调往往是急促有力的，这会带动我们一起进入一种紧张激动的情绪中；而当人处于沉痛悲哀的情绪中时，说话的声音往往是缓慢、低沉而无力的。此外，根据语言声调的不同特点，还能判断出一个人的性格特征，例如说话语速较快、口误又多的人多数容易紧张，说话结结巴巴、语无伦次的人多数缺乏自信或是言不由衷，而说话声音响亮、慢条斯理的人则显得悠然自得。

面部表情是指通过眼部肌肉、颜面肌肉和嘴部肌肉的变化来表现各种情绪状态。面部是最有效的表情器官，是最能直观看出人们情绪的场所，人的面部表情主要表现为眼、眉、嘴、鼻、面部肌肉的变化。如果认真观察对方的面目表情，还能了解他们的"心声"，而我们也能猜测对方的真实想法。比如，真正的惊讶是转瞬即逝的，但是当一个人惊讶的表情超过了一秒钟，那么就表示他在假装吃惊；真正的笑意展现在脸上的时候，眼角是会出现眼纹的，这也就是我们常说的那句烂俗台词"从你的眼神中，我看出来你并没有在笑"。

人的情感状态、能力特性和性格特征有时可以通过身体姿态来自发地或有意识地表达出来，从而形成身体姿态表情，也就是我们常说的身体语言。有的时候，我们可以有意识地控制自己的面部表情和语音语调来刻意隐瞒自己真实的情绪，却被自己的身体语言所出卖。这是因为当人处于强烈的兴奋、紧张、恐惧、愤怒等情感状态时，往往抑制不住身体姿态的表情变化，例如当处于紧张不安的情绪下，总会下意识地摆弄自己的手、抚摸自己的耳朵；当人们想要从房间里离开的时候，双脚会不自觉地朝向出口的地方，这些都是人的身体语言。心理学家往往会利用人的身体语言来判断人的想法、情绪等，借此来判定一个人的心理活动状态。

» 幸福藏宝图：积少成多也会快乐

我们追求幸福感，这就像是一个天性，因为我们的出生不光是为了体验痛苦、挫折，我们更多的还是在寻求一种积极、正面的、向上的情绪感受。

幸福是对积极思维的现实奖励，行为认知学派如是说。

幸福是伴随自我实现而产生的一种满足的体验，人本主义如是说。

幸福是一种主观的东西，其生理机制无疑根植于大脑中心，精神心理学家们如是说。

那么，幸福感又是从何而来的呢？我们知道"幸福力"，我们嚷嚷着幸福人生，但是，我们能从自己的生活中看到幸福吗？我们自己又具备探测幸福因素的雷达吗？

幸福与经济发展之间的关系若即若离。据对中国上海、北京、杭州等6个大城市居民幸福程度所做的调查，幸福指数最高的人并不是收入最高的人，当然也不是低收入者，而是那些收入中等或中等偏高的小康者。

幸福与年龄关系不大。其实，随着年龄的增长，人们的生活满意感不但不会下降，反而会有升高的趋势。一项针对英国和美国居民的大规模抽样调查研究表明，年龄与幸福感之间存在U形曲线关系，U形曲线的最低点在40岁左右。

其实，幸福是无数"小乐"的日积月累。一个人的幸福感是来自多次的"感觉良好"，而不是仅仅一次短暂的"大乐"。一些很简单的"小乐"，诸如和孩子出去放风筝、和朋友去野外踏青或享受一次自己制作的美味……这些看起来并不起眼的"小乐"加起来却往往胜过短暂的"大乐"。

基于以上认知，很多心理学家认为，幸福在于平时细心地积累和有意识地提醒自己。一位心理学家还提出达到幸福的9个步骤：

（1）常常活动。室外活动是治压力和焦虑的良药。

（2）有意识地增强积极情绪。越来越多的证据显示：消极的情绪使人沮丧，而积极的情绪催人奋进。幸福的人做的第一件事就是努力消除消极情绪。

（3）好好休息。幸福的人精力充沛，但他们仍然留出一定的时间睡眠和享受孤独。

（4）感受每个能够感动的瞬间。要生活在这样一种状态下：把孩子的微笑当成珠宝，在帮助朋友们中得到满意感，与好书里的人物共欢乐。

（5）关照心灵。对信仰和幸福的关系研究表明，有信仰的人比没有信仰的人更有幸福感。当然，信仰不可能让我们免除所有悲哀，它不可能囊括一切，但是信仰常常提醒你沿着幸福之路前进。

（6）有效地控制好你的时间。幸福的人确定大的目标，然后落实在每天的行动中。一天读1000页书是件很难的事，然而每天读两页则非常容易办到。这样坚持100天就可以读完一本书，这个原则可适应于任何工作。

（7）善待身边的人。人们要学会很好地对待亲近的朋友、配偶，能够一下数出5个亲密朋友的人，有60%的人比不能数出任何朋友的人更感到幸福。

（8）告别枯燥的生活。不要无所事事，不要把自己困在电视机前，要沉浸于能发挥你的技能的事情。

（9）面带幸福感。实验表明，真正面带幸福感的人，他们更感到幸福，经常欢笑更能在大脑中引起幸福的感觉。

» 追求利益最大化未必幸福：幸福 = 效用 / 欲望

一说到最大化，人们马上联想到物质利益或货币收入最大化。其实最大化既包括货币内容也包括非货币内容，在现实中往往非货币内容比货币内容还重要。人所追求的最大化其实是幸福最大化。

那么，幸福到底是什么？怎样追求最大化，才能让人生拥有最大化的幸福？

萨缪尔森给出的幸福方程式是：幸福 = 效用 / 欲望。效用是人的主观感觉，取决于偏好，每个人的偏好不同，即追求的目标函数不同，同时为了得到一定的效用还要付出成本。因此，我们从目标函数、成本—收益分析和欲望3个方面来分析各位武林高手的最大化行为是不是理性的。这里，我们通过以上3个方面来分析两个人——金庸《笑傲江湖》中的岳不群和古龙《楚留香传奇》中的楚留香。

无论有多高超的武功或高低不同的人品，武林好汉的行为目标也都在自觉或不自觉地追求个人利益最大化。但是，同样是武林高手，一样在追求利益最大化，岳不群和楚留香有着完全不同的人生，两人对幸福的体验也必然不同。

岳不群和楚留香是两个完全不同类型的人，他们都在追求最大化，谁的最大化更加理性呢？我们用构成幸福的要素来分析他们的最大化行为。

从目标函数来看，岳不群追求一元化目标——当武林盟主，成为第一高手，其他能使人幸福的因素——亲情、正义、美色、物质享受，等等，都不在他的目标函数之中。相比之下，楚留香的目标函数要多元化得多。作为一名大侠，他有劫富济贫、为朋友赴汤蹈火、主持武林正义等目标。这些给他带来侠义的好名声，在江湖上受到尊重，这是一种极大的精神满足。同时他也重视物质享受，住在精巧的三桅船上，美酒佳肴，享尽物质满足，还有美女李红袖、宋甜儿、苏蓉蓉相伴。他生活得舒适高雅，又未失去武侠的豪气。

仅从目标函数来看，楚留香当然比岳不群理性。根据效用理论，当从既定目标出发去追求效用的实现时，追求多元化目标，各种效用不会递减，总效用最大化；而追求一元化目标，一种效用在递减，最大化的总效用当然要低。

再从成本—收益来看。世界上没有免费午餐，追求什么目标都有成本与收益的比较问题。

岳不群为了当武林盟主而不惜一切代价。这代价有：众叛亲离，爱徒令狐冲、爱妻和爱女都离他而去（机会成本）；为练神功"挥刀自宫"（直接成本）；玩尽诡计和阴谋，不仅劳神费力，还失去武林人士的尊重，被称为"伪君子剑"，这种名声的损失也是成本；至于追求武林盟主过程中的种种所作所为，都成本颇高。但到手的武林盟主却由于各派争杀而无人真正当回事，说成本远远大于收益也不为过。

楚留香则不同，他追求从多元化目标中得到效用时，当然有成本。比如，要有金钱与精力支出（直接成本），为朋友帮忙就要放弃船上的温柔世界和享受（机会成本），去为武林主持正义还有种种意想不到的危险（风险）。所幸的是，他武功超人、机智灵活，总能化险为夷，最终毫发未伤。重要的是，他获得了尊重和自我理想实现，这样看来收益还是大于成本。

由这两点来看，楚留香的效用远远大于岳不群？那么欲望呢？

楚留香所做的一切事都是出于正义感或朋友义气。他只想把眼前的每一件事做好，并没有什么宏伟的志向，尽管是名噪一时的大侠，但看不出有什么武林称雄的野心。

岳不群却是野心很大的人，有一种永不满足的欲望——且别说武林盟主已是极大的欲望，即使当了武林盟主也不会满足，恐怕下一步要一统江湖正邪两派。野心家的欲望总是无止境。

楚留香的欲望小于岳不群，而效用又大于岳不群。根据"幸福＝效用／欲望"的方程式，楚留香的幸福感自然大于岳不群。他们都在追求最大化，但显然楚留香是理性的，岳不群是非理性的，他追求到的幸福甚至是负值的。所以，读过这两本书的人都对楚留香仰慕不已，而对岳不群极其鄙视。

武侠小说不同于真实生活，但也一定程度上反映了人生。其实在现实中也有不少人类似岳不群：人生目标一元化（为钱或为名），野心太大（总想成巨富或名人），为实现效用不顾一切代价（为钱而忘家，为名而失去人格）。这样的人生，最后很可能像岳不群一样，错过很多幸福的体验。

经济学提醒我们在追求价值最大化时应该更理性，用人生的智慧去支配我们心中的欲望，才能让我们所追求的实现最大的效用，享有真正幸福的人生。

» 一时怒气悔恨终生：不怒的活法

很多人会在生气后"小宇宙爆发"，似乎无法自控，一招"天马流星拳"，再一招"庐山升龙霸"，恨不得毁了一切。于是，心跳急速、胆汁增多、呼吸加快、鼻孔扩张、胸部升高、全身发抖。再看脸上，两眉倒竖、两眼圆睁、咬牙切齿，进而伸拳捋袖、怒打怒骂。人在不愉快时不一定会发泄，但若在愤怒时就一定会发泄。

2011 年，某烧烤园发生一宗人命案，被害者是年仅 15 岁的叶某，他被一群小青年殴打致重伤，之后送往医院，抢救无效死亡。

谁曾想，这样一个花样年华的少年，竟是因为一个手机号码就送了性命。原来，当时，被害人叶某只因为被女生讨要手机号码，之后被其男友陈某发现，陈某醋意加上怒气，气势汹汹地质问叶某，最后，竟然和与其同行的姐夫、表哥将叶某打成重伤，致其死亡。

每个人都有情绪不好的时候，每个人也都有过满怀怒气的经历，生气并不可怕，也不值得责备，这本来就是我们的一种情绪宣泄方式。但是，我们要注意的是宣泄怒气的方式，不要过分激烈，最后导致了害人害己。

怒气真的是很"伤身"——无论是自己，还是别人。陈某因为自己的愤怒锒铛入狱了，而无辜的叶某也因为陈某的愤怒丢掉了年轻的生命。其实，有的时候，我们可以明白地体验到生气时我们身体和情绪上的变化，我们就像是什么都不知道了，只想马上将自己的怒气找个出口宣泄出来，于是，这样的急迫感就容易造成我们的失控。常有人在怒气发过后说，我都不知道自己当时在干吗！脑子里嗡嗡的，就想好好地大吼大叫一番。

那么，我们为什么会生气呢？生气之后为什么又会容易做那么冲动的事情呢？

（1）怒气的控制也与我们的修养有关。需要不能满足，财物受到损失，人格受到侮辱，即使具有高度的精神文明修养的人也会有不快之感，但不一定会动怒，要发怒则怒于内心，不怒形于色。对于缺乏精神文明修养的人，有时候自以为利益受到了侵犯，那就不是不愉快的问题，而是勃然大怒，大打出手。

（2）与自尊心受损害有关。当人受到批评、嘲笑、奚落、讥讽时，就容易垂头丧气或者勃然大怒。没有自尊心的人唾其面而待其自干，但这样的人很少见。都说"人有脸，树有皮"，所以许多人就易暴怒，"既然我皮都被撕了，那我还给你什么脸"。

（3）与自身的需要没有得到满足有关。人的需要满足了，就会产生快乐的、积极的情感，没得到满足就会产生不快、消极的情感。人有物质和精神的需要，如果这些要求得不到满足，考不上大学、长期待业，或工作不理想、找不到合适的对象、要结婚没有住房，等等，如果这些问题不能得到合理解决或不能正确对待，就会产生苦闷、埋怨甚至是愤怒的情绪。

怒气不可取，那么，我们如何才能预防和控制怒气呢？

首先，转移注意。当某种不平之事使我们心潮起伏气难消的时候，可以转移自己的注意。当然，这种办法同减少刺激一样，是临时措施，不是根本之法。但是，它能立刻收到效果，化怒为喜，转忧为乐，有益身心，何乐不为呢？例如当我们遇到一件倒霉的事，越想越气，不如丢开它，不再去想它，转而寻些开心快乐的事干，诸如听音乐、看戏、看电影、旅行、看些有意义、有趣的书等。但不要寻求酗酒、打扑克这一类的消极办法。有人认为"一醉"可以解"千愁"，其实喝醉过酒的人都知道，这并不是一个好办法，既花了钱又伤了身体，非但不能消愁，还会给我们添愁，殊不知"把酒浇愁愁更愁"。

其次，减少刺激。整个社会的问题是躲避不了的，这里说的是在我们的狭小天地里，某种常令我们不快的刺激，可以避开或减少它。例如对性格古怪、是非较多的公婆，对简单粗暴、委屈了自己的领导，对一时误解自己的朋友等，若跟他（她）争个水落石出,闹个你输我赢,没有什么必要。可是,一看见他（她），心里又冒火，不如暂时先躲一躲，让自己消消气，也让对方冷静一下，再寻个适当机会谈谈心，互相谅解。

» 恩施"马加爵"：自卑是吞噬人格的毒药

在现实生活中，很多人会觉得自己在外形、事业、爱情、学习等方面都不如别人，他们经常对自己说的一句话是："我怎么不是 ××，人家的命怎么就那么好！"这样的抱怨使他们产生"己不如人"的主观意识，严重者甚至把悲观失望当成了人生的主题。

2005 年 12 月底发生了一起"恩施马加爵"案件。

恩施市一中高一学生杨某对 3 名同宿舍同学下了毒手，用刀割破 3 人的喉部，导致一死二伤。杨某事后企图自杀，但是被救。

经事后杨某供述，自己因腿部有残疾，十分自卑，平时经常感觉受同学们歧视。他平时忍气吞声，尽量想要忽视那些轻视的言语，但是自卑在他的心中扎根得更深了，同时，心中的愤恨似乎也蠢蠢欲动着。之后，他在学习上出现了障碍，这让他倍感压力，而同学的歧视却一直没有间断。终于，种种矛盾在同学某天的一句"你臭得就像一坨屎"中爆发了！

于是，悲剧就这样发生了。

固然，这种悲剧的发生不止是杨某一个人的过错，群体的冷漠与嘲讽的确可以成为一柄刮骨钢刀，让人痛不欲生。但是，遇到这样的情况，有人会更加地奋发图强，而有人却走上了另外一条不归路。这是为什么呢？

心理学家阿德勒认为，每个人都有先天的生理或心理欠缺，这就决定了每个人的潜意识中都有自卑感存在。处理得好，会使自己超越自卑而寻求优越感，但处理不好就将演化成各种各样的心理障碍或心理疾病。另外，自卑容易销蚀人的斗志，就像一把潮湿的火柴，再也燃不起兴奋的火花。长期被自卑笼罩的人，不仅心理失去平衡，而且也会诱发生理失调和精神病变。

大家都知道，在众人的冷言冷语中要有所建树，该是需要多大的勇气和力量。我们得不到赞美，得不到认同，甚至在困苦时得不到安慰。但是，越是遇到这样的情况，我们越是应该扛下来，当然，这很难，可能会有人抱怨说，这样的话是"站着说话不腰疼"。但是，我们反过来思考一下，如果连我们自己都放弃了、绝望了、悲情了，纵使这个时候出现一位"天使"来治疗我们的伤口，我们也会认为那是张牙利齿的猛兽。

自卑就像是吞噬自己人格的毒药。所以，自卑的人必须明白一个道理，与其白白祈求别人的理解和同情，不如奋发向上建立自己的功勋，这个道理就是"被救不如自救"！

我们应该怎么克服自卑心呢？

1. 要能够正确评价自己

如实看待自己的短处，也要看到自己的长处。切不可只看到自己不如人之处，而看不到自己优于他人之处。同时，我们不妨多做一些力所能及、把握较大的事情，即使很小，也不放弃取得成功的机会。任何大的成功都蓄积于小的成功之中，在成功中能不断增强自信心。

2. 要善于扬长避短

"金无足赤，人无完人"，"寸有所长，尺有所短"，每个人都有自己的优点和缺点，要全面正确地评价自己，既不对自己的长处沾沾自喜，也不要盯住自己的短处顾影自怜。要善于发现和挖掘自己的优势，以弥补自己的不足。

3. 要学会关注他人

容易自卑的人，主要是缺乏集体情感。集体或群体的荣辱得失引不起他们的任何情绪变动，只有个人的失败才是他们关注的焦点。但现实总是不尽如人意的，总有某些方面你是不如别人的，如果总是过分关注自我，期待自己事事都比别人强，我们总会发现自己的不足，从而感到自卑。但当我们将目光多投向到别人时，就会变得理智、客观、忘我，为集体的成功而欢笑，为他人的幸福而欣慰，那我们的快乐就会成倍增加，我们的自信会增强。

» 抑郁症：威胁人类健康

生活中，大多数人是很容易与抑郁邂逅的，而抑郁也逐渐扩大着它在人群中的浸染度。据世界卫生组织统计，全球抑郁症的发病率约为11%，目前全球抑郁人口多达1.2亿人，抑郁症已经成为威胁人类健康的第四大疾病之一。而在中国，心理卫生协会的有关统计显示：我国抑郁症发病率约为3%～5%，目前已经有超过2600万人患有抑郁症，而我国每年大约有25万人死于自杀，自杀未遂者有200~250万人。

2011年4月18日晚，韩国著名模特金宥利在首尔三星洞住所服毒自杀，抢救无效死亡，年仅22岁。金宥利自杀前曾在个人主页上留下了暗示自杀的文章，她写道："不管怎么想，不管想多少次，这世界上我都是孤独一人。"这起自杀案件再度引起了娱乐圈的轰动。有人猜测金宥利是因为工作压力过大、爱情不顺，患上了抑郁症而自杀。

"不管怎么想，不管想多少次，这世界上我都是孤独一人"，从这句话里，我们可以感知到一种冷漠的孤独感，就像是蹲在墙角里卖火柴的小女孩，"世界不是我的，我有的只是寒冷"。

无论是明星还是我们普通人，不可能随时或者总是在生活中快乐无比、无忧无虑，我们有时也会感到无能为力和莫名的忧伤，就好像血液被无形的污物堵住，我们疏通不了，所以焦急难耐。从病理的角度来看，抑郁是一种感到无力应付外界压力而产生的消极情绪，常常伴有厌恶、痛苦、羞愧、自卑等情绪。对大多数人来说，抑郁只是偶尔出现，历时很短，时过境迁，很快就会消失。但有些人，则会经常地、迅速地陷入抑郁的状态而不能自拔。当抑郁一直持续下去，愈来愈严重，以致无法过正常的生活，就会变成抑郁症。

虽然抑郁症在现代生活中比较普遍，但并不是没有办法医治，下面就介绍几种有效的疗法：

1. 把我们的抑郁喊出来

目前流行的喊叫疗法能从我国的传统气功疗法中找到源头，中医里有个功法是属于喊叫疗法的，叫"哼哈吐纳法"。其步骤是：找一个空旷处，放松站立。首先，深深吸入一口气，在吸气的同时，左、右手握拳，右拳抬起，高过头顶，虎口向自己。然后，呼气，瞪眼发出"哼"的声音，尽量延长，同时紧握拳。待气出尽以后，再用最后的力发出"哈"音，同时两手尽量张开。之后，再进行第二次呼吸。在吸气同时，手势同上；呼气时，瞪眼，两手尽量张开，同时发"哈"音。气出尽时，再用最后的力发"哼"音，同时紧握拳。

2. 听音乐解抑郁

音乐能直接进入潜意识领域，所以它是驱除心理疾病的最佳治疗手段。大量研究表明，音乐的旋律、节奏和音色通过大脑的感应，可以引发情绪反应，松弛神经，从而对心理状态产生影响。

当我们感到孤独无助，得不到别人的理解，缺乏主动性，对任何事、人、物均提不起兴趣时,最好的宽心方法是:每天听3遍贝多芬的音乐,如贝多芬的《第二交响曲》。其他作曲家的作品也有医疗功效，如拉赫玛尼诺夫、柴可夫斯基的作品能使我们恢复信心，而且音乐疗法没有任何副作用。

3.沐浴阳光，活动身体

多接受阳光与运动对于抑郁的人非常有利。多活动活动身体，可使心情得到放松，阳光中的紫外线也可或多或少改善人的心情。

4.放松地生活

抑郁的人缺乏摆脱警戒状态而安静下来的能力。如果是这样，我们可以这样做：首先，选择一句话或祷告词，作为入静的口诀。然后，选择一个舒服的姿势安静地坐下或躺下。闭上眼睛，肌肉放松，缓慢而自然地呼吸，呼气时默念我们选择的口诀。如果我们思想走神，想法回到口诀上来。这样的方法最好每天做 1 ~ 2 次，每次 10 ~ 20 分钟。

» 从人肉搜索看出什么：空虚让人没有渴望和动力

妻子下班后神秘兮兮地对张华说："知道吗，我刚才在网上看到了一则新闻，关于婚外情的。"

张华笑她大惊小怪："婚外情有什么好奇怪的？"

"丈夫把妻子的聊天记录贴了出来，网友都很气愤。大家进行了人肉搜索，居然找出了和妻子偷情的这个人，还把他的照片、身份都贴到了网上，现在这个人简直是无处藏身呢。"妻子随便和张华聊了几句就去做饭了。

张华觉得好奇，就上网搜索，果然查到这起所谓的"铜须门"，原来是玩《魔兽世界》的一群网友在聚会的时候，一男一女有了暧昧关系。事情的经过并没有妻子说的那么邪乎，但网上真的有二人的聊天记录，还有丈夫的控诉和其他网友的谴责。

像"铜须门"这样的事件在网上还有，很多网友热衷于人肉搜索，好像接力一样，将他们想要找的人从虚拟的网络中挖掘出来。有的是维护道德，但有的却是填补内心空虚。许多空虚的人在网上混日子，所谓"混"就是随大溜，得过且过，不求有功但求无过，做一天和尚撞一天钟。实际上就是无远大理想，自己则等"天上掉下馅饼"，坐享其成，心灵自然就逐渐空虚了。空虚的心灵是承载不了幸福的重量的，那种精神疲惫的状态，只能眼睁睁地看着幸福从自己的眼前走过而没有力气去抓住。

因为空虚，许多网友也是将人肉搜索当做乐此不疲的趣事来做，这并不是一件好事。

空虚无聊的人在生活上总是懒散的，他们常处于被动观望、希望外援的状态中，自知痛苦但又不能自拔。无聊感又会产生无助感，总觉得自己孤立无援，内心的苦闷在积累、发展，急需找人倾诉、求助，但搜尽枯肠、翻遍电话号码，却又找不到一个适合的倾诉对象。

精神空虚能够导致"生命意义缺乏症"，对个人、家庭及社会的危害不容小觑，这点要引起我们的重视。

心理学认为，空虚心理是指一个人的精神世界一片空白，没有信仰、没有理想、没有追求、没有寄托，整日百无聊赖。其特征有二：一是空虚感，二是不满足与不想动心理，心有渴望又不知渴望什么。

一个人的身体好比一辆汽车，我们自己便是这辆汽车的驾驶员。如果我们整天无所事事，空虚无聊，没有理想，没有追求，就会失去方向，那么怎么找到我们前进的方向，克服这可怕的空虚呢？

多读书，多工作，不要整日无所事事，只有生活丰富多彩，才能从空虚中解脱出来。

1. 读一读感兴趣的书

读书是填补空虚的良方，因为知识是人类经验的结晶，是智慧的源泉。读书可以帮助人们找到解决问题的方法，使人从寂寞和空虚中解脱出来。知识越多，人的心灵就越充实，生活也就越丰富多彩。

2. 转移目标，培养兴趣

当某一个目标受到阻碍难以实现时，不妨转移目标，比如从学习或工作以外培养自己的业余爱好（绘画、书法、打球等），当一个人有了新的乐趣之后，就会产生新的追求；有了新的追求，就会逐渐调整生活内容，从空虚的状态中解脱出来，迎接丰富多彩的新生活。

我们应该要挥别空虚感，就要建立"务实不务虚"的生活态度，能活在当下的人，心中是不会有这么一个盲区的。找到生活的意义便能摆脱空虚。做事有目标，调动自己的潜力，充实生活，空虚自然无处藏身。遇到困难的时候，不要独自承担，请求他人给予我们力量和支持，这样就不会感到寂寞。

» 她饿了是真的饿了吗：焦虑折磨人

有一个已到知天命之年的老人刘宋玲得了一种怪病——她一听到"饿"字，马上就饿得前胸贴后背，即使两小时前她刚吃过饭。她一天吃 10 多顿饭，但依然感觉饥肠辘辘。

刘宋玲退休后不久就陷入饥饿感中。"感到饿就吃，才吃一点马上就不饿了，过一会儿，又感到饿。"刘宋玲说。随着时间的推移，饥饿感的频率和强度不断加强。"吃完饭不到两个小时，又饿得心慌，一听到别人说饿，马上就觉得自己腹中空空，就是晚上，也要爬起来吃上三四顿饭。"刘宋玲痛苦极了。

刘宋玲四处求医，有医生认为她患了胃溃疡，但检查结果是一切正常。日子一天天过去，刘宋玲的饥饿感越来越强烈，已经达到了只要别人一说"饿"字，她就会焦虑得"头发都竖立起来"的状态。她到心理医生那里看病时，还随身携带了大量的方便面、方便粉丝等食品，只要一饿，马上就吃。这一天她吃了13顿饭。

经过心理专家诊断，刘宋玲的这种"饥饿症"是因为患上了非常严重的焦虑障碍，主要是对"饿"很敏感，产生了焦虑心理，这也与她一饿就吃、一吃就饱，每次食量只有一点点有关。

确诊后，心理卫生中心的专家用特殊治疗方案对她进行治疗。一周后，刘宋玲的饥饿感不再那么强烈；两周后，饥饿感得到初步缓解；到了第三周，刘宋玲严重的饥饿焦虑症已得到很大改善。

形形色色的焦虑充斥人们的生活，不胜枚举，它们像细菌一样侵蚀人们的灵魂和肌体，妨碍人们的正常生活，影响人们的身心健康。所以，走向幸福生活，应该从拒绝焦虑开始。

焦虑就像不停往下滴的水，而那不停地往下滴的焦虑，通常会使人心神丧失，使人生变得灰暗之至。

从心理学上讲，焦虑是指一种缺乏明显客观原因的内心不安或无根据的恐惧。

专家指出，这种病是心理原因所致，因此，保持一个良好的心态非常重要。焦虑是摧毁一切的恶魔，走出焦虑，势在必行。学会去承受发生在我们生活中的每一件事，这是达到心境平和的唯一方法。我们真的没有必要去焦虑，因为我们完全能够应付任何事情。

其实，大灾大祸在我们身上发生的概率微乎其微，人们总是习惯花很多时间和精力去担忧也许永远也不会发生的事，其实这真是杞人忧天，完全没有必要的。如果我们能冷静接受我们所遭遇的每一件事，我们就没有必要去焦虑。

战胜焦虑的方法之一是客观冷静地分析、评估我们所处的境遇，估计一下可能发生的最糟糕的结果。通过分析，会发现最坏的结果并没有遭到山崩地裂、地球爆炸的程度，而如果坏事一旦发生，我们也可以承受它。其实，我们预先担忧的事通常不会发生。就算不幸真的发生了，也往往没有预计中的可怕，损失也并不那么惨重。

» 哭泣不等于懦弱：哭出来情绪更好

按照传统的看法，一个人在人前哭泣流泪，就意味着他将自己的缺陷和柔弱暴露在人前，这就向别人传达着一个信息："我失败了，我输了，所以，我在示弱。"然而，身为人来说，我们总是崇尚发扬自己的优势，而掩盖甚至是压抑自己技不如人的一面。因为这涉及尊严的问题，从本质来看，人都有好胜心，这种强势感是不容许我们轻易低头的。同时，我们在面对挫折时，总是被教育要"愈挫愈勇"，而现在男女权力和个性磨合上的平等化，更要求我们展现强势的一面。所以，面对这个竞争激烈、需要出众人才的社会，我们不是不能哭，而是不敢哭。

据专家介绍，由于现代人的生活方式的改变、生活节奏的加快，一些人无法适应快速的节奏，而令自己陷入心理困境之中。尤其是男人，为了彰显自己男儿本色，甘愿独自承受任何压力和痛苦，他们永远是一副坚强的表情，好像天塌下来也可以顶住。但是，有时候压力过大，也会让他们摒弃"男儿有泪不轻弹"的"金玉良言"。

其实，不管是政治人物也好，普通老百姓也好，就本质而言，哭泣并不是一件丢人的事情，那只是一种情绪，就好像我们因中奖而高兴，因失恋而悲伤一样。

遇到问题时，"把所有问题都自己扛"并不是一个明智的选择。纽约心理学家弗雷契教授也说："哭泣能消除紧张，不管任何问题积累出来的感觉，都会引起哭泣。"他认为，压力导致心理失衡，哭泣使我们恢复平衡，使神经系统的紧张消除。有专家认为，强忍着眼泪就等于"自杀"。不过，哭不宜超过15分钟。压抑的心情得到发泄、缓解后就不能再哭，否则对身体反而有害。因为人的胃肠机能对情绪极为敏感，忧愁悲伤或哭泣时间过长，胃的运动会减慢、胃液分泌减少、酸度下降，会影响食欲，甚至引起各种胃部疾病。

适当的哭泣是对我们的身体和生活大有裨益的。

在面对"哭"的问题上，我们又应该抱持怎样的态度，并且从容处理这样的问题呢？

首先，在遇到一些人际障碍的时候，总是表现出一副强硬的态度反而令人生厌，如果这个时候，懂得利用眼泪攻势，那么这种示弱很可能让对方无法招架。这并不是一种欺骗，而是人与人之间相处的技巧。我们的柔弱在特定时间，带来的并不一定是嘲笑，而可能是意料之外的益处。

同时，不要把哭泣流泪看做是什么见不得人的事情。许多人平日里总是摆出一副"流血不流泪"的样子，如果一不小心被人发现掉了一颗"金豆"，就会很烂俗地一拨额前的刘海，惆怅地说眼睛里进沙了。其实，这大可不必，我们要认识到，人这一辈子不可能不会遇到一点让人沮丧的事情、让人悲愤难过的事情，流几滴泪难道还会有人责备？而且，哭并不等于懦弱，"山寨"鲁迅先生的一句话：真正的勇士，敢于直面惨淡的人生和淋漓的眼泪。

》 心情好事情才能做好：情绪 ABC 理论

很少人能真正做到"不以物喜，不以己悲"。的确，控制情绪不是一件容易的事。情绪不可能被完全消灭，但可以进行有效疏导、有效管理、适度控制。美国哈佛大学心理学教授戈尔曼认为，情绪意指情感及其独特的思想、心理和生理状态，以及一系列行动的倾向。

在现实生活中，很多事情都会影响到我们的心情。当遇到开心的事，我们就高兴；当遇到倒霉的事，我们就伤心。也就是说，我们的心情有时候完全被外界环境所掌控。

在我们潜意识里，我们希望任何事物都按自己的意愿发展，否则会很糟糕。当你失去了某件最心爱的物品，当你的考试失利了，当恋人抛弃了你……当你付出足够的努力还是没能得到期待的结果，你很可能会变得郁郁寡欢，甚至会自艾自怨，从此一蹶不振，甚至丧失了对工作和生活的信心。

其实，你只是从事情发生的角度去想问题，而没有全面地考虑这些事情的发生究竟给你带来了什么。任何事情都有得有失，如果你能换个角度看待这件事，也许就不会如此痛苦不堪了。

有一个年轻人失恋了，一直摆脱不了现实的打击，情绪低落，已经影响到了他的正常生活，他没办法专心工作，因为无法集中精力，头脑中想到的就是前女友的薄情寡义。他认为自己在感情上付出了，却没有收到回报，自己很傻很不幸。于是，他找到了心理医生。

心理医生告诉他，其实他的处境并没有那么糟，只是他把自己想象得太糟糕了。在给他做了放松训练，减少了他的紧张情绪之后，心理医生给他举了个例子。

"假如有一天，你到公园的长凳上休息，把你最心爱的一本书放在长凳上，这时候走来一个人，径直走过来，坐在椅子上，把你的书压坏了。这时，你会怎么想？""我一定很气愤，他怎么可以这样随便损坏别人的东西呢！太没有礼貌了！"年轻人说。

"那我现在告诉你，他是个盲人，你又会怎么想呢？"心理医生接着耐心地继续问。"哦！原来是个盲人。他肯定不知道长凳上放有东西。"年轻人摸摸头，想了一下，接着说，"谢天谢地，好在只是放了一本书，要是油漆或是什么尖锐的东西，他就惨了！""那你还会对他愤怒吗？"心理医生问。"当然不会，他是不小心才压坏的嘛，盲人也很不容易的。我甚至有些同情他了。"

心理医生会心一笑："同样的一件事情——他压坏了你的书，但是前后你的情绪反应却截然不同。你知道是为什么吗？""可能是因为我对事情的看法不同了吧！"

对事情不同的看法，能引起自身不同的情绪。很显然，让我们难过和痛苦的，不是事件本身，而是对事情的不正确的解释和评价。这就是心理学上的情绪 ABC 理论的观点。

情绪 ABC 理论的创始者埃利认为，正是由于我们常有的一些不合理的信念，才使我们产生情绪困扰，如果这些不合理的信念日积月累，还会引起情绪障碍。

在情绪 ABC 理论中，A 表示诱发事件；B 表示个体针对此诱发事件产生的一些信念，即对这件事的看法和解释；C 表示个体产生的情绪和行为结果。通常人们会认为诱发事件 A 直接导致了人的情绪和行为结果 C，发生了什么事就引起了什么情绪体验。然而，同一件事，人们的看法不同，情绪体验也不同。

两个人同样都刚刚失恋，有的人放得下，认为失去一个不爱自己的人是一件好事，失恋才能有机会寻找到一个爱自己的人；而有的人却伤心欲绝，埋怨对方无情，自己把所有的心思都投入这场情感中，甚至认为自己今生可能都不会再恋爱了。这两类人面对同一件事情的态度不同，就是因为看待事情的角度不同，他们的情绪体验当然不同。

对于上面这个失恋的年轻人来说，失恋只是一个诱发事件 A，结果 C 是他情绪低落，生活受到影响，无法专心工作；而导致这个结果的，正是他的认知 B——他认为自己付出了一定要收到对方的回报，自己太傻了，太不幸了。假如他换个想法——她这样不懂爱的女孩不值得自己去珍惜，现在她离开可能避免了以后她对自己造成更大的伤害，那么他的情绪体验显然就不会像现在这么糟糕。

因此，当我们情绪不好的时候，我们要学会疏导自己的情绪，从而调节心情。比如，问问自己，为什么这么不开心，告诉自己，其实事情没有自己想象的那么严重，不如换个角度看待这个事情，郁闷的心情就会释然不少。

» 连 1/5 的蛋黄都吃不完：可怕的厌食症

现代社会中，越来越多的女性宁愿做一个"骨感美人"。这使得很多处于青少年时期的孩子，正是长身体需要营养的关键时期，却刻意节食减肥，以达到自己所谓的"美人"标准。由于她们任性节食的行为，结果是做不成"美人"反成了病人。下面这个孩子就是得了厌食症，早晨连 1/5 的蛋黄都吃不完。

黄鹂鹂今年 13 岁，她从小就喜欢跳舞，加上父母的支持，她从小学二年级开始就从普通小学转入专门的舞蹈学校。几年来，黄鹂鹂捧回了无数的奖杯，她的强项是独舞和芭蕾舞。舞蹈学校的老师不让学生多吃，对饮食有很多限制。尽管如此，许多孩子都会在被子里偷吃，但黄鹂鹂却非常听话，即使是饿，自己也坚持不多吃。

发生"非典"期间，黄鹂鹂从学校回到家里学习。由于老师交代过回到家不许多吃，黄鹂鹂便严格按照老师的要求去做。每天不管什么天气，她都会坚持近两个小时的大运动量练习，也因为她的卓越成绩，父母很为她感到骄傲，因此，对从小胃口就不好的女儿也没有太注意。到了夏天，黄鹂鹂开始出现胃疼，原来饭量就很少的她吃得更少了。由于进食更加困难，她的体重从原来的70余斤下降到不足40斤（身高156厘米），她的眼睛凹陷，皮肤苍白，四肢细长得像仙鹤腿。最低时，体重只有35斤。在这种情况下，她常常晕倒，连学校都不能去了。

黄鹂鹂说她不希望体重增加，没有任何食欲，尽管父母想尽了一切办法，仍然无法让她进食。妈妈哭着说，孩子早晨连1/5的小蛋黄都吃不完，这还算好的时候。有时，常常是一天下来什么都不吃，吃进嘴里的东西，咀嚼后又吐掉。黄鹂鹂看起来已经失去了对所有食物的兴趣。她说："小时候，在舞蹈学校时想吃，但老师不让吃，自己挺挺就过去了。现在，我从来就不觉得饿。"

黄鹂鹂已经患上了神经性厌食症。这是一种多见于青少年女性的异常的进食行为，特征为故意限制饮食，使体重降至明显低于正常的标准，为此采取过度运动、引吐、导泻等方法以减轻体重。

患神经性厌食症的原因很复杂，它是由遗传、心理和社会因素决定的。这一类型的孩子一般对自我的要求比较严格，希望在各方面都能做得很好，黄鹂鹂就是一个对自己要求非常严格而且能吃苦的孩子。

从外表上看这一类型的孩子一般面部较丰满，容易给人以偏胖的错觉。父母从小对她们的饮食也比较关注，而目前社会上对美的要求影响了孩子对美的评判。

对于厌食症，内分泌专家常把其临床表现归纳为"两个25，两个有，两个无"。"两个25"是说年龄多低于25岁，体重比正常体重低25%以上；"两个有"是指对进食有偏见和进食习惯的改变，常有明显的消瘦和闭经；"两个无"是指既无器质性疾病，又无精神性疾病。

厌食症会带来一系列生理隐患，包括皮肤干燥、头发或指甲易断裂、对低温敏感且无法忍受、肢体和面颊上长出类似胎毛的绒毛以及心血管问题，比如长期低血压和心动过缓。经常性的呕吐会导致体内的电解质紊乱，从而导致心脏和肾出现问题。

厌食症对女性影响更大的是营养不够而造成的卵巢发育不良，甚至出现闭经,乃至终身不育。对于男性来说,会出现性功能减退的症状。而青春期前的病人,其性器官会呈幼稚型。如果长此下去,最后会导致全身功能衰减,甚至造成死亡。现如今厌食症患者的急剧增加,与当前社会对于"纤瘦"的过度追求是分不开的。

专家认为,我们现在正处于一个极端严重的向往苗条的社会之中,我们已经误入了疯狂的"纤瘦时代"。在英国,每年约有 20 万人由于节食罹患了最时髦的新病——神经性厌食症,女性患者人数是男性的 10 倍。而在全世界,神经性"瘦美厌食症"的患者人数更在不断地增长,每 8 个患神经性厌食症的人中,女性就占了 7 个。过度节食正在成为世界 5 种新病症之一,它严重威胁着女性的健康。

在"纤瘦"流行中,最严重的受害者是女孩新一代。目前,大部分女孩 13 岁前就把瘦作为美的标准,如此流行的"纤瘦观念"是变态自虐的。全球舆论已开始对影视、模特和广告业一味追求"瘦"的倾向进行了言辞激烈的抨击,指出大肆宣传麻秆式的模特儿是一种不负责任的做法。据说,英国医药协会在其年会通过的决议中声明,协会将抗议时尚界再继续使用体重过轻、瘦骨嶙峋的模特。继英国之后,法国巴黎、意大利米兰的时装界也相继推出类似措施。

因此,我们要告诉那些一味追求线条美而盲目减肥的人,只有健康的美才是真正的美。提醒年轻妇女,特别是少女,不可片面追求苗条,特别是处于发育期的青少年,切不可盲目限制饮食,应该科学控制饮食,以不影响学习、工作为度,配合适当的体育锻炼,循序渐进,不可操之过急。

恐惧——为什么人会对未知的东西有危机感

» 总觉得背后有人盯着自己：内心过于敏感易对己施压

我们是不是有过这样的错觉，周末刚换了个新发型，周一坐地铁去上班，突然感觉整个车厢的人都在盯着自己，事实上，大家坐在座位上各做各的事；早上起晚了，匆忙跑去上课，你趁老师转身的间隙悄悄找个座位坐下，整节课你都不敢抬头，好像老师一直盯着你看，其实老师在专心讲课，压根儿没有觉察到你的到来。

……

有这种想法的人，通常在性格上比较敏感和神经质。他们对自己缺乏自信心，内心充满着自卑感。而这种自卑感会引发焦虑和对完美主义的追求，使人习惯于不断给自己施加压力，希望自己做得更好，而结果往往是适得其反。

刘莉大学毕业做了一名文字编辑，在一家著名的杂志社工作。这是份看似还不错的工作，但刘莉没做完试用期就不得不辞职离开了。事情是这样的：

刘莉到新单位报到的第一天，杂志社主编对她说："从面试的时候就看得出来，你是一个有才华的姑娘，我们杂志社就是需要你这样人才。在以后的工作或者生活中，我会关注你的……"

刘莉听了主编的一番话后想，主编竟然说会特别关照我，那就是说他会很看重我这个人。从此，刘莉努力想把工作做好，因为她觉得自己的一举一动都被主编看在眼里，自己不能辜负主编的殷切希望。

因此，刘莉只要一走进办公室，总觉得主编在背后盯着自己，总是处于紧张的工作状态之中。越是紧张越容易出错，一次，她在校对一部稿件时有几处很明显的错误没有发现。稿子到了主编那里，失误被发现了。

主编找到她谈了一次话，询问她最近工作是不是很紧张，但不要影响工作，这次的失误没有造成太大的影响就算了，但以后不可再犯。

刘莉本就是一个对自己要求严格的人，犯了这种错误，她无法原谅自己，而现在主编又知道了，她想主编一定认为她工作不专心，责任心不强。于是，她开始在内心里谴责自己，觉得对不起主编的关注。

由于刘莉的心思太重，总想着这些事情，工作越做越糟，越错越没有信心，工作中频繁出现错误，没等过完试用期，她就主动辞职离开了。

刘莉的情况，心理学认为是由于内心过于敏感而造成的。事实上，我们完全没有必要胡乱猜测，给自己盲目施加压力。要为自己树立一个正确的认知，不要总活在别人的眼光里。

生活中，总是觉得别人在注意着自己、观察着自己，只要和别人的眼神交汇，就会以为是对方一直在盯着自己看，有时候甚至会想到脸红脖子粗，真是越想越觉得压力大，越想越觉得恐怖啊！

每当出现这种症状时，一定要在内心高喊"停止"！要不断地给自己积极的心理暗示：他不是在看我，不是在看我，不是在看我……其实想一想，一个人偶然的眼光里存在几万种可能：他真的不一定是在看你；即使他看你，也可能是无心的，也可能是欣赏你。

心理学家认为，这种通过积极的疏导和自我暗示，可以成功地克服这种敏感的心理带来的负面影响。

1. 以积极的心态"脱敏"

以积极的心态帮助心理"脱敏"，就是要让自己及时忘掉因为自卑感带来的不舒服的心理体验。别人看，那就让他看好了；别人说，那就让他继续说去。"谁人背后不说人，谁人身后无人说"，树立自信、积极的心态，是决定成功与否的第一步。

2. 加强情绪锻炼，增强情绪健康

健康，是一个综合概念。一个人只有躯体健康、心理健康、有良好的社会适应能力、道德健康和生殖健康等5方面都具备才称得上是健康。对健康概念理解的变化，引导着现代医学从以前只关心病人的身体疾病的生物医学模式转向生物－心理－社会医学模式，不但关注躯体疾病，更关注心理疾病以及造成身心疾病的社会环境。

最好的减压方法不仅仅包括针对身体健康进行的体育锻炼，还包括针对情绪健康进行的情绪锻炼。注意情绪锻炼，要求我们在生活面前保持冷静的思考和稳定的情绪，遇事冷静、客观地作出分析和判断。要多方面培养自己的兴趣与爱好，如书法、绘画、集邮、养花、下棋、听音乐、跳舞、养宠物……不管做什么，有所爱好都强于无所事事。

3. 学会疏导情绪

心理压力太大、情绪不好时，不妨尝试着疏导、发泄的方法。比如，找个没人的地方痛哭一场，哪怕是号啕大哭也未尝不可。据说这种"哭泣治疗法"在表面精明强干、无所畏惧的白领中很流行，放声大哭一场可以把体内造成情绪压力的有害物质统统排除掉！

当然，如果你实在哭不出来，那就笑吧。不管是哈哈大笑还是微微一笑，只要是发自内心的，都可以在笑声中释放自己的情绪，从而改变阴郁的心情，让自己变得阳光、开朗起来。

» 开灯睡觉癖：恐惧黑暗

生活中，我们常常看到一部分婴儿在夜晚时，他们可能因害怕而啼哭，只有当灯开着的时候，他们才会甜甜地睡去。其实这种害怕黑暗的情形不仅仅是发生在婴儿身上，许多成人也有同样的问题，他们在夜间将房间弄得灯火通明，然后才安心地睡去。这种不良习惯在心理学上被称之为"开灯睡觉癖"。

开灯睡觉癖是指在夜晚睡觉时必须开灯，且在睡眠状态下也不能熄灯，从而造成对灯光的依赖。

开灯睡觉癖是一种不良习惯，其病理实质是对黑暗的恐惧。这种对黑暗的恐惧大半是从幼年期开始的。因为在此期间，儿童们好奇心很强，喜欢听有关鬼、神的故事。而这类故事的背景、内容及人物的出现又常常是在晚间或平常人所看不到的黑暗中，以显示生动性和神秘性。久而久之，他们便将对妖魔鬼怪的恐惧与黑暗连在一起，形成了对灯光的依赖，导致不敢关灯睡觉。这是开灯睡觉的一个主要原因。其次，在某一黑暗的情境中意外遭遇到可怕的事情，或在黑夜做了一个噩梦，这些令人恐怖的经历未能及时排遣，也可能造成对黑暗的恐惧。

有位 21 岁的男大学生，夜间无论何时都不敢走进地下室。白天他无所谓，但一到晚上就控制不住，他自己也承认毫无道理，后来发展到不敢关灯睡眠，即使跟别人同住一室也要开灯。而一关灯，他就吓得哇哇大叫，闹得室友莫名其妙。

一次，父亲强迫他去地下室，他竟昏倒在石阶上。后来，直到看过心理医生才知道，原来在幼年时，他有一次在邻家听小朋友讲了一个有关鬼怪的故事，描写一位巨人，专吃 10 岁以下男孩的心、喝他们的血、挖他们的眼。听完故事后他满怀恐惧地蹒跚归家。当时天色已黑，只有些许星光，虽然离家很近，但是有一条荒僻山道，正在这时，他突然发现一个巨人向他走来，他顿时两腿发软，昏倒在地。

实际上，他所遇见的是一个农民，由城内归来，背着箩筐在黑暗中显得特别巨大。加上这位农民喝了几杯酒，步履蹒跚，看起来更像一个张牙舞爪的巨人。自己的昏倒并未惊动这位农民，所以他在地上昏睡了足足半个小时后，才被家人发现抱回家。从此以后，他就对黑暗产生了极大的恐惧，导致了自己以后夜晚不敢关灯睡觉。

后来，他又听说某家住宅的地下室，一对男女曾做了丑事，被人发现，结果女的羞愤自杀。不道德的行为和罪恶的感觉以及黑暗、地下室连在一起，使他产生了对黑暗的更大的恐惧。

其实，这样的习惯和黑暗本身没有太大的关系，而是和黑暗里隐藏和蕴含的意义有关系，黑暗中给自己带来的消极感受和不良刺激才是导致不敢关灯睡觉这种行为的根本原因。那么，我们应该如何矫治这种严重的心理问题呢？

从心理学的角度而言，可以采用两种方式解决问题。

一方面可采用认知领悟疗法。对有此不良习惯者进行辩证唯物主义和无神论的教育，说明鬼怪并不存在，对鬼怪的惧怕而产生的对黑暗的恐惧是一种幼年时期的幼稚情绪反映，使其从认识上减轻对黑暗的恐惧。如上例，应向那个大学生说明那天晚上他所碰到的并非巨人，而是活生生的某位农民，并在说明教育之后重演那天晚上的一幕，从认知上、潜意识里消除恐惧。

另一方面可采用系统脱敏疗法。根据其对黑暗的恐惧程度，建立一个恐怖等级表，然后按照从轻到重的顺序，依次进行系统脱敏训练，不断强化，直到能关灯睡眠为止。例如，对案例中的大学生，先由数人一起关灯谈话，到数人一起关灯静坐，再到两人一起关灯睡觉，再到一人关灯静坐，最后一人关灯睡觉，从而根治这种心理障碍。

» 对蛇的惧怕：恐惧基因的流传和改变

如果把装满子弹的真枪放在小孩子面前，他们或许会认为那是自己的玩具。但是，让人觉得奇怪的是，如果我们把枪换成一条玩具蛇，孩子们则有可能惊恐地被吓到，甚至哭出来。而且，给任何一个年龄段的人看一条蛇，或者仅仅是一幅画，都会引起他们的强烈反应，如出一身冷汗或者心跳加速。不管是美国人、英国人、日本人、澳大利亚人还是阿根廷人，反应都一个样儿，甚至当地根本就没有蛇的爱尔兰人都如此。

为什么会出现这种奇怪的现象呢？这种对蛇的恐惧又是由何而来的呢？

在 1998 年，遭枪杀的美国人有 3 万多，遭雷击而死亡的人数是 240 人左右，而被蛇咬死的人数还不到 30 人。按理说，我们对枪杀和雷击的恐惧应该大于蛇才对。但是，事实却正好相反，人们在面对蛇时的反应程度要比面对真枪或者打雷闪电更加的剧烈。

其实，对蛇充满恐惧的这个谜团来源于从祖先那儿流传下来的基因。也就是说，对蛇的恐惧是已经刻在骨子里的。因为当我们人类还是以捕猎采集为生的时候，就有许多人被蛇咬死了，而使用枪或者用枪杀人则是比较"近期"的事情。也就是说，与蛇的对抗和恐惧来源已久，那是我们人类共同的远古的敌人。而在天长日久的进化中，蛇也常伴我们的左右，相对于枪这种近期产物，蛇拥有更为古老的杀人历史。虽然随着时间的流逝和人类的进化，因此而亡的人逐渐减少；而对于闪雷这种不可抗力的自然现象（天气情况可以预知，但是雷电杀人则是不可预知的），人类更多的是无可奈何和不现实感。

但是，更奇怪的事是如果我们在新几内亚高地拿蛇做实验的话，就很难发现人们会抱有同样的对蛇的惊恐。把蛇或蛇的图片拿出来，会惹得成年的新几内亚人发笑。蛇根本吓不倒他们，这似乎有点奇怪。因为在以前，几乎每一个被测验的对象都会有害怕的反应，为什么在此会不同呢？新几内亚不像纽约城，这儿的蛇非常多，而且还咬死了很多人。甚至还有这么一个记录，在附近的印尼岛上，一条巨蟒咬死了一个14岁的男孩并把他完全吞噬了。按照常理说，如果有人怕蛇的话，那应该是新几内亚人，因为他们还会被蛇咬死。然而他们对其他人对蛇幼稚的、普遍的恐惧感到好笑。

既然说对蛇的恐惧已经刻在了人类的骨子里，那么为什么新几内亚人会成为这样的例外呢？

原来正是因为新几内亚人从小时候起就经常遇到蛇，其中只有1/3有毒。在这个过程中，他们学会了分辨有危险的和没有危险的蛇，并经常抓无毒的蛇来吃。新几内亚自然主义者了解了如何改变我们对蛇的本能恐惧，以及增强我们的大脑修改程序的能力。

所以，再恐惧的东西，只要我们掌握了一定的技巧和经验，我们也是可以逐渐淡化本能中的忧虑和惧怕的。

» 花圈很恐怖吗：恐惧症让人不知所措

每个人都有过恐惧的经历。就好像如果一个人面对歹徒的匕首，双腿打战，甚至屁滚尿流，这是合理的恐惧；但如果他走在大街上，因害怕旁边的高楼突然坍塌将他压死而吓得寸步难行，这就有点不正常了。

护士小芸今年27岁，平日工作积极，领导、同事对她的评价都很不错，但最近她都有些不敢出门了。究其原因，竟然是因为她害怕看见花圈。她说只要一见到花圈就觉得头晕目眩，接着便全身冒汗、心跳加快、肌肉紧张。发展到后来甚至听到哀乐或别人提到"花圈"二字都会胆战心惊。

这是为什么呢？小芸到底发生过什么事让她对花圈如此恐惧呢？

原来，在3年前的某个晚上，她从梦中惊醒，因为她在梦中似乎看见墙上挂有凭吊死人的大花圈，她心惊地大叫。小芸的丈夫忙开灯，可墙上什么也没有。一关灯，花圈又出现了。后来，丈夫发现她所说的花圈原来是窗外树枝在墙壁上的投影。虽然她也相信是树枝的投影，但从此对花圈产生了莫名其妙的恐惧，见到花圈便紧张不安。

我们每个人都有自己喜欢的东西，相反的，我们每个人也都有自己害怕的东西。或者是人，或者是动物，或者是某种环境，就好像有人怕猫，有人怕火，有人怕尖锐的东西，这些都可以理解。但是，当一个护士开始惧怕花圈的时候，那么，在她身上到底发生了什么事情呢？

这种症状，心理学上称之为恐惧症。通常是对特定的事物或所处情境的一种无理性的、不适当的恐惧感。其实所害怕的物体或处境当时并无真正危险，但患者仍然极力回避所害怕的物体或处境。根据精神分析学派的观点，恐惧症是由于当事者压制的潜意识里的本能冲动导致的，而"转移作用"和"回避作用"就是两种压制冲动的方法。

其实，这样的恐惧并不是单纯的，或许从中我们还可以发现有更深一层的心理因素。就像是护士小芸的故事，其实还有一个前奏。这源于噩梦之前她对一个病人的特护工作。病人患的是晚期肝癌，常年病卧让他极度烦躁，经常呵斥护士，因而护士们在背后便颇有微词，甚至当面暗讽那位病人。可是，小芸却因为怕惹事选择沉默地忍耐了下来。后来病人因为抢救无效而去世。事后，死者家属以死者所在单位的名义向医院反映了护士的有关情况。医院领导在大会上严厉批评了特护的几位护士，却突出地表扬了她，号召大家向她学习。忽然，她觉得自己一下子被置于与大家对立的地位，因而十分紧张。但她一直克制着自己内心的紧张和焦虑，坚持正常上班，在别人眼里，她并没有什么异常。这种状态持续了一段时间，就出现了上面那个梦。

小芸就是如此，在护理那位癌症患者的过程中，她产生了厌烦的情绪，但一直没有表露出来。在患者死后，她觉得终于解脱了，但内心又隐约为自己曾经的厌烦而感到内疚。同时，院领导的表扬又让她觉得自己被同事疏远，让她非常不安，不过她依然保持镇定。在持续的压抑之下，因为患者之死这件事所带来的复杂情绪：厌烦、内疚、焦虑不安……终于转化为对花圈——情绪具象化——的恐惧。很显然，花圈代表整件事情。在这里，整体恐惧被缩小为局部恐惧，小芸只是在潜意识里选择了花圈这一替代物。

恐惧症的心理治疗应该先由医生向有此症状者系统讲解该病的医学知识，

使我们对该病有充分了解，从而能分析自己起病的原因，并寻求对策，消除疑病心理等。要适时地减轻焦虑和烦恼，打破恐惧的恶性循环。同时要主动配合医生的药物或者心理治疗。行为疗法可以选用暴露疗法，也可以酌情选用或冲击疗法。而从心理治疗来说通常可以使用集体心理治疗、小组心理治疗、个别心理治疗、森田疗法。

» A 先生的痛苦：广场恐惧症

每个人都有自己害怕的东西，有时候，根据心理或者经历的不同，便会有不同的呈现。

A 先生是一个斯文的中年男子，他不管到哪里都需要太太做伴，甚至连上厕所也不例外，夫妻两人真的到了"出双入对，形影不离"的地步。但与其说这表示他们恩爱异常，不如说是痛苦异常，要了解这种痛苦，必须从头说起。

据 A 先生说，他在 25 岁时，有一次单独走过市中心广场，在空旷的广场上，他突然产生一种莫名的惊惶，呼吸持续加快，觉得自己好像就要窒息了，心脏也跟着猛烈跳动，而腿则软瘫无力。眼前的广场似乎无尽延伸着，让他既难以前进，又无法后退。他费了九牛二虎之力，才好不容易"跋涉"到广场的另一头。

他不知道自己为什么突然会有那种反应，但从那一天起，他即对广场敬而远之，下定决心以后绝不再自己一个人穿越它。

不久之后，他在单独走过离家不远的桥时，竟又产生同样惊惶的感觉。随后，在经过一条狭长而陡峭的街道时，也莫名其妙地心跳加快、全身冒汗、两腿发软。

到最后，每当他要经过一个空旷的地方时，就会无法控制地产生严重的焦虑症状，以至于他不敢再单独接近任何广场。

有一次，一个女孩子到他家拜访，出于礼貌与道义，他必须护送那位女孩回家。途中原本一切正常，但在抵达女孩子的家门后，他自己一个人却回不了家了。

天色已晚，而且还下着雨，他太太在家里等了 5 个小时还不见他的踪影，于是焦急地出去寻找他。最后在广场边上，看到他全身湿透地在那里哆嗦打战，因为他无法穿越那个空旷的广场。

在这次不愉快的经历后，他太太不准他单独出门，而这似乎正是他所期待的。但即使在太太的陪伴下，每当他来到一个广场边时，仍然会不由自主地呼吸加快、全身颤抖，嘴里喃喃自语："我快要死了！"此时，他太太必须赶快抓紧他，他才能安静下来，而不致发生意外。到最后，不管他走到哪里，太太都必须跟着，就有了本故事开头的一幕。

"广场恐惧症"又叫"惧旷症"，本来专指对空旷场所的畏惧，但精神医学界目前已扩大其适用范围，而泛指当事者对足以让他产生无助与惶恐之任何情境的畏惧，除了空旷的场所外，其他如人群拥挤的商店、戏院、大众运输工具、电梯、高塔等，也都可能是让他们觉得无处逃而畏惧的情境。

惧旷症的一大特征是，他们的惊惶反应通常是在单独面对该情境时才会产生，如果有人做伴就能获得缓解，甚至变得正常，而且能让他免除这种畏惧的伴侣通常是特定的某一两个人。

精神分析学家因此认为，惧旷症可能是来自潜意识的需求，他们极度依赖某人，对他有婴儿般的缠附需求；但在意识层面，他无法承认此一幼稚的渴望，所以就借惧旷症的惊惶反应，使对方有义务必须时时和他做伴。本案例中的这位 A 先生，他的惧旷症从精神分析的观点来说，就是他在潜意识里对太太有婴儿般的依赖需求。

对于这种恐惧心理，患者要及时调整，可经常主动找出自己所惧怕的对象，在实践中去了解它、认识它、适应它，就会逐渐消除对它的恐惧。只有多实践、多观察、多锻炼、多接触，才会增长见识，消除不正常的恐惧感，避免它对学习、工作、事业和前途的影响。

» 小心"呼吸过度"：情绪影响身体状态

当你感到紧张或害怕时，你的呼吸会变得又浅又快。你的肩膀会不由自主地向上耸起来，你的肩部和颈部的肌肉会感到很紧张。如果你进入一种紧张状态，你会开始过度呼吸，即将空气吸进你的肺，然后再短而急促地喘出来；这时，你可能会感到眩晕、失去控制，手指开始发麻，嘴巴也会感到麻木。

情绪会打乱人的正常呼吸。在紧张的情绪下，人的呼吸会比正常状态更加急促，这我们应该都深有体会。在紧张或者压力的状态下，人们会呼出更多的二氧化碳，降低血液中的二氧化碳浓度，但是随着二氧化碳的降低，人们就会出现麻木甚至昏厥，后果非常严重。

情绪除了对呼吸有影响外，还可以通过分泌腺诱发一些疾病。内分泌腺管理和调节着我们身体的正常功能，也调节人体对压力、暴力等产生的生理变化。我们的生活中经常会遇到一些压力，不管什么样的人群都有压力，压力会刺激垂体，产生促肾上腺皮脂激素，促使身体里的某些地方发生病变。

有一男人打紧急电话向医院求救，当时他的情绪非常激动，说自己的儿子掉到附近的河里了，幸亏被人救上来了，但现在却昏迷不醒。当急救中心人员赶到他家时，医生发现其实这个父亲比自己儿子的病情还要严重。

由于看到儿子陷入到危险里他的情绪异常激动，出现了呼吸过度，躺在地板上手脚不停抽搐，和他的孩子比起来，他才是最需要抢救的，最终他和孩子

250

的病症都得到了有效诊治。

不要以为抽筋就很严重了，有些病人表现出的症状比抽筋更严重，他们在受到惊吓时会感觉身体非常疼痛，就好像几万支针在刺他，心跳也会骤然缓慢起来。更严重的是人们时常会感到自己将要迈向死亡的边缘，出现本能恐惧，在过度深呼吸时，还有些人会眩晕甚至昏倒。

因情绪变化所产生的疾病很容易碰到，在人类中也普遍存在，但只要是体验过它的人还是会对它产生很深的恐惧。医学上，我们把这类病症统称为"过度换气综合征"。这种病症由来已久，还具有深远的历史意义，不仅由于它是由情绪诱发的，更在于它是首先被发现由化学因素占主导地位的病症。

医学上说的过度换气通俗一点说就是呼吸急促，或者是长时间的深呼吸、急促深呼吸。我们可能都有这样的经历：当你遇见令人头疼的事情时，呼吸就会比平时急促一些。我们看到在舞台上表演的演员，他们在激动的情绪下往往会呼吸急促。我们正常人休息时呼吸频率是 12 次 / 分钟。随着呼吸频率的增加，不管是自己还是周围人都会感到你的变化，虽然我们的身体并没有意识到这种变化。

当我们呼吸急促时，会有更多的二氧化碳流失到肺部，随后才被排出体外，但是二氧化碳流失的速度远远大于它在人体内形成的速度，也就是说当人体内二氧化碳的浓度降到一定程度而体内产生的二氧化碳却没及时补充上来，身体就会发生相应变化。

二氧化碳的流失会引起身体上的一些变化，最明显的是皮肤下面有蠕动的感觉，严重时还会出现手心、手指或者身体其他部位麻痹的现象，随着麻痹程度的增加，甚至还会有疼痛甚至针刺感。一旦麻痹的感觉继续扩散，心跳就会加速，全身上下会出现由内而外的发抖，严重时可能出现眩晕或昏倒，还有极少数人会抽搐，从轻微抽筋直至发展成严重的手足抽搐。

每个人患情绪病的概率几乎相同，说不定在什么时候、什么地点你也可能被它染上。请不要怕，我们可以调息练习，从而防止呼吸过度的发生。

呼吸是可以练出来的，慢慢控制思维，别暗示自己刻意呼吸。慢慢将潜意识里的呼吸还原到自由、自然的状态，让呼吸和身体的很多动作协调起来。练习呼吸时的注意事项有：

（1）练习前应保持良好姿势做准备，如坐在地上，屈膝双腿盘坐，挺直腰背。

（2）练习胸式呼吸或腹式呼吸，都以鼻进行吸气和呼气。

（3）练习时将注意力集中在呼吸上，留意胸腔或腹腔起伏，收起精神，确保心无杂念。

（4）吸气时，应缓慢而深长地由鼻孔吸入空气。

（5）呼气时，应该保持轻柔而细长。

» 突然瘫痪的张先生：转换性障碍

转换性障碍属于精神疾病，多指病人遭遇无法解决的问题和冲突时所产生的不快以各种各样躯体症状方式表现出来的部分或完全丧失自我身份的识别和对过去记忆的症状。当易病个体遇到重大生活事件时所产生的内心冲突、情绪激动，通过暗示或自我暗示作用于易病个体所导致的症状。突然瘫痪的张先生就是一个转换性障碍的患者。

张先生，25 岁，是一名身体强壮的建筑工人。他的临床症状描述是：腰部以下麻痹瘫痪，完全无法活动，也没有感觉，已经持续 3 个星期了。然而，他并没有因为瘫痪而感到特别难过。也就是说，他意识到自己不能走动，但并没有出现情感上的过分焦虑。

3 天的检查没有发现问题出现在哪里，为张先生做检查的神经科医生认为，他在生理上没有什么问题，遂将他转到精神科。在精神病科，医生遇到了与神经科医生同样的挫折。张先生最近的生活似乎很平静，没有什么重要的事情发生。他过去偶尔会服药，也会喝点酒，没有精神病史。

在寻找各种线索的过程中，一位住院医生问他是否知道自己认识的人当中也有瘫痪的人。起初，张先生想不出有这样的人，但大约过了一分钟，他喃喃自语：

"想起来了，王君，我的一位好朋友，他从腰部以下开始麻痹，颈部断裂。"

"是怎样发生的？"

"这真让人难过，这完全是我的错。王君是一个单纯的人，在很多方面都很好，他不喝酒不抽烟。大约一个月前，我嘲弄了他，我认为他应该活泼一些，应该尝试一下 LSD（麦角酸二乙基酰胺，是一种强烈的半人工致幻剂）。我以为他不会吸的，可结果他却同意了。"

"我们弄来了一些，在几分钟内，他就飘飘然，看到各种奇异的事物，并跑出了屋子。我有点担心，就紧随而出，天啊！太可怕了，他失去了理智。我知道接下来发生的可能就是他会从桥上跳下去。你知道吗，那是一座很高的桥。把他救过来时，他还活着，但他永远都不能走路了。"

"张先生，请重新告诉我，你的意外是如何发生的。"

"大约在 3 个星期前，我驾车前进，当通过那座桥底下的道路时，我突然停在那里，大喊救命……啊，天哪！你没看见我在干什么！"

一天之后，张先生又可以步行了。

张先生深信是自己使朋友瘫痪的。他表现出瘫痪的症状，但并不因为自己从此将无法走路而备受困扰。这些症状是为了缓解潜在的焦虑，这种障碍被称为转换障碍。这种障碍从弗洛伊德开始就困扰着临床医生和研究人员，在诊断时，通常要考虑以下 5 种因素：

第一，病人有生理功能的丧失和变化，可表现为失明、失聪或瘫痪。

第二，躯体或神经的原因无法解释症状，即没有证据显示失明、失聪或瘫痪是由神经损伤导致的。

第三，有证据显示症状和心理因素有关。

第四，病人经常漠视躯体的损伤，尤其是他不会对症状感到焦虑。

第五，病人并不自愿控制症状。

转换障碍曾被认为是歇斯底里转换，是一种把心理压力转化为躯体症状的失常。对张先生的个案可作出分析：他的瘫痪具备转换障碍的 5 个因素。

第一，他瘫痪了，也就是说失去了身体功能。

第二，他的各项神经系统检查均正常，身体损伤无法对瘫痪进行解释。

第三，有足够证据表明，症状的出现与心理因素有关：张先生有一位瘫痪的朋友，且朋友瘫痪的部分责任在他；造成瘫痪的地点是朋友瘫痪的同一地点；不能很轻易地想起朋友瘫痪的事。

第四，他并没有对自己的瘫痪感到焦虑，甚至漠视自己的瘫痪。

第五，他并不自愿去控制症状。

看来张先生可以确诊为患了转换性障碍，也称为癔症性躯体障碍。对症才能下药，针对张先生的情况可以通过以下 3 种方法进行治疗：

1. 强迫病人摆脱症状

医生可以强迫病人摆脱症状。比如，治疗时可能告诉癔症性失明患者，虽然他们看不见任何东西，他们在视觉任务中的成绩显著低于或高于几率水平，这可能会使病人逐渐恢复知觉。但是，这种恢复通常是短暂的，因此最终会削弱治疗效果。

2. 暗示病人症状会消失

也可以采用简单的建议，即仅仅用使人信服的方式告诉病人他们的病症会消失，转换障碍的病人极易受暗示。因此，一些治疗师以一种很权威的方式告诉病人他们的病症会消失，结果发现病人有了进步。

在一个涉及了 100 名转换障碍的病人的研究报告中，研究者发现，接受建议的患者中有 75% 的人在 4~6 年后，或者症状消失了，或者有了很大的进步。

3. 让病人领悟

领悟的方法，即让病人认识到引起躯体症状的潜在冲突，是精神分析学家为转换障碍以及相关疾病选择的治疗方法。他们认为，当病人开始明白并在情感上领会到是某种潜在冲突导致了障碍的产生，那么他们很快就会恢复正常。

» 小孩必须被固定在儿童车座上：儿童车座的安全效应

儿童的安全问题，不仅时刻牵挂着父母的心，同时也引起整个社会的关注。儿童的乘车安全问题，便成为家庭购车、驾车时考虑的重点，甚至引起交通安全部门乃至政府等重视。

20世纪60年代，儿童安全座椅投放市场，起初只有那些最担心孩子安全的父母如遇珍宝般地喜爱这玩意儿。在医生、交通安全专家及儿童车座制造商的大力倡导下，儿童车座的普及率逐渐上升，最后政府也加入进来号召人们使用。1978～1985年，美国各州都出台了相关法律，规定小孩坐车时没被固定在通过美国政府撞击测试标准的儿童车座上的做法，都是违法的。

儿童安全座椅受到如此普遍的重视，一方面是因为小孩是父母掌心的宝，所以父母想尽一切方法呵护他们。在儿童安全座椅还没有问世的时候，驾车外出时，通常父母坐在正副驾驶座，而小孩则被安排在汽车后座，并系上座椅安全带。一旦发生汽车相撞事故，坐在前排的父母，因为体重更重、体形更大，更容易在外力的作用下猛烈地撞上某个坚硬的东西，而后座体积、重量都小的小孩受到的伤害要小得多。

但是，在后座上系上安全带所起的保护作用也是非常有限的。标准安全带不是针对小孩而是针对成年人设计的。我们给3岁宝宝系上安全带，腰带必然非常松，而肩带则会压住小孩的颈部、鼻子或眉心，而没有跨在肩部。由此可见，一旦发生撞车，坐在后座的小孩也是非常危险的。

于是，在一个珍视、保护儿童的世界中，儿童安全座椅，也就是我们通常所说的儿童车座，应运而生。并且，因其在交通事故中大大降低儿童死亡率的巨大贡献，引起家长及社会的普遍重视。

当然，安全不是免费的，甚至可以说要付高价。美国人一年要花掉3亿多美元，购买400万个儿童车座。一个小孩，在其成长过程中，往往就会用到3种不同的车座：婴儿用面朝后车座；1～3岁孩童用更大一点的面朝前车座；3岁以上儿童用增高型车座。此外，如果这个孩子还有兄弟姐妹的话，为了同时放几个儿童车座，那么他的父母可能就得购置一辆SUV或轿厢车，只有这类车才够宽敞。

另外，儿童车座方案比大多数人想象的要复杂得多。车座的零部件（包括带子、绳子、基座）是由数十个厂家生产的，而由其中一家组装。车座必须与汽车已配装的安全带组合好，固定到合适位置。因为厂家不同而各有差别，汽车后座的造型本身、座椅配装的安全带也互不相同。此外，汽车安全带的设计初衷是用来固定成年人的，而不是捆绑小体积的未成年小孩。根据美国国家高速公路交通安全管理局的数据，80%以上的儿童车座安装不当。或许你会认为，适合 4 岁小孩的安全装置，竟然只有 20% 的父母会正确安装，太不可思议了。但是，确实有众多父母不辞辛苦地赶到当地警局或消防站，寻求儿童车座的安装方法。同时，美国国家高速公路交通安全管理局为警员提供培训，为期 4 天，培训资料厚达几百页，讲授全国统一的儿童乘客安全课程，教授他们如何正确安装儿童车座，也正是基于上述原因。

如此看来，儿童安全车座，成本高昂，使用也极不简便，但是谁又在乎呢？如果儿童车座真的起到保护作用，那么，让父母花钱、让警员花时间，去掌握如何安装如此重要的安全设备，难道不值得吗？真正重要的是儿童车座能否挽救儿童的生命，降低事故伤害程度。

根据美国国家高速公路交通安全管理局的资料，儿童车座的确有效。对于 1 ~ 4 岁的孩子，使用儿童车座比完全没有任何设备保护——也就是说根本没用儿童车座，没扣上安全带，什么也没有的，在交通事故中致死的概率低 54%。这就说得通了，汽车相撞是非常猛烈的，血肉之躯坐在高速行驶的厚重金属物体中，而当这个金属物体刹那间停下来时，可想而知肉体会遭遇多么可怕的撞击。

那么，54% 的降幅又是怎么得出的呢？在美国国家高速公路交通安全管理局的网站上，我们很容易找到答案。这个机构拥有极具价值的官方数据，即死亡事故分析报告系统，是警局自 1975 年以来报告的美国所有致死车祸的数据汇编。你能想象到的所有数据——事故所涉汽车的类型和数量、速度、星期几、乘客所坐的位置，还包括乘客是否使用安全设备，这个系统都有记录。

死亡事故分析报告系统只统计致死事故的数据，这些数据也许不够有说服力。然而从这个系统，我们可以找到另外 3 个数据来源，覆盖了所有汽车相撞事故的数据。一个是全美范围的抽样数据库，其他两个分别来自新泽西州和威斯康星州。这 3 个数据来源囊括了 900 多万例交通事故。其中，威斯康星州的数据尤为有用，因为它包括受害者出院情况，这有助于我们更好地评估受害者受伤的程度。

通过对这些数据的分析，我们发现：从预防重伤的情形来看，标配安全带（腰带和肩带并用）与 2 ~ 6 岁儿童用的安全车座有同样出色的表现。但是，从轻伤的情况来看，儿童车座的表现更好，受伤的概率相对使用标配安全带的大约下降了 25%。

所以，现在不要因为安装艰难，就轻易把你的儿童车座拿出去扔掉。儿童安全重于泰山，因此，即便是只在预防轻伤方面有点儿作用，那么儿童安全车座也算得上性价比不错的投资。况且，使用儿童车座，让父母相信自己已经尽了最大努力保护孩子，这种内心的安宁感更是难以衡量的价值。

第四章
冲动——为什么有时感觉很直接

» "浓情巧克力"和《爱尔兰咖啡》：爱情快餐化不可取

比起"不在乎天长地久，只在乎曾经拥有"的恋爱模式，慢式的慢热爱情更注重时间效应，它认为爱情需要时间慢慢培养，需要花前月下，需要浪漫和诗歌，需要耐心和等候，需要守护和坚持。当感情的表达走向快餐化之后，爱情也许会像汉堡包一样，被三两口吞掉却品不出滋味来。当快餐时代的爱情在见面才一次就以生死时速般的速度奔上床，甚至8分钟约会一次时，慢热爱情的拥护者则坚持认为，感情需要慢慢培养。

我们也许真的无法理解现在日益快餐化的恋爱趋势，但是，我们可以学着去欣赏梁山伯与祝英台式的感情，去自我培养那种似溪水般清澈隽永地流向大海的爱情。在漫长的恋爱旅程中，我们要懂得相互了解，相互融合，让爱情成为我们那杯独一无二的"爱尔兰咖啡"。我们可以尝试着慢慢品味酝酿在爱情中的思念和苦涩，同时也学着去体会那杯含泪的咖啡里雀跃的动心。那样，我们就会发现，爱情的整个过程，是那么的丰富和无尽，似乎成了一个谜，却让人甘心沉溺。

同时，在这个追求快餐化爱情的时代，我们更加不能忽略许多单纯的美好与清淡的喜悦，让自己越来越深地陷入浮躁与浅薄的怪圈。我们可以试着挽着彼此的手，在夕阳下、去马路边、到公园里，看那些满脸沟壑、满头银发的夫妇们相携的身影，用自己的真心去寻找爱情真谛的最好诠释。

2003年年底，一家名为"浓情巧克力"的俱乐部将"8分钟约会"引入中国。"8分钟约会"的前身是Speed Dating，也就是快速约会。之后，在北京、上海等大城市，8分钟很快成了一个对单身男女来说具有魔幻色彩的时间单位。

据"8分钟约会"在中国的组织者介绍，各地"8分钟约会"的具体形式大同小异："8分钟约会"的每一个参加者都有机会与所有参加活动的异性进行交谈，交谈的时间被规定为8分钟。活动规定，每个参与者都通过编号的身份进行交流，不能询问对方的真实姓名、电话号码、电子邮箱和住址，更不能无故纠缠对方。即便聊得投机，也要遵守8分钟的谈话时间，但可以将想结交的朋友的编号记下来，再通过活动的组织者去进一步联系。"但是从目前情况来看，活动过程中对于这些规定的执行也不是特别严格，毕竟这是一个新鲜的事物，还需要人们逐渐去接受。"

而正在攻读经济学博士学位的高先生认为，"8分钟约会"完全是对传统婚姻、爱情理念的一种颠覆。他说："如果这个东西出现在10年以前，必定会遭到世人唾骂，可是如今社会的包容度强了，人们看待事物的观念也逐渐发生了变化，所以对这种方式才有了一定程度的认可。但是实际上，'8分钟约会'无非是情感快餐化被放大的一种表现，短短的8分钟时间，根本不可能产生什么伟大的爱情，一见钟情也根本不需要8分钟。"

不同于"8分钟约会"这种感情快餐，有一本《爱尔兰咖啡》讲述了一个用长久的等待来经营感情的动人故事。故事讲述了一个酒保因爱慕一名空姐，就专门为她调制了一种饮品，名为"爱尔兰咖啡"，最后，用了一年时间的等待，让这个女孩喝到了他亲手调制的这种饮品。最终，他把眼泪涂抹在杯口，以寄予自己思念的味道。

据杜蕾丝全球性爱调查发现，全世界有45%的人曾有过一夜情的经历，其中又以发展中国家比例最大。《新闻周刊》称40.8%的中国男女承认曾一夜风流，更有68.39%的人表示向往，同时网络普及也成为人们解决初级生理需要的温床。在这种情况下，谈爱情成了短跑，恨不得一步到位。

按照弗洛伊德的精神分析理论，一夜情的欲望源自"本我"的呼唤，是人性本能的流露。所以，一夜情也是一种本能的欲望，渴求它也是人之常情。然而，一夜情更多的目的是为了宣泄和舒缓压力，这也是竞争压力颇大的城市病。

电话、短信、电子邮件、网络聊天的工具……科技把我们的爱情生活变得越来越快捷和简单。敲敲键盘，一封信就飞到了地球的另一面，随便一个符号，就能告诉对方你是哭是笑。信息化时代，不仅使人们的工作效率提升了、生活节奏加快了，就连对待感情的态度，也都简而化之，进入了直接的快速爱情时代。

人心浮躁的社会中，更需要那种细水长流的恋爱历程。然而，许多人认为耗费时间和精力的情感对自己是弊大于利，所以，总是盼望着能够将感情"提速"。

» "撞骗"和"概率盲"：大数法则和小数法则

不知道我们是否有人遇到过这样的情况——忽然有一天我们收到了一个陌生号码发来的短信，短信上会出现这样的字样，"你已经在 ×× 地方消费多少钱，请速打某电话查询"或者是"我是 ××（一般会是收短信者不是很熟的朋友），现在有急事，希望打 ×× 元钱到 ×× 账号上"……这样的情况还有很多，比如寄中奖信、打中奖电话、发电子邮件。或许会有人嗤之以鼻——这摆明了就是骗人的，谁会信呢？但是，还真有瞎猫碰上死耗子的时候。

这种江湖骗术，我们将之称为"撞骗"，也就是骗子像没头苍蝇一样乱撞，有时候真会有人上当，让他们捡了便宜。这种行为虽然令人不耻，但是，却隐含了一定的经济学原理——在理论上，一般有数量足够大的投入，就可能会有相对稳定的回报率。我们将之称为"大数法则"。在社会、经济领域中，群体中个体的状况千差万别，变化不定。但一些反映群体的平均指针，在一定时期内能保持稳定或呈现规律性的变化。大数法则是保险公司、赌场、撞骗的骗徒赖以存在的基础。

除了这种概率上的大数法则外，还有一种心理学上的小数法则。"小数法则"不是什么定律或法则，而是一种常见的心理误区，有这样想法的人，我们称之为"概率盲"。人们将小样本中某事件的概率分布看成是总体分布。这是因为人们无法作出确定抉择的时候，有可能会针对问题的某个特征客观地直接推断结果，而不考虑这种特征出现的真实概率及与特征有关的其他原因。

其实，从某种角度来说，小数法则更像是一种直觉，如果利用得当的话，就能够帮助人们迅速地抓住问题的本质推断出结果。但是，如果对这种没有根据的直觉过于相信的话，就会忽视事件的无条件概率和样本大小。

大数法则和小数法则对我们的生活自然是有用的。

比如，如果是从事销售业的人，大数法则不仅是保险精算中确定费率的主要原则，还是推销员的制胜之道。对推销员来说，客户来源自然是十分重要的，所以，客户越多，对他本身的业绩也越有帮助。利用大数法则，如果一个推销员给自己定下任务，每年结识 250 个客户或潜在客户，并能打好这种人际根基，两年后，他就有接近 500 个客户源。就算是 50 个客户里会有 1 个长期客户，两年后，他就有 10 个立场坚定的老客户，给他带来稳定收益。

如果是从事商业工作的，我们就需要好好学习和认识小数法则。商家尤其要时刻告诫自己，不要误信小数法则，这个世界上很少会有那种想当然的事情。就像是商家的资金投入，如果仅凭着一些局部信息和个人直觉便认定市场好坏，那么，受损失的必然是自己。

» "闪婚闪离"：责任心与不成熟

一部分 80 后小夫妻，恋爱时如胶似漆，只重浪漫不重现实，一见钟情很快就准备结婚。可是担负家庭责任的心理还不够成熟，独立养家的能力也没有具备，家庭收入不稳定，小夫妻之间能够共浪漫、共享乐却不能共患难。

同时，许多年轻人观念开放，责任心却稀薄。有些 80 后见面不到几天就闪电结婚，结婚没到几天又闪电离婚，行事之雷厉风行不禁让人瞠目结舌。为什么会出现这种现象？这种"闪婚闪离"心理的现实原因到底在哪里呢？

王心如和付军都是独生子女，家庭条件都不错，家长给的零花钱比较多，两人养成了花钱大手大脚的习惯。大学毕业以后，两个人都没有固定工作，工作不开心就辞职，没收入就回去"啃老"。刚结婚的时候，两个人用父母给的钱买了房子，日子过得还可以。可是两个人没事都喜欢跟朋友聚聚，又都爱装大方，每次聚会必定是他们请客。长期没有收入，开销大，父母的供应渐渐不足。为了钱的事情两个人经常吵架，后来只能以离婚收场。

张启明和静文是在一次朋友的聚会上认识的。两个人一见面就擦出了爱情的火花，确定恋爱关系后就发生了肉体上的关系。不久，静文怀孕了，两个人领证结婚。婚后，玩性不改的静文依然很晚才回家，常常跟朋友出去疯闹，完全不顾及自己已有身孕。有一次，静文跟朋友一起跳舞时不小心摔倒了，孩子没了。张启明本来就对静文在婚后的表现不满，趁机向静文提出了离婚。

这样的例子在 80 后身上并不少见。一些 80 后的年轻人观念比较开放，爱了就在一起，发生关系也不避讳。不爱了就离婚，一点也不留恋。有些人即使是结婚了，也依然没能弄清楚自己的责任，玩心不改，和很多异性保持着暧昧关系。

从外部因素来看，离婚手续简单化也对"闪离"有一定的影响。

80 后的离婚案件中，很少会涉及子女的抚养和财产的纠纷等问题，这使他们的离婚变得轻松和容易。"现在离婚也太简单了，咱们去吃个饭庆祝一下吧。"电视剧《奋斗》中杨晓芸和向南这一对之间的磕磕绊绊，是当前很多 80 后"闪婚"族和"闪离"族的真实写照。结婚没多久，拿着证书，10 分钟不到就把婚离了，这确实有点过于"简单"了。

闪婚的心理学基础是，人类的认知风格是存在差异的，当我们的认知风格属于"同时性群体"——这个群体解决问题的特点是，采取宽泛视野的方式，同时考虑多种假设或者属性，将多重步骤的过程一步到位地完成。这样的认知风格，便产生了瞬间冲动的"闪离闪婚潮"——恋爱自然就不是一步一步慢慢来的慢热型了。这种认知风格的人，把各种事情都综合考虑后，一步到位就搞定 OK !

而且，80后多为独生子女，从小受到父母过分的溺爱，凡事都听任自己的想法，在与人交往的时候缺少忍让性和宽容心。两个人在一起生活，难免会有一些磕磕碰碰，比如一个人想看电视剧，另一个人却想看球赛；一个人想吃辣，另一个人却想吃甜……彼此发生矛盾的时候，谁也不肯让步。

一部分年轻人有很强的占有欲望，自己的电脑不想被别人碰，即使对方是丈夫或者妻子也不行；自己的另一半不能跟别的异性多做交流，否则就会计较个没完没了。而且，80后年轻人对婚姻的要求很高，稍微有不满意，就有可能产生离婚的念头。

很多人虽然结婚了，可是仍然不能自己做家务。他们之中有些是在父母家里"蹭饭"的，有些是平时自己买着吃，等到了周末再去父母家，顺便把一周攒下来的脏衣物拿过去洗。可是，两个人过日子，难免会有一些外人帮不了的事情，自己动手能力不强，遇到一些小事就可能产生摩擦。

有些80后的婚姻如同赶场，可是剩女待嫁，本身就想寻找安定的生活，如果还在婚姻中不断颠簸，那么势必会弄得自己筋疲力尽。有人说"离婚如断骨，再婚如植皮，复婚如接骨"，纵使医术再好，总会经历一番疼痛，而体内的淤血如果没能及时地清除，骨头之间势必会留下嫌隙而无法连筋。

所以，无论我们的思想有多开放，我们也不能把婚姻视为儿戏。当两个人决定彼此牵手走过馥郁的花丛、进入圣洁的礼堂时，就应该开始培养彼此对待爱情的责任感。不要对自己的婚姻懒懒散散，那其实是对自身人格和尊严的不尊重。相亲相爱、互敬如宾，如果有人认为这样的行为只是矫情，那么什么才是有意义的爱情呢？我们要看到自己步入婚姻时肩上所承担的责任和重担，同时，也一定要认识到尊重婚姻的严肃和庄重。

» 分清抱怨还是倾诉再提供建议：人心立场各不同

一只小猪、一只绵羊和一头奶牛被关在同一个畜栏。年终，主人预备大摆筵席，于是捉住小猪，小猪预感到厄运将至，撕心裂肺地嚎叫着，又顶又撞，猛烈地抗拒。绵羊和奶牛被这巨大的动静从午睡的好梦中惊醒，不满地训斥道："喊什么？我们也经常被带走，就没像你似的怕成这样。"小猪流着眼泪说："你们这帮没有心肝的家伙！主人捉你们不过是为了一点羊毛和牛奶，可是我呢？他要的是我的命啊！"

立场不同，遭遇不同，的确很难了解别人的想法和内心。就像故事里的绵羊和奶牛，对他人漠不关心，只能说明它们"全无心肝"，自私而冷酷无情。

你的同事小王，是个很优秀的北区主管，在公司业绩领先，但他最近有点消沉。下班以后，在办公室，他找你聊天。小王说："我用了整整一周的时间做这个客户，但客户的销售量还是不高。"这时你怎么理解这句话，怎样来回应呢？你是建议他怎么做，或是点头倾听，还是一起来抱怨销售政策呢？

其实表达同样的这句话，其中蕴藏了很多种不同的感情成分，有抱怨、无奈、表达建议、征求建议、希望指导等。能听懂他表面的意思是初级水平，关键的是听懂他说这句话背后可能隐藏的内容，了解他的想法和内心。

如果用不同的方式说"用了一周的时间销量还是不高"的事实表达的意思就不尽相同。

比如，小王说："嗨，我用了整整一周的时间做这个客户，也不知道怎么搞的，销售量还不高。"这样的说法，对方可能表达的是无奈，小王不知道怎样来做这个客户，他已经没有办法了。

小王说："看来是麻烦了，我用了整整一周的时间做这个客户，客户的销量还是不高。"这样的说法，可能对方是想更换这个客户了，可能小王心中已经有候选客户了。

小王说："说来也奇怪，我用了一周的时间做这个客户，销量还是不高。"这样的说法，可能小王想从你这里得到建议，希望和你探讨一下怎样做这个客户。

也就是说，对方表达的信息是同样的，但因为表达的语气不同，所以带给你的感受是不一样的。在实际工作中，我们给对方回应最多的是给出建议。当对方仅仅是向你抱怨的时候，你给出了指导的建议，这时对方心里会怎么想呢？他可能想："就你厉害，就你能干，难道我不知道怎么做业务吗？你又不是销售经理，上个月你的销售额还没我的高呢，凭什么指导我？"

但是他不会和你说的，表面上他会附和你的说法，很可能其中有很多不耐烦，最后的结果是你好心帮他，可是还落下了坏的印象和一个"好为人师"的绰号，这样是很不值得的。

当小王在抱怨时，他其实自己知道怎么做，就只是想发泄一下而已。这个时候他需要一个很好的倾听者，你只要听着就可以了，适当的时候也可以发表一些无关痛痒的抱怨。

当对方无奈的时候，可能对客户的能力有怀疑，可能需要和你分析一下客户的实际情况和公司的策略，这个时候你只要安慰和一起分析就可以了。

当对方想更换客户时，可能是对直接更换的信心不足，需要你给他鼓励。这个时候你只要鼓励他，并分享你曾经切换客户的经验就可以了。

当对方是真正寻求你的帮助的时候，你可以和他一起来分析这个市场的情况，给出你的建议。但是要说明，仅仅是你的建议而已。"高压政治"或者是强迫，或者是威胁，会引起一种最终与你对抗的反应。你必须诱使别人沿着你指引的方向前进。那个你成功诱使的人会成为你忠实的兵卒，而你诱使其他人的方式则需要你能了解他们个人的心理和弱点。通过了解他们的情绪，你就能继续揣摩他们所拥有的珍贵的东西和他们所恐惧的事物，软化他们的抵触情绪。如果忽视了别人的想法和内心，他们则会逐渐憎恶你。

"会痛"就是心中的感受，即所谓的感同身受；然后，在这基础上加以"表达"，也就是让别人明白我感同身受。只要有心，不管从大处还是小处均可以揣测别人的想法和内心，不知不觉中你就能够很轻松地了解他人的目的。

将心比心就是推己及人，是一种根据自身的情况来推断他人的情况的沟通技巧，是为了保全他人的自尊时采取的一种比较含蓄的不直接指责、指使他人的方法，也就是间接地让人做出你希望他做的事。将心比心可以让人心甘情愿地和你交流他们的想法。

在工作和生活中，我们每个人都要求得到承认。我们有情感，希望被喜欢、被爱、被尊重，要求别人不把我们看做是个机器人。作为一个人，每个人都有自己特有的抱负、渴望和情感。因此在沟通的过程中我们应该重视别人的心理需要，将心比心，这样才不至于在别人眼里成为一个自以为是的家伙。

» 曲线物体更有爱：外形影响印象

对于很多男人来说，记忆深处可能都有这么一句广告词："做女人，挺好。"女性的身材曲线似乎对男性来说格外具有吸引力。

男人们在一起，往往会以一种有趣的、非语言的方式来示意某个女人是美女：挑挑眉毛、一声长叹、歪一下头，同时还有最明显的一种做法——用双手比出凹凸有致的身材曲线。所有这些信号都表明，男人们偏爱有曲线的物体，特别是当这个女人是一道美丽的风景时。

说到这里，也许你会发出疑问：人们为什么更偏爱有曲线的物体呢？让我们来分析一下为什么大部分有曲线的物体都是吸引人的。

如果汽车的设计中包含了柔和的曲线，往往深得人们的偏爱；而类似于悍马这样具有棱角的车型例外，它们似乎会拥有一定市场，但同样也引起很多人高度的负面反应。如果我们细心观察，就会发现现代的办公家具多倾向于棱角分明，显现出一种正式、非轻率的态度；而另一方面，居家家具通常更具弧度，表达出松弛和非正式性。

哈佛医学院的两位学者让 14 名实验者观察了 280 对物体，其中半数为真实物体，而另一半为毫无意义的图形。无论是否为真实物体，每一对中的两个物体除一点之外其他各种视觉特征均一致，唯一的例外就是曲率。配对中的一方具有尖锐的棱角，另一方则具有曲线。

在一次比较中展示了两只手表，一只方形，一只圆形。这两个对象被简单地并排摆在屏幕中（展示大约 8/10 秒），实验者必须指出，根据直觉反应，他们更喜欢二者中的哪一个。结果是非常明确的：无论对象是真实物体还是图像，实验者都对具有曲线的对象表示出了偏好。

这里需要指出重要的一点——作出判断的时间非常短，还不到 1 秒。这样，实验参与者就没有在选择上犹豫，没有时间考虑他们的偏好。如果给了他们足够的考虑时间，那么经验的影响就会进入到选择中，对结果造成影响。使用更短的反应时间，我们就得到了对每个对象更纯粹、更直觉的好恶。

通过研究分析，心理学家认为，物体的外形从某种程度上影响了我们对物或者对人的印象。例如，人们不太喜欢尖锐、有棱角的物体是因为它们的开头像某种利器，对我们可能会造成伤害，至少传达了一种危险的信号。

同样的信息也可能会延伸到人们的外形上，如，一个长相棱角分明的男人，似乎表达了一种负面评价，而若他长相十分圆润则是一种明确的表扬。尽管如此，但请注意：男性方正、有棱角的下颚通常被视为果断、独立和自信的表现。

出自同样的原因，在求职面试中，如果招聘者正在寻找一名果断的领导者，那么这种特性可能会使你获得优势。然而，如果招聘者在寻找一名不折不扣地执行方针的忠诚员工，那么这种棱角特征可能对你并没有什么帮助。

当然，我们并不能认为外形是决定思考与反应的首要因素。但我们明白了人们偏爱有曲线的物体这一心理，可以更好地利用外形的有利影响为我所用。比如，你具有棱角分明的面部特征，你就可以试图去展示出圆滑的一面，因为这样可能会弥补他人对你的感观印象；同样，如果你具有一张可爱的娃娃脸，那么请你努力表现出严肃和自信的一面。

» "双鸟在林不如一鸟在手"：简约的观点易为大众所接受

在社会交往中，我们通过与他人交流、沟通、对话等方式来维护和谐、融洽的人际关系。一般而言，那些夸夸其谈、滔滔不绝的人所表达的观点并没有多少人赞同，甚至会有人鄙夷他的这种张扬、夸张的行为方式。而那些平时寡言少语者所表达的观点更容易被大家所接受。

从某种程度上说，简约的观点易为大众所接受。很少有人希望信息传达的过程冗长而费解。我们都知道句子比段落好，两个句号比 5 个句号好，简单的词汇比晦涩的词汇好。这是一个带宽问题：想法中包含的信息量越少，就越容易具有黏性。

事实上，光有精练远远不够。我们能够理解一种毫无重点的精练表达；换句话说，一个精练的口号未必能反映出我们的全部意图。精练的表达可能确实具有黏性，可那丝毫不能说明它的价值。我们不妨想象一下，表达的信息可以是谎言（"地球是方的"），可以前后毫无关联（"外套喜欢萌芽"），也可以是不动脑筋的说法（"不要一只鞋都不买就让一天白白过去"）。

因此，如果要把"简约"定义为"核心＋精练"，我们必须首先说服自己，精练值得我们为之奋斗。既然已经掌握了核心，为什么还需要精练呢？难道详尽的阐述没有简单的概括有说服力吗？假如我们把精练发挥到极致，是不是有可能用一句话表达出所有的意思呢？

千百年来，人们创造出一种叫做"谚语"的语言。谚语尽管短短数字却意味深长，塞万提斯对谚语的定义是"从丰富经验中提炼出的短句"。

亚当斯成功地将他的核心——集中报道当地新闻转变为一条新闻界的谚语："名字、名字，还是名字"，在一个具有共有标准的社会能够引导人们作出决策。假如你是一个摄影师，那这条谚语不过是毫无价值的说法罢了，除非你要拍摄名字标签。但假如你知道你所在的机构因名声而兴旺——也就是说，地方机构的特殊成员所做出的特殊行为——对这点的意识将影响你决定拍摄照片的种类。你会拍摄枯燥乏味的委员会议场景还是公园里绚烂的夕阳呢？答案是：枯燥乏味的委员会议。

以一句英国谚语为例："双鸟在林，不如一鸟在手。"这句话的核心是什么？这句谚语旨在提醒人们不要为了不切实际的目标而放弃肯定能得到的东西。谚语虽然简短，但其中的睿智思想却在很多情况下适用。

事实上，这不仅是一句英国谚语。瑞典的版本是"十鸟在林不如一鸟在手"，西班牙的版本是"一鸟在手强过在飞百鸟"，波兰的版本是"手里的麻雀强过屋顶上的鸽子"，俄罗斯的版本是"手里的山雀好过天上飞的鹤"。

在罗马尼亚语、意大利语、葡萄牙语、德语、冰岛语，甚至中世纪拉丁语中都有这句谚语，只是说法稍有不同罢了。英语中最早记录这句话的是1678年约翰·班扬撰写的《天路历程》，但事实上这句话可能还应追溯到更久以前。《伊索寓言》中有一则故事这样写道：一只鹰抓住了一只夜莺，夜莺向鹰苦苦哀求，说它都不够鹰大哥塞牙缝的。鹰的回答是：如果我放掉手里的鸟去捕另一只看不见的鸟的话，我就是傻子。这个故事记载于公元前570年。

有关"在手之鸟"的谚语是黏性创意的一个绝佳例子，它已存在了2500多年。它的精神跨越了各大洲、各种文化和语言间的界限，这种说法的传播完全是自发的。还有许多其他谚语也拥有同样长的历史。事实上，几乎每种有文字记载的文化都有一套自己的谚语。这是为什么？它们的延存有何秘诀？

在碰到共有标准的情况时，谚语可以有效地引导人们作出决定。这些共有标准通常是道德和精神意义上的，谚语为人们的行为提供一些靠经验得来的方法。有一条黄金准则这样说道："希望别人用什么方式对你，你就用什么方式对待别人。"它的意义相当深刻，足以影响一个人一生的行为。

简约得恰到好处的说法不仅雅致而且实用，这使得它们的作用与谚语几乎无异。我们有理由怀疑词语，因为很多词语并没有实际意义而且会误导别人，它们不是核心，仅仅是简洁。但是我们所追求的简约不是一个简单的词语，而是一个谚语：精练加核心。

» 到处找自己手里的手机：看不见的思维盲点

有时候，某件物品明明就在我们面前，可还是到处翻寻。我们往往会责怪自己："我今天真是犯傻，这个东西明明在手里拿着，还到处找。"事实上，我们解释不清这种情况，但心理学可以给出合理的解释。

人在做某件事情的过程中，心理常常无意识地踏入一个陷阱，使自己陷入钻牛角尖的困境之中，心理学家给它起了名字——"思维盲点"。思维盲点是一种很奇妙的心理现象，经常会让我们蒙蔽双眼，看不清自己的真实面目，众人皆醒我独醉。心理盲点在生活表现得较为常见。

部门李经理刚走进办公室就说："小张，给你的客户王总打一个电话，跟他说他要的那批货到了。"

"好的，经理，我这就给王总打电话。"小张一边答复经理一边找手机，因为王总的电话号码就在自己的手机里存着呢。

"奇怪，手机怎么不见了。"小张自言自语道。

于是，小张转过身开始翻包包。里三层外三层翻了一遍，钥匙、银行卡、化妆品全倒腾出来了，包包里还是没有手机。翻遍桌子和办公室的每个角落……她郁闷地坐在地上，顺手从裤子口袋里掏出手机给大家发短信："各位，我手机丢了……"

身边的小刘收到小张短信，回头看了一眼，奇怪地说："你搞什么，手机不是在你手里。"于是，同事们哈哈大笑起来。小张这才意识到，手机原本就在手里，并且刚刚用它给同事发了手机丢失的信息。

看完这个故事，你也许会把它当做一则小幽默，哈哈一笑。我们之所以发笑，是因为小张陷入了"思维盲点"的误导。思维盲点与一个人的日常习惯和经验思维有关。

有这样一个真实的故事：

加拿大宇航局准备将首批培训了很久的宇航员送入太空，但在宇航员进行最后失重实验时，宇航局接到了一个报告说宇航员们在失重状态下无法用圆珠笔正常书写。于是，宇航局的科学家们又耗费了10年光阴，花费了100亿加元的资金，终于发明了一种新型的可用于失重状态、水中、任何平面和球面物体甚至在零下300摄氏度时也能流利书写的新型圆珠笔。而早于加拿大宇航员几十年已经登上了太空的俄罗斯宇航员们却一直在太空中使用铅笔。

生活中常常发生这样的事例,你苦思冥想不能解决的难题,别人独辟蹊径很容易就解决了,你对此感慨万千:"我怎么就没有想到呢?"我们有着如此之多的视而不见和听而不闻,有着没完没了的思维盲点或心理误区。

对于这些盲点和误区,哪怕我们身在其中也毫不自知,从而导致了错误的认知和行为的产生。长此以往,这种盲点会直接影响到我们的生活质量和事业发展,早晚让我们如同一只找不到方向的苍蝇,被人避之不及。

如果你感觉自己的思维盲点越来越多,请按照下面的方法进行治疗:

（1）先从小事做起。比如说,要求自己的生活作息要正常,早上6点起,晚上11点睡,中午睡0.5～1个小时,吃饭要定时定量,每天适量运动。

（2）给自己制定规则,违反了,就要惩罚。比如,若早上不能在规定时间吃上定量的早餐,那就罚自己抄《金刚经》一遍。此惩罚应在当日完成,若无法在当日完成,第二日则加倍,以此类推。

（3）运动疗法。每天坚持45分钟的运动,比如慢跑、打球、游泳等。体育运动能改善大脑功能,刺激大脑内啡肽的分泌,使人获得更好的深度休息。

» 左拥右抱别炫耀:花心也是病

女人总期待男人痴心,而男人却总免不了花心,为什么男人就不能专心一点呢?

小张是一个长相平常的男生,却有3位女友,一个比一个年轻、一个比一个辣!脚踏3只船,难道就不累?特别是现代社会,不像古人生活的年代,信息闭塞好圆谎。他坦言,关键是战术,保住"正宫"的那个是主打,另外两朵就当做情感的业余生活。当然,逢年过节要小心走光,有"四大忌日"——情人节、生日、圣诞夜、春节。这位花心行家,在这些日子总要假装值班,避避风头。虽然累,他却乐在其中。

很多时候,花心男人觉得很冤枉,一切都是情不自禁的、由衷的、真挚的,他们不认为自己是在"偷吃""走私""犯错误",更没有玩的感觉。但是,很多男人不知道这种"情不自禁"可能还意味着一种病。

偏执:缺乏理性,只是习惯爱上爱情。飞蛾扑火般地爱到迷失自己,通过所谓的爱来证明自己的价值与存在,然后在习惯性的追逐游戏里自虐自娱。

自恋:"自恋扩张症候群"所引起的花心,喜欢追逐猎物来满足自我膨胀的欲望。这种男人有强烈的孔雀情结,他的病态有两种表现方式:要么招蜂引蝶,要么顾影自怜。

自卑：每个人心中都有个"完美对象"，随着择偶的条件越来越高，当不能同时在同一个人身上得到满足，许多人便试图在不同的人身上分别汲取。不同于过去从一而终的清贫爱情，现代豪华的爱情，则可以左拥右抱，不求永远，只求满足。原始病因大多是：没自信、没安全感、不知道自己要什么。所以，情种往往个性敏感，有些深沉的自卑，然后期望通过不断的"征服"来满足自己的成就感与虚荣心。

良心的提醒：每个人一生都在找寻一个在他生命中对他意义非凡的人，谁都希望自己心中的理想爱人，最好能集合 A 的美丽大方、B 的温柔多情、C 的财富权势和 D 的聪明才智，显然这样完美的人几乎不可能存在。所以两性更应该尊重彼此的差异性，多看对方的优点，甚至把对方的缺点当特点，而不是转而追求一个个"不完美的情人"来满足对"完美"的畸形需求。

焦虑抑郁：以上的分析都是从病因入手的，如果从后果来看，情种容易患"外遇型精神疾病"。精神科门诊发现，近年来因外遇和脚踏多条船问题产生焦虑症、忧郁症及睡眠障碍的患者增加三成。

所以，情种们并不用炫耀自己多有能耐，情种很累，而且可能不健康。弱水三千只取一瓢饮，这样的观念听来虽然有些古老、寂寞，但往往可以为自己换来最健康而温暖的幸福。

目眩——我们怎样被色彩迷惑

» 被子多为淡蓝色和白色：肌肤对色彩有感觉

色彩对生活的影响几乎无处不在，即使我们闭上眼睛，色彩也能通过肌肤对我们的身体产生作用。

无论在市场上还是卧室里，我们都很少看到大红色的被子，除非是新婚房里。通常我们看到的被子都是白色、浅蓝色、米色为基调的颜色。有人说，深红色之类的被子不适合睡眠，会使血压不断升高，精神也紧张起来；而淡蓝色等比较浅的颜色有镇定效果，才是被子颜色的上上选。但也有不少人疑惑，睡觉时我们都闭上眼睛，看不到被子的颜色，怎么还会有影响呢？

其实，色彩对人的影响不仅仅是视觉方面的，肌肤对色彩同样有感觉，和我们用眼睛看是一样的效果。即使闭上眼睛睡觉，身体也会受到被子颜色的影响。

蓝色，通过我们的肌肤影响我们身体的状况，可以降低血压，消除紧张感，从而起到镇定作用和催眠效果。建议经常失眠以及睡眠质量不好的朋友多看看蓝色，在卧室中增加蓝色可以促进睡眠。

当然，也不是说蓝色越多越好。如果蓝色太多的话也不尽然。蓝色是冷色调，夏天还好，要是到了冬天，一屋子的蓝色会让人感觉很冷。此外，过多使用蓝色还可能引起孤独感。因此，为了消除紧张感，同时又不会造成孤独和寒冷的错觉，建议卧室装修以淡蓝色为主，以搭配白色和米色为佳。

除了蓝色，绿色也具有一定的催眠作用。不过，绿色与蓝色的催眠原理不同，蓝色可以使人的身体放松，而绿色则使人精神放松，从而达到催眠的效果。

此外，当暖色变得很淡很淡时，也和蓝色一样，有催人入睡的作用。白炽灯、间接照明等发出的温暖的米黄色灯光以及让人感觉安心的淡橙色灯光，都有催眠的作用。

照明的颜色会对人体内一种叫做"褪黑激素"的荷尔蒙的分泌产生影响。褪黑激素是促使人自然入睡的荷尔蒙。不仅如此，它还有改善人体机能、提高免疫力和抵抗力的功能。这种荷尔蒙通常在夜间分泌。如果卧室里使用青白色的荧光灯，会抑制褪黑激素分泌的作用。如果为了准备考试而挑灯夜读或者熬夜加班的话，荧光灯是不错的选择，这样不容易困倦。但是平时睡觉，卧室里最好安装白炽灯或者其他可以发出温暖的黄色和米黄色的灯具。

相反，红色就是所谓使人清醒的颜色，它可以增强人的紧张感，使血压升高。当人头脑不清醒的时候，看一看彩度高的红色，就可以立刻清醒过来。

目前，市场上可以买到的提神产品多以黑色包装为主，也许是想让人联想到有提神作用的"黑咖啡"吧。事实上，这类商品用红色包装更适合。

日本的一种早晨专用的罐装咖啡外包装就是红色的，这种红色包装的咖啡可以说是提神的佳品。一方面，咖啡中的咖啡因就可以刺激大脑，增强大脑的活力；另一方面，高彩度的红色包装具有增强紧张感的作用。可以说这种商品具有双重提神效果。

» 快餐店不适合等人：色彩混淆人的时间感

色彩能够让人产生不同的冷暖感觉，比如红色让人感觉温暖，蓝色让人感到冷，这是众所皆知的现象了。此外，色彩还可以让人产生时间错觉，你知道吗？

快餐店给我们的印象一般是座位很多，效率很高，顾客吃完就走，不会停留很长时间。有人喜欢和朋友约在快餐店碰面，却很少看到有人在快餐店等人。大家约会、等人都会选那些色调偏冷的场所，比如咖啡馆。这并不仅仅因为咖啡的香味有使人放松的效果，还因为在这样的环境中等人感觉更浪漫。其实，还因为相同的等待时间，在咖啡店感觉到的却没有快餐店长。

很神奇吧，色彩具有不可思议的神奇魔力，会给人的感觉带来巨大的影响。人看着红色，会感觉时间比实际时间长，而看着蓝色则感觉时间比实际时间短。很多快餐店的装潢以橘黄色或红色为主，这两种颜色虽然有使人心情愉悦、兴奋以及增进食欲的作用，但也会使人感觉时间漫长。这也就是为什么在以橘色等暖色调为主的快餐店等人觉得特别难熬的原因。

为了证实这种说法，有专家做过一个实验：让一个人进入蓝色壁纸、蓝色地毯的蓝色系房间，让另外一人进入粉红色壁纸、深红色地毯的红色系房间。不给他们任何计时器，让他们凭感觉在一小时后从房间中出来。结果，蓝色系房间中的人在 70 ~ 80 分钟后才出来，在红色系房间中的人在 40 ~ 50 分钟后便出来了。有人说："这是因为红色的房间让人觉得不舒服，所以感觉时间特别漫长。"确实有这个原因，但也不尽然，最主要的原因是人的时间感会被周围的颜色扰乱。

再举日常生活中常见的一个例子——灯光照明。在温暖的白炽灯下，就会感觉时间过得很慢；而在青白色的荧光灯下，人会感觉时间过得很快。因此，如果单纯出于工作的需要，最好在荧光灯下进行。反之，卧室中就比较适合使用白炽灯等令人感觉温暖的照明设备，这样会给主人营造出一个属于自己的悠闲空间。

知道了色彩对时间的这种作用，我们可以运用色彩心理学营造理想的公司会议环境。

开会是公司必不可少的程序。但是，几乎所有公司职员都有一个挥之不去的烦恼，那就是长时间的会议。超过两个小时的会议，谁都会觉得烦。建议公司的会议室装潢最好以蓝色为基调，例如使用蓝色的椅子、蓝色的会议记录本、蓝色系的窗帘……看到蓝色的东西，会让人觉得时间过得很快。

此外，由于蓝色还有使人放松的作用，有创意的点子或提出建设性的意见，也更容易在蓝色的办公室中产生。所以，使用蓝色装潢会议室，不仅会使漫长的会议变得紧凑，而且会议讨论也会更有效率、内容也会变得更加充实。

而对于与会者个人，如果想在会议中让自己的发言受人关注，建议佩戴一条红色的领带，因为红色有引人注意的作用。但是要注意了，物极必反。如果穿一件红色的衬衫，由于红色的面积过大，会分散对方的注意力，使其难以作出决断，效果就适得其反了。

» "绿动你的心"：冷色的镇定作用

市场上茶包装设计的颜色可谓是琳琅满目，有气派华丽的颜色、有古朴稳重的颜色、有清新秀美的颜色……但是，就整体而言，茶饮包装普遍倾向于绿色调。

康师傅冰绿茶，是年轻人喜爱的时尚茶饮料，那冰冻、酸甜的独特口感、健康活力的超强偶像，还有和谐的绿色调包装设计，无一不令人倾心。而康师傅绿茶最新的广告曲,似乎也在对我们传达着一种活泼快乐的情调。这首名为《绿动你的心》的歌词是：

放开一切的烦恼

世界多么美好

绿色的生活，幸福一定围绕

Green your heart（绿动你的心）

世界就快乐起来

You and I（你和我）

我们跟着音乐律动生命

康师傅绿茶给你好心情

放开一切的烦恼

世界多么美好

绿色的生活，幸福一定围绕

Green your heart（绿动你的心）

多精彩生活是充满期待

从这首广告曲中，我们不难看出两个重点——"绿"和"好心情"。这样看来，颜色和情绪之间似乎产生了一种微妙的关联。绿色既然可以给人营造宁静、亲切的舒适感，让我们在纷扰、忙碌的都市中犹如春风拂面般清新爽朗、芳香怡人，感受那种精神的释然，而心灵也在这绿色中得到了抚慰。而绿色更是因为其象征的生命涵义成了"低碳""和谐"的代表，比如，绿色投资、绿色技术、绿色产业、绿色贸易、绿色消费、绿色文化、绿色雕塑、绿色文学、绿色食品……无论是字面意义或者是核心内涵，无不给人一种清新感和活力感。

其实，大多数人在购买茶饮料时，首先会受到产品色彩的视觉冲击，合理、舒适的色彩能够吸引人们的购买欲，康师傅冰绿茶的包装正是迎合了消费者的偏向，选择了合适的颜色。

那么，绿色在茶饮料的包装中到底是一种怎样的意蕴呢？

首先，茶包装的颜色选择还和它所推广的地区是紧密相连的。每个国家、民族和地区会由于所处的地理环境、社会文化、宗教信仰、风俗习惯等的不同，对色彩有不同的偏好，而茶包装的色彩设计也有这种体现。如中国南部的云南省不仅盛产茶叶，同时也是我国众多少数民族的聚居地，崇尚自然的少数民族对绿色有种独特的情怀，他们认为绿色是自然的象征，是真实的表现，因此在当地，茶饮料的包装色彩多为绿色。

其次，就是人们对于茶包装本身的一种色彩心理，在生活当中，绿色往往是茶的一大印象，茶树的本色便是绿色，冲泡开后的茶叶也多呈现绿色。据心理学家说："绿色是一种决定性的基本颜色，是生存本能的颜色，它对人心理上的安静和修养有着积极的作用。宁静的绿色为我们不安的生活创造了一个必要的平衡，它引领我们进入休息，帮助我们摆脱烦躁而进入渴望中的和谐境界。"因此绿色常常是茶包装设计的首选颜色。

最后，茶包装的色彩和它所针对的消费群体的年龄层次是有关系的。据调查，儿童大多喜欢鲜艳的颜色。9岁以上的儿童从喜爱红色和黄色开始转变为喜爱绿色和红色，在青少年中更为如此。绿色和红色与大自然中的绿树红花是相匹配的，体现的是一种生机勃勃，这正好和青少年旺盛的精力、朴实自然的心灵相吻合。而成人对于色彩的喜爱，除了来自生活的影响外，还因其丰富的经验和知识受到更多的文化的影响。因此，茶包装设计的色彩要考虑消费者的年龄层次，不同的年龄层次具有不同的色彩心理，就如以上提及的康师傅冰绿茶，它抓住了年轻人钟爱绿色的特点，因此其包装就给人一种明快向上的青春感。

那么，我们可以时刻利用这种色彩心理给自己提供一些生活小技巧。比如，长时间用电脑的人可以将自己的桌面设置成绿色调的图片，这样不仅可以缓解眼部疲劳，还可以适当地调节一下心情；被封锁在都市高楼中的人，可以利用周末或者假期，选择一个山清水秀的地方，用绿色风景来陶冶一下性情，适当舒缓生活压力带来的焦躁感；我们甚至也可以选择绿色的室内装潢和常用服饰来调节自己的情绪。

» 外科医生为何穿绿衣服：补色产生错觉

现在的医院，人们对外科医生做手术穿浅绿色的衣服习以为常。最早的时候，外科医生即使进手术室也是穿白色大褂的。那时医生经常会抱怨，手术过程中一旦将视线离开血迹斑斑的病灶，转移到同事的白大褂上，就会看到斑斑点点的绿色。等视线转回到病灶上，会看不清晰，给手术增加难度。

这是因为医生的视神经长期受到鲜红的血液刺激引发了视觉疲劳，产生了视觉残像。会产生这种现象，是由补色造成的。将手术服的颜色改成浅绿色，就能消除此类错觉，所以后来的手术服就不再使用白色了。

在自然界中每一种颜色都有其主波长，都可以找到与之相应的互补波长和补色。两个色光混合成白光时，就能将这两个色光的主波长定义为互补波长。光源不同，补色的主波长不同。在色度图上，任何通过光源的直线，其对光谱轨迹所截的任两点波长即为相对应的互补波长。我们所说的补色，就是这一对互补波长的光。

可以说，自然界里每种颜色都有其自己固有的波长，也都能找到与之相配的波长和补色。但是也有一些情况例外，色度图上属于绿色光谱波长的色光就找不到合适的互补波长，它们被称为谱外色。

谱外色所属范围波长的色光补色是洋红色系的，但洋红色系属于红光、蓝光的混合色光，在光谱色度图中找不到这些颜色的单色光，谱外色的说法由此而来。

当眼睛注视某种色彩时，补色会随着眼睛所关注的那种颜色产生。确切地说，这是视网膜上的感光细胞受到光的刺激造成的。人的眼睛看着色彩，色光会刺激视网膜上的锥状感光细胞，由此大脑生成色彩的图像。同一色光对锥状感光细胞刺激太久，会让锥状感光细胞疲劳，由此产生了补色。

环境也会影响物体的颜色。环境自身的颜色和物体颜色对比，会引发物体颜色的变化。

以红色和绿色为例，在纸上涂一个红色色块，再在旁边涂一个绿色色块，红色色块与绿色色块的交接边缘分别引发了其补色绿色与红色，于是，红色会看起来比平时更红，绿色看起来也格外绿。

这种现象其实是色觉上的错觉造成的补色。颜色的对比使得红色与绿色在各自周围产生与自身颜色色相相反的对立色，事实却是，这种对立色并不存在。生活中常会发生这种现象，譬如当人穿一袭黑衣或者一袭白衣时，没有人会觉得黑色有多么黑、白色有多么白。但是把黑色与白色搭配穿着，则显得黑色漆黑如墨色，白色晶莹如冰雪。其实黑色、白色本身并没有发生变化，一切惊艳的表现，只是对比造成的错觉。

生活中，补色不会只给人们带来本文开头所说的那类麻烦，反而会给人们带来帮助。蓝色、橙色互为补色，所以海轮上的救生衣使用橙色。一旦穿救生衣的乘客落入海中，补色的作用会使橙色在救援人员的眼中更为鲜明。水果摊如果在黄色的橙子、梨的旁边摆放紫色的葡萄，会使水果看上去更鲜艳欲滴。

» 银白色汽车最安全：膨胀色清晰度高

庆安和梅琳马上要结婚了，想买一部汽车，但在汽车的颜色上犯了愁。梅琳喜爱亮红、苹果绿等轻快的有女性气质的色彩，庆安认为，男人开这类颜色的车子太可笑。庆安想买黑色的车子，梅琳表示反对，认为黑色车子古板老气，看起来像商务车。

两人商议后认为，既然不能在颜色喜好上达成一致，就从实用性考虑，选一款有利于安全行车的汽车。

汽车的颜色有很多种，黑色、白色、红色、橙色、绿色、蓝色、黄色……我们处在一个高速发展且个性张扬的时代，走在马路上，能看到各种颜色的汽车呼啸而过。汽车的颜色不同，安全程度也不同。

据统计，各种颜色的车辆中，安全系数较低的是黑色和绿色车，而黄色和白色汽车则较少发生事故。这是因为黑、绿为收缩色，而黄、白是膨胀色。以黑色车和白色车为例，把两辆同样品牌、款式的汽车分别涂成黑色和白色，看起来白色车要比黑色车大。

从人对色彩视觉感知和心理感知来讲，浅淡的颜色、鲜艳的颜色、色调温暖的颜色都是膨胀色；反之，深浓的色彩、浑浊的色彩、色调偏冷的颜色都是收缩色。涂上膨胀色的车即使在远处也能引起人的注意。无论是在可见度低的阴雨天还是在光线昏暗的傍晚，涂上膨胀色的车都会在人们视线中相对清晰。收缩色的车则不然，看起来较小、不清晰，可见度低的日子里很容易发生事故。

一项研究结果表明，在天气晴朗的条件下，浅色系的汽车颜色安全性高于深色系汽车。在每天一早一晚光线不足的情况下，黑色汽车的事故率是白色汽车的3倍。因为在同样距离内，使用了收缩色的汽车看起来距离会比较远，会使其他的司机错误地判断两车距离，容易造成碰撞。

综合比较各种颜色车辆事故概率，黑色车和绿色车在安全榜上稳居末尾，它们发生交通事故的概率是白色、灰色、红色、黄色车辆的2倍。白、灰、红、黄4种颜色的车辆的事故概率则相差不多。

那么，在安全榜上占据第一位的是什么颜色的车辆呢？银白色！专家研究发现，银白色对光线放射率较高，比其他颜色更易识别，所以出事故的概率很低。而且即便发生了事故，驾驶员受伤程度也会相对较轻，相对于安全系数已经较高的白色车辆，驾驶银白色的驾驶员的重伤概率还要低将近五成！

显然，银白色的汽车是庆安和梅琳的最佳选择。

我们知道导致交通事故发生的原因是多种多样的，仅仅选择一款色彩安全的车还不够，还要在细节上下工夫，驾驶室内部色彩的调配就会对驾驶员的情绪造成一些影响。

一些喜欢高雅庄重格调的人在内饰装饰时偏爱灰暗的调子，会让司机感觉心情低落、压抑郁闷，开车时容易走神儿。使用过于艳丽活泼的色彩也不合适，鲜艳得太刺目，会让人心生烦躁，还会造成视疲劳，容易引发交通事故。

其实在行车过程中，有诸多因素都会影响到驾驶员的情绪。一般来说，驾驶员在市区肇事的概率较高，这是因为市区里行人很多，路边物体也比较纷乱，驾驶员很有可能被路人的鲜艳衣服或是某个奇异的事物吸引注意力，引发事故。

在城市以外开车时，需要防备的是视觉神经迟钝。公路路面多是灰色的，这种颜色对驾驶员是有益处的，因为灰色对神经有镇定作用，使人能静心开车。但是，长时间驾车会觉得灰色的路面单调乏味，反应迟钝，昏昏欲睡。所以开车时可以有意识地关注一下路边的树木或花，调剂麻木的神经。

» 色彩也能动：视觉上的动静感

色彩带给不同种族、性别、年龄、修养的人以不同的感受，就是说，不同的人有不同的色彩心理反应。大部分情况下，这些色彩心理反应都是有规律性的。色彩心理更多的是一种联想，当色彩映入眼帘后启发了某种想象，会成为一种色彩自身的特质。

人的情绪反映在视觉上，被称为色彩的动静感，又称色彩的奋静感。色彩的动静感与色彩的冷暖是分不开的。

冷色会让人觉得沉稳安静，暖色会有活泼、兴奋的动感。生活中，性情温和的女孩穿上冷色调的衣服会看起来更加恬静，而活泼好动的女孩穿上暖色调的服装则会热情洋溢、活力十足。绿色和紫色属于中性色彩，不会让人的情绪发生过大的变化，白和黑让人感觉紧张，灰色使人心绪平和。

色彩的明度也会对色彩的动静感产生影响。色彩的明度越高，色彩的动静感就越突出。色彩的明度越低，色彩的动静感也相对减弱。

色环中，相邻色彩有较为柔和的变化，这种变化如同乐曲般有旋律、有节奏，也能给人带来色彩运动的感觉。以红色与黄色为例，在红色中逐渐加入黄色，逐渐会形成由橙色到黄色的流畅的动感。在黄色中加入红色，会形成由橙色到红色的运动感觉。当我们站在一片辽阔的原野上遥望天边，冷暖渐渐变化的绿色会牵引着我们的视线，投向天空最深远的地方，这种色彩感觉是运动着向空间深处延伸。

色彩的动静感无时无刻不与人相伴，人们也已经习惯了追逐着色彩感受其中的运动感觉。我们观看美术作品，在画面中看到一种颜色以不同面积反复出现，也会产生由小色块过渡到大色块、再由大色块过渡到小色块的运动感，生动有趣，形成独特的美感。

色彩的动静感在艺术设计、装饰装修中占有不容小觑的地位。无论是着装还是装修，想要寂静安稳的效果就选择动静感不强烈的色彩，要是想制造活泼热烈的氛围要选择动静感十足的颜色。

色彩的动静感在多种颜色同时运用时也能得到较好的体现。单一的色彩动静感较差，两到三种色彩的搭配容易让色彩呈现更多的活力。买家具时可以选择双色家具，造型时尚，风格热烈。地毯、窗帘等纺织品如果有两种颜色逐渐过渡，则宁静却不呆板，活泼又不失稳重。

» 波利菲尔大桥的自杀者：色彩影响情绪

波利菲尔大桥是伦敦泰晤士河上的著名建筑。波利菲尔大桥出名不是因为它的造型有多么优美、历史有多么悠久，而是关于它的离奇传说：忧郁的人纷纷选择在这里自杀。

由于自杀行为屡禁不止，波利菲尔大桥引起了伦敦议会的注意，议会请皇家医学院的研究人员帮忙解决问题。皇家医学院给出的解决方案让所有人意外：只要把桥身漆成绿色的就可以了。

这个方法看起来如此不靠谱，可又确实有效。桥身漆成绿色的那一年，从波利菲尔大桥自杀的人数比往年减少了一半。

看到红色会想到火焰与血液，看到蓝色会联想到天空和海洋，看到绿色会想到原野与田园……色彩开启了人类思维无尽的想象，人们可以通过不同色彩产生关于听觉、触觉、味觉等的联想，影响人的情绪，也是色彩的功能之一。当代，随着对色彩研究的深入，人们越来越感觉到色彩的重要性。正确使用色彩，对人的身心健康具有重要意义。

波利菲尔大桥原本是黑色的，在波涛滚滚的泰晤士河上，这座黑色的大桥让人联想到黑暗、压抑、严肃。来到这座大桥上，原本情绪不错的人都会觉得压抑，那些本来就悲伤、抑郁的接受的心理暗示更为严重，种种忧伤的往昔、一件件的伤心事如潮水般从心底涌起，由此产生了结束生命的念头。重新油漆过的波利菲尔大桥是绿色的，绿色让人感觉轻松、自然，感受到勃勃的生机，散发出生命的活力。悲伤、忧郁、烦闷等情绪会被绿色一扫而空，想自杀的人自然就少了。

同样的事件在日本东京的地铁站也发生过。

日本的新干线举世闻名，仅仅"山手线"每天就有 800 万乘客在使用。新干线跳轨自杀事件接连发生，2008 年，有近 2000 名日本人选择在新干线自杀，占全国自杀总人数的 6%。2008 年 3 月到 2009 年 3 月，仅仅东京一地，就有 68 人选择在铁轨上结束生命。

由于这类悲剧屡禁不止，东京新干线开始使用种种方式阻止自杀行为，其中之一就是在地铁站台尾部安装蓝色的灯。蓝色能放松人的神经，调节人的情绪。日本"颜色心理学协会"的专家高桥水树说过："我们可以联想一下天空和海洋的颜色，它们都可以让一个激动不安或者执迷不悟的人逐渐冷静下来。"新干线管理部门希望蓝色灯光能使想要自杀的人打消结束生命的念头，产生生的渴望。

自杀者一般会选择在地铁站尾部跳下，所以蓝色灯都安装在了这个部位。安装的灯与普通的灯不同，是蓝色 LED 灯，比普通的灯具光亮更强，更能引起自杀者的注意。

色彩对心理的影响，不仅可以在这种非常事件中加以利用，日常生活中也能广泛使用。譬如，经常激动、脾气暴躁的人可以把房间油漆成蓝色或者绿色，舒缓紧张的情绪；郁郁寡欢、闷闷不乐的人住在橙色、红色调的房间中，心态会愉悦很多。注意色彩对情绪的影响，用色彩来调整心态，愉悦心情，方法简单，效果还很不错，值得大家尝试。

» 男女对数码产品颜色喜好不同：性别与色彩

手机、相机等数码产品，在如今的社会生活中已经成了必需品。如何在琳琅满目的数码市场中选出适合自己的数码产品，也就成了许多人关注的问题。

在选购数码产品时，性质、价格等因素固然重要，但两三年便可以更换一次的商品，颜色也成了一个非常关键的因素，而且成为影响消费者选购数码产品的第一要素。

有关研究表明：人的视觉器官在观察物体时，最初的 20 秒内色彩感觉时间占 80%，而形体感觉时间占 20%；2 分钟后色彩占 60%，形体占 40%；5 分钟后各占一半，并且这种状态将继续保持。可见，色彩除了会给人最直观的印象之外，还有持续的印象记忆存在，所以在数码产品的选择上，颜色绝对是个不容忽视的因素。

据对数码相机的调查显示，男性和女性对数码相机颜色的要求存在着很大的差异，45.2% 的男性喜欢稳重、大方的黑色调，39.2% 喜欢银色调，而 61.2% 的女性则选择了气质高雅的银色调。

而在几乎是人手一部的手机的选择上，人们往往由于很多因素而对手机的外观色彩作出不同的选择，性别便是其中的一个。男性消费者通常还是更偏向于沉着、干练的冷色调，如黑色，既可以满足功能的需要，同时又可以彰显其成熟、威严的个性，给人值得信赖的感觉；女性消费者则一般偏向于生动、活泼的暖色调，如粉色，给人以温柔、甜美的感觉，使人不自觉地想要亲近。

针对男性与女性对手机的不同颜色偏好，制造商们也开始在外形上做一些改进与创新，如近年来手机商开创的"女人心"系列和"青花瓷"系列手机，都是特意为女性消费者而设计的，其淡雅温和的色调、柔美曲折的线条、轻柔悦耳的铃音，要么体现优雅的白领气质，要么展示浓郁的古典气息，无不与女性的个性气质相符，故而深得女性消费者的喜爱。但对于男性而言，他们更看重的是大气与庄重，所以那些色调低沉、模式规矩的手机，是绝大多数男性的首选。

除此之外，地位、身份、年龄等所处环境的不同，也会影响消费者对手机颜色的选择。如儿童喜欢颜色对比强烈且有涂鸦效果的手机，少女喜欢颜色纤细、典雅且有装饰效果的手机，工薪族喜欢简洁、大方、颜色和线条都很明快的手机，身居高位者喜欢色彩高雅、端庄的手机……尽管在手机的选择上，有许多因素的限制，但不同类型的人们，对于颜色的偏好还是有规律可循的。

» 特种兵脸上的颜料：降低注意力

2006 年，中国大陆掀起了一股《士兵突击》的热潮，许三多的形象深入人心。可是，随着这部电视剧的热播，人们也对特种兵的生活有了一些了解，特别是每一次编队行动，细心的观众都能发现，那些士兵都是手拿武器、身着迷彩服，脸上涂着五颜六色的图案，一路向前冲。于是，观众们都会觉得纳闷：为什么在行动的时候特种兵要那样化装呢？难道是为了戏剧的效果？

当然不是。特种兵的脸上之所以为涂上颜料，这还要从古老的美洲印第安文化说起。

世界上最早往脸上涂颜料的行为，是由美洲印第安的斗士们发起的。他们用颜料将颜面覆盖，一是受到当地文化的影响，认为可以吸引神灵的注意，从而得到神灵的庇佑；二是为了增强自己的神秘感。如果突然出现在敌人的面前，能够起到震慑对方的效果。

印第安人利用这种方法获得了无数次战场上的胜利，可是由于文化的差异，这种方法 20 世纪初期以前都没有得到很好的传承。在第一次世界大战爆发以前，如果一个士兵在服装上做了掩饰，或者在面部上做了修饰，会被人当做懦夫来对待。然而，在本世纪发生的战争中，多数都不是单一的以人与人之间的肉搏为主要战略手段，科技武器成了两军对垒的重要战略部署。随着坦克、飞机等先进武器的加盟，战争中士兵们赤膊相见的机会越来越少，可是空中监测的能力却大大增强。如果不经过面部修饰，则可能会被对方的探测卫星或者高空拍照仪器照出真实的面容，或者确定士兵的准确位置，从而造成更大的损失。

我们知道，裸露的皮肤能够反射光线，这会引起敌人的注意。即使士兵本身是非常深的肤色，由于脸上存在着天然的油脂，也会反光。但是，如果将脸部涂上颜料，那么士兵本身的皮肤就会得到伪装，从而分散敌人的注意力。

在使用伪装颜料的时候，士兵们会选用两种颜色在脸上涂出不规则的图案，而这种行为常常在彼此帮助的情况下进行。因为涂在脸上的颜料色彩，要根据每个人的肤色来进行不同的调配：前额、颧骨、鼻子、下巴等发亮的区域，要涂上较深的颜色，眼部周围、鼻子下方等阴影部位要涂上较浅的颜色。除了脸部，脖子后面裸露的肌肤、手臂和手部也要涂上颜料。如果有特殊需要，比如利用手势通信等，手掌部分一般不做其他伪装。

在部队中，有一些士兵没有掌握化装的技巧，有时颜料涂抹过重或者过轻，都可能无法躲过敌人的高科技探测仪，而导致自己丧生毙命。由此可见，特种兵往脸上涂颜料，并不是单纯地制造神秘的效果，而是在用传统的手段对抗高科技武器的一种方法。

» 田径跑道一定是红色的吗

2009 年柏林世锦赛上，跑道承包商将原本比赛中设定的红色跑道改成了蓝色，这一罕见的举动引起了世界上很多人的好奇：跑道难道不应该用红色的吗？用蓝色的跑道跟红色跑道有什么区别吗？会不会对运动员产生意外的影响？

对此，色彩专家回答：在以前的田径比赛中，并没有将跑道固定为一个颜色之说。人们画出跑道,只是为运动员做一个明显的标记,告诉他们应该怎么跑。有时候,在同一个运动场,举行的比赛多了,跑道画的也就多。这时候,为了方便比赛,人们就需要用更加清晰的颜色标出来。时间长了,人们逐渐形成了"用颜色鲜明的涂料来画跑道"的概念。

随着长期比赛经验的积累和色彩心理学的发展,人们渐渐意识到了色彩对于运动员的心理可能会有一定的影响,所以在以后设置跑道的时候,多是选择对人类的心理刺激作用比较大的颜色来画跑道,而红色不仅能够在视觉上产生强烈的刺激,还能促使人体神经和肌肉变得兴奋和冲动,从而更快地帮助选手进入比赛的状态。所以,在田径比赛中,用这种颜色来设置跑道,是色彩作用人类心理的一种很好的选择。

尽管红色的跑道对运动员的心理刺激作用很大,但不代表别的颜色就不能起到同样的作用。柏林世锦赛上,德国特意切磋颜色与体育成效关系的生理学家布里姆相信蓝色才能产生"奇迹",因为蓝色能够让人想起广阔的天空和海洋,让人们的内心感受到博大和自由,从而能够促使运动员爆发出更多更强的力量。而且,德国的专家宣称,与蓝色相比,红色往往让人觉得压抑。交通标记的"停"不就是用的红灯吗?所以,在设置跑道时,不应该采用红色,而应该改用蓝色。

跑道建成以后,承包商受到了很多的非议。可是,当运动员在这一次比赛中取得了前所未有的好成绩时,人们开始相信,蓝色的跑道同样适用于比赛。于是,红色不再是田径跑道的专用色。

» 颜色能减肥:色彩降低食欲

现代社会,以瘦为美,几乎每个女性都会或多或少地提及减肥的话题,无论是嘴上说说,还是将其付诸实战,减肥都已经成了女性生活中一个共同的目标。到底应该如何减肥,才能使自己既不会饿得头晕眼花,又能获得很好的效果呢?无数的女性正竭尽全力地探寻。而在色彩学就有一种根据不同的颜色来减肥的方法。

想要减肥,只要用一只蓝色盘子盛饭菜就可以。这可不是神话,是有科学依据的。因为蓝色恐怕是最让人没有食欲的颜色了,吃得少了,自然就瘦下来了。

当你需要节食的时候,可以使用一套蓝色或紫色的餐具,最好是碗筷俱全那种。你还可以将冰箱内的小灯泡换成蓝色,这样每次你拉开冰箱想拿食物的时候,满眼的蓝色,就会不自觉地少吃一些。最强势的做法是,干脆把厨房装饰成蓝色,不仅能抑制食欲还会使厨房看起来很有现代感。

生活中,我们会习惯性地避开蓝色、紫色或黑色的食物,这些颜色的食物会让人联想起有毒物质或者是腐败变质的东西。曾有一家著名的糖果公司推出了亮蓝色糖果，结果并没有受到消费者欢迎，反而收到了很多投诉，厂家只得被迫撤回已经推出的商品。事实上，留心观察就会发现，生活中蓝色、紫色的食物并不多，茄子、芋头、葡萄……屈指可数。即使是人造食物，譬如运动饮料什么的，也少有蓝色，即使偶尔有卖，销量也并不好。

最能刺激食欲的是红色与黄色。一般快餐店都喜欢装饰成红色调，使用红色的餐桌和餐椅，就是为了刺激食客的食欲。黄色能带来快乐的感觉，餐馆使用温馨的黄色配饰能让你有宾至如归的感觉，有更多进食的欲望。麦当劳公司的红色和黄色的包装曾被评为最佳食品包装，一方面因为设计很新潮，还有一个原因就是因为它能很好地勾起食欲。

吃饭的时候，红色、黄色的菜也最受欢迎。很多人炖煮肉类总喜欢多倒酱油，因为那样无论是鸡还是肘子都会看起来红彤彤的，引人食欲。一盘白斩鸡和一盘红烧鸡块放在一起，红烧鸡块显然更有诱惑力。餐桌上有色彩艳丽的食物，你就会不知不觉地多吃几口，很容易为肥胖埋下隐患。西红柿炒鸡蛋每次都会成为餐桌上的大热菜肴，总是第一个被消灭干净，原因显而易见。

中国的饮食文化讲究的是"色香味俱全"，色排第一，也就是说，菜式是不是受欢迎、让人一看就食指大动，与色彩有很大关系。现在做饭都喜欢加一些甜椒丝，一方面是出于营养考虑，更多恐怕是因为甜椒是明艳的大红或是娇嫩的黄色，不论什么菜加进去一些，一下子就变得漂亮很多，能引人食欲。

如果想要减肥，可以多吃些白色食物，譬如豆腐、豆芽、鱼肉等，一方面寡淡的色泽不会勾起强烈的食欲，另一方面这类淡色食物本身含热量也很低。除了白色食物，绿色食物也是不错的选择，不含有高脂肪，却有丰富的营养元素。

» 绿色光环境：调出保健灯光

充满创意的现代人，对于家居的设计大多更倾向于按自己的意愿或理念来进行，除了要对整体的风格进行设计外，大多数的人都明白光线对整体效果也有着很大的影响力，所以为了凸显自己的设计创意，有些人会选择把灯光设计成五颜六色的。实际上，这种色彩反差较大的灯光设计并不合理，它就相当于是一种光污染，不光会让人眼花缭乱、有损视力，还会干扰大脑中枢高级神经的功能，长此以往还有可能会诱发流鼻血、高血压、白内障甚至是其他癌变，同时它还会削弱儿童的视力，影响其正常的发育。

所以，在家居设计的过程中，要营造健康、环保且富有品位的"绿色光环境"，必须要考虑到功能和协调性两个要求。

对于家中不同的房间，应选择不同的照明颜色和灯具，以保证最合理的亮度。如卧室里尽量避免使用强烈的色彩对比和过于刺激的灯光，温馨的颜色是最佳的选择；书房和厨房里则应根据明亮的原则来选择灯光，避免进行相关操作时用眼过度；餐厅的灯光应以偏黄色或橙色光为主，这样的颜色可以刺激食欲；卫生间则应选择一些柔和的灯光，使人进入之后可以完全放松自己。

灯光和灯具的选择，必须与家居的整体风格和家具的格调相配合，无论是颜色还是样式都应能与整个家居融为一体、和谐一致，不能为了喜欢某种颜色的灯或钟情某种款式的灯具而将其买回家中，这样极有可能会因此而破坏原本和谐的家居风格；灯光色调的选择上也必须要协调，要根据不同的用途选取不同色调的灯光，以达到期望的功能；灯具的选择还必须与家居的面积、高度等客观条件相协调，面积偏小的居室中不宜配置体积庞大、过于华丽的灯饰，而面积很大的居室若配以小巧的灯饰则会给人以寒酸之感，所以，灯具的大小、风格的选择也应谨慎。

然而，不论是出于哪种要求的考虑，明亮、干净都是灯光选择的一个主要原则，既可以给人以较强的安全感，同时也能避免因光线不足而可能出现的阴沉沉的感觉，影响家庭成员的状态和心情。此外，还必须注意的一点是，居室里的灯光可以存在颜色的差异，但最好不要超过3种，以免给人造成纷乱感觉的同时，对家庭成员的健康也造成不利的影响。

对于那些家庭成员中有身体不适者，更应合理地选择灯光的颜色，以避免刺激其疾病加剧。如对于患有高血压的人来说就不可使用红色的灯光，因为红色的活力与激情，容易使人处于一种亢奋的状态，从而导致患者呼吸加快、血压升高；相反地，如果选用冷色调的白色光则可以起到心平气和、降低血压的作用。

» 厨房的"以色为名"：室内色彩搭配影响情绪

现代家庭厨房因受居住空间的限制普遍偏小，所以厨房环境产生的视觉心理很重要。狭长的空间应该寻求节奏起伏的韵律感；既方又小的空间应该谋求比例尺寸的适称感；不规则的空间应该追求形态整齐的秩序感。通过家具、地瓷砖的横线造成室内的宽度感；竖线增加室内的宽度感；通过淡色调的选用扩张室内空间；通过多光源的调配增添室内的空间层次。

有关专家建议，在厨房家具颜色的选择上，应以干净、愉悦为基本原则，并考虑其色彩的明度、色相和其他的家庭环境，因为明度和色相的选择对家庭成员的情绪和食欲有很大的影响。所以，厨房的家具最好使用明度较高的色彩，以刺激食欲。但也需注意，应尽量避免直接的原色和纯色。

以淳朴的田园原木色为主色调的厨具，会使空间中充满返璞归真的乡村感觉，令人如同置身于鸟语花香中一般，尤其适合个性沉稳的年老之人使用。若能适当地点缀一些淡蓝色或墨绿色，还能加强温馨感。

以现代感极强的银灰色为主色调的厨具，是现代时尚与品位的象征，可以彰显出主人的现代感与性格特征，大片的银灰色还会给人以置身太空或未来社会的超现实感觉。

以热情奔放的红色为主色调的厨具，最适合年轻的新婚夫妻使用，能让人直接感觉到其独特的个性和年轻的活力。而且红色还具有刺激食欲的作用，如果能适当地搭配一些白色或黄色，则能稍微冲淡强烈的红色，使色调变得温和许多。

以尊贵的黄色为主色调的厨具，尤其是优雅的淡黄色和明快的杏黄色，能创造出或温馨或奔放的效果。

以纯洁无瑕的白色为主色调的厨具，给人最直观的感觉就是干净、朴素，若能再加入一些其他色调点缀，效果应该会更好。

以浪漫梦幻的蓝色为主色调的厨具，给人以清新淡雅、纯粹可爱的感觉，对于整日忙碌不已的白领一族而言，置身于这样的环境之中，能得到很好的放松。若能与黄色、橘红色、灰蓝色、淡蓝色或深蓝色搭配，则会产生或典雅、或明快、或清爽、或清澈、或前卫的不同效果。

以舒爽自然的绿色为主色调的厨具，能使身处其间的人产生豁然开朗、心旷神怡的感觉。如果能做到从室外到室内，从淡绿色到灰绿色转化的话，更能使人感觉宛如置身于真实的大自然中一般。此外，如果在淡绿色间夹杂一些淡蓝色，则会使厨房显得更加生机盎然。

除此之外，沉稳厚重的黑色更适合于年老之人，香甜明快的橙色更适合个性鲜明的年轻人……只要在不影响食欲与情绪的前提下，厨具选择何种颜色，还应该根据个人的喜好和家庭的整体风格而定。

第五篇

不让非理性蒙蔽双眼

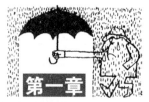

假象——我们如何应对生活中的骗局

» 虚荣的柳芳：撒谎成瘾

现实生活中，我们会在很多时候无意识地说谎话。经过长期研究，美国的一位心理学家指出，人是爱讲谎话的动物，而且比自己所意识到的讲得更多，我们平均每日最少说谎 25 次。麻省大学社会心理学家费尔德曼认为谎言有不同层次之分，而说谎的动机可归为三大类。第一类是"正性谎言"，也就是指一些对生活造成有利影响的谎言，社会心理学家费尔德曼针对这类谎言解释道："懂得在适当的时候撒谎或扭曲事实，是待人接物的技巧。"第二类是"中性谎言"，这些谎言很多不受意识支配，或者说了也不会对自己或他人造成不利。第三类是"负性谎言"，这类谎言会对自己或他人造成不利。

柳芳的父亲在乡办企业当会计，母亲除了务农，还在村里开了一家小商店。柳芳去上海上大学那会儿还是一个衣着淳朴的女孩儿，但是，过了两年，她为了不显得土气、孤陋寡闻、贫穷寒酸，就开始把自己伪装成一个上海姑娘。她总是去上海的襄阳路去淘仿真名牌，并对别人说自己是在某某商城买的；她没钱买好的化妆品，就对别人说，她向来素面朝天，不靠那些"附加品"修饰；她还有意无意地向同学透露自己的父亲原来是乡长，如今已经晋升为副县长，母亲是当地一家合资企业的老总。于是，她就这样虚拟出自己的出身和家境，同学们也纷纷猜测她是富家女。

靠着这些谎言，柳芳心安理得地享受着那份虚荣。后来，她遇到一个深爱的男人，她把自己的身世告诉了他，对方也没有嫌弃她。两人大学毕业后都留在上海发展，但是柳芳随口说谎、编造身世的毛病始终没有改掉。为了改变她，男友苦口婆心地劝过她，还带她看过心理医生，也吵闹过、冷战过，但毫无收效。

有一次，当男友的父亲来看柳芳时，柳芳在他父亲临走前送了一块"劳力士"。其实，这是一块 40 多块钱的仿冒品，而柳芳却说这是她去香港旅游时买的。男友在送走父亲的时候才得知这件事，为此他感到十分生气，两人的感情也出现了危机。

柳芳撒谎是虚荣心在作祟，她的谎言越说越多，就逐渐成了一种习惯，就像有烟瘾的人，慢慢地会离不开香烟。而她的这种情况，也就是心理学上所说的"谎言癖"。其实，这样的谎言是不以诈骗为目的，而仅仅用来满足心理需求。有"谎言癖"的人多虚构个人出身或经历等等，虽屡被人揭穿也依然如故，亦不能吸取经验教训。

在生活中，我们又要怎样识别谎言？

心理学家研究发现，识别谎言的一个关键线索就是面部表情。当人在说谎的时候，面部表情很少表现真实的情感，更多的是为了有所掩饰。所以，人在说谎时一般可能出现下列症状：瞳孔扩大；声量和声调突变；笑容较少；眨眼太多；频频耸肩（主要指西方人）；眼神接触出奇的多或少；说话中带有较多停顿、假装清喉咙、中间穿插"嗯"等语气词；经常摸鼻子；频频吞咽等；说话时音调升高、老爱触摸自己，很可能暗示这个人在撒谎；说谎的人在说明观点时手臂姿势比平常用得更少。我们就可以根据这些线索，来初步判定对方是否又在对我们说谎。

» 我们正在失去以前的大脑吗：乌比冈湖效应

许多"网络通"或许觉得这样的说法有些危言耸听——我们怎么可能会被网络控制住了呢？

网络上丰富的信息不是正在拓展我们的视野吗？我们现在不是可以上知天文下知地理了吗？但是，我们是否思考到：我们是否能把自己掌握的信息深化呢？我们是否能把自己了解到的知识专业化、精细化呢？许多人自以为通过网络就可以变成诸葛亮，自以为掌握了一些散碎片段就可以渊博无比。

《哈佛商业评论》前执行主编尼古拉斯·卡尔在他的畅销书《浅薄》里提出："互联网正在把我们变成高速数据处理机一样的机器人，失去了以前的大脑。"同时，尼古拉斯·卡尔也提出了他的忧虑：因为网络，我们逐渐远离了深度阅读，我们的思考总是在网络片段式的信息中被切割，他说："丢掉了《战争与和平》，丢掉了羊皮圣经，丢掉了报纸杂志，丢掉了托尔斯泰心灵的同时，人类正在丢掉的是大脑。""互联网正在切除我们专心和沉思的能力，我的大脑现在期望像网络散布信息那样获取信息——迅速移动的粒子流。以前我像潜水员一样潜入语词的海洋，现在我像是驾驶着水上摩托艇在语词之海的表面飞速移动。"

自从互联网出现以来，人们对于人类与网络之间关系的讨论和争执，就从来没有停下来过。但是，无可否认的是，人类创造了网络，而网络的确正在改变着我们的生活。

很多时候，我们总会对自己有过高的评价，这就好像为什么有人会觉得自己能力高、条件好，但事实真相却总有些让人失望。不过，从心理学来说，我们的确是很容易自欺欺人，误以为自己有过高的能力或水平，以此来保护自己免受外界的打击和伤害。这种心理被称为"乌比冈湖效应"。

就像我们在面对网络的时候，许多人总是自负地认为，自己有能力控制网络，从而高估了海量信息的正面能量，也高估了自己的认知水平，也就放弃了对深度思索的渴求，这可能才是网络带来的最大危险。其实，这种自负是互联网带来的更深层的负面影响——我们对自己的知识和能力的认知都产生了偏差。心理学家列昂罗森布利特和弗兰克·凯尔发现，人们常常会受到一种知识幻觉的影响："将表面的熟悉误认为是深入的理解。随着越来越多的信息可以获取，这种熟悉的感觉不断增长，而知识的幻觉也不断增长。随时能够获得的大量数据也会欺骗我们，让我们将能够迅速获得的知识误认为是我们已经拥有且能够运用的知识。而如果这种幻觉导致我们忽略了对真正知识的获取，我们作为个体将最终变笨。"

所以，许多人似乎都会犯一个自己很难意识到的错误——高估自己的能力。有些人自认为自己能控制局势和状况，有些人自认为自己能够胜任某些高难度工作，有些人自认为自己有挑选好对象的本钱……过多的自认为或许会把我们拉入自恋的陷阱之中。

那么，面对这种难以控制的网络对我们的影响，我们应该怎样去面对呢？

首先，我们不能将网络作为我们生活的全部，我们需要有自己的更为健康的生活习惯。比如，我们可以选择更多的户外运动或者是室内休闲。这样不仅可以丰富我们的生活，陶冶性情，同时对身体健康也是有益的。

再者，我们要学会培养自己对网络的使用时间。我们要逐渐控制自己对使用网络的时间长短，不要让自己的过多时间荒废在无用的"休闲"之中。每天给自己定下一个使用电脑的大致时间，比如下班后两三个小时。可以看电影、可以查资料……不要经常熬夜，伤了身体。

» 小心身边的眼泪攻势："逃离现场"

眼泪攻势说到底其实是一种示弱手段，是一种隐藏锋芒不外露真实情感的生存技巧。它似乎是在说，我已经处于劣势了，你才是主导者。而这种取巧的手段正好可以成为我们的一些人生箴言。所以，当我们再次面对这种泪眼模糊的所谓"真情告白"时，我们要更理性去处理这个问题，不要再天真地以为"对方的眼泪就一定是真心"。

小区里有一对夫妻，原本她并不爱他，但是他在追她的时候是双膝跪在地上求她嫁给他的，并且含泪对她说："请你嫁给我吧，如果你不嫁，我今生就不会再娶了。我真的很爱你，只要你答应嫁给我，我以后肯定对你好……"她开始心软了，因为这是她第一次看到一个男人在她的面前哭泣，她觉得一定是发自内心的。心里的防线慢慢崩塌，她鬼使神差地爱上了他。

于是，在他第三次流着眼泪求婚的时候，她嫁给了他，也不管他的工作有多差，能力与自己有多大的差距，对身边的朋友有多恶劣，更不管别人怎么诧异地看着她。她只想他们能超越一切的世俗，像两只小老鼠一样，笨笨地相爱，呆呆地过日子，拙拙地依偎，即便大雪封山，还可以窝在暖暖的草堆紧紧地抱着咬耳朵。

但是，幸福的日子并没有长久，结婚还没有几个月，那个口口声声说爱她、要一辈子呵护她的男人就按捺不住本性到处拈花惹草了，甚至连他在屋内扇耳光上演"武打片"的声音都是那么的惊心动魄，每次听到她大哭着喊："你居然敢打我？"邻居们都会难以置信地想：这个可怜的女人怎么被打了这么多次还觉得被打很难以置信？

有人说，"真正爱你的人，只可能在你一个人的面前流眼泪，当你触摸到它们时，也触摸到了那颗只为你跳动的心。"但是，并不是每个人的眼泪都是那么纯洁的，不少情场老手的泪只是用来哄骗对方的陷阱。因为我们大多数人的内心都是很容易被触动的，看到对方为自己流泪就以为是真情所致，那一瞬间的感动就足以让自己的心莫名地沦陷了。

平时看上去叱咤风云的人物，在我们面前流泪，许多人认为这可能是对方对自己敞开了心扉。面对这份"纯真"的泪水，我们当然会选择相信，选择心软，然后就为流泪者展示一份温柔。正是因为眼泪的这个功效，由此衍生出一种眼泪攻势——为了达到自己的目的，把自己的所谓脆弱一面展示给对方以此博取同情。

这种策略按照心理学来说，就是指人在进行应急反应的时候，主要有两种外在表现形式，一是"对象攻击"，二是"逃离现场"。"对象攻击"是指采用暴力手段；而"逃离现场"就是利用特殊手段转移注意力，博取同情，以此逃避现实。而哭泣、流泪就是"逃离现场"的一个方式。眼泪是在传达一个信息——我已经降低了我的防备。而人类的舆论道德都是倾向于弱者一方的，这样的示弱恰好就将自己摆在了一个被动的位置，塑造了一个弱者的形象。而我们对于弱者，又恰恰是处于一种同情、保护的立场。

在与人交往的时候，切忌过于出风头、抢镜头，事事都以"我比你强"的态度来对待别人。虽然我们的炫耀心理是出于希望得到别人承认和重视的理由，可是，在某种程度上来说，很容易让别人误以为我们嚣张得意、不懂世故、浮躁偏激、年轻气盛和缺乏修养等。正所谓"树大招风"，这个时候，我们就需要收敛锋芒，不要过于张扬外显，必要时刻更要利用眼泪攻势之类的手段急流勇退，表现弱点。而我们在平日的为人处世中，更是要以低调为主，懂得暗中潜伏，掌握大局。

» 笔仙来了：巴纳姆效应以全赅偏

笔仙是一种通过笔来和"笔仙"进行交流的招灵游戏。招灵成功后，可以问笔仙一切自己想知道的事情。多数玩家都信誓旦旦地说，笔仙特别准！

"老公，我见鬼了！"妻子闫娟下班回家，慌慌张张地对李毅说。

"长什么样子？"李毅以为她在开玩笑。

闫娟认真地看着他："下午，同事提议玩笔仙，我本来害怕不想玩，听说玩笔仙会把'脏东西'带上来，但他们一直怂恿我，我就答应了。结果，我握着笔的手真的不由自主地动了起来，我们提问，笔也跟着回答了我们的问题。你说这是不是见鬼了？"

"那你觉得这'鬼'回答得准确吗？"李毅问妻子。

"挺准的。"闫娟把那张纸拿出来，李毅看到上面在是和否上画了几个圈，闫娟还把同事们问的问题向李毅复述了一遍。

"真的，笔仙真是太神了！我当时也有问自己下半年的事业是否顺利，然后它说'是'，之后快下班的时候，老总就说要给我加薪呢！"闫娟兴致勃勃地说。

李毅想了想，然后笑着问妻子："如果它说'否'，你想想下午还发生了什么事情？"李毅提醒妻子。

她想了一下说："下午我的电脑坏了，文档全丢了，我生了好大一会儿气呢。"

"这就对了，"李毅告诉闫娟，"你依据笔仙的判断来分析自己的事情，自然是从主观出发，你有自我判断的倾向，所以，也可以说笔仙就是你自己。"

世界上总会出现一些灵异现象，但是，当我们在面对这种未知的现象时，许多人都爱赋予它更为神秘的组成因素。但是，有时候，事情可能并不是我们想的那么玄乎其玄。

笔仙真的存在吗？答案当然是否定的。但是为什么闫娟的手臂又真的会像被笔仙驱使一样地动起来而在纸上画出圆圈呢？其实，这是一种生理和心理上的暗示。玩笔仙之前，他们会在心中默念，恳请笔仙快来，在这样的暗示下，闫娟的心理活动就会促使手臂动起来，而且长时间保持一个握笔的姿势不动，在这种情况下，手臂也会不由自主地动起来。这就是闫娟为什么会以为是笔仙让她在纸上画出圆圈而不自知。至于那些问题，完全是一些模棱两可的问题，而无论是哪种回答，仅凭借一个"是"或"否"来作判定，这种行为本身就有很大的主观性。

生活中很多人常常认为笼统的、一般的，甚至是虚假的人格描述，能够准确地揭示自己的特点。其实，这是因为人们总是无法客观地看待自己，无法冷静地对待外界的评价。这在心理学上被认为是"巴纳姆效应"在作怪。所谓的"巴纳姆效应"是指一位名叫肖曼·巴纳姆的著名杂技师在揭示自己的表演时说，他之所以很受欢迎，是因为节目中包含了每个人都喜欢的成分，所以他能使每个人都上当受骗。所以，很多时候，我们所谓的灵异游戏笔仙就正好是利用了人们的这种心理。

我们应该怎么做才能避免"巴纳姆效应"这种心理炸弹呢？

首先，培养一种敏锐的判断力。很少有人天生就拥有明智和审慎的判断力，要懂得收集和利用大量的信息，并在此基础上对是非曲直进行判断。只有正确地看待自己和身边的人事，才能避免被"巴纳姆效应"所左右。

然后，认识自己，面对自己。要了解自己的个性、能力，不忽视自己的长处和优点，也要认清短处与不足。

» 让总统无奈的推销术：名人效应显公信力

现实中，我们常常会被别人影响，而颇有公信力的公众人物对我们的观点影响又比普通人更大。

某出版商有一批滞销书，他给总统送去一本，忙于政务的总统不愿与他多纠缠，便回了一句："这本书不错。"出版商便大做广告："现有总统喜爱的书出售。"于是这些书被一抢而空。不久，这个出版商又有书卖不出去，又送了一本给总统。总统上了一回当，想奚落他，就说："这本书糟透了。"出版商闻言，又做广告："现有总统讨厌的书出售。"仍有不少人出于好奇心而争相购买，书很快又卖完了。第三次，出版商将书送给总统，总统接受了前两次教训，便不作任何答复。出版商仍大做广告："现有总统难以下结论的书，欲购从速！"居然又被一抢而空。

总统哭笑不得，商人大发其财。

我们可能会奇怪，为什么我们似乎身不由己地被名人推荐的书吸引了眼球呢？

就好像上面的案例，便是商人利用名人的声望，大肆宣扬其书是某某名人看过的，购书者出于好奇，想知道为什么名人会看，便争相购买，这其中便存在名人效应。由于名人属于众所周知的人物，又被很多人喜爱，所以他们的一举一动、一言一行都会被人注意。商人就是想利用这一点大发横财。

很多时候，"名人"是一种十分有力的宣传手段。因为从心理学上来讲，"名人效应"是一种极大的助力，名人是人们心目中的偶像，有着一呼百应的作用。所谓名人效应，是指名人对大众的社会意识、社会行为的影响程度、范围和效果。由于名人所带来的效应是一种无形的资产，很多商人又开始开动脑筋，利用其谋利。

同样的，现在不仅有"名人推荐"，更有"名人出书"。在这个全民出书热的潮流中，明星的书可谓卖点十足。在图书市场的排行榜上，看到很多明星的书高居榜上，但里面的内容却是良莠不齐。有些甚至是私生活的曝光，而这种信息就更是满足了部分人的"明星窥视癖"，这也就可以理解为什么书商挖空心思要为明星们出书了，除了明星扑朔迷离的私生活之外，更有强大的名人效应能支撑起利益的滚动。

在这种不断被渗透的"名人病"中，名人效应多影响的是我们消费者。在现代生活中，随着产品与市场竞争的加剧，"名人效应"也以各种形态存在于生活中。除电视、报纸、杂志、广播、户外路牌等传统媒介外，也包括网络、游戏软件等新型媒体，以及各类商业推广与促销活动。

那么，在消费过程中，我们一定要保持清晰的自我认知，要坚定自己的立场和原则，不要时时刻刻都被名人们给牵着鼻子走。我们要正确认识"名人"这一概念，要明白，在许多情况下，他们更多是一种销售策略和手段。所以，我们不要一味地追"名"逐利，要有自己的信息判断和价值认定，这样才能成为一个理性者。

» 处理商品的陷阱：利用消费者买便宜货心理

一到换季或者过年、过节，很多商场、超市、沿街店家就会打出各种旗号来招揽顾客，"打折""赠品""特价处理"各种宣传标语和叫卖层出不穷，很多顾客在这种气氛和诱惑下对这些商品趋之若鹜，不由自主地榨干自己的腰包也要疯狂抢购。

但是很多人有这样的经历，买了一大堆东西回家后才发现，有一大半是自己并不喜欢的，还有一些是自己根本用不着的，剩下真正用得着的却是一些质次价高、有各种问题的，绝大多数东西买了后才吃后悔药——后知后觉中才发现自己被商家和导购忽悠了。

本来以为是"掉馅饼"的事情，却不留神掉进了别人挖的陷阱里。天下没有免费的午餐，一分钱一分货，不要相信哪个老板愿意自己掏腰包或者做赔本买卖。

相反，他们正是利用了消费者愿意买便宜货的心理，来诱使人们一步步走进商家摆的"迷魂阵"中。不信，请看这些迷阵后的陷阱：

迷阵一：特价处理的商品大部分都是特价处理的次品。

2006 年年底，某市各大商场洋溢着浓厚的新年气息，到处都是"新年感恩回报，岁末狂甩减价""亏血大甩本"的旗号。黄女士周末逛街在一家皮鞋专卖店门前看到这样的牌子后，禁不住走进去，很快以 298 元的价格抢购了一双断码的真皮短靴。可是当天回家后仔细检查发现，皮靴的两侧色质明显不同，鞋内侧还有轻微的破损。于是，次日上午，她找到商家要求退货。但是得到的答复是："降价的处理品，不退不换。"这位女士就没有提防商家悄悄在发票上盖上了"处理品"字样的方章。

迷阵二：处理商品是诱饵，用"没货"、自我批评、导购充当"自己人"，让你在不知不觉中完成了一次超出预算的大消费。

据报道，某女士在一手机专卖场的宣传海报上看中一款特价名牌手机，早就想换新手机的她，本打算问一下这款手机的基本资料，差不多就买下，哪知到柜台购买时，导购员却真诚地劝她："这款特价机功能单一，不实用，因为卖得不好，所以才打特价，我给你推荐一款性价比更高的吧！"导购员的"自我批评"一下子拉近了与该女士的心理距离，顾客面对真诚的人总是很容易产生信赖感的，所以在这种心理作用下，该女士最终比原来预算多花了 500 多元，买了售货员推荐的另一款手机。可回家后她回过味儿来，自己平时只接打电话，根本不需要那么多功能，干吗要舍弃便宜的名牌手机，买部功能不实用的杂牌机呢？

迷阵三：处理商品很多是过期或者快过期的商品。

很多媒体曾报道，一些商家常常将那些快变质或已经变质的商品利用捆绑促销的形式推销给顾客。比如，月底特价酸奶，一般把 5 盒或者 10 盒捆绑起来，价格算起来每盒比单买要便宜 40%。但是如果你不留意日期的话很可能要自咽苦水，这批酸奶距离最后的保质期很可能只剩下四五天了。

很多人算不清一笔账，花钱花得值不值，不是看购买的"量"，而该看所购物的"质"。我们现在已不是吃不饱穿不暖的年代，我们注重的是生活的品质。市场上诱惑太多，有时我们的欲望肆无忌惮。当然，人有欲望是正常的，我们不是去压制它，而应该擦亮自己的双眸，看清楚周围，识破那些奸计，不让自己上当受骗，不让自己陷入别人设下的圈套中。

一直流传这样一句话"便宜货没好货"，或许它不是真理，也不是对所有的事情都是对的，但是它绝对是亘古不变的古训。

» "特价""打折"策略：商家的价格迷雾

很多人在商场购完物结账时从不看小票，等走在回家的路上时才犯嘀咕——怎么花了这么多钱，商场不可能算错账啊……等拿出小票细看时，才发现很多商品的价格并非是自己原来在货架上看到的价格，并非是所谓的特价商品，这到底是怎么回事呢？

打折商品却按原价收费？到底是自己眼花了还是商家灌你迷魂汤了。现在就借你一双"火眼金睛"，让你看清商家玩的那些"躲猫猫"游戏：

1. 特价商品照样按原价结算

明明是特价商品怎么还按原价结算，这不是故意欺诈吗？如果你发现得早，赶在结算之前，收银员会以"工作人员贴错标码了""货物放错货架了"或者"你看错了"等为由来敷衍你；但是如果你发现得晚，过于相信电脑的零失误率，也不太留意结算时的电脑小票，等你反应过来下次去商场理论时，商家往往会以"特价活动已经结束，现已恢复原价，只是标价牌还没及时更换"为由拒绝返还差价。

2. 故意以"打折"商品诱惑消费者，实则仍是原价甚至比原价还高

节假日、换季时各大商场的打折、优惠、购物抽奖的广告扑面而来，吹得你头晕目眩，吹得你直掏腰包捡"实惠"。"买 100 送 60""买 300 减 100"、一折区、二折区、三折区……不少服装店贴满了各种醒目的"黄条"，告诉你他们在"挥泪大甩卖"，只剩"最后 3 天清仓"了，错过这个"庙"你就再也捡不着这样的"实惠"了。他们惯用的伎俩就是在商品上贴上"原价 4000 元现价 1000 元"之类的写法来达到促销的目的。一个服装行业的朋友就曾经自吐苦水地说："没办法啊，现在大家都搞这样的噱头，消费者就喜欢看这样的字眼，我们这样写也是为了生意好啊，哪有不赚钱的生意……"是啊，哪有不赚钱的生意，这才是商家打折真正的目的所在——打折 = 利润，减价实为涨价。

3. 将原价商品故意标为"特价"出售

为吸引消费者注意，商家将一些原价商品故意标示为"特价"商品售卖，并以"特价商品概不退换"来制造假象让消费者相信这是最省钱的"白菜价"了，你要不赶快抢这块"肥肉"很快就被别人捷足先登了。等你花了这"白菜价"后，你才发现其实这"白菜"水分太多，物所不值。

4. 在"打折"区域中摆放原价商品来混淆视线

很多超市经常在醒目位置设置"特价"区域，堆放一些特价商品，但同时也将一些原价商品放入其中，消费者一般不会仔细查看每件商品的标签，等到结算时才发现所购买的"特价"商品其实是原价商品，但看看排了这么长时间的队等待结账，也只好自咽苦水地买下，谁让自己不仔细看清楚呢！

有些商家就是摸透了消费者这些心理，借"打折""减价"之名，行欺诈之实，这对消费者非常有迷惑性。当我们兴高采烈地花着钱时，却不知不觉地投资了零售业、服装业……不知不觉地沦为一个商品奴。

花了钱，我们是可喜呢，还是可悲呢？

» "中奖"营销：消费者提高心理防线

"恭喜您！您获得了本公司的万元大奖……"许多手机用户、QQ用户、MSN用户都曾收到过这种信息。当你进一步查看时，发现先要花几百元买个相关的产品，然后才能得到几万元大奖，你掐指一算，几百元换万元，也值。但是，请注意了，真有"天下掉馅饼"的事情吗？抱着"宁愿错，也不愿错过"的想法只能蒙蔽了双眼。

骗子的骗术并不高明，但为何屡试不爽，总有一拨人认栽呢？是渴望金钱的欲望和虚荣遮住了你智慧的双眼，骗子正是利用人们的这种心理才不断大行其道。如果你不提高自己的心理防线，就很容易中商家"中奖"的暗箭。

张女士和朋友在一家饭店吃饭，餐后服务员送给她们一张刮奖卡，说是店里搞活动。张女士刮开卡，幸运地中了掌上灵通免费下载卡和ebay易趣购物抵用券。

次日，张女士拿出中的卡想下载手机铃声，但当张女士按照要求发送短信后，短信回复却显示她已经绑定了灵通彩信业务，每月资费9.9元，取消请发送"QX"到2000。张女士因临时有事就没有立即取消，几天后她查话费时发现少了9.9元。拨打过服务热线后张女士才明白，如果用户发了短信，3日以内不取消就会收一个月的业务资费。

"不是说可以免费下载16元的彩铃吗？我不仅没享受到这个怎么还额外白白地扣了我近10元钱啊？"张女士来到上次就餐的饭店想弄清楚情况。但是店里的经理对此事只能表示歉意，并说这可能是掌上灵通服务上的失误，如果是欺骗的话，他们也是被骗的受害者，他们没有责任，他们也正在向有关部门反映……这么一推，全干净了，消费者到底该找谁去评理呢？

面对各种各样的，尤其是无缘无故的中奖，消费者必须提高自己的心理防线，中奖享受商家提供的免费服务是好事儿，但一些商家很可能在提供免费服务时捆绑有偿服务。不要被"天下掉馅饼"的投机心理蒙蔽双眼，自觉跳进商家搭好的陷阱里。

很多不法商家故意设置这样的套钱陷阱，来"空手套白狼"。

某女士在路边买了份报纸，翻开后发现里夹带着一张印制精美的"购名牌西服，刮惊喜大奖"的广告单，上面印着从一等奖的高级音响到二等奖的DVD机直至纪念饰品的商品图示。

出于好奇，她随手刮开涂粉，居然中了个"二等奖"。于是，该女士拿着中奖的广告单到标注地址的商店领奖，促销人员在热情接待后告知：要领取奖品就必须购买一套价值在480元到880元不等的西装。该女士细看摆在旁边的奖品，发现奖品都不知名，一款 DVD 机的外包装连生产厂家都没有，只打印着"××出品"的字样。再一看出售的"名牌西服"，衣服用料极差，线头外露，使劲一搓就露出条条线丝，甚至有一款西服的上衣和裤子分属两种牌子。

看到这里，不用看奖品也知道这是不法商家玩的阴谋诡计。如果你真为了他口里所说的"价值几百元奖品"而花几百元买下那套质量极差的西装，你的"划算账"可就成为一笔"不归账"了，你的钱也在不知不觉中被商家套走了，剩下的只是一堆几十元钱就能买到的"地摊货"。

天下没有免费的午餐，有些"馅饼"的背后隐藏的就是陷阱，因此面对"中奖"事件，要提高防范意识，别因一时的贪婪而上了商家的当。

» 马歇尔的"消费者剩余"：低价买卖的秘密

李先生的朋友是一个精明的生意人，他懂得通过讨价还价让顾客心理上获得一种满足。而这种"心理上的满足"在经济学中就叫"消费者剩余"。这天，李先生到那个做服装生意的朋友那里去聊天。

一个顾客看好了一套服装，服装的标价是 800 元。顾客说："你便宜点吧，500 元我就买！"朋友说："你太狠了吧，再加 80 元！而且也图个吉利！"顾客说："不行，就 500 元！"随后，他们又进行了一番讨价还价，最终朋友说："好吧，就 520 元！"

顾客去交款了，但是不一会儿又回来了。她有些不好意思地说："算了，我不能买了，我带的钱不够了！"朋友又说："有多少？"顾客说："把零钱全算上也就只有 430 元了。"朋友难为情地说："那太少了，哪怕给我凑一个整数呢？"顾客说："不是我不想买，的确是钱不够了！"最后，朋友似乎下了狠心，说："就 430 元钱给你吧，算是给我开张了，说实在的，一分钱没有挣你的！"顾客满脸堆笑，兴高采烈地走了。

看着顾客远去的背影，朋友告诉李先生："这件衣服是 180 元从广州进的货。"李先生听了哈哈大笑："真是无商不奸啊，可是你有些太狠了吧？"

朋友说："这你就是外行了，现在都时兴讲价，顾客讨价、我还价这很正常，你要给顾客留出来讨价还价的空间，要让顾客心理上获得一种满足！其实这件衣服我 300 元的价格就卖，到换季的时候我本钱都往外抛。"

什么是消费者剩余？"消费者剩余"的概念是马歇尔在他的《经济学原理》中首次提出来的。概括地说，消费者购买某种商品时，他所愿意支付的价格与实际支付的价格之间的差额被称为消费者剩余。在这个事例中，顾客获得的消费者剩余为 520 元 –430 元 =90 元。

马歇尔说："一个人对一物所付的价格，绝不会超过而且也很少达到他宁愿支付而不愿得不到此物的价格。"这句话读起来实在太拗口。其实他的意思是，人们希望以一个期望的价格购买某商品，如果人们在消费时实际花费的金钱比预期的花费低，人们就会从购物中获得乐趣，仿佛无形中他获得了一笔意外的财富；相反，如果商品的价格高于他的预期价格，他就会放弃购买行为。他会想："我虽然没有得到某商品，但是我也没有失去我的金钱，就算省了。"但是很显然，他的第一种满足要大于第二种满足。

有很多时候我们会发现，在高档的精品屋里打 7 折、8 折，花上千元买来的东西，在外面一般的商场里价格却只有二三百元，东西竟然一模一样。因为你被打折的手法诱惑了，你只获得了过多的消费者剩余——心理的满足，而付出了自己的真金白银。由此我们可以看出，商家为什么会打 9 折、打 8 折，甚至打 4 折、打 3 折，大力让价促销，他们无非是让顾客心理上获得一点满足而已，无非送给顾客一个空心的汤圆。

做生意的人会利用提高顾客的消费者剩余促成交易。而对于消费者来说，则可以利用消费者剩余理论进行杀价。

比如：当我们在水果摊档看到刚上市的荔枝时，新鲜饱满的荔枝激起了你强烈的购买欲望，并且这种欲望溢于言表。卖水果的人看到你看中了他的荔枝，他会考虑以较高的价格卖给你。其实，我们对荔枝的较强的购买欲望，表明了我们愿意支付更高的价格，从而有更多的消费者剩余。所以，当我们询问价格的时候，他会故意提高价格，由于我们的消费者剩余较多，或许我们对这个价格还挺满意，便毫不犹豫把荔枝买了下来。结果，我们的消费者剩余转化为水果摊主的利润。

这个例子告诉我们在购买商品时应该如何维护自身利益的一些经验，比如，当我们想购买某种商品时，不要眼睛直勾勾地看着这件商品，不妨表现出无所谓的态度，甚至表现出对该商品的"不满"。这样，商家以为你不太想买，就不敢提高价格。

再比如说，我们去服装店买衣服，看见一件衬衣标价为 380 元，但实际上 80 元就能够买下来。为什么标价这么高呢？这是因为商家想把我们的消费者剩余都赚去。这些衣服的成本不足 80 元，但是有人特别喜欢这些衣服，他们愿意出高于 80 元甚至远远高于 80 元的价格买下来，这里面就存在着消费者剩余。因此，当我们看上某件衣服时，最好不要流露出满意的神色，否则我们就要花费较多的钱买下这件衣服。对于那些没有购买经验的顾客来说，当他以较高的价格买下这件衬衣时，或许还以为自己占了个便宜，殊不知在他高高兴兴花费 380 元钱买下这件衣服时，商家也高高兴兴地发了一笔小财。

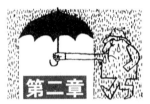

第二章

失常——为什么"变态"的事情时有发生

» 休息之后还是疲惫：星期一综合征

在外企工作的赵平，平时的工作非常忙碌，紧张的工作让她一直都休息不好，所以每到休息日，她都会拼命地补觉。除了睡觉，她几乎没做过别的活动。可是尽管如此，每到星期一，她还是觉得睡不够，不愿意起床。有时候，她反而觉得，经过了一番休息之后，星期一反而比平时更加疲惫。

很多人每到周一都有这样的感觉：觉得自己精神恍惚、浑身酸疼，眼睛好像睁不开，注意力无法集中，心情也不好……好像有很多种因素让你没办法全身心地投入工作，甚至原本很轻松、很简单的工作，在周一也会显得艰难，没有什么大的进展。如果遇到了这样的情况，我们很可能已经患上了"星期一综合征"。

什么是"星期一综合征"呢？

"星期一综合征"最明显的特征，就是在度过一个愉快的双休日以后，周一的早上很不愿意起床上班。即使去上班了，也会觉得很懒散，没有办法集中精神，缺少工作激情，浑身乏力。根据一些专业数据，星期一去医院就诊的人数明显高于其他工作日，其中大多数人就诊的主要症状往往都是头痛、全身酸痛、四肢无力、血压升高，有一些人还会出现脊椎疼痛、低烧或者亚健康性质的感冒、鼻塞等症状。

现代人所面临的各种压力，不仅给我们带来了许多健康问题，同时也逐渐影响到了我们的精神状态。周末生活的不规律性可能给我们的生理和心理带来一种混乱感，过多的时间用来休整和放松娱乐，可能会破坏我们生活中的平衡节奏。

星期一的工作状态是特别重要的。那么,怎样才能避免"星期一综合征"呢?在这里我们提供一些建议:

首先,要学会调节。在星期一的时候,不要太放任自己的情绪。感觉到累,没有办法集中精神,就给自己增加一点压力,给自己一点紧迫感。不要觉得已经那么累了,就干脆什么都不做。

其次,尽量保证原有的作息时间。每个人都有自己的生物钟,生物钟的形成,不是一天两天就能完成的,它是一种习惯的积累。如果你在休息日突然违背了原有的生物钟,就会起到反效果,本来是为了休息,结果反而让自己更累。

最后,要保持休息日的平静,不要在休息日有过于激烈的行为,比如娱乐消遣,一定要掌握尺度。虽然平时工作压力很大,但是大脑对于新事物也有一定的适应期,尤其是脑力劳动者,如果一直很紧张,突然松弛下来,反而会让大脑适应不了。所以很多人在放松之后,往往会觉得压力更大。

» 涂露露的 3 个人格:人格分裂症

一个名叫涂露露的女孩子因为自己的异常,于是去看了心理医生。那么,在她的身上到底发生了什么呢?

心理医生在了解到情况后,就为涂露露做了催眠。却发生了一件奇怪的事:涂露露好像变成了另一个人,从她的嘴里冒出的是另一个女孩的声音,而且以轻蔑的口气将涂露露称为"她"。心理医生知道他看到了涂露露的另一个人格,原来涂露露是患上了精神分裂症。

这个口气轻蔑的女子称自己为谭玛丽,她是一个健谈、开朗又有些调皮的女孩子,而本体涂露露则是一个传统的温和型女生。

谭玛丽开始只能闭着眼睛说话,但是,逐渐地,她能张开眼睛并自由活动了。她向心理医生要了一支烟,并把脚架在桌子上,行为举止看上去很开放。她以不屑的语气说涂露露是个优柔寡断、软弱的"笨女人",她似乎知道涂露露的一切,但涂露露显然不知道谭玛丽的存在。

之后,医生解除了催眠,涂露露恍惚地醒来,并对自己"异常开放"的形象感到尴尬和不解。

就在心理治疗的 3 天后,"涂露露"给自己的心理医生打了一个电话,并让心理医生走远一点,不要骚扰自己。医生刚开始还很诧异,后来他意识到,那可能不是涂露露,也不是谭玛丽。"他"说话的声调很低,甚至显得有点浑厚,从语气上听来,现在的"涂露露"更像是一个充满独占欲和保护欲的男人,从"他"有些偏激的话语中,可以看出"他"还有一些进攻性。

"多重人格"可以说是一个肉身含有"数缕不同的灵魂",是解离型歇斯底里精神官能症中最离奇的一种现象。

心理学家说，其实我们每个人都比我们所愿承认的更具有多重人格的倾向。譬如一个广告公司的经理在公司里摆着面孔训人，但周末在海滩却成为一个拈花惹草的花花公子；而一个胆小如鼠的母亲，在遇到危难时，却成为奋不顾身保护儿女的勇士。我们在新的情境下经历了新的角色，但事过境迁后我们可能说："我无法相信我那时会那样做"，我们无法将这个"新自我"整合入原有的自我形象里。

但是，如果这种情况发展得有些极端，甚至扰乱了个人的精神状态和生活环境的话，就需要做一定的观察和治疗了。

很多多重人格患者在漫长的心理治疗过程中，常会被挖掘出越来越多的人格，或许此刻是两三个人格，但是，随着治疗的开展，或许就会出现第四个、第五个……有一本叫做《24重人格》的书就讲述了一个有24重人格的人。书中的"我"是一个成年男子，但是他的人格却包含了小孩、女人等。

同时，语言病理学家卢德罗也证实了，当多重人格者不同的人格出现时，他们的声音是会有差别的。这一点非常不可思议。因为一般情况下，人类的声音形态是相当固定的，就算是经验老到的演员，他们即使能够改变腔调，却无法改变他们的声音形态。而且，多重人格者在言谈、举止、姿态等诸多方面改变的程度，也是任何演员都望尘莫及的。

关于这种病症的治疗，我们的方法是以催眠术让他们的不同人格"互相认识"，并帮助其核心人格（原有人格）将这些多重自我整合为一，而且要他们学习不必借"分裂"其内在的自我来面对外在的危机。因为，一个人身体里面的人格是互不相识的，只有让彼此认识了，才能合为一体，形成一个完整的人格。这是一个控制的问题，也就是说我们可以选择而且能成为自己想做的人

那么，可以采用哪种治疗方法呢？

催眠法是比较经典的治疗方法，尤其是当治疗的人与患者之间达成一种互相信赖的亲密感时，这个方法就更有效果。要让主体人格和后继人格之间产生交流，逐渐淡化彼此之间的隔阂。这时，我们要明白，后继人格之所以出现，就是因为本体人格未能在某些方面得到满足，因此本体就会分化出一个人格来面对不满或者解决问题。而治疗者就是要逐渐将这个不满挖掘出来，回归到问题的根本，以此来转移后继人格与主体人格的对立立场，并通过诱发本体的不满，使其宣泄出来，让他自己承担起对原本无法解释的事情的责任。我们不是试图以消灭后继人格来"挽救"本体，而是应该设法让他们融合起来，成为一个整体。

» 溶洞里的一年时光：孤独综合征

在人流拥挤、竞争加剧、生存压力和信息风暴的侵袭下，城市中孤独者的数量越来越多。无论是白领还是打工仔，他们都面临被"孤独综合征"席卷的危险。都市人的寂寞，从心理层面讲，由于人在对自己的行为作出选择的过程中是自由的，是无所依靠的，人必须自己创造自己，这就使得选择总是成为孤独的源泉，使人在作出自己的行为选择时总是处于一个脱离一切的、像大海中的孤岛一样的天地，时刻都被一种根本的、永恒的、难以排遣的孤独所包围。

1996年7月29日，40岁的意大利洞穴专家毛里奇·蒙塔尔独自到意大利中部内洛山的一个地下溶洞里，开始了一年的名为"先锋地下实验室"的生活。这个实验室设在溶洞内的一个68平方米的帐篷里，里面有科学实验用的仪器设备，还有起居室、工作间、卫生间和一个小小的植物园。

在这一年中，毛里奇·蒙塔尔吸了380盒香烟，看了100部录像片，在健身车上骑了1600多千米。第二年的8月1日，蒙塔尔重回社会，这时，他的体重下降了21公斤，脸色苍白而瘦削，人也显得憔悴，免疫系统功能降到最低点；如果两人同时向他提问，他的大脑就会乱；他变得情绪低落，不善与人交谈。虽然他渴望与人相处，希望热闹，但他已经丧失了交际能力。经过一段时间的训练，蒙塔尔的交际能力逐渐恢复了一些，他说："在洞穴待了一年，才知道人只有与人在一起的时候，才能享受到作为一个人的全部快乐。过去，我是一个喜欢安静的人，常常倾向于独处。现在，让我在安静与热闹之间选择，那我宁可选择热闹，而不要孤寂。我之所以在洞穴中坚持了一年，只是为了搞科学试验。我丧失了许多与人交往的能力，这需要在今后的生活中重新纠正。但我不后悔，因为这场实验使我明白了一个人生的奥秘：生活的美好在于与人相处。"

孤独不是我们本性中的真相。我们是从骨子里渴望着与人接触、相知、相处，我们只有在集体中，才能发现自身的生存价值和意义。

居住在拥挤而嘈杂的人群中的人们，常常会希望自己能拥有一方安静的、属于个人的独有空间，不要受任何人的打搅。为此，人们设计了可以随时开关的门窗、可以上锁的抽屉或箱子。甚至有许多人还幻想着有一天能退隐到深山幽谷中，过与世无争的隐士生活。问题是，这样的生活真的能给我们带来快乐吗？这种对孤独感的追寻，真的是我们的天性吗？我们对孤独是否有恐惧感呢？

面对这样一些事实，心理学家不免要问，人为什么是社会性的？即人类个体为什么非要和其他人类个体生活在一起并进行相互交往呢？大多数的人类个体为什么无法忍受远离尘世的孤独生活呢？

所谓人类的社会性，是指人类的群集性，指任何人类个体都愿意与其他人类个体进行交往，并结成团体的倾向。心理学家通过观察和研究发现，社会性是人类社会一个极其普遍和重要的现象。最早对人类的社会性加以研究的心理学家是威廉·麦独孤，他认为社会性是人类的本能之一。他认为，人类天生带有许多先天固有的特性，其中有一种就是要寻求伙伴，与他人结合在一起的倾向。这就好像蚂蚁由于本能集合在蚁群中，狒狒由于本能建立起复杂的群体结构，人也生活在自己的人类群体中。人们这样做，并不是由于这样做是好的或正确的，也不是因为是有用的，而是人的一种本能。

所以，人是社会性的，对于人来说，任何一个个体都必须或多或少地和其他个体发生关系，形成各种各样的人类群体，并由此组成了一个复杂的人类社会。

人与人之间的这种社会性，要求我们怎样做才能成为一个受欢迎的人呢？同时，我们要怎样做才能维护人与人之间的这种紧密关系呢？

首先，在我们受过他人的帮助后，不要忘记还情，不要从此中断与其的联系。或许在经过一段时间后，彼此的情谊会变得更为深厚，而这种经过无私奉献得来的友情则显得更加珍贵，它会在我们意想不到的时刻帮我们渡过难关。

其次，注意维护亲戚关系的平衡。俗话说："是亲三分近。"亲戚之间的这种血浓于水的特定关系，决定了彼此之间的亲密性。这种亲属关系可能为我们未来的生活提供精神、物质上的帮助。

最后，培养主动结交的意识。我们要学会主动和别人打招呼。比如，我们如果有机会参加大规模的会议，不妨到处向人打一下招呼，向陌生人做一下自我介绍，也许这些人中就有以后能够对我们产生举足轻重影响的人物。

» "相亲黄金周"：相亲综合征

选择适合的对象，当然很重要，但比这个更重要的是：了解自己究竟是个什么样的人，内心真正需要的究竟是什么。认识自己，才知道自己适合什么！面对选择时，才不会三心二意。放弃不适合的选项时，才不会觉得可惜。

张扬今年23岁，在一家广告公司工作，平时总是忙碌于工作。父母催着她十一黄金周回家，还经常叨念着："年纪不小了，再不抓紧，就是30岁的老姑娘了！"等她放假回家，父母给她安排了紧凑的相亲，一连几天都安排得满满的，甚至一天都要结识上两三个人。她打着哈欠回忆着：第一次是一个医生，"小冬瓜"硬囔着自己有一米七八，她直接给pass（淘汰）了；第二次是一个机械工程师，没瞧上自己，倒是和自己带去的女伴有说有笑；第三次，赶上了一个公务员，于是只能默默无语地喝着咖啡；第四次是个富二代，张扬没理会对方谈论自己的手表多么的精致，而是细数他头上还剩几根毛；第五次，是一个军人出身的小伙子，聒噪得让她把拳头都握上了，心里嘀咕，到底咱俩谁是女的。就这样，黄金周短短几天，相亲近10场，搞得张扬是心力交瘁。

现在许多 80 后的男女，虽然年纪不是很大，还没有混到剩男剩女的"身份"，但是，家里面已经是催促得不得了，甚至有些父母采取了狂轰滥炸式的相亲策略。

其实，有些相亲的人并不是年纪过大，甚至有些还颇为青春。但是为什么父母都会让他们去相亲，并且催促早点儿结婚了事呢？父母自有自己的理由——别看孩子们现在年轻，一个个的眼光都特别高，等年纪真到了那份上，谁还来找他们？并一再地告诫自己的孩子，这两年是自己挑别人，再过些年，就是别人挑自己了。于是，便是一轮又一轮看似无止境的相亲流程。

心理咨询师就这种现象做了解释。现在，都市生活节奏加快，很多年轻人忙于工作和社会交往，对自己的恋爱有时候不是很上心。并且，常以"现在还年轻"为理由推迟恋爱结婚的时间，致使很多父母都患上了"剩男剩女恐惧症"。孩子们年龄并不大，但身为家长，却过于着急，生怕将来孩子被"剩"下。

心理上来说，这样大强度的相亲有些揠苗助长的意味，是不可取的。这样强度的安排相亲无疑会给当事人造成恐惧感和焦虑感，让他们产生压力。而同样密集的相亲，无论对身体或是心灵，都是一大考验，特别是精神上的窒息，让人超出负荷后，就会条件反射地对相亲出现厌恶，而相亲本身也因为长时间不间断地进行而成了消极刺激。

与父母们的"剩男剩女恐惧症"相应，80 后男生女生，或者剩男剩女们，在父母苦心经营的"相亲大轰炸"下，有些人已经开始出现疲惫、麻木，甚至恐慌的情绪，被称为"相亲综合征"。因为接二连三的相亲，造成了一种"吃多了想吐"的厌恶心理，而在只有形式化的相亲中，没有更好的交流，所以，只会把其中的无趣和消极无限放大。

我们都知道，人类在感情这方面是强迫不得的。无论是恋爱或者结婚对象，不是选择一个好的，而是要选择一个适合自己的。那么，在我们作出选择之前，我们要保持清醒的头脑，理性对待。

» 公交车上狂刷银行卡：假期综合征

春节长假眨眼就过去了，初八早上，在某单位工作的小陈在去往公司的公交车上刷卡。但是，奇怪的是刷了一遍又一遍，竟然还是不行。他正纳闷着，旁边有人看不过去了，说："哥们儿，你拿的那是银行卡吧！"等他仔细一看，果然是自己的银行卡，于是从包里掏出公交卡，刷完后便尴尬地走开了。

上班后，他更是觉得烦躁不安。看看同事，也都是一副委靡不振的样子。小王大声嚷着："我老觉得还在过年，心想收都收不回来。"小陈附和说："我也是，头昏脑胀、心不在焉的，这种状态怎么工作啊？"小李嬉笑着对主任说："就是，这一上班就感觉有点憋闷，老提不起精神。要不，主任开开恩，今天我们就不必像平时那样严肃吧？"

这样的场景，在长假结束后出现在了很多单位。其实，这就是"假期综合征"。

如今"假期综合征"也越来越引起人们的关注。假期综合征是指假期之后所出现的病态表现。长假期间，一些人往往肆意放纵，不太注意自己的身体，其中包括喝酒过多坏了肠胃、搓麻将时间过久导致"暂短性行走神经消失"、看电视过频患上"视屏终端症"、饮食过杂拉肚子等。这些导致了不少人上班以后，变得精神委靡，存在体虚、疲倦、记忆力减退、注意力不集中、理解力下降、坐卧不宁、失眠、健忘、手足无措、易激动等"第三状态"，此时若不加以重视，及时采取保健措施，疾病会骤然降临。

如何尽快消除"假期综合征"的负面影响，恢复良好的身心状态以应对工作呢？

首先要抓紧时间收心，尽量减少应酬，把自己调整到工作状态。其次是补充睡眠，把生物钟调整过来。再次是合理饮食，避免摄入咖啡因和吸烟，避免酒精，多吃新鲜绿叶蔬菜和水果，多喝绿茶。

下面介绍几种简单有效的方法助你摆脱"假期综合征"：

1. 洗澡、泡脚

睡眠是驱除疲劳的重要手段。许多人在假期旅行归来后，认为自己睡得不够，一回到家就蒙头大睡，其实这种做法是错误的。正确的做法是提前一两个小时入睡，坚持在同一时间起床，起床后可散散步、做做操，给身体一个缓冲期，以尽快恢复体力。

为保证睡眠质量、解除旅途疲劳，可以在睡前洗个澡，或用热水泡脚。洗澡的水温宜在40℃左右，时间不宜过长，一般洗15 ~ 20分钟即可。泡脚的水温可略高一些，以感觉到微烫为宜，泡脚可使血管扩张、血液循环加速。睡眠时可以将脚稍垫高些，以利于下肢血液循环，促进疲劳的消除。

2. 适当运动，放松身体

假期当中有人玩得太疯导致疲惫不堪，而另一些人歇得太久以致精神懈怠，这时要参加适当的体育活动，比如散步、做操、跳绳、打太极拳等，都可以给身体一个缓冲，有效地解除疲劳、恢复精力，增强身体的免疫力和抵抗力。由于锻炼后容易入睡，更能使大脑得到完全的休息，对整个身体也是最好的放松办法。

从完全放松的休假到紧张忙碌的工作，必然存在一个转换的过程，调整应该做到循序渐进。节后上班头几天，工作不宜太紧张，以免因节奏的突然变化而导致神经衰弱。可以通过听轻音乐、读书阅报等方式调整身心，以便尽快进入正常工作状态。

3.食物调理肠胃、恢复体力

一些人长假中访亲会友，饮食多以荤腥为主，每日鸡鸭鱼肉不断，肠胃经常处于超负荷运作状态。假期过后最好能吃几天素食，每次只吃七分饱，同时保持稳定、规律的作息时间。最好能多喝茶，多吃水果，多吃点清淡的东西，如新鲜的绿叶蔬菜、稀饭、面条汤、疙瘩汤、咸菜等，有助于已经"不堪重负"的胃肠道的休息和调整。

对于那些外出旅游、整天东奔西跑、体能消耗过大的人们来说，应该通过饮食迅速补充营养、消除疲劳。

当假期来临，人们尽情享受快乐的同时，也别忘了关爱自己的身体，不给"假期综合征"可乘之机。

» 香港"魔警"：分裂型人格障碍

我们的身体里不仅仅只有一个"我"，我们每一个人都是由更复杂、更多变的人格而组成。

2001年3月14日，一名叫梁成恩的警员被杀，事后被发现身中5枪，配枪被夺，同时被抢的还有备用的6发子弹。

2001年12月，在荃湾丽城花园恒生银行发生一宗光天化日之下的持枪劫案，凶手蒙面，抢走了银行50多万港元现金，并开枪杀害了银行内有反抗行为的巴基斯坦籍护卫Khan Zafar Iqbal。警方事后通过弹道检验发现，凶手所用的手枪，正是同年年初被杀警员梁成恩被抢的配枪。

2006年3月17日凌晨，香港尖沙咀广东道与柯士甸道交界、住宅大厦港景峰对开一条行人隧道内，两名当值军装警员曾国恒及冼家强正在巡逻，二人忽然被人枪击，冼家强脸部中一枪，曾国恒中两枪并在身亡前打出5枪，全部击中凶手。

据警方相关人士透露，凶手徐步高加入警队13年，自认"文武双全"，晋升有望，却因性格孤僻、人际关系有碍，屡屡考不上警长。最后可能自感"怀才不遇"，心生恨意而走入"魔道"，向警队大报复。而据徐步高生前好友声称，他喜好阅读，但是也有嫖赌爱好，而且为人比较自大极端，同时对政治人物极感兴趣……其个性十分复杂，人格也十分多变。对于徐步高这类性格复杂的人，美国联邦调查局特别调查主任、犯罪心理学国际权威麦克纳马拉指出，徐步高可能患有分裂型人格障碍症。

分裂型人格障碍患者主要表现出缺乏温情，难以与别人建立深切的情感联系。因此，他们的人际关系一般很差。他们似乎超脱凡尘，不能享受人间的种种乐趣，如夫妻间的交融、家人团聚的天伦之乐等，同时也缺乏表达人类细腻情感的能力。故大多数分裂型人格障碍患者独身，即使结了婚，也多以离婚告终。一般说来，这类人对别人的意见也漠不关心，无论是赞扬还是批评，均无动于衷，过着一种孤独寂寞的生活。其中有些人有些业余爱好，但多是阅读、欣赏音乐、思考之类安静、被动的活动，部分人还可能一生沉醉于某种专业，做出较高的成就。但从总体来说，这类人生活平淡、刻板，缺乏创造性和独立性，难以适应多变的现代社会生活。

这类人的内心世界极其广阔，常常想入非非，但常常缺乏相应的情感内容，缺乏进取心。他们总是以冷漠无情来应对环境，以"眼不见为净"的方式逃避现实，但他们这种与世无争的外表不能压抑内心的焦虑和敌意的痛苦。

导致分裂型人格的主要原因是个体不能适应环境。这类人一般都有较强的自尊心和进取心，但由于各种原因使他们经常遭受挫折、失败、屈辱，尊重长期得不到满足，因而自卑、怯懦、胆小等特点逐渐发展、强化和巩固下来，成为他身上稳定的人格特征。例如，好高骛远、能力不足或缺乏合作经验，因而遭受挫折；缺乏机会，与他人合作不好，人际关系不融洽，因而很少获得成功；经常受到上级过分苛责或严厉的批评指责、他人当众羞辱；等等，都会严重伤害他们的自尊心。受环境压抑或社会观念影响（如遗传决定论、宿命论等），承认自己天资不如人或时运不济并以此来解释自己的处境，聊以自慰，其结果必然助长自卑心理。性格内向，不好交往，使他们不了解周围的人，别人也不了解他们，他们难以得到他人的同情、谅解和帮助。

对分裂型人格障碍的治疗目标是要纠正孤独离群性、情感淡漠和与周围环境的分离性。

具体方法有以下几种：

首先，参加兴趣小组活动。这是培养兴趣的较好形式，可以参加绘画、歌咏、舞蹈、艺术、体育锻炼、科技活动等。

其次，多做社会实践。要创造条件，有意识地接触社会实际生活，扩大接受社会信息量，促使兴趣多样化。

最后，提高认知，要求本人有意识地分析自己，确定积极人生的理想追求目标。应使其懂得这样一个道理：人生是一个情趣无穷的愉快旅程，每一个人都应该像一位情趣盎然的旅行家，每时每刻都在奇趣欢乐的道路上旅行，这样才能充满生活乐趣和前进的活力。

» 《雨人》：自闭症

《雨人》无疑是心理题材电影中的经典。靠倒卖汽车为业的小商人查理与父亲不和，离家多年，某天突然收到父亲的死讯。300万元遗产正好可以帮他渡过生意上的难关，无奈父亲却把这笔巨款留给了他从未谋面的哥哥诺曼。

后者是一个自闭症患者。查理将诺曼从精神病院拐出，试图从诺曼监护人那里敲诈这笔遗产。但在与哥哥相处的短短几天里，查理被亲情所感染，放弃了对遗产的争夺。

"Rain Man"这个古怪的片名来自诺曼的名字。在查理两岁以前，诺曼和他住在一起，经常在弟弟哭闹时讲故事安慰他。一次，诺曼不慎将查理放入浴室的热水中。父亲认为他会对弟弟造成危险，遂将他送入精神病院。查理从不知道自己有一个兄长，却有一个贯穿少年时代的幻想：每当自己内心痛苦的时候，都幻想着有一位"Rain Man（雨人）"来安慰自己，这其实是"诺曼"的谐音留下的潜意识。

我们每个人都可能曾经有过想要把自己封闭在小小空间里的想法，但是，我们更加清楚人必须接触社会生活的现实，所以，才有了人与人之间的交流。但是，如果有我们对人类必须接触现实这点没有足够的认知，那么，就有可能遇到很麻烦的问题。

自闭症于1938年由美国精神科医生凯纳发现，《雨人》恰好上演于半个世纪后。自闭症这一概念是由美国精神病医生Leo Kanner于1943年提出并确定下来的。但自闭症的现象则是在其概念被确定之前就已经存在了，可以说自闭症有一个很长的过去，却有很短的历史。

一部电影在艺术上能够达到优秀的标准，必须做到表层意义准确，比喻意义深刻，并且和表层意义紧密相连。这部电影的表层意义就是对自闭症症状的描写。从电影情节我们也可以看到自闭症的一般表现特征：

1. 活动与兴趣方面的固定模式

可能会习惯于不断重复某个动作，也可能会按每天的固定习惯行事，如走同一条路线，按同一个顺序穿着衣服，而一旦固有的习惯发生了什么变化，则会感到心烦不安。

2. 严重地偏离正常的社会关系

自闭症的孩子很少使用眼睛来交流，不愿让他人抱，不知道如何与他人玩耍，不知道如何与他人交朋友。

3. 严重的语言发展问题

语言发展缓慢，通常还带有某些特别的说话模式或词语模式，对一些词语人为地赋予不合适的特殊含义。就像小孩子还只会说"妈妈"一个词时，妈妈要从当时的情境中去理解孩子真正要说的话。

4. 智力问题

大多自闭症患者智力发展迟缓，只有约四分之一的比较正常。但他们中有些人会具有一些特别突出的才能，比如，绘画、算术、音乐等方面。

5. 感知反应不正常

有时可能会显得对说话或声音毫无反应，像聋子一般，但有时却又会对一些日常普通的声音反应过激。有时对冷热、疼痛毫无反应，但有时却又会反应过激。

自闭症患者对与人接触很恐惧，表现出复杂多样化的刻板行为，比如，不停地自言自语，一定要每天吃同样的食品，甚至数量都不能改变。他们的智力或许并没有问题，甚至有一些人还在语言或者计算方面表现出惊人的天赋，比如，能背诵《圣经》、心算复杂的数学题。但这些知识无法运用于生活中。影片里，诺曼可以心算复杂的数学题，但不知道一块钱花掉五角后还剩多少。

他们更倾向于自我封闭，将自己与外界隔绝开来，很少或根本没有社交活动，除必要的工作、学习、购物以外，大部分时间将自己关在家里，不与他人来往。自我封闭者都很孤独，没有朋友，甚至害怕社交活动。自我封闭的心理现象在各个年龄层次都可能产生。儿童有电视幽闭症，青少年有因羞涩引起的社交恐惧心理，中年人有社交厌倦心理，老年人有因"空巢"（指子女成家）和配偶去世而引起的自我封闭心态。同时，在不同的历史年代都可能存在这一现象。

直到今天，医学界仍然没有搞清这种疾病的原因。虽然对自闭症发病原因的研究尚没有实质性的突破，但那种认为自闭症是由于后天环境原因所致的说法已被否定。遗传曾被认为是重要的影响因素之一，目前全世界都在进行有关病因的研究，但研究结果尚不能证明遗传是唯一造成自闭症的原因。目前一致认为患儿脑部的损伤在出生前或产程中就已经产生了。作为诊断的一条重要标准就是"患儿在36个月之前即有症状表现"。另一条线索集中在寻找脑功能的变异上。在脑系统的不同区域都发现了各种变异的存在，目前可以肯定脑部大范围区域的神经生理损伤是重要的因素。总之，关于自闭症的发病原因，最新研究的结果趋向于"多因素致病"说，即不只有一种导致患病的因素。

那么，对于自闭症，我们又有哪些调节方法呢？

学会对自己说"没关系"。孩子们常常能够无忧无虑地欢笑，他们的烦恼从不闷在心里。相反的，成年人却常常会被生活中各种各样伤脑筋的事压得喘不过气来。生活中真有那么多的烦恼吗？其实，许多事并没有想象中那么严重，只是我们把它们放大了而已。我们要学会对自己说"没关系"，这样我们的生活里就会常常充满开怀的笑声。

如果我们对周围的人表现冷淡，这就意味着我们对他人的信任感已被自我封闭的重压毁灭了。那么，我们就不会从周围的人群中获得乐趣。这时，我们应该放松自己的心情，不妨和每次见面的人打打招呼，或者在我们常去买东西的商店里和售货员聊聊天，或者和刚结识的新朋友一道参加郊游。努力寻找童年时交友的感觉，信任他人和我们自己，而不要每时每刻都疑窦丛生。

同时，我们最好不要掩饰自己的真实感情。如果我们和我们的挚友即将分手，我们不必为了避免让别人看到自己的眼泪而躲到洗手间去。同样，我们也不必为了避免别人的流言而把自己身上最有价值的一部分掩饰起来，因为这种做法没有任何道理。生活中许许多多的事都是这样，需要遵从我们的心，听取我们心灵的声音。这样，即使我们做错了事，也不会太难过。

我们要顺其自然地生活。不要为一件事没按事先设想的进行而烦恼，不要为某一次待人接物时考虑不周而自怨自艾。如果我们对每件事都精心策划以求万无一失的话，我们就会不知不觉地把自己的感情紧紧封闭起来。我们应该重视生活中偶然的灵感和乐趣，明白快乐是人生的一个重要价值标准，有时能让自己高兴一下就行了。

» 只偷内衣的贼：恋物癖

每个人都有自己喜欢的东西，这本来就是再正常不过的事情了。不过，我们会因为喜欢蝴蝶结就在大街上当众把别人头上的蝴蝶结发卡抢走吗？这当然不会，因为就算再怎么喜欢一件事物，我们还是会控制好自己对于这种事物的获取。但是，如果这种"爱"过剩到溢出来时，又会出现怎样的状况呢？

几位打工妹和她们的男友经过几天蹲守，终于当场抓住了偷她们内衣的"内衣贼"。但是，就在人赃并获的时候，令他们感到非常惊讶的是，这个"贼"竟然只是一个高中生。

这个男生说，他喜欢胸罩已经有两年时间了，最初是初中时看到画报上的女人只穿胸罩而觉得十分好奇。后来他就在家留意起了母亲的胸罩，也觉得很好玩。之后他还逛过商场，看到那些灵巧精美的胸罩还禁不住买了一些回家，用来观赏。但是，事态越来越严重，最后为了避过商店里的那些指指点点，他只能用偷来满足自己对女性内衣的喜好和搜集，但是同时他的心理负担也逐渐加重。

案例中的高中生之所以会对胸罩感兴趣，以至于他会去偷取女性的胸罩，是因为这个男孩正处在青春发育期，对性有着极大的兴趣，而又无法通过正常的渠道排解，所以只好压抑。有这种困扰的孩子通常和父母之间的交流较少，这更使得他在青春期得不到正确、健康的性启蒙教育，而容易出现错误的性经历，这对他以后的生活会产生极坏的影响。一般来说，性偏好障碍，如恋物癖、虐待症等，大多跟早期不当的性经历有关。

而案例中高中生当"内衣贼"的这种情况，我们将之称为"恋物癖"。这是一类性偏好障碍，与道德水平和意志力无关。此类疾病的原因很复杂，多和个人成长经历、家庭、社会文化环境、压力、性教育不当等有关。恋物癖一般起自青少年时期，几乎完全是男性，而且大多数患者都是异性恋者，不过他们大多对性生活胆怯或者性功能低下，并且也很少有攻击或暴力行为。恋物癖患者常因其变态行为而给自己造成许多麻烦与不幸，却不能克制自己的行为，因此常常会感到极大的痛苦。

常见的恋物癖可分为两类：一类为器物，包括衣着及随身所带物品，如内衣、内裤、胸罩、手套、鞋袜、手帕、裙子、外衣、卫生巾、发卡、项链以及雕像、画像等；一类为身体各部分及有关物体，包括正常的部分如头发、脚、手、乳房、臀、分泌物和非正常部分如跛足、斜眼、麻面、六指等。广义的恋物癖还包括某些视觉性和嗅觉性对象异常，如情景恋和臭恋。前者在某一特定场合产生性兴奋，后者则多为体臭产生性兴奋反应。

如果想要克服这种恋物情结，就必须积极投入到社会的活动交往中，建立理性的生活态度，树立正确的人生观，积极投身学习、工作和社交活动，充分发掘自己的潜能，争取自我实现，体现自我的价值，寻找更高层次的心理满足。同时，在日常生活中更要避免接触淫秽色情物品，不要流连于网络上的非法网站。培养自己的广泛兴趣，陶冶情操，正确对待自己的性渴求、性欲望。而且，还应该树立正确的恋爱、家庭、婚姻道德观，以此来重塑性格，促进人格成熟。社会应对这些高危人群实施监控，应及早干预，及早求助心理医生，防患于未然。

» 当"我"不是我的时候：人格解体障碍

存在主义哲学家、文学家保罗·萨特曾写过一篇小说，名叫《恶心》，其中详细而逼真地描写了"我"的人格丢失的感觉。书中的"我"已丧失了独立存在的人格，而被其"替身"所替代了，连呼吸、写字等一举一动都不再属于自己，而是为那位"替身"存在的，"我"为此而陷入深深的苦恼之中。显然，在萨特的笔下，这种人格解体（萨特称为"非存在"）是一种痛苦的心理经历。这种短暂的人格解体并不形成人格解体障碍，即使由于创伤导致的短期人格解体，也不形成人格解体障碍。只有当人格解体的严重和持久程度足以扰乱一个人的生活时，才能诊断他患了人格的解体障碍。

一个高中女生，大约10年前，有一次被雨淋过之后，就出现了晕晕乎乎的感觉，像做梦一样，有时说了话，却感觉不像自己说的。人变呆板了，像个木头人，简直就是行尸走肉一样，头脑反应不灵活，感到与外界疏远了等，但仍能坚持上学。初中毕业时，以第一名的成绩考入本县一所重点高中。高中三年间仍持续自感头脑变空，像个木头人，体力、脑力已耗尽，记忆力减退，思考能力下降，有时大脑像短路一样，左脑无用，右脑好用。她为此焦虑、紧张不安，之后近半年来仍感身体不适，全身气血不通，双眼固定并与大脑失去联系，脸变得很难看，像个僵尸，整天戴墨镜等。

人格解体障碍和分离性漫游症一样，都涉及个人身份的分裂。只是人格解体障碍中不会伴随遗忘。这种障碍的核心特征是人格解体，这是一种对自己的陌生感或不现实感。人格解体常包括情绪反应下降，对他人及整个世界丧失兴趣，同时包括注意、短时记忆和空间推理的缺乏，还有生理反应的下降，如心率下降。

据说，一半以上的成人，至少都有过一次人格解体的体验。这是一种非常离奇的、令人不快和极度不安的感觉，人觉得自己不真实，与自我脱离，好像身在局外观察自己的生活一样。

正常生活中也会出现短暂的人格解体。如当人们从梦中醒来时，当人们受到严重的惊吓时，或者当人们很累，或进行沉思时，都会出现短暂的人格解体。尤其是那些爱幻想的诗人、小说家，更是常常"如堕雾中"。

认知心理学认为人格解体和现实感丧失形成了再认识记忆的失败。患者无法将现在的体验和过去的体验对应起来，就像是偶然走进一个以前熟悉但已经重新装修了的房子时的那种感觉。主要特征就是感觉到自己很奇特或不真实，感觉到他们好像从自己的身体中游离出来，正在从远处或上方看着自己；或者自己就像生活在梦里一样不真实。奇特的感觉通常是对自己身体或精神而言的，比如说觉得自己四肢变大了或缩小了，或者自己举止很机械，或者自己就像死了一样，或者自己像被束缚在其他人的身体里。

人格解体的治疗存在一定困难，支持性心理治疗是必要的，医生应向患者解释此病属功能性障碍，不会产生严重后果，以减轻患者的紧张。

所以，有此症状者在进行治疗时，我们要先创造一个适合修养治愈的环境，暂时与外界不要有过多的接触。同时，我们要保持内心的平衡，不要让自己时刻处于恐惧和焦躁的压力之下。并开始进行自我审视，回忆引起这种病症的原因，尽量让自己的大脑保持清醒。然后，我们可以准备一面镜子，之后可以和镜中的自己交谈，可以说一些有关自己的事情，并观察现实中的自己和大脑"虚拟"出来的自己，并进行分辨。最后，当我们慢慢将"我"拉回到现实之中后，我们可以进行一些有计划性的事情，让自己更有存在感和实际意义。

» 过于依赖的海藻：依赖型人格障碍

《蜗居》里有一个角色叫海藻，她弄不清楚自己到底要什么，过分遵从他人的想法，没有独立思考的能力，同时更没有上进心；加上姐姐海萍对她的人生观和爱情观的灌输，她甘当二奶，也是非常自然的一种选择。剧中她原本是不想要孩子的，但是宋思明坚持，她就不加思考地顺从了。这种对人生缺乏理性和独立思考的悲剧就注定了她不会有一个好结局。

这种人格特质就是"依赖"，从心理学上来讲，就是依赖型人格障碍。

依赖型人格障碍就像其名称暗示的那样，对他人依赖。他们害怕或不能作出他们自己的决策，所以会转向旁边的人替他作决定，让别人代替自己决定做什么工作、去哪里度假、如何与人交往，甚至穿什么衣服。心理学家认为，这种自我抹杀背后是对被抛弃的恐惧。主要表现为以下几点：

（1）被遗弃感。明知他人错了，也随声附和，因为害怕被别人遗弃。

（2）无独立性。很难单独进行自己的计划或做自己的事。

（3）无主见。在没有从他人处得到大量的建议和保证之前，对日常事物不能作出决策。

（4）无助感。让别人为自己作大多数的重要决定，如在何处生活、该选择什么职业等。

（5）难以接受分离。当亲密的关系中止时感到无助或崩溃。

（6）易受伤害。很容易因遭到批评或未得到赞许而受到伤害。

（7）过度容忍。为讨好他人甘愿做低下的或自己不愿做的事。

（8）害怕孤独。独处时有不适和无助感，或竭尽全力逃避孤独。

只要满足上述表现中的 5 项，即可诊断为依赖型人格。依赖型人格障碍是日常生活中较为常见的一种人格障碍，主要在孩童或部分成年人中出现。

依赖型人格障碍的形成与个人的早期教育有关。幼年时期儿童离开父母就不能生存，在儿童印象中，保护他、养育他、满足他一切需要的父母是万能的，他必须依赖他们，总怕失去了这个保护神。这时如果父母过分溺爱子女，鼓励子女依赖父母，不让他们有长大和自立的机会，久而久之，在子女的心目中就会逐渐产生对父母或权威的依赖心理。他们成年以后依然不能自主，缺乏自信心，总是依靠他人来作决定，终身不能负担起各项任务、工作的责任，形成依赖型人格。

无论是成人还是孩子有了依赖型人格障碍的倾向后，都应该认识到依赖心理的危害，并及时做好预防和治疗。

第一，丰富自己的生活内容，使自己有机会去面对问题，能够独立地拿主意、想办法，增强自己独立的信心。自己该干的事要自己去干，不要什么都推给别人。要多参加社会集体活动，学会去帮助他人，学会在集体中转移自己的注意力。

第二，要在生活中树立行动的勇气，恢复自信心。自己能做的事一定要自己做，自己没做过的事要锻炼做，正确地评价自己。

第三，要纠正平时养成的不良习惯，提高自己的动手能力，多向独立性强的人学习，不要什么事情都指望别人，遇到问题要作出自己的选择和判断，加强自主性和创造性，学会独立地思考问题。因为独立的人格要求有独立的思维能力。

依照上述方法，有效地改善自己，当我们放弃依赖别人的念头，决心自强自立时，就走上了成功之路。就这么顽强地往前走，我们将惊奇地发现，原来我们在许多方面都毫不逊色于我们当初崇拜的偶像们，我们也能实现自己曾经梦想不到的奇迹。

总之，摆脱一份依赖，我们就多了一份自主，也就向自由的生活前进了一些，向成功的目标迈近了一步。

第三章
盲目——为什么我们的决定受大众影响

» 米尔格拉姆实验：再议权威

对于我们大多数人来说，服从权威与领导，似乎是一件简单又自然的事情。但是，很少会有人考虑权威话中真正的"权威性"。

米尔格拉姆做了这样一个实验：他声称实验是研究惩罚对学生学习的影响。实验时，两人一组，一人当学生，一人当教师。实际上，每组中只有"教师"是真被试，"学生"则都是安排混入实验的助手。

实验的过程是，只要"学生"出错，"教师"就要给予电击的惩罚。同时，电击按钮也被安排有"弱电击""中等强度""强电击""特强电击""剧烈电击""极剧烈击""危险电击"，最后两个用××标记。事实上这些电击也是假的，但为了使"教师"深信不疑，就先让其接受一次强度为45伏特的真电击，作为处罚学生的体验。虽然实验者说这种电击是很轻微的，但已使"教师"感到难以忍受。

在实验过程中，"学生"故意多次出错，"教师"在指出他的错误后，随即给予电击，"学生"发出阵阵呻吟。随着电压值的升高，"学生"叫喊怒骂，而后哀求讨饶，踢打墙壁。当电击为315伏时，"学生"发出极度痛苦的悲鸣，已经不能回答问题；330伏之后，学生就没有任何反应了，似乎已经昏厥过去了。此时，"教师"不忍心再继续下去，问实验者怎么办。实验者严厉地督促"教师"继续进行实验，并说一切后果由实验者承担。在这种情况下，有多少人会服从实验者的命令，把电压升至450伏呢？

实验结果却令人震惊，在这种情况下，有26名被试者（占总人数的65%）服从了实验者的命令，坚持到实验最后，但表现出不同程度的紧张和焦虑。另外 14 人（占总人数的 35%）作了种种反抗，拒绝执行命令。

米尔格拉姆的实验虽然设计巧妙并富有创意，但也引发了不少争议。抛开实验本身是否道德这个问题不谈，单是实验结果就足以发人深省。米尔格拉姆在实验结束之后，告诉了被试者真相，以消除他们内心的焦虑和不安。继米尔格拉姆之后，其他许多国家的研究者也证明了这种服从行为的普遍性。在澳大利亚服从比例是 68%、约旦为 63%，德国的服从比例则高达 85%。

人们往往低估了权威者对人的影响。那么，人究竟在什么情况下会服从、什么情况下会拒绝服从呢？哪些因素会对服从行为产生影响呢？米尔格拉姆通过改变一些实验条件做了一系列类似的实验，发现下列因素与服从有关：

1. 服从者的人格特征

米尔格拉姆对参加实验的被试者进行人格测验，发现服从的被试者具有明显的权威主义人格特征。有这种权威人格特征或倾向的人，往往十分重视社会规范和社会价值，主张对于违反社会规范的行为进行严厉惩罚；他们往往追求权力和使用强硬手段，毫不怀疑地接受权威人物的命令，表现出个人迷信和盲目崇拜；同时他们会压抑个人内在的情绪体验，不敢流露出真实的情绪感受。

2. 服从者的道德水平

在涉及道德、政治等问题时，人们是否服从权威，并不单独取决于权威人物，而与他的世界观、价值观密切相关。米尔格拉姆采用科尔伯格的道德判断问卷测验了被试者，发现处于道德发展水平的第五、第六阶段上的被试者，有 75% 的人拒绝服从；处于道德发展第三和第四阶段的被试者，只有 12.5% 的人拒绝服从。可见，道德发展水平直接与人们的服从行为有关。

3. 命令者的权威

命令者的权威越大，越容易导致服从。职位较高、权力较大、知识丰富、年龄较大、能力突出等，都是构成权威影响的因素。

此外，情境压力对服从也有一定的影响。在米尔格拉姆的实验中，如果主试在场，并且离被试越近，服从的比例就越高。而受害者离被试越近，服从率就越低。所以，就有学者担心，如果有一天战争发展到只需要在室内按按电钮的阶段，那么人们就有可能更容易听从权威的命令，那样后果将是可怕的。

那么，我们应该如何破除权威效应的“迷信”呢？

这就要求我们看问题时，不要被问题吓倒，更不要惧怕、迷信权威。我们应该学会独立思考，以自信心作为突围那些权威名义下的种种圈套的利器。我们不要在接触到难题的时候就为自己设置无谓的障碍，不要在还没有尝试解决问题的时候就对自己的能力有所质疑。

同时，我们更要学会创新，用发散性思维、逆向思维来进行思考，当一条路走不通的时候，我们不要再试图以常规的方式来处理问题，更不要以权威的方案为唯一。

所以，在现实生活中，无论是做人还是做事，我们都要擦亮双眼，理智思考，不要让权威成为遮盖事实真相的心理面纱。

» 阿密绪人的"不受教育权"：阿罗不可能性定理

长期以来，一个集体如果遇到一时无法决定的事情，便实行民主集中，投票决定。这种决策方式尊重了大家的意见，体现了大多数人的利益，并且，在大多数人的脑海中几乎形成了思维定式，已经成了一个真理。每个人在从小学、中学直到大学这十几年的教育当中，恐怕都经历过选班干部的经历。投票、唱票，最后得票最多者当选。这就是"少数服从多数"这一原则的体现。

然而，在企业管理中，有时却会遇到一些特殊的情况，会发现"投票决定"并不适用。比如，5个年轻人合伙投资开了一家鲜花礼品店，各自的投资金额也大体相当。那么，他们对礼品店是如何管理的呢？

由于他们当中没有"大股东"，按照股份比例决定话语权是不可能的。那么，在作出某项决策时，实行"少数服从多数"的原则举手来表决，可不可以呢？表面看来，这种方法是可行的，因为不会出现支持方和反对方人数相等的局面，最多也就是三比二。然而，这几个股东的实际做法却并非如此，恰恰相反，他们采取的是："所有决策，只要有一人反对，便不能通过"。原来，在这时实行的是"多数服从少数"的原则——我们应该承认，他们的做法是一种智慧的体现。

那么为什么在企业管理中，"少数服从多数"原则有时会被搁置呢？企业运作，关键是每一个环节都能顺利完成，这样才能达到最终的目的。仍以上边的鲜花店为例。作为企业，管理者的决策将直接影响企业的发展，如果此时采用投票办法，少数服从多数，将很可能使企业陷入巨大的风险。试想，假设在其中至少有一个投资人不同意的情况下执行决策，这个反对者就成了鲜花店最危险的环节。不难想象，一个认为决策不可能成功的人，一个投反对票的人，在执行时的干劲、结果将会怎样。

1972年度诺贝尔经济学奖获得者、美国人肯尼思·阿罗提出了著名的"阿罗不可能性定理"，并应用到社会更广阔的范围。"少数服从多数""投票决定"的结果，并不能令所有人都满意（至少还有反对者存在），它的基本内容是：如果众多的社会成员有着不同的偏向，同时又要在多种方案之间作出选择，那么仅仅依靠民主制度，将不会得到让所有人都满意的结果。以下这个事例就形象地说明了这个问题。

我们都知道我国推行义务教育，它具有法律强制性，有效地保护了未成年人接受教育的权利。在美国，政府也同样规定，本国公民必须完成高中的义务教育，否则即视为违法。然而，美国的一个少数民族——阿密绪人却成了这一法规的反对者。原来，阿密绪人的宗教规定：本族人一旦过了15周岁，就不能受教育，只能务农劳动。由此，发生了大批警察强制阿密绪少年入学接受教育的暴力冲突事件。阿密绪人上告法院，要求维护自己的"不受教育权"。

在这种情况下，阿密绪人作为美国公民的"少数"，挑战的是这个国家的法律。如果依照"少数服从多数"的原则判断，他们绝无胜诉可能，因为法律体现的是"绝大多数美国人的意志"。然而，1972年，在经历了长达10年的诉讼后，美国大法官作出了一个著名的判决：保护阿密绪人的"不受教育权"。判决认为，阿密绪人选择的教育方式并没有损害社会，所谓全体人民的利益是不存在的，不能压倒少数人的宗教自由。没有任何理由能够认定今天的多数就是正确的，而有着与众不同的生活方式的阿密绪人就是错误的。这场旷日持久的诉讼在最终选择了"多数服从少数"的方式，却充分体现出这样一种精神："尊重多数，同时保护少数，不要求少数绝对地服从多数。"这就鲜明地表现出一种多数与少数并重的现代民主原则。

然而，在企业决策中也会出现多数和少数都是智者的情况。这时该如何决断呢？首先，必须关注反对意见，对其进行充分的分析判断；其次，如果条件允许，要适当延迟决策，只要决策层中有人持反对意见，就暂缓实施，进一步论证。在许多时候，如果拿不出让所有决策者都满意的计划，就宁愿停止实施，等到时机成熟时再来决定方案，这也不失为一种智慧的选择。

历史多次证明，"真理有时只是掌握在少数人手中"。科学文明的开拓者从来都是少数，在科学上实行"多数决定少数"，只能使科学倒退。同样，如果艺术贯彻这一原则，就会丧失发展的余地。具体到企业管理，企业中大多数人毕竟都是普通人，智者往往只占少数。在这种情况下，如果实行"少数服从多数"原则，就意味着智者需要服从常人，而我们不难想象，在日益激烈、复杂的市场竞争中，依靠常人去作出决策，必然是一件充满风险的事情。实际上，有着中国"犹太人"之称的温州人，以及频出商业巨子的潮汕人在管理过程中，"多数服从少数"哲学得到了非常普遍和坚决的执行。当然，这里的少数是指洞悉市场、有着远见卓识的少数。

» 众人拾柴火焰未必高：企业的规模报酬

"人多力量大"，"众人拾柴火焰高"，这些耳熟能详的口号总是能让人联想到冲天的革命干劲和建设热情。在国外，类似的名言警句也比比皆是，如越南的"微风积聚成台风"、欧洲的"巨大的松涛声，是从每棵树上发出来的"、伊朗的"蚊子如果一齐冲锋,大象也会被征服"等,它们都在说明一个道理:只有形成规模,才能发挥强大的力量。

从经济学上讲,这就涉及一个组织规模问题。用专业术语描述,就是"规模报酬"问题。规模报酬是指在其他条件不变的情况下,企业内部各种生产要素按相同比例变化时所带来的产量变化。在经济学上,便将企业的规模报酬变化分为规模报酬递增、规模报酬不变和规模报酬递减3种情况。"一根筷子容易折,一把筷子折不断"固然是实例,无数的事实早已证明,人多力量确实大,但未必就一定会有更高的效率。要知道"一个和尚挑水喝,两个和尚抬水喝,三个和尚没水喝"也是一个著名的故事。我们举例加以说明。

假设某大型啤酒厂月产1万吨啤酒,耗用资本为100个单位,耗用劳动为50个单位。现在扩大了生产规模,使用200个单位的资本和100个单位的劳动(生产规模扩大一倍)。由此所带来的收益变化可能有如下3种情形:

第一是规模报酬递增,也就是产量大于1万吨,产量增加比例大于生产要素增加比例;

第二是规模报酬递减,也就是产量小于1万吨,产量增加比例小于生产要素增加比例;

第三是规模报酬不变,也就是产量等于1万吨,产量增加比例等于生产要素增加比例。

我们看到随着生产规模的变化,企业的规模报酬也在发生变化。那么,使得规模报酬变化的原因是什么呢?在经济学上,将这个原因称作"规模经济",是指由于产出水平的扩大或者生产规模的扩大而引起产品平均成本的降低。反之,如果产出水平的扩大或者生产规模的扩大而引起的产品平均成本的升高,则将其称作"规模不经济"。

一个管理者当然希望自己的企业随着规模的增大,生产会出现规模报酬递增的情况,因为这往往意味着"规模经济"的实现。在实际生产中,我们也看到大部分企业都在力争扩大生产规模。那么,规模扩大,为什么很有可能出现规模报酬递增呢?原因主要有两个。

第一,除去生产协作的因素外,某些生产要素自身的特性也需要规模经济。某些大型设备与小型设备相比,每单位产出的制造费用和维修费通常就要低。比如国际上的输油管道,如果将其直径扩大一倍,其周长也相应扩大一倍,但由简单的面积计算公式可知,油管的截面积将超过一倍,即其运输能力也将超过一倍。这就是规模经济,每单位原油的运输成本将随之降低。另外,像电脑管理、流水作业这样的先进工艺和技术,只能在产量达到一定水平时才能够采用。比如汽车制造,实施流水线作业时,其成本优势十分明显。一般计算表明,一家汽车制造厂的年产量如果大于30万辆,其生产成本将会比小规模生产大大降低。在 20 世纪初，美国的福特汽车公司率先应用了大批量生产工艺，从而大大降低成本，成为汽车工业的领军人物。

第二，大规模生产有助于更好地实现"专业化分工协作"。大诗人李白小时候见到一个老婆婆磨一根铁杵，"只要工夫深，铁杵磨成针"，由此深受激励，奋发读书。作为一个励志故事，老婆婆的行为很有教育意义。但是以企业生产的角度看，则是效率太过低下。18 世纪的经济学之父亚当·斯密在《国富论》中已经以大头针行业为例说明了这个问题。一个受过专业训练的人，一天下来也只能做一个大头针，但是如果将生产划分为 18 道工序，每人只承担一道工序，平均算下来，大头针的人均日产量竟然可以达到 4800 个。这已经很形象地说明规模经济的显著。

但是，我们也知道"三个和尚没水喝"，企业一味追求大规模，未必就会实现高效益。

这是因为各种生产因素都是有一定极限的，当生产规模达到一定程度后，就不太可能还要追求规模经济的优势。否则就往往会发生"规模不经济"，企业生产变得不合理了。

专业化分工往往使得工作变成机械化运动，工人变得像一台机器，久而久之，工人就会产生厌烦情绪，导致效率下降。输油管道的直径也不能无限扩大，否则铺设成本必然大大增加。发电厂电力输送越远，电力的损耗就会因距离的一味增大而迅速上升。这些例子都说明，如果一味追求规模经济，必然会导致单位成本的上升，变成"规模不经济"。专业化分工固然可以提高效率，但它不可能无限地加以细分，否则会带来副作用。

从管理学的角度说，大规模生产必然会带来管理上的低效率。对任何一家企业而言，生产规模愈大便意味着管理层次愈多，企业内的协调和控制也就愈加困难，作出正确决策以及执行决策，也就需要更长时间，并且执行的有效性很难得到保证。这种管理上的局限性必然会带来规模报酬递减。

认识规模经济的规律，对于我国的企业家是有着深刻意义的。企业急于做大，这几乎是中国企业家的通病。企业家追求扩张，这个目的没有错，但是一定要在核心业务做实做强的基础上进行。盲目扩张，而不是着力于做实做强，导致频频出现"规模不经济"，最后全军覆没，这方面的经验教训太多。只有在一切条件具备的情况下，企业规模变大，实现长久的规模经济才会水到渠成。

» 购买音乐会套票便宜得多：套票价包含的内在逻辑

套票的意思就是买家一次性地买一系列演出票。和大多数其他精英交响乐团一样，芝加哥交响乐团的演出，既卖单场票，也卖各种不同的套票。这种票的价格竟然比单场票价要低35%，为什么套票会如此便宜呢？

这种定价形式，帮助交响乐团把每场演出的固定成本分散到较多的听众身上。而且为了承担演出成本，大多数交响乐团每年都在争取实现足够的门票收入，提供套票有助于他们解决这个问题。

比如我们假设芝加哥交响乐团安排了两场系列演出。第一场表演柏辽兹（法国作曲家，法国浪漫乐派的主要代表人物）和柴可夫斯基的音乐，第二场表演巴托克（20世纪匈牙利现代音乐的领袖人物）和斯特拉文斯基（美籍俄国作曲家、指挥家，西方现代派音乐的重要人物）的音乐。

我们再假设这两场演出的潜在听众，由人数相等的4种群体组成：第一种是第一场演出的票他们每人都愿意花40美元，但第二场的票他们只愿意花20美元的浪漫主义音乐的狂热爱好者；第二种听众更喜欢新古典主义音乐，第一场演出的票，他们愿意花20美元，第二场的票则愿意花40美元；第三种人是第一场音乐会他们愿意出45美元，第二场则只愿意出5美元的柴可夫斯基的狂热支持者；第四种听众是第二场演出他们愿意出45美元，而第一场则只愿意出5美元的斯特拉文斯基的狂热支持者。

在定价的时候，综合潜在听众对上述两场演出的重视程度，最好是单场演出的票价为40美元。在此价格下，浪漫音乐爱好者和柴可夫斯基迷可能只出席第一场音乐会，新古典主义爱好者和斯特拉文斯基迷则参加第二场音乐会。倘若每种听众的人数都是100名，那么每场音乐会的听众就是200人次，门票总收入为16000美元。现在，剧院方面打算提供两场音乐会的套票。此时，单场演出票价45美元，比之前多5美元，而套票则为两场60美元，那么单场票价则为30美元，比之前少10美元。

这样一来，柴可夫斯基迷还是只听第一场，斯特拉文斯基迷还是只听第二场，跟刚才一样。可有了套票，浪漫音乐爱好者和新古典主义爱好者说不定两场都愿意听。所以，虽然浪漫音乐爱好者听第一场音乐会所付的票价比之前少了10美元，但由于他们出席了第二场音乐会，给剧院方面带来了20美元的净利。同样的，新古典主义爱好者听第二场音乐会少花了10美元，但他们出席了第一场音乐会，又为院方带来了20美元的净利。这就是提供套票价所包含的内在逻辑。

第四章
强迫——为什么会做自己不欣赏的事

» 高跟鞋再难受也要穿：乌托邦式冲动

多数女人都愿意穿高跟鞋，除了一些职业不方便或者不允许穿高跟鞋，基本上不管个子高矮的女人都穿过高跟鞋。高跟鞋穿着不舒服，走路困难。长期穿高跟鞋，甚至会给脚、膝盖和背带来损害。可为什么许多女性还是继续穿着高跟鞋呢？简单来说，是穿高跟鞋的女性更容易吸引他人注意。

高跟鞋诞生于18世纪路易十四时的法国。当时，宫里许多年轻貌美的宫女耐不住宫廷生活的寂寞单调，常常溜出宫去参加各种民间的社交活动。路易十四很生气，颁布了一系列宫廷禁令，但仍阻止不了宫女们外出。这时，有人向路易十四献计说，这些宫女之所以能一转身就没了影，关键在于脚下没有羁绊。倘若能想出点子，使她们行动不便，她们就不能轻易出宫了。路易十四听后认为这是个好主意，但是采用什么方法呢？用脚镣之类的器具套起来吧，太缺乏人道，而且对那些娇滴滴的宫女施用刑具，也于心不忍。再说，如果宫廷里到处都是戴着脚镣的宫女，这宫廷还有什么高雅、文明可言。看来只有在鞋子上做文章。于是，他命令鞋匠设计一种刁钻的鞋子，以整治那些爱溜出去的宫女。当时，法国舞台上的悲剧演员穿的是一种全高型的戏剧鞋，鞋匠从这里得到启发，创作出了后高跟鞋。

当时路易十四指着一堆造型别致的高跟鞋令宫女们穿上时，宫女们吓得叫苦连天，千方百计不肯穿，但王命难违，最后只得哭丧着脸穿起了高跟鞋。经过一段时间的磨炼后，宫女们却又行走自如了。而且，她们发现穿高跟鞋能使身材显得修长优美，竟喜欢上了高跟鞋，非高跟鞋不穿了。巴黎的时髦女性见到高跟鞋，大为赞叹，竞相仿效。于是，高跟鞋由宫廷传遍法国，又传遍世界。

高跟鞋最初是男性社会为女性的身体自由所设定的羁绊，之后逐渐地发展为社会大众甚至女性本身所公认的魅力标志。文化心理指出，这种行为是一种乌托邦式冲动，即"通过改变自己的身体，以提高自己的社会位置"。

对英国金融、报纸和卫生保健领域处于最高职位的500名女性进行了调查，结果发现，七成女性表示，工作中穿高跟鞋会自然而然地感到自己更有实力，对自己的能力也更有信心。这表明，高跟鞋已经成了职业女性在职场上的自信来源，对于她们更意味着成功。

高跟鞋除了让女人看起来更高以外，它还能使女性挺胸翘臀，从而突出了女人的外表特征。可见女人忍受高跟鞋是为了突出身高，显得更加美丽。

问题在于，要是所有妇女都穿高跟鞋，这种优势也就齐平了。毕竟，身高只是个相对现象。可见，选择有时是一种特定社会状态下不得已的一定要作出的决定。可要是所有妇女都穿上高跟鞋好让自己高上几寸，她们之间的相对高度也就恢复了原样，跟大家都穿平底鞋时一样了。如果妇女们能集体决定穿哪种鞋，估计所有人都愿意放弃高跟鞋。可一旦有人私穿高跟鞋来获取优势，这一约定就没法维持下去了。因而是否选择勉强自己，适应麻烦的高跟鞋，还要根据具体的情况作出具体的分析。

» "奇迹"不能强行创造：不需独自承揽所有责任

在中国古代家庭中，男人总是担负着生活的压力，他们在外拼搏，为工作也为家人的生活；而女人主要是操持着家庭事务，她们负责掌管家中各种大小杂务。直至今天，我们还是受这个传统习惯的影响，绝大多数的家庭都是沿用"男主外，女主内"的模式。

长期以来，女性都被认为是善于持家的，因此，即使不是专职家庭主妇的职场女性，在遇到部门人力不足或者工作量突然增加时，也习惯大包大揽，承担超负荷工作。在职场中，相比较男人而言，女人往往更愿意承担难度较大的工作。而领导也总是习惯说出"这件也许只有高小姐能够完成，说不定可以创造奇迹"之类的话。

当事人如果听到这话，便很难拒绝，因为这句话让当事人的心里很是受用。即使她们做这项工作很吃力，就算是不能在工作时间内完成任务，她们也会主动加班或者牺牲休息日，努力完成上司交给自己的超负荷任务。在这种情况下她们被领导强行创造"奇迹"。

事实上，这种强行创造"奇迹"的行为是不可取的。对当事人来说，意识到问题而不提出合理的要求，主动大包大揽所有责任，不仅使自己的利益不足以保证，也会连累其他同事。不正面提出不满，公司会认为工作量安排比较合理。

公司是一个通过投入最少费用创造最大利润的组织。如果无力承担过重的工作量，就要请求扩充人力或者延长提交时间，这样上司才能了解实际情况，考虑其提出的要求。也就是说，公司领导不可能主动考虑到职员会不会太辛苦，能否承担目前的工作强度，而去事先解决问题的。

因此，当我们在工作上一旦因遇到人力不足时，不要主动去包揽过重的工作，要敢于拒绝，向上司说"我做不到"。或者不理直气壮地提出要求，说"以目前的人力，不可能在规定时间内完成"之类的话，如果上司没有立刻给予解决，就要不断要求，直到解决为止。当然在这个过程中，你要表现得坦然，而不是怯懦，让上司怀疑你的要求的合理性。

同样的道理，如果我们对上司指示的某项工作，无法在规定时间内完成，就要明确提出要求延长时间。如果我们明明可以向公司提出要求却并不作声，反而主动承揽额外工作，这会遭到同事们的排挤。因为一个人主动承担所有责任，会令上司同样要求其他职员增加劳动强度。我们为什么要做那些吃力而不讨好的工作呢？

金月今年35岁，有一个5岁女儿。结婚之前，她和现在的老公一个公司，还曾是老公的上司。随着婚后家庭事务的琐碎，加上孩子需要照顾，金月辞职在家照顾一家的生活起居。

可是每天面对繁琐的家庭事务，怎么也做不出成就感。再看到昔日的姐妹有的都做了高管，而自己却在家里耗费了6年的时间，想到这里，金月决定走出家庭，投入职场中，寻找自己的天地。

金月把女儿托付给婆婆照看，到某公司的市场部做了一名销售员，由于她是公司的新进员工，工作起来特别卖力。这时，正好公司的新产品要投放市场，金月恨不得一个人把所有的工作都做完，扒层皮似的辛苦忙碌，甚至会在公司的简易床上连续过夜。不久，金月就被提为小组长。

最近，她们公司又开发了一种新产品，上到总经理下至全体职员都异常忙碌和紧张。然而，由于组内人力不足，很难在规定的期限达成公司要求的目标。

金月知道，这件事如果都不提，领导是不会看出来的。她于是向部门经理提出了增加人力的要求，但是经理却说："只有通过这次活动提高了销售业绩，才有可能增加人力。你前段时间表现得不错，继续努力。相信如果你和同事们多加点班，辛苦一下，一定能顺利完成。"

面对经理恳切的嘱托，她最终未能拒绝，开始全身心投入工作，甚至达到废寝忘食的程度。截止日期越来越近，而工作进度却不理想，这令她感到十分痛苦，也承受着巨大的压力，但凭借着"我要把不可能变成可能"的坚定信念，她与组员们疯狂地加班加点，终于顺利完成工作任务。

同事们无不赞叹："组长，您真是创造了奇迹！"而她却感到身心疲惫，想起了不工作的那些日子的休闲。于是，她再次向经理提出了增加人员的要求，而这次经理却说："那么紧张的时候都过来了，目前并不需要人员。"

于是，增加人员的事情一拖再拖。金月明白，如果在没有任何特殊项目的情况下，一再要求增加人力，或许会留下"无理取闹"的印象，所以决定放弃增员要求。

此后，每当接到大项目，经理便说："上次比这次的项目难度还要大都完成了，这次的项目应该不算什么……"没等她提出增员要求就提前给她打了预防针。

其结果是，每当接到大项目，她就凭借着获得的"即使用最少的人力，也能出色地完成任务"的称赞而拼命地工作。直到后来，不仅是经理，就连其他同事也认为她要求增加人力是为了"偷懒"。

金月在领导的一次次拒绝下，放弃提出增员的要求。而却被经理一次又一次地强行创造奇迹，加大工作量。结果导致领导对她的期望值越来越高，一旦没有达到，便理解为没有尽力。

据调查，大部分女性都曾因独自承揽过重工作最终体力不支，结果，中途离职者的比例远远超出男性。

之所以呈现出如此巨大的差异，相信与女性不善于提出正当的有利于自己的要求而独自承揽所有责任有直接的关系。体现自我价值，对本职工作尽心尽责固然很重要，但同时很容易被这种责任感压垮，使自己陷入疲惫不堪的境地。我们在向上司提出要求时也要讲究技巧与时机。

1. 拒绝迷惑，坚持自己

要在职场中立足并发展，就不要被上司的"你创造了奇迹"所迷惑，要坚持自己的要求。而要做到这一点，就要以坚决的语气、郑重的态度提出要求，以免上司以其他借口推诿。

2. 不加人就延长时间

遇到需要得到援助的事项，千万不要犹豫。如果上司敷衍援助要求，就应坚决表态："工作量太大，一次可以，第二次坚决不能完成，所以，请采取相应措施。"

如果感到人力不足，请立刻要求增加人力，如果无法满足，就务必要求延长项目完成的截止时间。

» 女工离婚情非得已：理性经济人

曾经有一则新闻报道，讲的是某油田离婚率骤升的事。原来在这则新闻的背后，离婚当事人面临着进退两难的选择。

一女工几年前经领导反复做工作，她和许多职工买断工龄下岗。几年过后，单位突然有一个通知：离婚后的下岗职工等同于单职工，可以上岗，但以离婚证为准。这名女工的丈夫目前在岗。为取得上岗资格，尽管她与结婚10多年的丈夫感情很好，也不得不办了离婚手续。像这种双职工有一方买断工龄下岗的情况不少，为了能重新上岗，他们很多人不得不去办离婚证。

有很多人认为这位女职工的做法是坏人的做法，其行为不可取。但在经济学中，好人坏人都是经济人。

所谓的"经济人"，第一，他是理性的，是一个考虑效率的人；第二他是逐利的，是一个考虑回报的人。

亚当·斯密在《国富论》中的一段话对"理性经济人"有较为清晰的阐述："我们每天所需要的食物和饮料，不是出自屠户、酿酒家和面包师的恩惠，而是出于他们自利的打算。我们不说唤起他们利他心的话，而说唤起他们利己心的话；我们不说我们自己需要，而说对他们有好处。"

1976年度诺贝尔经济学奖得主米尔顿·弗里德曼曾这样说："读了《道德情操论》才知道'利他'才是问心无愧的'利己'。"因此，利己与无私之间并不存在不可逾越的鸿沟。

亚当·斯密的这段论述向我们表明：人和人之间是一种交换关系，能获得食物和饮料，是因为每个人都要获得自己最大的利益。

第一，经济学认为经济人都是理性的。

"理性"就是指个人的主观意愿是最大限度地为自己谋取福利，也就是说，理性人应该懂得如何为自己谋福利，做一个精于算计的人。下面来看看经济学家是如何理性思考的：

有一个经济学家、一个医生和一个牧师约好某天去打高尔夫球。这天，玩兴正浓时，他们发现有一个人老是在球场上漫无目的地乱跑，这严重影响了他们的兴致，于是他们决定去向球场交涉。球场的管理人员向他们解释："球场为了向全社会的残疾人献爱心，星期一下午是向盲人免费开放。今天是星期一，那个到处乱跑的人是盲人。如果他的行为影响了你们，我向你们表示道歉。"3人听后，有3种不同的反应。牧师听后大为感动，遂决定抽出一定时间，免费为残疾人祈祷，祈求上苍保佑，为残疾人带来福音。医生听后，马上决定，向球场学习，并准备在他的诊所里留出一定的时间免费为残疾人提供医疗服务。经济学家却不以为然地说："我有些不明白，你们球场为什么不把向盲人开放的时间从白天改到晚上？"

从理性视角来看，白天与黑夜对于盲人没有区别，把对盲人开放的时间从白天改到晚上，一点都不损害盲人的利益。如果盲人在白天和正常的游人一起共享高尔夫球场，盲人的利益虽然能得到保证，但显然，正常游客的利益就会受到损害。这就是说，盲人的利益是建立在一般游客利益牺牲的基础上，如果这样，球场资源的配置是缺乏效率的。经济学家从资源配置的效率角度看问题、看世界，不能不说他们是最理性的人！

实际上，在经济活动中，人人都是"理性经济人"。比如说买一件商品时，我们都希望买到物美价廉的商品，绝不会希望买"物次价高"的商品，因为在经济活动中他会保持自利性和理性。从经济学的角度来说，"理性"是永恒的价值导向。

第二，经济学认为经济人都是自利的。

在经济学中，"利"就是指个体所获得的利益、收益，可以表现为各种各样的形式，归根结底是给人带来的效用、幸福、满足；而经济学中的"害"就是指个体所付出的代价、成本，所承受的损失、牺牲，归根结底是给人带来的负效用、欠缺、痛苦。

关于人类趋利的本性，先秦时期的韩非子就曾经这样认为：医生能够在病人的伤口上吮吸脓血，并不是与病人之间存在骨肉亲情，完全是因为他的利益在于病人的回报。木匠造棺材的本意不是憎恶别人，而是因为他的利益在别人的死亡上。由于利益的驱动，才使得人们心中的念头在道德层面发生了善恶的区分。

"天下熙熙，皆为利来；天下攘攘，皆为利往"——这是司马迁在2000多年前的精辟论述。可以说，对利益的追求是人类社会进步发展的原动力，对利益的渴望在人类行为的背后发挥着主导性、操纵性的作用。

很难评说该女工的做法是否可取，但这种选择无疑是慎重考虑之下的趋利避害的行为。"上岗离婚"是一种害，"下岗不离婚"也是一种害，两害相权取其轻，这也算是趋利避害的一种无奈选择吧。

经济学承认人性利己的合理性，承认人利己的行为是正当的。正是对这一人性的尊重，才促使了经济的发展和社会的进步。"经济人"都是利己的，以自身利益的最大化作为自己的追求。当一个人在经济活动中面临若干不同的选择机会时，他总是倾向于选择能给自己带来更大经济利益的那种机会，即总是追求最大的利益。每个人为达到利己的目的，必须以利他为手段，给别人"所要的东西"，利己并不损人，否则经济交换活动难以长久维持。

"经济人"假设是经济学的根基，没有"经济人"假设，就不能正确认识经济规律，也不可能制定切实可行的经济政策。但另一方面，我们也应该要看到"经济人"假设只是一种人性假设，在现实生活中，人不可能处处都以经济人的视角观察世界。如果一味把利己的观点运用到一切生活准则中，生活将不可避免会有点变味。

经济学认为所有人都是"经济人",并不是赞扬利己性,只是承认它是无法更改的人性,承认"经济人"的存在只是对人类趋利本性的一个认识和引导。在现实的经济活动中,我们不能为了实现自身利益最大化就不择手段,我们必须遵循市场经济的规律以及法律制度的约束,将人的利己心和利己行为变成增加社会财富、推动历史进步的动力。

» 对没兴趣的活动感觉好:强化角色实践

在生活中,我们常常被邀请参加各种各样的活动,但有时候我们并非对每个活动都有兴趣,可是却又无法拒绝别人的盛情相邀。但是当我们真的参与了没有多大兴趣的活动中,我们感觉并没有想象中那么糟糕,甚至是愉快的、兴奋的。

那么为什么我们明明不喜欢某项活动,可是参与后又感觉不错呢?

这一情况,心理学家也早有研究。让我们来看一个经典的心理学实验。心理学家费斯廷格曾经用实验的方法证明了活动对态度转变的作用,他的研究主题是"美国白人对黑人态度的转变"。

实验选择了一些黑人和白人杂居区中的一些黑人和白人邻居,这些被试者居住得很近,而平时却从不往来。费斯廷格设计了3种情境以研究白人对黑人态度的转变:

第一种情境是邀请白人和黑人一起玩纸牌游戏;

第二种情境是让白人和黑人一起观看别人玩牌;

第三种情境是双方共处一室,但不有意组织任何共同活动。

实验结果表明,在第一种情境条件下,有66.7%的白人对黑人显示出了友好的态度;在第二种情境下,有42.9%的白人对黑人显示出友好的态度;在第三种情境下,只有11.1%的白人对黑人显示出友好的态度。

这个实验表明,参加活动较之作壁上观对于态度的转变的确会有十分明显的影响,并且参加活动越积极主动,态度转变的可能性越大。

美国社会心理学家琼斯等也曾就角色扮演对于态度转变的影响进行过实验研究。该实验以大学生为被试者,首先测定了这些被试者在3个具体问题上都持否定的态度,然后把他们分成几个3人组,要求每个3人组中有一个人向该组另外两个人作说服宣传,以使他们对上述3个问题转化为积极态度。要求扮演说服宣传的角色,应根据实验者所提供的宣传内容与提纲进行宣传,而且在宣传时必须对其内容表示出深信不疑,好像出自内心那样的神情。

最后由实验者测定这些宣传者和被宣传者态度转变的状况。结果发现,3人全都转变了态度,而且宣传者的态度转变比其他两个被宣传者更大;宣传者扮演的时间越长、越积极，态度的转变也越大。

由此可见，强迫接触可使人改变原有的态度。不管对方对某个事情是否有兴趣，强迫其参与有关的活动，通过让其逐步了解此项活动的意义和效果，最终使他的态度有所改变。

为此，我们可以将这项试验结果应用在实际工作中，比如：可以通过制定制度、强迫命令、团体活动、重奖重罚等手段，使对方无条件地参加到活动中来。在活动过程中，多让其参加经验交流会和先进表彰会，使其从中真正了解这个角色的意义和由此带来的经济效益和社会效益，并体会到自我的价值，则其态度也会大大改观。

当然，由于人们的态度不尽相同，强化角色实践也要因人而异、循序渐进，切不可操之过急。通常，要改变某个人的态度，就必须先了解他原来的态度，然后制定相应的角色措施，切忌因差距过大、要求过高而出现反作用，使他们因目标高不可攀而难以接受。

» 说脏话让人痛快：释放被压抑的攻击本能

在现实生活中，有些人在受了委屈而产生愤怒的情绪，往往会脱口说出一些脏话，而这些说脏话的人往往招致众人的鄙视和谴责。这在外人看来，是一种素质不高、语言不文明的行为。说脏话的人在发觉他人的反感后，也会表现出不好意思。

可是如果再遇到不顺，遇到一些不顺心的事情，当内心极度懊恼、生气、压抑、愤怒的时候，我们还会忍不住说一些脏话，把别人数落一番，把不顺的事情抱怨一通。因为咒骂之后，我们会发现自己内心舒服很多，不良的情绪得到了宣泄。

现代社会讲究文明礼貌，我们需要克制自己的一些不雅的言行，不能说脏话，不能骂人打架，当然这是值得提倡的。但是从某种角度讲，禁止某些言行，其实也是对人的本能的一种压制。心理学家弗洛伊德强调人们都有攻击本能。从这个角度来看，我们就很容易理解，说脏话是人的本能释放，其目的在于满足那些被压抑了的攻击愿望。

美国心理学家这样解释："咒骂是人类的原始本能，甚至是人类灵魂的止疼药，因为咒骂能让我们的脑子自由。"在这个层面上脏话是有其益处的。越愤怒、越压抑就越需要得到顷刻间的发泄。而脏话无疑是最容易实现，起作用最快、最直接的宣泄途径，要宣泄就要表达出来。事实上，人们一直使用不同途径来表现自身对某些人、事的本能的不满。比如瞪眼，通过眼睛表达出愤怒和怨恨；还有人喜欢用唾沫啐人，也是一样道理。

既然说脏话是人的一种本能宣泄，那就不应有男女性别之分，况且女人更容易产生情绪变化，但人们并不是平等地看待说脏话的男人、女人。通常，人们会对说脏话的男人更为宽容，认为他们不拘小节，甚至有男子汉气概，而且也认为男人说脏话的频率要比女性高。

美国语言学家托马斯·穆雷在记录下4000名男女学生的谈话后发现，不管是男性还是女性，他们说脏话的时间比例一样多。实际上，我们心目中的关于女性不说脏话的观念，只是来自那些受过高等教育、穿梭于办公室的女白领形象。而在边远的山村或农村，很多妇女甚至可以站到马路上相互对骂，其运用脏话的娴熟程度足以让男人们瞠目结舌、甘拜下风。当然这是不文明的表现，这里只是说明一个事实：女人说脏话的比例并不比男人少。

骂脏话确实是人们的一种本能的发泄，可以起到宣泄情绪的作用。脏话不仅可以满足我们宣泄情绪的需要，还可以代替我们的拳头。有时，我们真想结结实实地把某些人揍上一顿。但事实上，你很少碰过他们，最多也只是骂几句，而且多数还是在背后骂的。这时，这些脏话就代替了你的拳头。

打人，是为了让他痛苦，那么将脏话作为暴力、肮脏的信息传递给他，不是同样达到伤害他、让他痛苦的目的了吗？于是，通过咒骂的发泄，揍人的愿望消失了。在这个层面上，说脏话也能消弭争斗，否则人们不时就会鼻青脸肿了。

在某些特殊的场合，说脏话能帮助我们更快地融入团体。刚步入工作岗位的人，为了与同事、上级搞好关系，难免要参加应酬。这时我们就不得不试着融入他们，哪怕是喝着辛辣的酒，时不时地说几句粗口。如果在场的每个人都在说脏话，只有你也说出几句粗口，似乎才能表明你是"他们的人"，使你们之间的谈话更加融洽，拉平彼此之间的心理鸿沟，瞬间形成轻松愉快的氛围。

尽管我们每一个人从小就被教育成做一个文明礼貌、不说脏话的好孩子，但我们却不能贸然根除这种顽症。这其中的关键原因就在于，说脏话有着一定程度的益处。可以让我们表达愤怒、宣泄情绪、抵抗伤害，同时也能消除人与人之间的隔阂，显示自己的存在和力量。因此，我们不必苛求自己事事都做到完美，就算偶尔我们会说出一两句脏话，也不必心存芥蒂、耿耿于怀。

» 不要总是说"谢谢"：拉远与人的心理距离

在现代人际关系中，人们越来越重视各种各样的礼仪规范。重视礼仪原本是社会文明发展到一定程度的标志，但如果在很多不必要感谢对方的情况下过度使用"谢谢"，反而会拉长与人的心理距离。

多数人认为"感谢"是一种礼仪，但说无妨，多多益善。但是，如果在职场生活中过度频繁地使用"谢谢"一词，却会产生负面效果。比如，当一个领导在交代其下属一项任务时，为照顾对方的情绪，以"麻烦你帮我完成这件事情，谢谢"的形式指示，这种语言表达方式容易让下属轻视上级的权威，减少对事情的重视程度，以至于影响指示事项的完成效果。

心理学家通过调查表明，通常情况下，女性较男性更喜欢说"谢谢"。这源于女性从小就在学习如何能取悦对方的沟通方法，以及对于他人的恩惠必须表示感谢，并铭记于心。由于男性血液中仍存在动物世界中弱肉强食的本能，他们会认为强者支配弱者是天经地义的事情。因此，在男人的世界里，上级对下级几乎不使用"感谢"一词。

对于施予恩惠者表示"感谢"是合乎情理的礼貌行为。但职场中，人与人之间是相互协作的工作关系，很少发生施恩和受惠的情况，"感谢"一词不宜多说。如果女上司对男下属过度表达"感谢"，很有可能会遭到男职员的轻视。

崔淑媛今年36岁，未婚，长相漂亮，身体苗条，又是一家大型广告公司的创意总监，同时也是公司内职位最高的女上司。按说她这样的条件和气质，加上超强的工作能力，下属们都应该尊重她，毕竟她是一个女士，尤其是在这个男性下属多达20余人的部门中。

然而，部门的男下属们似乎并不尊重这女上司。下属们说起崔总监都有一个共同的感受，那就是她的行为过于矫揉造作。最明显的表现是，她每次向下属交代工作时，都会习惯性地说一句"谢谢"，甚至有时候在短短的几句话中夹杂着几个"谢谢"。例如，询问助手某个项目的进展情况时，她往往说："麻烦你告诉我某个事情的具体情况，谢谢！"在听完汇报之后，她就会说一句："这样啊，谢谢！"

让人无法理解的是，当下属职员并未按照她的吩咐去工作时，她却以"辛苦你了，谢谢，但是这项工作还有待努力"的形式应对。这令下属难以把握上司的态度，不知她究竟是如何评价自己的工作的。

总之，崔总监总是习惯性地在结尾多加一句"谢谢"，常令下属职员困扰，上司为什么要对自己表示感谢呢？时间一长，大家似乎明白了这只是她的一个习惯而已，并没有真心要感谢的意思。既然不是表达感谢，又为何口口声声说"谢谢"，于是，大家都觉得崔总监是一个做作的人。

崔总监的这种态度，直接导致她本人无法受到下属职员正常的尊重。不仅如此，有些男下属还把女上司的感谢误解为她因为自身能力差，所以才处处低声下气地讨好下属。其实，女上司对男下属表示的"感谢"，并非真正意义上的感谢，而是站在照顾对方情绪的层面上使用的女性惯用语而已。然而，这对于男性职员来，就很难领会其真正含义。

因此，女上司若要让男下属有效执行自己的想法，就要直截了当地交代指示。如，"策划书的这一部分还欠缺一点儿，你再重新修改一下"，或者"请你把负责的那件事的具体进展情况向我汇报一下"等。

男性习惯于直接式表达方式，这种明朗化的表达方式更容易令他们接纳。

一般说来，每个人都具有渴望付出与得到相等的心理，当自己以这种形式对待对方之后，也希望对方以同样的方式对待自己，也就是同样对自己表示感谢。大部分人不会向对方表示自己的感谢之意，从而令表示"感谢"者会认为对方的这种态度是无视自己的存在，但又不能因此而公开表示不悦，只能是借题发挥或者为难对方，从而引发更大的矛盾冲突。

因此，要在职场中取得成功，必须正确适度表达谢意，切莫滥用"感谢"一词。具体从以下几个方面注意。

1. 有节制地说感谢

过分考虑对方的立场，将很难受到与职位相符的待遇。无论下属职员做什么，滥用"感谢"一词，无异于降低了自己的价值。有时说话需要节制，尤其注意，男性对于"谢谢"一词，不会作为女性的习惯用语而接受，而是直接领会，从而理解为对方"缺乏能力"。

2. 正确鼓励下属职员

鼓励下属也要注意表达方式，否则有不真诚之嫌。比如，某公司工作人员正准备与客户签合同，但该客户突然打来电话要取消订货。但由于涉及物量巨大，大家都不知所措，十分着急。此时，一位下属职员通过与该企业相关负责人沟通，终于圆满化解了此次合同取消危机。

此时，不妨以"真是辛苦你了，我们部门能有你这样的职员，我真是感到骄傲"的形式提出表扬，即使没有牵扯部门的命运，也可以充分地表扬下属职员。毕竟下属职员挽救部门于危机之中是事实，但如果不是私事，不宜表示感谢。

总之，在职场中，领导要正确使用"谢谢"一词，即让下属感觉到尊重和关注，又要表现出大方、得体、自然的态度。这样不仅可以维护作为上司的权威，还可以表扬下属的成绩。

第五章
迷失——为何会有十字路口的迷茫

» 为何运动员和明星收入比一般人高得多：关注市场供需

不同的职业有不同的收入，这是因为不同行业的付出会带来相应的回报。作为收入刚好可以养家糊口的人来说，当听到某某明星一场电影的片酬是几百万，或者某运动员赛后的奖励又是几十万乃至几百万的时候，我们是否会为此感到心理不平衡呢？这时，我们也不能忽视这样一个关键的问题——为什么明星和运动员的工资会比一般人高呢？

对于这两个问题，我们可能就会考虑这两个方面：为什么工资会出现不同？工资不同是否代表着行业间的不公平现象？

其实，工资不同是由供求关系决定的。

一般情况来说，只要有人肯愿意为所需的教育投入时间和金钱，就能成为一名教师或是社会服务人员。从社会的角度来说，这种对教育和社会服务技能的投资是值得推崇的，但在这种人人有此意识的情况下，其实也意味着市场对这类职业的供应量也会很大。学校并不会因为走了一个老师而发愁无法实施教育教学。因此，当一个地方需要招聘教师和社会服务人员时，总会有一个相当大的劳动力市场供其选择。

与一些市场上供求关系持平甚至是饱和的职业来说，运动员和电影明星的这类人的市场供应量是相对较少的，想要用同等能力的人来替换现有的这些人员非常困难，因为这类人实在有限。因此职业运动员和电影明星可以获得高收入。

两种情况一对比，我们就可以看出来其中的不同，最明显的便是其可替代性和不可替代性（或许对明星来说，应该是暂时的不可替代性）。那么，为什么对市场来说，高水平运动员和当红明星的需求是非常旺盛的呢？

最主要的原因就是这种情况是由供求关系决定的。高水平运动员和当红演员供小于求，因为不是每一个人都有成为明星球员和演员的技巧和形象；而教师和社会服务人员供大于求。于是，根据经济学基本原理，运动员和演员的工资会比教师和社会服务人员高得多。供小于求的工作收入高，供大于求的工作收入低，这就是经济效益。在这样的经济环境中，如果有人想要让二者的收入持平或者是减小其收入差距，那么，就会出现运动员和演员稀缺，教师和社会服务人员过剩的情况。

还有一个原因是雇用这些人工作可以从中获得高额收入，因为总有大批的普通人，愿意花钱看比赛（无论是现场还是电视转播）、当红明星演的电影、付费的有线电视、明星广告的效应等。而对比高水平运动员和当红明星能为他们的比赛团队和影视公司带来可观利润，普通的教师和社会服务人员的情况就大不相同了，他们并不能给雇主带来可观的利润，因此市场对他们的需求并不高。

所以，在这样的市场氛围下，我们就不应该因为自己的职业收入不高而自怨自艾，我们要学会客观地认识其中的经济规律。同时，我们也可以从中受到启发，比如，如果有高收入的职业志向，那就应该在一开始就找对方向和从事的行业类型。当然，这并不是说，让每个人都去做高水平的运动员或者演员，而是希望我们能够选择市场供应小同时需求大的职业，不得不说，这也是一个很好的人生规划。

» 苏比的监狱梦：不迷信"物质激励"怪圈

苏比躺在麦迪生广场的那条长凳上，辗转反侧。每当雁群在夜空引吭高鸣，每当没有海豹皮大衣的女人跟丈夫亲热起来，每当苏比躺在街心公园长凳上辗转反侧，这时候，你就知道冬天迫在眉睫了。

苏比明白，为了抵御寒冬，布莱克威尔岛监狱是他衷心企求的。在那整整 3 个月不愁食宿，伙伴们意气相投，也没有"北风"老儿和警察老爷来纠缠不清，在苏比看来，人生的乐趣也莫过于此了。

于是，苏比打定主意实施自己的入狱计划。

他先是想在哪家豪华的餐馆饱餐一顿，然后声明自己身无分文，这就可以把自己交到警察手里。然而，侍者嫌弃他裤子和皮鞋过于破旧，没让他进门。

在马路拐角上有一家铺子，灯火通明，大玻璃橱窗很惹眼。苏比捡起块鹅卵石往大玻璃上砸去。苏比站定了不动，笑着等警察抓他走。警察认为他连个证人都算不上，没人会这么蠢，转而去追一个赶车的人去了。

接着，苏比想通过调戏一个衣着简朴颇为讨人喜欢的年轻女子来引起不远处的警察注意。

"啊哈，我说，贝蒂丽亚！你不是说要到我院子里去玩吗？"

"可不是吗，迈克，"她兴致勃勃地说，"不过你先得破费给我买杯猫尿。

要不是那巡警老盯着，我早就要跟你搭腔了。"

没想到她竟反过来勾引起了苏比。

看来他的自由是命中注定的了。情急之下，苏比拿了一位衣冠楚楚的绅士的一把绸伞。为了能让自己的罪名加重一些，苏比和上前要伞的绅士争执起来。没想到这位绅士倒心慌了，拱手把伞让给了苏比，原来这把伞来路不正。

最后，苏比受到从教堂飘出来的赞美诗的"感召"想从善。半路跳出来一个警察认为，一个流浪汉绝不会与教堂周围幽静的环境、柔和的灯光、动人的音乐有联系，苏比因为闲荡的罪名被捕了。

第二天早上，警察局法庭上的推事宣判道："布莱克威尔岛，3个月。"

流浪汉苏比在冬季来临时，为了解决自己的温暖与食宿问题，才不得不一次又一次地实施自己的犯罪行为。人们为什么要犯罪，如故事中的苏比一样，很大一部分原因是物质激励在作怪。在物质激励的作用下，人们往往会有两种不同的反应：一种是非法的，即犯罪；另外一种是合法的，即在有效的激励制度安排下，通过自己超额的合法劳动以谋得更多的物质利益。

物质是人生存的基本前提，物质的短缺会直接诱发犯罪。其实，在日常生活中我们每天奔波劳累，目的只有一个，即最大限度地占有物质资料。犯罪是人在物质资料短缺的情况下的一种极端表现。

从1954年第一次入狱起，孙来有先后5次因盗窃被判入狱，他在监狱内先后度过了43年。10月24日，86岁的孙来有刑满释放。但已经适应监狱生活的他非但不高兴，反而担心出狱后会因无人照管死在街头，哭着不愿出狱。而当得知监狱领导已帮他安排好出狱后的生活后，他再次激动地哭了。

"领导，我不走了！"2009年9月份，当监狱干警向孙来有宣布刑满释放后，老人的情绪激动。

孙来有年纪较大，患有高血压后遗症。几年前，因脑血栓病又出现行走不便、小便失禁症状。监狱在给孙来有看病的同时，还专门派两个人照顾他。两人专门为他叠被子、打饭、换洗衣服、推着他到医院打针治疗。为保证孙来有的营养，监狱领导专门要求，除正常伙食外，每天必须保证孙来有吃上两个鸡蛋，喝一碗鸡蛋汤、一杯牛奶。

由于细心照料，孙来有的身体好转得很快。除行走不便外，他能吃能喝、身体硬朗，已具备出狱条件。但随着出狱日子的临近，老人的情绪却日渐烦躁。几次找到分管干警哭诉，表示不愿出狱。而干警调查后得知，老人不愿出狱的原因是，担心出狱后无人照顾，会死在大街上。

这位老人不愿意出狱是担心出狱之后，享受不到他人对他的照顾，他的物质生活没有保障。我们在看电影《肖申克的救赎》的时候可以发现：有些人在监狱里服刑越久，就越不愿意出狱，甚至出狱后会选择自杀。

一个人愿意坐牢，一个人不愿意出狱，选择坐牢在于牢狱里有保障的生活，这就是坐牢的物质激励。

虽然物质激励对人们有着显著的作用，但是人们很快发现在制定激励制度时，物质激励并不是万能的。霍桑试验后人们有了"经济人"和"自动人"等更深刻的认识，较好地解释了"物质激励万能"的怪圈。如过分迷信物质刺激，干好了就给钱，干不好就扣钱，组织与成员的关系被简化成劳资关系，会削弱成员的"主人公"意识，客观上诱发"多给钱多干活，少给钱少干活，不给钱不干活"的思想。因此，人们在进行物质激励时又会进行一定的精神奖励，这样就收到了事半功倍之效。

综上可见，物质资料在整个社会民众的生活中占有第一位的前提地位，而如果我们在进行物质资料分配时，能尽量实现社会公平，并建立起一套行之有效的社会激励制度，就会有利于整个社会的安定，也有利于和谐社会的实现。

» "神马都是浮云"：生活压力要抒发

"神马都是浮云"这句话的广为流传有网络因素的影响，但是像这种略带自我慰藉的语言是不是还涵盖了一些容易让人忽略的心理内涵呢？

"前男友神马的，都是浮云！""神马加班啊加薪啊，浮云，都是浮云！""别墅、靓车、美女……这些都是神马东西，不过浮云而已！"现在我们常能从网络或者日常口语中听闻这样的句子，这种或调侃或超脱的语言似乎已经成了现代人所谓的"淡定典型"。

其实，"神马都是浮云"是现代人心理压力加大的一种间接反映。心理压力大，从而感到浮躁不安、焦虑压抑，这些是现代人的普遍心理状态。虽然大家或多或少地都分享了现代化的好处，可是很多人也同时"享受"着现代化带来的悲剧：常用电器，辐射加大；乘坐各种交通工具，运动量减小；追求高收入，职业压力加大；我们总是在忧虑自己可能即将逝去的利益，却又不得不在生活的各个层面去面临这种威胁；我们不怕孤独，但是现代的"水泥隔离"似乎又使我们失却了"小院乘凉，各家畅谈"的乐趣；物欲横流，精神受挫，许多人的价值观开始倾向单一和窄化。

既然我们处于压力巨大的环境之下，仅仅用一句口头的"神马都是浮云"就可以解决问题了吗？当然不行！如果压力能这么简单就化解，那世界上就没有那么多自残、自杀等消极事件发生了。那么，我们应该怎样把这种"神马都是浮云"的人生态度发散到我们生活的每一个角落和细节呢？

首先，心理学家认为，大哭能缓解压力。一个对比试验可以证明这个结论：

心理学家曾给一些成年人测血压，然后按正常血压和高血压编成两组，分别询问他们是否偶尔哭泣。结果 87% 血压正常的人都说他们偶尔会哭泣，而那些高血压患者却大多回答从不流泪。由此看来，人类把情感抒发出来显然要比深深埋在心里有益得多。

其次，通过积极的场景暗示，我们也可以暂时缓解内心的急躁不安，如告诉自己"这些都不算什么，我可以轻松解决"；或者训练思维"游逛"，如想象"蓝天白云下，我坐在平坦幽绿的草地上""我舒适地泡在浴缸里，听着优美的轻音乐"。这些积极的场景暗示都能在短时间内让我们平复心情，获得轻松之感。

再者，当我们觉得自己的心理压力过大，已经快超出承受范围的时候，可以适当地向亲戚、朋友、心理医生求助，我们可以向其倾诉，因为倾诉可以缓解我们的精神紧张。其实，承认自己在一定时期软弱，然后通过外部有益的支持降低紧张、减弱不良的情绪反应是明智之举。

接着，我们可以仔细思考自己到底有哪些压力，它是来自工作、生活、交际，还是其他哪些方面，然后我们就可以把让自己感到困难的事情仔细写出来。然后为这些事情排一个序，哪些是我们必须要马上解决的，哪些是可以稍微放缓一下的，从重点开始逐个击破。

另外，我们也可以为自己的压力找一个适当的宣泄借口。比如说当我们在繁重的工作中与同事产生纠纷，这个时候我们不妨想一想对方的处境，他可能最近面临着什么困境，所以情绪不稳定，因而在与我们的合作中产生了摩擦。这样一想，我们就会觉得心里平和多了。

在这样一个时代中，"神马都是浮云"却用一种难得的淡定情怀和清高心态慰藉了现代人这颗急躁的心。许多人就开始用这样一种"无视于万物"的态度进行自我慰藉。这其实也表现出了人类对影响自身的消极情绪或者事物的抵制和自我防御，以"我无所谓"的态度来淡化自己心中所感知的利益损失，用自以为超脱的价值观来化解自己心中的压力。

总之，压力是客观存在的，我们不可能即刻减掉所有的压力，但是我们可以像使用沙漏一样应对这种压力：它一点一点地囤积，我们就让它一点一点地漏下。这样，我们的生活就能找到平衡，心情也能归于平静，"神马"也就真的成了"浮云"。

» 为何有人爱网购"垃圾"：有期待很容易出现幸福感

网购给人们的生活带来了许多便捷，但是，人们似乎对于在"淘宝"上面走走逛逛已经有些腻烦了。所以，眼下，不少网店开始出售这种随机填装的"垃圾包"，"垃圾"并不是真正的垃圾，而是商家随意将数件商品组合在一起，以垃圾袋为包装，随机发售给消费者。一般情况下，买家收到包裹并打开后，才能知道里面到底是什么东西。这种垃圾包的价格不等，最便宜的有十几元的，最贵的也有几千的。但是，让人感到不可思议的是这种神秘的"垃圾包"居然大受欢迎。有人声称，他们买的不是物品，而是"期待"。

在现实生活中，当我们想要过上好的生活、有车有房、有好工作，但一时无法全部得到，我们就会不停地去想我们所没有的车、房子、工作，并且由此产生一种不满足感。如果我们确实得到想要的，我们又会在新的环境中重新创造这样的想法。因此，尽管得到了我们所想要的，我们仍旧不高兴。这就让我们掉进了不断循环的恶性怪圈。

杨晓飞在网上订购了一个包裹，这个包裹却与她平时网购的东西有所不同，因为连她自己也不知道在里面装了什么。一个星期后，加上邮费一共花了70元的包裹寄到了。当她兴奋地拆开包装时，脸上充满了期待的表情。打开包后，杨晓飞不由大吃一惊，她发现里面的内容似乎还挺"丰盛"，有一个瘦脸夹、一个音乐茶匙、一个便携的小剪刀、一个手机座，还有一条精致的小项链。杨晓飞对于这些她已经司空见惯的东西却特别钟爱，朋友觉得很奇怪，问她，这些也只是很普通的东西，有什么不一样吗？你为什么这么喜欢它们？杨晓飞却说："拆开包裹的时候，就像收到了一份神秘的匿名礼物一样，我不知道是什么样的人寄来的，也不知道里面是什么东西，你不觉得这样的事情很好玩吗？"

《阿甘正传》里有一句十分经典的台词："生活就像一盒巧克力，你永远不知道你会尝到哪种口味。"所以，我们总是会对外界的未知感到不安，却又像所有事物的相反面一般，感到新奇和期待。

"期待"是人们在未完成的事件中所进行的具有自我价值倾向的思想活动。但是在日常生活中，我们所说的"期待"都会偏向有利于自身的方向，就像是杨晓飞在未知的"包裹"中要寻求的那种愉悦感。也就是说，杨晓飞之所以会为一些"不知所谓"的东西付款，是因为这种未知性不仅满足了她的好奇欲望，而且，如果实物满足或者超过了她原本的结果设定，那么，她就会获得"意料之外"的惊喜，从而让自己情绪愉悦。

所以，我们既然知道通过我们的自我期待是可以获得愉悦感的，那么，如果我们对这种期待进行调整，是否也能够掌握一些调动自己积极情绪的技巧呢？

我们可以主动降低我们的期待度，这样，当结果超出了我们的预料之时，我们就可以为此感到满足。我们可以开始改变思考的重心，从我们所想要的转而想到我们所拥有的。不是期望我们的爱人是别人或者比别人好，而是试着去想对方美好的品质；不是抱怨我们的薪水，而是感激自己拥有一份工作；不是期望能去夏威夷度假，而是想我们自己家附近亦有乐趣，这本身就是一种幸福的自我创造。

　　总之，学会降低自己的期待度，学会知足，让我们自己从"我期望生活有所不同"的陷阱中退出来，学会感谢我们所拥有的，我们就会感到幸福。

» 中庸之道与中杯效应："交替对比"使然

　　在日常生活中作选择时，很多时候，我们并不是理性地根据自己的需求在作决定，而是受周围各种无关的参照物所影响，而作出自己"感觉"最稳妥的选择。

　　我们买饮料或其他消费品的时候，经常有大、中、小3种型号，很多人会在价格比对的刺激下，选择中号商品。比如某咖啡馆推出一款咖啡：大杯（620毫升）19元，中杯（500毫升）14元，小杯（380毫升）12元。理性之选应是"小杯"，除非是对咖啡特别上瘾的人士，小杯咖啡一般就可以满足自己的需求。但是，事实上在大杯和小杯两个参照值的作用下，大部分人认为选择中杯是最稳妥的。所以，人们经常选择"中庸之道"而忘记了真实的需求。

　　我们把这种选择"中庸之道"而忘记了真实的需求的现象称为"中杯效应"。

　　利用顾客的这种选择心理，商家为了促销，常在促销手段上玩点花样。某些商品，大份与小份之间成本基本无差别，但是其定价却相差甚远，为的只是让消费者在对比中作出"中庸之选"。

　　行为经济学的先驱——特韦斯基，曾经做过类似这样一个实验。

　　选出5种微波炉，拿给被试者选购。这些人仔细研究这些产品后，有一半的人比较钟情于其中的两种：一种是三星微波炉，售价110美元，7折出售。另一种是松下A型微波炉，售价180美元，7折出售。

　　在作出具体选择时，有57%的人选择了三星，另有43%的人选择了松下A型。同时，另一组人应要求三选一，包括上面两种产品，以及另外一种松下B型微波炉，售价200美元，但要9折出售。

　　松下B型的价格显然不像另外两种那么优惠，却使偏向松下A型的人显著增加。约有60%的人选择松下A型，27%的人选择了三星，另外13%的人选择了松下B型。

　　特韦斯基通过这个实验证明：如果A优于B，大家通常会选择A；但是，如果B碰巧优于C，而且其优点A是没有的，那么许多人就会选择B。其主要的理由就是与C相比，B的吸引力显著加强了。

　　特韦斯基解释说，这是"交替对比"的结果。也就是各种选择之间的利弊相比，会使某些选择显得更有吸引力，或是吸引力为之减少。客观上讲，我们对一样事物的评价不应该受到与这样事物本身无关因素的影响，也不应该受到评估方式的影响，但事实上这却是难以做到的。

第六篇

应对变幻的世界

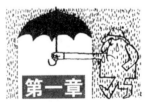

第一章
引爆——怎样从默默无闻到与众不同

» 最热情的棒球运动员：激情鞭策成功

激情是鞭策和鼓励我们奋进向上的不竭的动力，只有对工作充满激情，才能使自己对现实中所有的困难和阻碍毫无畏惧。激情，是一种能把全身的每一个细胞都调动起来的力量。在所有伟大成就的取得过程中，激情是最具有活力的因素。每一项改变人类生活的发明、每一幅精美的书画、每一尊震撼人心的雕塑、每一首伟大的诗篇以及每一部让世人惊叹的小说，无不是激情之人创造出来的奇迹。最好的劳动成果总是由头脑聪明并富有工作激情的人完成的。如果在工作上总是这山望着那山高，容易使人丧失了上进的动力和兴趣，从而阻碍了自己的发展。其实工作的成就感绝不只是靠金钱得到的，把收入看淡一点，从工作中发现兴趣，远比盲目地另找一份工作要实际。

美国著名人寿保险推销员弗兰克·帕克就是凭借着对工作的激情，创造了一个又一个奇迹。

当帕克先生刚开始成为一个职业棒球运动员时，就遭受到了一次很大的打击，他被球队开除了，原因是动作无力，没有激情。球队经理对帕克说："你这样对职业没有热情，不配做一名棒球职业运动员。无论你到哪里做任何事情，若不能打起精神来，你永远都不可能有出路。"

后来，帕克先生的一个朋友给他介绍了一个新的球队。在到达新球队的第一天，帕克先生作出了一生最重大的转变，他决定要做美国最有热情的职业棒球运动员。

结果证明，他的转变对他具有决定性的意义。帕克先生在球场上就像身上装了马达一样，强力地击出高球，接球手的手臂都被震麻木了。有一次，帕克先生像坦克一样高速冲入三垒，对方的三垒手被帕克先生的气势给镇住了，竟然忘记了去接球，帕克先生赢得了胜利。激情给帕克先生带来了意想不到的结果，他的球技好得出乎所有人的想象。更重要的是，由于帕克先生的激情感染了其他的队员，大家也变得激情四溢。最终，球队取得了前所未有的佳绩。当地的报纸对帕克先生大加赞扬："那位新加入进来的球员，无疑是一个霹雳球手，全队的人受到他的影响，都充满了活力，他们不但赢了，而且他们的比赛成为本赛季最精彩的一场比赛。"

而帕克先生呢？由于对工作和球队的激情，他的薪水由刚入队的 500 美元提高到约 5000 美元，是原来的 10 倍。在以后的几年里，凭着这一股热情，帕克先生的薪水又增加了约 50 倍。

你一定会为帕克先生的激情所折服，但故事到此并没有结束。后来由于腿部受伤，帕克先生离开了心爱的棒球队，来到一家著名的人寿保险公司当保险助理，但整整一年都没有一点业绩。帕克先生又迸发了像当年打棒球一样的工作激情，很快他就成了人寿保险界的推销至尊。他深有感触地说："我从事推销工作 30 年了，见到过许多人，由于对工作始终充满激情，他们的收效成倍地增加；我也见过另一些人，由于缺乏激情而走投无路。我深信在工作中投入激情是成功推销的最重要因素。"

在职场上，这种激情创造成功的范例还有许多许多。我们的生命一半是给工作的，如果我们缺乏对工作的激情，工作就会变成无休无止的苦役，这是一件非常可怕的事情。正如加缪描写的古希腊神话中的西西弗的境遇：他不停地把一块巨石推上山顶，而石头由于自身的重量又滚下山去，再也没有比进行这种无效无望的劳动更严厉的惩罚了。然而，倘若我们真的处在这样的命运摆布之中，尽管可以找到怨天尤人的理由，但是，有一点必须注意的是，我们自己应对困境负主要的责任。我们往往把工作当成赚钱的手段，很少把它与实现快乐的途径联系在一起，而对待工作的态度是以金钱的多少为转移的。

对自己的工作充满激情的人，不论工作有多少困难，或需要多少的努力，始终会用不急不躁的态度去进行，而且一定能够出色地完成任务。

美国的《管理世界》杂志曾进行过一项调查，他们分别采访了两组人，第一组是公司在职的高水平的人事经理和高级管理人员，第二组是商业学校的毕业生。他们询问这两组人，什么品质最能帮助一个人获得成功，两组人的共同回答是"激情"。

激情对于事业，就像火柴对于汽油。一桶再纯的汽油，如果没有一根小小的火柴将它点燃，无论它质量再怎么好，也不会发出半点光和热。而激情就像火柴，它能把你具备的多项能力和优势充分地发挥出来，给你的事业带来巨大的动力。

人生目标贯穿于整个生命，你在工作中所持的态度，使你与周围的人区别开来。

成功是激情投入的产物，有些人热爱工作几乎达到了废寝忘食的地步，因为工作给其以成就感，工作令其兴奋、令其感到生命的充实。也正是因为这样，他们才能在工作中不断扩展自我、获取新知，达到成功的新境界。

» 世界比你想象的复杂吗：不必忧思过度

"我们的历史太长、权谋太深、兵法太多、黑箱太大、内幕太厚、口舌太贪、眼光太杂、预计太险，因此，对一切都'构思过度。'"余秋雨如是说。

受这种思维的影响，原本单纯的孩子们早早地背负了"世界比你想象的还要复杂"的重壳，还未出校门就对社会产生了巨大的畏惧感，害怕自己无法适应这个复杂的社会。于是在师长们的"谆谆教导"下，心怀不安地开始钻研《老狐狸经》《人际关系学》《处世哲学》等众多同类书籍，知道了对所处的环境要"眼观六路，耳听八方"，对朋友、对同事"逢人且说三分话，未可全抛一片心"，对谋事要"三思而行"等道理。做事处处设防，处处怕被人算计，整日小心谨慎地生活；刻意地与人拉开的距离，有时甚至会感觉自己孤独无依，也不敢依。同时也让我们有限的生命加大了时间成本，事业上加大了信誉成本，使我们的生命质量大打折扣。

事实上，我们并不需要如此构思过度，也不需要活得这么累。真实的潜规则也并非那么刻意和复杂。世界上的真理永远都是朴素的、自然的、简单的，仔细研究一下现代成功人士的道路，我们会发现，他们之中最为聚焦的共同点就是：简单行事、复杂读书且极具思想。其实，细析人生的诸多难题，实在不难体会到"天下本无事，庸人自扰之"的现实生存状态。生命本应该是一件简单质朴的东西。在为人处世过程中，能够做到随时、随性、随遇、随缘、随喜，不盲从，不消极，积极地顺应事物发展的自然规律，也是一种难得的自在。

不久前，有一位老领导，将他一生中所有的经验教训总结为简单的4句话，告诉了他即将走入职场的女儿。

第一句话："压抑自己没必要，奉承巴结也没必要。"农村与城市、下属与上级、穷人与富人不可能对等，压抑自己完全没有必要。相对于趾高气扬的人，你再怎么尊重他，他也不会平等对待；你再怎么奉承、巴结，他也永远不会因为同情而施舍你。不管出身低微还是处境艰难，都不要寄希望于他人礼遇。当说时就说，当做时就做，只要别心虚和畏首畏尾，就不会让人轻易看不起，而你也将赢得更多平等的机会和尊重。

第二句话："不要盘算太多，要顺其自然。"做人不要盘算太多，只要自身努力够了，就不要拼命去求人，有时想得越多，心越急就越得不到回报；等你不想的时候，它就会意想不到地属于你。有些潜规则与不能把握的东西还是顺其自然。该是你的东西终归是你的，不要太强求。

第三句话："相信自己比依赖别人重要。"一个人，必须要有思想，有社会责任感，相信自己比依赖别人重要。不同的人做事肯定不一样，上司一般都会看出来的。只要尽心尽力做事，就不会被埋没，除非你对自己的能力有怀疑。关键是要摆正心态，有机会时就为社会多做点儿什么，没机会时要记住"为自己打工"，积累更多的有形无形资本。为自己做再多的事情也不过分，不论人生际遇如何，及时努力都不会错。

第四句话："不要对谁特别好，也不要对谁特别不好。"物以类聚，人以群分。任何单位，任何群体，人际关系结构都离不开"三三制"，具体到个人身上就是三分之一的人对你一般，三分之一的人对你不"感冒"，三分之一的人对你好。这与我们常说的"三分之一的人在干、三分之一的人在看、三分之一的人在捣蛋"同理。所以，必须因人而异，好的要保持，中立的要争取，敌意的要宽容。永远不要被少数人所利用。

很多时候，很多东西，非要亲身经历了，才更贴近于真实，才会发现，真的没有必要太刻意地复杂。有些东西并不是万金油，并非用在哪里都能起作用。生搬硬套相反倒是容易给人邯郸学步的感觉，徒增了不少尴尬。

» 害怕上班的毕业生：受挫心理让人退却

每年5~9月份，几乎每天都有应届大学毕业生因为害怕工作而遇到心理困惑和问题。据了解，在刚毕业的大学生中，这种恐惧上班、害怕工作的并非个别现象，从全国各高校的BBS上每天都可以浏览到大量关于"工作恐惧症"的信息。

吴洁是一名金融专业的应届毕业生，前一段时间她按照父母的意愿进了一家银行工作，待遇还不错。由于是新人，她一开始被安排到柜台点钱，"工作日复一日，太枯燥了！"作为一名时髦女孩，吴洁更向往光鲜亮丽的职业。于是，在银行工作还不到半个月，吴洁就辞去了这个比较稳定的"金饭碗"，跳槽到一家公关公司。

但是进了公关公司，吴洁依然只能从基层做起，她被安排去处理一些繁杂的琐事，打字、复印、接待、端茶、倒水，新工作的"美丽光环"渐渐从吴洁的心中褪去了，随之而来的是像第一份工作那样的焦虑和烦躁。终于，吴洁又无法坚持上班了，不到两个星期，她再次放弃了这份工作。

在辞去了第二份工作之后，吴洁对自己是否能正常工作产生了怀疑。"无论什么工作都那么枯燥乏味，都提不起我半点兴趣。"现在，吴洁一提到上班就充满恐惧，也没信心继续找下一份工作。

网络上一位发帖者说："上班时就想到什么时候辞职；还没做，就打算做完试用期就辞职；一上班就想还是在家舒服，何必要死要活找工作？"这个帖子有100多条回帖，有的回复："一上班就神经衰弱，连晚上睡觉都会梦到工作中的点滴小事，每天都如同煎熬一般，惶惶不可终日。"有这样的想法的人不在少数。

对于毕业生的"上班恐惧症"现象，有关专家分析认为，这类人往往过于重视自己的兴趣爱好，他们总是想到"我想做什么"和"我喜欢做什么"，却很少考虑"公司需要我做什么"和"这份工作本身要求我做什么"。正是这种认知上的差异，才使这些毕业生在工作中常感到无法实现自我价值，进而开始怀疑工作本身的价值，所以恐惧上班或频繁跳槽。

小舟是工科毕业的大学生，被分到工厂工作。他的专业知识比较过硬，自认为可以搞好工厂的管理，同时胜任新产品的研制开发。然而，工厂的主管根据整个大环境和形势不让他冒险，加上很多客观原因，使小舟的理想无法实现。于是，他和工厂主管的矛盾越来越深，最后不得不离开工厂。

还有一个男生在毕业后的一年之间不断跳槽，换了十几个单位。问他为什么，他说："我怎么看他们都觉得不顺眼，他们是错的，又不听我的。"

对于刚接触社会的一些人来说，有的时候对自己期望太高，所以在工作中达不到一定标准时，就很容易受挫，致使自己信心和自尊受打击，对自己目前的工作充满了担忧和疑虑。而一旦有了这样的想法，就很难再融入自己所处的工作团队。

专家认为，出现"上班恐惧症"的学生，多是性格比较内向、平时与社会接触较少、心理素质存在缺陷、在人际交往上存在一定问题的人。同时，他们又比较聪明，考虑问题比较周到，毕业后思想的松弛让他们胡思乱想，从而影响到了心理健康。如不及时疏导、治疗，必将对工作后的各种表现产生影响，有的甚至可能会丧失很多好的工作机会。对于工作一年的大学生，最常见的问题是适应不良。像小舟最后变得十分偏执，这已经是一种比较严重的心理障碍了。频繁换单位的那个同学，则属于思维逻辑出现了问题。

那么，对于这样的"上班恐惧症"，我们又应该怎么办呢？

首先，如果我们真的在工作上出现了自己无法处理的问题，这时，我们就应该适时地向同事、领导、朋友、家人求助。如果是心理上的问题，则要找专业的心理医生去咨询，不要试图回避，要敢于面对，因为只有面对了问题，才能真正解决问题。

其次，要学会更多地融入集体，从大众品位来说，内向的、孤僻的性格是不怎么受欢迎的。同时，要学会体味工作中的乐趣，感受与同事相处时的快乐，更要懂得劳逸结合，不要让自己负担太过沉重的压力。学会把自己在工作中受到的痛苦缩小，把快乐放大，这样，每天的工作一开始，才能让自己充满热情和活力。

最后，我们应该开始调整自己的认知和想法，意识到自己身份的转型和蜕变，要开始转换自己从学生到社会人士的生活方式和思维方式。人总是要工作的，靠自己养活自己是不变的真理，所以，与其惧怕这种改变，不如学着去积极适应。

其实，走出上班恐惧症的泥潭就这么简单，只要我们保持良好的心态，用快乐、自信、坚定、努力来充实自己的心灵，就能解开上班恐惧症的枷锁，快乐地工作。幸福其实很简单，有的时候只需要我们转变一下想法，不要让自己钻牛角尖，陷身于不可自拔的泥淖中。

» 这份工作"值不值"：价值观起作用

很多人每天都有苦恼和矛盾的时候，在值得与不值得之间作着艰难选择。"值得"与"不值得"，距离有多远，就在于我们的内心如何衡量。正如心理学中"不值得定律"所阐述，一个人如果在做一份自认为不值得做的事情，即使成功，也不觉得有多大的成就感；如果在做自认为值得做的事情，则会认为每一个进展都很有意义。

努力工作暂时先把儿女私情放在一边，因为这份工作值得；我要上网玩游戏或者网聊到底，因为这份工作不值得我放弃这些娱乐……我们常会有这样的想法。

那么，我们又是怎么来定义"值不值"呢？

李嘉诚当初为了开创自己的大事业，离开舅舅的钟表公司独自闯荡。然而，他并没有像很多年轻人那样浮躁，而是从很多年轻人都不屑的小事做起，在打工中循序渐进，一点一点地开创事业的新局面，终于成就一代富豪的庞大产业。

还有，美国通用电气公司前总裁杰克·韦尔奇曾说过：一旦你产生了一个简单而坚定的想法，只要你不停地重复它，终会将之变为现实。我们中的许多人天生有些心高气傲，认为自己从一开始工作就应该得到重用，就应该得到丰厚的报酬，往往会对手头上的琐碎工作不满，动不动就兴起"拂袖而去"的念头。有人说过："无知和好高骛远是年轻人最容易犯的错误，也是导致频繁失败的主要原因。"其实，小事也好，大事也好，都是我们内心价值观的一种判断，我们不妨听听比尔·盖茨的劝告："年轻人，从小事做起吧，不要在日复一日的幻想中浪费年华。"

我们渴望在工作中证明自己的优秀，但往往不屑于简单小事，从而失去了很多展示自己价值的机会和走向成功的契机。

那么，究竟哪些事值得做呢？通常，这要取决于3个因素。

第一，价值观。一般来说，只有符合我们价值观的事，我们才会满怀热情去做。

第二，现实的处境。同样一份工作，在不同的处境下去做，给我们的感受也是不同的。例如，在一家大公司，如果你最初做的是打杂跑腿的工作，你很可能认为是不值得的。可是，一旦你被提升为领班或部门经理，你就不会这样认为了。

第三，个性和气质。比如，在企业中，让成就欲较强的员工单独或牵头完成具有一定风险和难度的工作，并在其完成时给予及时的肯定和赞扬；让依赖性较强的员工更多地参加到某个团体中共同工作；让权力欲较强的员工担任一个与之能力相适应的主管之职。同时要加强员工对企业目标的认同感，让员工感觉到自己所做的工作是值得的，这样才能激发员工的热情。

明白了这个道理，做事或作选择时，我们就要理性地对待内心的"值得"与"不值得"。

» 警惕"心理污染"：办公室环境影响情绪

办公室内如果存在"心理污染"，某种意义上比大气、水质、噪声等污染更为严重，它会影响人们工作的积极性，乃至影响工作效率、工作质量。

如果我们走进办公室时的情绪是积极的、稳定的，就会很快进入工作角色，不仅工作效率高，而且质量好；反之，情绪低落，则工作效率低、质量差。

今天，人们面临的压力越来越大，办公室人的心理卫生也成了一个不可忽视的问题，而且日趋严重。当我们每天走进办公室时，不知我们是否发现有很多因素在影响着每一个人的情绪，进而影响到工作的质量。我们将影响一个人情绪的诸多因素称为"心理污染"。而在办公室的确也存在不少的"心理污染"。

同时，在日常工作中，人际关系融洽非常重要。互相之间以微笑的表情体现友好、热情、温暖，以健康的思维方式考虑问题，就会和谐相处。同事之间在言谈举止、衣着打扮、表情动作中表现得大方有品位，均可体现出健康的心理素质。反之，则可能是在遭受"心理污染"。

而且，如果办公室干净整洁，物品摆放得井井有条，那么，我们的心情就会很爽朗。而脏、乱、差的工作环境也是"心理污染"的一大病源。

另外，在办公室里接听电话，也能表现出工作人员的心理素质与水平。微笑着平心静气地接打电话，会令对方感到温暖亲切，尤其是使用敬语、自谦语收到的效果往往是意想不到的。不要认为对方看不到自己的表情，其实，从打电话的语调中已经传递出我们是否友好、礼貌、尊重他人等信息了。如果我们心情不快，又借由发泄在交流对象身上，对自己和公司声誉就很可能造成不同程度的影响。

病毒的传染有药可治，并不可怕，但是，情绪的传染，打击的则不仅是躯体，还有精神。它会使人丧失自信，失去前进的动力。在工作中，人们总会遇到令人烦恼、悲伤甚至愤恨的事情，因此产生不良情绪。此时应该学会控制和调节自己的情绪，保持身心健康，用平静的心态去感受我们在工作中所收获的幸福感。下面的方法不妨一试：

（1）自我控制：即按照一套特定的程序，以机体的一些随意反应来改善机体的另一些非随意反应，用心理过程来影响心理过程，从而达到松弛入静的效果，以解除紧张和焦虑等不良情绪。

（2）释放法：让愤怒者把有意见的、不公平的、义愤的事情坦率地说出来，或者对着沙包、橡皮人猛击几拳，可以达到松弛神经的目的。

（3）意识调节：人的意识能够控制情绪的发生和强度。一般来说，思想修养水平较高的人，能更有效地调节自己的情绪，因为他们在遇到问题时，善于明理和宽容。

（4）注意力转移：把注意力从自己的消极情绪转移到其他方面。俄国文豪屠格涅夫劝告那些刚愎自用、喜欢争吵的人，在发言之前，应把舌头在嘴里转10个圈。这些劝导对于缓和情绪非常有益。

（5）语言调节：语言是影响人情绪体验与表现的强有力工具，通过语言可以引起或抑制情绪反应。如林则徐在墙上挂着写有"制怒"二字的条幅，就是用语言来控制和调节情绪的例证。

（6）行动转移：这种方法是把愤怒的情绪转化为行动的力量，以从事科学、文化、体育等工作缓解不良情绪的影响。

通过以上方法，清除自己的"心理污染"，不仅会改善自己的办公心情，提高自己的工作效率，而且还会为他人创造一个和谐的办公环境，让办公室变得"阳光"起来。同时，也让我们的生活更加的亮丽，让幸福感更加强烈。

» 为何你乐意和能带来报偿的人交往：吸引的回报理论

不管你承认与否，我们在与某个人成为朋友之前，这个人对于你来说总有或多或少的吸引力。也许因为对方知识渊博，或者是乐观自信，抑或是他可爱、热情、聪明等。

同样，当他人主动与我们做朋友时，我们身上的某个优点也吸引了他们。至少我们让他们感觉到我们身上有他们喜欢或令其满意的地方。毫无疑问，我们都乐意跟那些能带来报偿的人交往。

从心理学的角度看，这种现象叫吸引的回报理论。因为爱是相互的，你对别人的热情和真心对待，会换来你对他的吸引。在友谊中，双方的长处和优势得以互换。所以，只要你善意、真诚地去对待别人、欣赏别人，定会有意想不到的收获。

在中国这个重人情的大环境下，良好的人际关系可以为我们的工作和生活带来极大的方便。为此，我们要重视人际交往，而从关系回报中提升他人与我们交往的兴趣，是织就关系网的一个有效途径。具体做法可参考以下几个方面：

1. 保持关系中的及时回报

俗话说："种瓜得瓜，种豆得豆。"种下仁惠、真诚的热心，得到的也将是对方的真心与热情。在人际关系的过程中，我们要想保持关系常鲜，首先注意到的就是及时的回报。

2. 主动提供帮助

没有哪一个人会永远顺利的。如果朋友遇到困难时应及时安慰或帮助他们。当他们落入低谷时，打电话给他们。不论你的关系网中谁遇到麻烦，立即与他通话，并主动提供帮助，这是表现支持的最好方式。

患难见真情，这时的帮助与安慰更易感动朋友，同时也体现出我们的人格魅力。

3. 表现出经常需要他

在交往中不能总做接受者。如果你仅仅是个接受者，无论什么关系网络都会疏远你。搭建关系网络时，要做得好像你的职业生涯和个人生活都离不开他似的，让对方感觉到自己被重视，表现出对他人的尊重是吸引人最为有效的方式之一。

4. 形成互动

在谈话和交往中，要及时回馈对方，这样会增加对方的兴趣，加强互动的频率，有助于形成密切、融洽的氛围。在做出反应时，一定要自然，不能做作，夸张的动作反应和尖声大叫等都会弄巧成拙，甚至滑稽可笑。作为积极的反应，还应包括富于响应力的对话。

5. 诱发对方愉快的情感

依据理论家伯恩和科罗尔等人的理论：人们通过条件反射形成了对那些与回报性时间有关的人的积极感受。比如，在一周的紧张工作之后，当我们围坐在篝火前，享受着可口的食物、醇香的美酒和美妙的音乐时，我们就会觉得一切都那么温暖。因为我们喜欢那些回报我们或与我们得到的回报有关的人。意思是我们不仅乐于跟那些能带来报偿的人交往，我们还喜欢与那些能让我们心情愉悦的人交往。

如果我们在人际交往中做到以上几个方面，相信会有越来越多的人愿意与我们成为朋友，我们在社会交往中将行走自如，生活和工作会变得更加美好。

» "尽信书则不如无书"：培养批判性思维

批判性思维就是不相信权威，敢于在既定理论、观点方面进行质疑，突破常规定型模式，超越传统理论框架，把思路指向新的角度、新的领域。批判性思维，是基于充分的理性和事实，而非感性和传闻来进行理性评估与客观评价的能力与意愿，是一种怀疑的态度和一种对证据的渴求。也就是说，对自己所看到的东西的性质、价值、精确性和真实性等各方面作出个人的判断。

生活中，很多事情我们并不能在短时间内判断它的真假。我们看到的、听到的只是表面的现象，无法透过现象看到背后真实的本质。因此，我们不能轻易相信各种外来的信息。

在《孟子》中也有这样一句话，"尽信书则不如无书。"其意思是说，要敢疑、善疑，才能获得更多的知识。关于这句话，还有一个典故：

殷商末年，周武王继位后四年，得知商纣王的商军主力远征东夷，朝歌空虚，于是率兵伐商。周武王率本部及庸、蜀、羌、彭等八国军队进至牧野，爆发了历史上著名的牧野之战。

商纣王惊闻周军来袭，仓促调动少量的防卫兵士和战俘，开赴牧野迎战。商军的兵力和周军相比悬殊，但忠于纣王的将士们都决心击退来犯之敌，展开了一场异常激烈的殊死搏斗。

后来，《尚书·武成》一篇中说："受（纣王）率其旅如林，会于牧野。周有敌于我师（没有人愿意和我为敌），前徒倒戈，攻于后以北（向后边的自己人攻击），血流漂杵。"意思是说纣王的军队倒戈，攻击自己人，血流成河。

一次，孟子阅读了《尚书·武成》一篇，颇有感慨。他说："尽信书，则不如无书。吾于《武成》取二三策而已矣。仁人无敌于天下。以至仁伐至不仁，而何其血之流杵也？"

孟子认为，像周武王这样讲仁道的人，讨伐商纣王这样极为不仁的人，怎么会使血流成河呢？孟子不相信《尚书》中的这个记载，才说了这段话。

孟子是世人所尊称的智者，他告诉我们要具有批判性思维，不可死读书、读死书，要用心思考，对某些问题要敢于提出疑问。只有这样，才能获得更多的知识，达到学习的目的。

同样的道理，批判性思维同样也可以运用到我们工作和生活中，我们年轻人阅历尚浅，社会经验不丰富，在接受外在信息的时候，更要有批判性思维，开动自己的脑筋，有主见、辩证地看待每个问题。

只有拥有了批判性的思维，我们才不会盲从跟风，做事情才有明确的目的，从而为我们的工作和生活带来帮助。有不少年轻人，不善于动脑筋，对外来的信息从不加以辩证思考，全盘接受。在这种情况下，容易产生从众心理，别人怎样他就怎样，往往导致上当受骗的下场。

老人常常这么嘱咐年轻人："你呀，办事要多留个心眼。"这里的"留个心眼"其实是要求我们要有批判性思维。

批判性思维在人际关系中体现得更为明显。如果我们遇事不思考，一味听取别人的说法，势必为你的社会交往带来障碍。比如，当某个同事告诉你，你最好的一个工作伙伴在上司面前告了你的状。这时，你就有必要思考，这个工作伙伴是否真的对你不满；这个同事又出于什么样的目的告诉你这件事，而不要马上冲动去找别人质问。生活中诸如此类的事情很多，我们要多留个心眼，思考一下再决定。

既然批判性思维如此重要，影响着我们每一个人的工作和生活，我们应该如何培养用批判性思维去对待人和事呢？

1. 形成独立的认知结构

养成批判性思维很简单，形成自己的认知结构，用自己的独特视角来审视他人认识问题和解决问题的思路和方法，大胆诘问任何现成的东西。

2. 敢于质疑

无论是有疑惑还是无疑惑，首先都要敢于提问，问别人，也问自己。疑问越多，你认识问题就会越全面、越客观，你的思路就会越清晰，你作出的判断就会越准确，你处理问题的方法就会越得当！

» 幸运儿不是天生的：运气可以自己培养

有的人好像天生幸运之神青睐，做什么事都顺心合意，甚至好机会都不求自来。而有的人却处处碰壁，倒霉事接二连三。运气是不是真的是天生的，人们能不能改变自己的运气呢？

苏珊是一名34岁的看护助理，来自英国的布莱克普尔。在感情的道路上，苏珊一直走得磕磕绊绊。有一次她被安排与一名男子相亲，对方不小心撞到玻璃门上，把自己的鼻梁给撞断了。下一个相亲对象骑着摩托车赶赴约好的碰面地点，却在路上发生了车祸，他的两条腿都摔断了。几年以后，她终于准备踏入婚礼的殿堂，可就在结婚的前一天，他们所选的教堂被人一把火给烧了。除此之外，苏珊还遭遇过一系列令人跌破眼镜的意外。其中有一次在一段不到50英里的旅程中，她就遭遇了8次车祸，真可谓是厄运缠身。

　　这个例子可以说是坏运气的极致体现了。那么，人的运气好坏真的只是人生历程中的偶然事件吗？有心理学家设计了一系列的实验来研究人的运气。

　　心理学家给那些自愿者每人发了一张报纸，请他们仔细看过后告诉他里面共有几张照片。其实，在报纸的中间部位，他用半版的篇幅和超大的字体写了这么一句话："如果你告诉研究人员看到了这句话，就能为自己赢得100英镑！"这是心理学家特别为他们准备的一个赚钱的机会，不过他并没有提前告诉他们。那些幸运儿显得非常放松，所以看到了报纸中间的大字，从而为自己赢得了100英镑。与此相反，那些运气不佳的人完全把心思花在了清点照片的数量上，所以并没有发现这个赚钱的机会。这个简单的实验表明，幸运的人总能够把握意想不到的机会，从而为自己带来好运；而不幸的人则可能因为给自己太多限制，而错失良机。

　　瑞典于默奥大学医学院的捷安堤·乔泰教授的大部分研究工作都是在探讨人们的出生日期跟其心理和生理健康之间的关系。在其中的一项研究中，他要求大约2000人完成一份调查问卷，借此来衡量他们自认为喜欢追求刺激的程度，然后查看问卷的得分是否跟人们的出生日期相关。喜欢寻求刺激的人无法容忍他们此前已经看过的电影，喜欢与捉摸不透的人相处，容易被登山和蹦极等具有较高风险的运动吸引。与此相反，不爱求刺激的人喜欢一遍又一遍地看同一部电影，感觉跟自己非常熟悉的老朋友相处非常舒服，而且不喜欢去他们从来没有去过的地方。追求新奇和刺激是我们人性的一个基本方面。捷安堤的研究结果显示，喜欢寻求刺激的人通常是在夏天出生的，而那些喜欢熟悉事物的人则更可能出生在冬季。

　　受捷安堤教授的启发，心理学家在想"天生幸运儿"是否也跟时间心理学有关。时间心理学的相关研究显示，出生月份的确会对人们的行为方式产生细微的影响。不过，也有一些研究人员研究过两者之间另外一种完全相反的效应。也就是说，人们的行为会如何影响他们对自己和他人真实生日的阐述。

　　这些实验结果告诉我们，那些自愿者的运气好坏在很多情况下是由他们的思想和行为所决定的。幸运的人通常乐观开朗，而且充满活力，所以容易接受新的机遇和经验。相反，不幸的人性格相对孤僻，而且反应不够敏捷，所以常常对人生感到不安，不太愿意充分利用摆在面前的大好机会。

　　由此看来，你经常得到幸运之神的垂青，还是常因运气不佳而扼腕叹息，其实很大方面与天生无关，而更可能是你给自己的暗示，以及你心态和行为吸引而来的。积极乐观的心态会为你带来好时运，而消极抱怨则可能让厄运不断。

» 日事日毕，日清日高：OEC 管理法

有一些人做事存在着很大的毛病，就是不认真，做事不到位，每天工作欠缺一点，天长日久，就成为落后的顽症。这对于组织效能的提高是一个很大的障碍。

组织需要建立一个管理机制来对付这个弊病，这套机制要承担下述功能：无论领导在或不在，企业都会持续良性地运转。OEC 管理法就是这样一种机制。其中"O"代表"Over all"，意为"全方位"，"E"代表"Everyone, Everything, Everyday"，意为"每个人，每件事，每一天"，"C"代表"Control and Clear"，意为"控制和清理"，即是全方位对每人、每天、每件事进行控制和清理。其本质就是把企业核心目标量化到人，把每一个细小的目标责任落实到每一个员工的身上。用一句话来概括就是："日事日毕，日清日高。"这是一种促使企业及每个员工、每项工作都能走上自我约束、自我发展、良性循环轨道的精细化管理方法。

其核心内容可以概括为 5 句话：总账不漏项，事事有人管，人人都管事，管事凭效果，管人凭考核。

总账不漏项是指把企业内所有事物按事务与物品归为两类，建立总账，使企业正常运行过程中所有的事与物都能在控制网络内，确保体系完整，没有漏项。

事事有人管、人人都管事，是指将总账中所有的事与物通过层层细化，落实到各级人员，并制定各级岗位职责及每件事的工作标准。为达到实时控制的目的，每个人根据其职责建立工作台账，明确每个人的管理范围、工作内容、每项工作的工作标准、工作频次、计划进度、完成期限、考核人、价值量等。为确保其完整性，每个人的台账由其上一级主管审核后方可生效。由于每个人的工作指标明确，工作中既有压力又有相对自主权，可以更好地发挥其主观能动性及自主管理的作用，真正树立起以人为本的思想。

管事凭效果，管人凭考核，是指任何人实施 OEC 日清日高模式的过程中，必须依据控制台账的要求，开展本职范围内的工作。这可使每个人在相对的自由度下进行创造性的能力发挥，力求在期限内用最短的时间完成符合各自标准甚至高于标准的各项工作。对管理人员是月度账加日清表控制，即每天一张表，明确一天的任务，下班时交上级领导考核，没有完成的要说明原因以及解决的办法；对员工是用 3E（everyday, everything, everyone）卡控制，将每个工人每天工作的 7 个要素（质量、产量、物耗、安全、文明生产、工艺操作、劳动纪律）量化为价值，员工收入就跟这张卡直接挂钩，每天由员工自我清理计算日薪并填写记账，检查确认后交给班长。此表由检查人员每两小时一填，每日终了，将结果与标准一一对照落实，并记录标记。通过自我审核后，附上各种材料或

证明工作绩效的证据，报上一级领导复审。上一级领导按其工作进度、工作质量等与标准对比，进行 A、B、C 分类考评。复审不是重复检查，而是注重实际效果，通过对过程中某环节有规律性的抽查来验证系统受控的程度。复审结束后，工人一天的工作成绩及一天的报酬也就显示出来了。

OEC 管理法由 3 个体系构成：目标体系→日清体系→激励机制。首先是确立目标，日清是达到目标的基础工作，日清的结果必须与正负激励挂钩才有效。

OEC 管理的核心就是根据不断变化的市场不断提高目标，因为市场不变的法则在于它永远在变，所以这种模式有 3 个原则上的要求：第一，比较分析原则——纵向与自己的过去比，横向与同行业比，没有比较就没有发展；第二，闭环原则——凡事要善始善终，都必须有循环原则，而且要螺旋上升；第三，不断优化的原则——根据木桶理论，找出薄弱项并及时整改，提高全系统水平。

按照 OEC 的管理模式，上至总裁，下至一般员工，无论在什么岗位，都应该十分清楚自己一天工作的目标，知道自己应该干什么、干多少、按什么标准干、要达到什么效果。当天发现的问题必须当天解决，就是所谓的"日日清"原理。如果让一些本来极易排除而未能及时处理的小问题和事故隐患积聚下来，时间长了就会成为积重难返的大问题，以致严重影响目标的实现，而如果目标得不到实现，就会产生一种麻木不仁的思想情绪，影响员工的工作热情和干劲，导致企业管理流于形式。因此，企业在高起点上稳扎稳打的要诀便是不厌其烦地每天清理薄弱环节。

海尔是 OEC 管理法的坚定执行者。在达到企业事务"日清"的目标以后，张瑞敏清醒地认识到，只有打破平衡状态，创造新动力，才能带动企业攀上新的台阶，取得持续、稳步的增长。企业原先发展的动力最多不过是使企业在"市场的斜坡"上维持原来的高度。动力来自差距，认清差距，就明确了目标，也就产生了缩小这种差距的新动力。于是张瑞敏在"日日清"的基础上，给 OEC 管理法又添了一道内容："日日高。"每天提高 1%，在原有基础上或提高质量，或增加数量，或降低成本，或改进工艺，或革新工具等方面有所改进，有所提高。长期坚持下去，所获得的效果将是惊人的。

OEC 日清日高管理法被誉为"海尔的管理之剑"，显示了张瑞敏对国情和中国国民性格的深刻理解，既看到中国人长久以来被压抑而形成的惰性，又看到他们身上蕴藏的无穷潜力。OEC 管理法是海尔人在长期探索中形成的独具特色的企业管理模式，它经历了由无序到有序、由有序到形成体系的过程，并且，这种管理模式仍在不断地优化、上升和提炼。

第二章
埋单——我们到底消费的是什么

» 电影院会让自己亏本吗：不要小看互补品

有这样两家电影院：

隔离而居，影院面积也相差不大，都播放同样的电影，提供的价格也都一样：30元每人每部，他们的雇员人数是相等的，他们的目标客户也一样。所以，两家电影院的盈利也几乎相同。但这种不多不少的赢利让其中一家"新时代电影院"的老板有些不尽兴之感。很明显，他想把另一家电影院"天地之光电影院"的绝大部分客户拉拢过来。所以，新时代电影院首先采取了行动。

首先，新时代电影院将门票改成25元每人每部。一周下来，新时代电影院的赢利的确上涨了很多，这让老板非常满意。过了一周，天地之光电影院也调整了价格，是20元每人每部。这下，爱看电影的人又哗啦啦跑到了天地之光这边。

这下，新时代电影院老板有些郁闷，他细细计算了自己的赢利空间，下了狠心，决定赔本也要将天地之光电影院赶出电影院市场，他决定了最后的定价：5元每人每部！定价标出后，他得意洋洋地看着对面影院的反应和不断涌进自己影院的顾客。

过了一周，天地之光电影院标出特大海报：1元看电影并免费赠送瓜子！

新时代电影院的老板傻眼了，他知道，自己5元的定价已经是大赔本了，想不通为何天地之光的老板为何要1元看电影还赠送瓜子！这肯定要赔，坚持不了多久的。没想到，半年过去了，天地之光的老板不仅换了新车，还换了新别墅。最后支撑不下去的不是天地之光，而是新时代电影院。

这种情况真是让人看傻了眼，看上去亏本更厉害的一方却过得更滋润了，这中间到底有什么猫腻呢？

其实，这种现象可以用经济学上的"互补品"来解释。互补品是指两种商品之间存在着某种消费依存关系，即一种商品必须与另一种商品的消费相配套。这里的互补品就在瓜子身上。众所周知，瓜子吃多了必然口渴，那就要喝饮料。在电影票不能成为主要利益点的时候，饮料就成为电影院的主要赢利点。所以，提高饮料价格，不仅不会让影院亏本，还能实现一定的赢利。生活中这样的例子也不少。

IBM 公司曾将计算机硬件、软件和服务捆在一起经营；"剃须刀 + 剃须刀片"就是典型的互补品，将剃须刀以成本价或接近成本价销售，目的是为了让顾客购买利润更高的剃须刀片。实施这种战略的重要性在于，联合互补产品的厂家一道锁定客户，并把竞争对手挡在门外，最终达到控制行业标准的最高境界。看来，天地之光电影院老板看似默不吭声，其实是个经营高手！

比如，在很多酒吧里，花生米是免费赠送的。可是我们注意到没有，饮料则贵得很，连一杯清水都要好几块钱。按常理，花生的生产成本要比水高很多，酒吧为什么要这么做呢？

理解这种做法的关键在于我们要弄明白水和花生对这些酒吧的核心产品——酒精饮料的需求量会造成什么样的影响。花生和酒是互补的，花生吃多了，会口渴，要点的酒和饮料也就多了。相对于酒和饮料的利润来说，花生是极其便宜的。多吃花生米能带动酒和饮料的消费，而酒吧主要靠酒和饮料来赚取高额利润，所以，免费供应花生米只是为了提高酒吧的利润而已。

反之，水和酒是不相容的。水喝得多了，要点的酒类自然少了。所以，即使水的成本很低，酒吧也会给它定个高价，减弱顾客的消费积极性。免费的花生米实际上是引导顾客多消费酒水而已。

所以，当我们自以为自己从商家那儿收到了什么优惠和好处的时候，千万不要再得意了，因为哪怕是这种看似会让商家亏本的买卖，在实际上也是有一定的赢利空间的。或许"免费""优惠""降价""打折"之类的只是一个用来吸引我们的"引子"。那么如果下次又遇到类似的状况，我们首先就要理性地思考一下，先问问自己，我们是否真的需要这样的商品或者服务。如果答案是肯定的，那么，我们就要思考一下，因为"引子"而走上"贼船"的我们是否有能力抵挡住"上船"后的各种硬性诱惑呢？如果答案是否定的，那么，我们就大可扬长而去了。

» 商场打折有"阴谋"：应理性消费

周日，李虹提着几个大购物袋杀向了自家附近正在进行打折的商场。奋斗一天后，她除了给自己买了许多衣物外，还破天荒地给老公买了一件羊毛衫和一双皮鞋。

当李虹抱着大包小包冲进家门的时候，老公正在看电视。她兴高采烈地对老公说："我给你买了羊毛衫和皮鞋，快过来看看。""今天商场又打折吧？"老公冷眼旁观，丝毫没有兴奋的神色。"是的，都很便宜。"她边说边把老公的皮鞋从鞋盒子里拿了出来。"我一听说你居然还给我买了东西，就知道商场这次打折打得有多厉害了。"老公冷静地说道。

如今，为了增大客流量和吸引客户，各大商场都如火如荼地打折。周末，许多人，尤其是女性，三五成群地出去"大肆"扫货，最后在一天的"超市战场"上"凯旋"。

其实不难发现，以名牌服饰和家具等收入较高的白领阶层为目标的商品占了打折品的大部分，而生活中必须用得着的日用消费品就很难在商场里打折，即使有估计也在打折券上小小地写了4个字——限量销售。为什么呢？

其实，生活必需品是不得不买的商品，在商场中没有降价的必要。买便宜的生活必需品去小区旁边的超市就可以了，不需要来商场里。而来商场中的消费者是以买稍高档消费品为目的的，所以生活必需品的折扣信息只是"诱饵"而已。

再次，对于商场来说，日常消费品等商品赚不了多少钱，但如果贴一张对生活必需品打折的大海报，无意是起到拉动消费群体的作用，"醉翁之意不在酒"，本对商场超市无兴趣的消费者会看到打折海报时立刻被吸引过来，在浏览生活必需品的同时顺便转转其他商品，说不定就碰上自己喜欢的商品了。这样，商家的营业额也就在不经意中被拉上来了，同时也保证了稳定的消费群。

实际上，超市中所走的打折路线和商场中的打折路线是一致的，都是将消费者吸引过来，不同的是，超市是通过对蔬菜、水果、肉类等的打折促销来吸引消费者，将消费者吸引到超市后，再通过销售其他较昂贵的商品以确保超市的销量，商场也是如此。

不管超市还是商场，食品蔬菜等生活必需品无论价格如何上涨或下降，其需求都不会有大幅的变化，所以它们属于价格非弹性商品，相反，奢侈品的价格如果很高，其需求就会大幅下降，一旦折扣信息传出，需求就会大大增加。所以，很多商场也通过这样的折扣来吸引消费者眼球，让消费者充分享受打折带来的利益与满足感，从而购买平时想都不敢想的物品；又因为这类商品的价格弹性很大，所以，商场也可以达到自己的销售额，而消费者也可以买到中意的商品。

身为消费者的我们，无论面对怎样的价格诱惑，最好都要保持住理性。很多时候，我们往往以为事情的发展是对我们自己有利的，其实，那只是一种"错觉"。尤其在面对金钱问题的时候，我们时刻都要告诉自己，真正能够盈利赚钱的那方绝对不会是我们。虽然对于大众来说，折扣、优惠的确是一个很好的购物时机，当然，也势必会给我们自己带来相对的好处，但是这个时候，我们不要为此而昏了头，越买越过瘾、越买越开心，最后钱包瘪了，卡刷爆了，而看着手上却提着大多一时半会用不上的东西，那就实在是让人追悔莫及。

» 疯抢不需要的东西：示范效应的魔力

很多人都有这样一种想法：要搬新家了，通常会换一套新的家具家电。拿电视机来说，到了商场一看，同样尺寸的液晶彩电，价格相差很大，但很多人买的并不是价格便宜的，而是价格高的名牌产品。这个现象让人很困惑，据行家说，国内家电特别是电视机产品质量其实相差不大，用的都是进口显像管。

那为什么人们选择价格高的呢？因为名牌产品给人信赖感，越多的人愿意买品牌，便有其他更多的人会效仿，同样购买市场口碑好的"品牌"。如果其他产品的质量不如名牌的，这种选择无可厚非，但在产品质量相同的情况下，这种选择显然是不必要的。

人们对电视产品的质量的认识，并不是通过实践得来的。电视不像很多小家电需要经常更换，购买一台电视通常要用上几年甚至十几年，因此人们无法积累感性经验。消费者的购买行为大多受报纸上公布的评比和调查结果影响，或是其他消费者的经验与推荐，如哪种电视销量最大，哪种电视评比第一，哪种电视寿命最长等，而并非完全依据自己的理性来进行购买决策。

有这样一句话："市场上吆喝得最响的人，往往就是要卖出东西最多的人。"在信息爆炸的当代社会，已经不再是"酒香不怕巷子深"的时代了，无论怎样的产品，都面临着同质化的巨大竞争，无论多么"物美价廉"的商品，都可能湮没在大量的同类产品中。因此，商家的首要任务，就是通过有效的广告营销招徕更多的顾客。只有顾客听到了你的吆喝，他才可能关注你的产品。换句话说，只要顾客听到了你的吆喝，他就有可能给你带来商机。

消费者的消费行为一般是不完全理性的，他们在消费过程中可能受到各类因素的干扰，作出感性的消费决策。其中，广告和品牌的效应是干扰其作出选择的重要因素。

广告和品牌的效应实际上就是对于消费者的一种示范效应。"示范效应"这个名词最早是心理学家对人类行为研究所做的总结，现在已广泛地被经济学家用于研究人的经济行为，尤其是人类的消费行为。所谓的示范效应，就是指某个人（或群体）的行为被当做榜样，其他人向他学习而产生的影响。

一个群体中，某些有影响的个人的思维和行为方式尽管在起初被视为有违传统，但逐渐有可能使其成为人们仿效的模式，从而成为未来的主流。示范效应往往是双向的,这就是所谓"坏"榜样和"好"榜样所起的影响。从动态上看,示范效应最终会使少数成为主流。

那么人们最终为什么会形成这种主流趋势呢?从诺贝尔经济学奖获得者加利·伯克尔的著作《口味的经济学分析》中的理论可以得到解释。

说来有意思的是,伯氏理论的获得竟和他经常陪太太去餐馆有密切关系。当时,在加利福尼亚有两家海鲜餐馆。伯克尔发现他太太总有一个很奇怪的行为,就是在两家餐馆中她总选座位被占满的那家。而在伯克尔看来,两家餐馆质量完全一样,差别在于其中一家餐馆人多,而另一家人少得可怜。为什么会出现这种情况呢?

经过细心观察研究,伯克尔得出了后来获诺贝尔奖的基础理论之一:理性的人们支持他们自己的生活方式,消费者对某些商品的需求,取决于其他消费者对这些商品的需求,这就是消费的示范效应。

用示范效应解释大家的就餐行为,就是每个人在不知道选择哪家餐厅就餐时,往往参照其他消费者的选择,哪家餐厅用餐的顾客多,说明它的口味一定受欢迎,价格也能被普遍接受。

毋庸置疑,我们在认识和处理自己的收入与消费及其相互关系时,会和其他人相比较,尤其是和自己所在的或是所向往的参照群体比较。参照群体可能是我们所属的群体,如所在的公司、行业,或是同属于一个年龄阶段的群体;也有可能我们并不属于这个群体,却喜爱或向往该群体中的生活方式,并将该群体的标准、目标和规范作为自身行动的指南,成为努力要求达到的标准。例如,商家通过明星给自己的产品做广告代言,明星的"粉丝"便因为喜爱这个明星,从而愿意将该明星代言推广的服装、食品、化妆品等作为自己的参照标准。另外,也因为我们将自己归入"某某歌迷会""某某粉丝团"的群体中,因而会自觉或不自觉地追随这一群体中的消费习惯。这便是"明星代言"的示范效应。

其实,示范效应在销售中的应用还有很多。商家进行特价促销或是限时抢购时,也是希望营造一种群体"疯抢"的抢购氛围,来对更多的消费者产生示范效应。参与抢购的顾客或许并不一定原本有购买此商品的打算,我们大多数都是受疯狂人群的感染,几乎是不由自主地被卷入抢购狂潮中,抢购平时不屑一顾的商品。另外,有些人看到别人的衣服漂亮,或是关注到某款服装是今年的流行,不管自己穿着好不好看,也要千方百计弄一套穿在自己身上。这些都是由于其他消费者的"示范效应"而引发的跟风行为。

作为消费者,这个时候就要保持冷静,既然已经知道了其中的心理原理,我们就要懂得自我控制,才不会让自己的财富随意流出。而这样一点一滴的资金储备,就是未来幸福生活的有效保障和良好习惯。

» 假货卖高价：印象重要

说起印象，简单地说，就是保存在认知主体记忆中的认知客体的形象。认知客体既可以是人，也可以是物，还可以是由人和物及各种关系所组成的各种社会事件。而刻板效应，则是指人们在长期的认识过程中所形成的关于某类人的概括而笼统的固定印象，是我们在认识他人时经常出现的一种普遍现象。

一天下班后，妻子拎着一个新包炫耀似的在洋思面前晃来晃去，"怎么样，好看吧？"

"我倒是没觉得多好看，但我知道这是 LV 的包。"洋思认得那个标签，电视里老见明星背着这种包包。

"识货啊。"妻子欣喜万分，"猜猜多少钱？"

"很贵吧，"洋思第一个动作就是捂住他的钱包，害怕妻子来找他报销。

"小气鬼，一点也不贵，才 900 块。"妻子得意洋洋地欣赏着她的新战利品。

"这还不贵？"洋思大呼心疼。

妻子对他说实话了："这是冒牌的，仿的，要是真的，可不止几百块钱。"

"假的还这么贵？"洋思更心疼了。

"我觉得很划算，你看到不也以为是真的吗？以假充真，还有人欣赏。我第一眼看到这个包，就知道很划算。"

形成刻板印象是人们适应社会环境的一种方式。每个人都有明确的生活目的，因此都需要了解周围的世界，特别是周围的人对自己的意义，从而使自己能够对一定的客体或人做出正确的反应。这个冒牌包做得很逼真，看起来能达到以假乱真的地步，使得妻子对它的第一印象就很好，也就愿意花高价钱买下。尽管这个包并不值那么多钱，但这就是商家的心机，让消费者心甘情愿地掏腰包。

同时，如果我们的刻板印象出现在对某个群体的认知过程中时，我们先不要根据自己的直接却不全面的经验，或者一些间接的道听途说来对某群体进行判断和定义。而是要深入群体中，与群体中的成员广泛接触，并重点加强与群体中典型化、有代表性的成员的沟通，不断地检索验证原来刻板印象中与现实相悖的信息，最终克服刻板印象的负面影响，从而获得准确的认识。

所以，我们就要学会控制印象对我们的影响，不要对什么事情都抱持着"一好俱好，一差俱差"的想法，我们要善于用"眼见之实"去核对"耳听之辞"或者我们个人的偏见，在对商品进行评价时，我们最好要有意识地重视和寻求与刻板印象不一致的信息。

» 花店的"诡计"：投机心理不理性

会员卡的出现，就像商场经常发放的优惠券。比如，在肯德基的网站上，顾客只要打印某张优惠券，就可以凭券到肯德基以优惠价格购买其产品。

现在的商业社会，实体店也好，网络店也好，会员卡、贵宾卡之类的"优惠券"似乎都成了一个赚取回头客的有效手段。拿着优惠券，感觉自己似乎等于拥有了一个可供"挥霍"的"免费金牌"。但是，事实的真相果然如此吗？

情人节那天，秦峰到花店买玫瑰。平时玫瑰2元一朵，那天的标价却是20元一朵。秦峰想：花虽贵，但不能不买，不然老婆会生气。可是买了还真心疼，毕竟买少了面子上挂不住，买多了又费银子。

正在犹豫，店家走了过来，问："先生，买花？"

秦峰说："嗯。不过，玫瑰能不能便宜点？"

店家笑道："送女朋友吧？哈哈，追女孩子怎么能怕花钱？若是因为这一大束花赢来了你的幸福，那可是太划得来了！"

秦峰低声说："送老婆的。"

店家接着说："那也不能抠门啊。要不这样吧，您在我们店里办张会员卡，有了这张卡，您就可以在我们店里享受5折优惠。"

秦峰开始打退堂鼓："啊？有这个必要吗？"

店家惊讶地说："怎么没有啊，谁家红白喜事不送花？难道非要等遇到了才买啊？"

秦峰想想也对，就办了张卡，买了束花。但还没到家他就开始后悔了，细细想来，其实这优惠卡对秦峰来说并不优惠，优惠的反而是商家。

秦峰被店家说得绕了进去才买了这优惠卡，表面上看来，这是商家让利给消费者，其实这样的目的是为了吸引顾客多去光顾，让商家赚取更多的利润。这样的方式很受欢迎，但大家没有意识到，商家正是利用了顾客的投机心理，让他们认为自己每一次买东西都可以占到便宜。

商家发放优惠券，表面的解释是：吸引更多的顾客，扩大销售量。如果真是这样的目的，那不如直接降价。正确的解释是：商家借此进行低价促销，其实挣的还是顾客的钱，而顾客却察觉不到。

投机心理蒙蔽了人们的理性思考，因为很少有人能坚定地只相信自己，不相信别人。在商家的一番甜言蜜语之后，很多人或许都会轻易地受到了对方的引导或者说是心理压力，确信优惠券可以为我们自己省去一大笔钱。出于内心的优势考虑，很多人信了商家的话，但这其实只是商家利用人们的投机心理所做的一种商业活动而已。而很多人可能出于对偏离的恐惧，便选择了听从商家的话，失去了自己原有的理性判断。

有许多人因为抱着占便宜的投机心理，否认了事物两性均衡的客观存在，主观上过于相信自己的判断，潜意识中总相信自己会利用优惠券买到便宜东西。其实这只是一种心理上的错觉，是把"客观概率"消融在"主观概率"中，即判断事物时倾向于有利于己的低概率，而否认不利于己的真实概率。

又一次被人劝服成为某地的会员时，我们就要保持理性，认真考虑，思考一下这样的行为是否真的会给自己带来实惠。而不要轻易地听信商家的话，更不要见到商家发放优惠券就去抢购。要清楚地了解到，这只不过是商家利用人们的投机心理作的一场秀罢了。要想避免投机心理，就要克制自己占小便宜的心态，清楚地认识到天下没有免费的午餐。

» 聚合经营：马太效应

人们常说买东西要"货比三家"，如果三家商店分布在城南、城北、城西，这显然不如三家商店一家挨着一家更能吸引消费者。人流对一个店面来说是最宝贵的资源，而品牌扎堆正是为了吸引人流，也就是说，只有商家先扎堆弄出热闹氛围，顾客才会过去凑热闹。

户部巷位于武昌自由路，是一条长 150 米的百年老巷，其繁华的早点摊群20 年经久不衰。户部巷的铺面以家庭为单位铺陈开来，楼上是住家，楼下是赖以生存的食店。这里的早点够老，够味道。有石婆婆的热干面、徐嫂子的鲜鱼糊汤粉、陈家的牛肉面、高氏夫妇的稀饭和煎饼、万氏夫妇的米酒等 30 多种特色小吃，较好地保留了武汉饮食文化的特色。

对于这样的小吃街，人流自然是络绎不绝了。别的不说，光是小吃的种类齐全就足以让人流连忘返。

经常光顾麦当劳或肯德基的一族们不难发现这样一种现象，麦当劳与肯德基这两家店一般在同一条街上选址，或在相隔不到 100 米的对面或同街相邻门面。不仅麦当劳与肯德基的布局如此，大多类型相似的商场、超市的布局也同样存在这样的现象。从一般角度考虑，集结在一起就存在着竞争，而许多商家偏偏喜欢聚合经营，在一个商圈中争夺市场。这样选址会不会造成资源的巨大浪费？会不会造成各商家利润的下降呢？这正是商家的高明之处。我们可以用"马太效应"来解释这一现象。

"马太效应"就是指好的愈好，坏的愈坏，多的愈多，少的愈少的一种现象。如果是分散经营，就可能使得商家无法获得与其他店铺资源共享的优势，从而市场风险明显增大，所以获利能力下降。

如果市场上有甲、乙两个商家，他们向消费者提供的商品和服务具有优势互补关系，则应该聚合经营，这是因为聚合经营能够聚集人气，形成"马太效应"，从而能够吸引更多的消费者前来购买，进而使企业获得更多的利益。

聚合经营意味着竞争的不可避免，竞争的结果是企业要生存和发展就必须提升自己的竞争力。

此外，商业的聚集会产生"规模效应"，一方面，经营商为适应激烈的市场竞争环境，谋求相对竞争优势，会不断进行自我调整，通过竞争提升自己的同时让我们受益。正因为如此，聚合经营使商家能够充分发挥自己的优势，将更多的消费者吸引过去。另一方面，丰富的商品种类满足了我们降低购物成本的需求，而且同行业大量聚集实现了区域最小差异化，给消费者购物带来更多的选择余地，让我们充分感受到"一站式"消费的便利。

所以，商家扎堆的现象对我们利大于弊，而在这样的购物场所规模下，我们也可以擦亮双眼，用"购物雷达"探索真正的价廉物美。

» 《与旧睡袍别离之后的烦恼》：配套效应

美国哈佛大学经济学家朱丽叶·施罗尔在《过度消费的美国人》一书中提出了一个新概念——狄德罗效应，也叫"配套效应"。就是说，人们在拥有一件新的物品后，总倾向于不断配置与其相适应的物品，以达到心理上的平衡。

18世纪法国有个哲学家叫丹尼斯·狄德罗。有一天，朋友送他一件质地精良、做工考究的睡袍，狄德罗非常喜欢。可他穿着华贵的睡袍在书房走来走去时，总觉得身边的一切都是那么不协调：家具不是破旧不堪，就是风格不对，地毯的针脚也粗得吓人。于是，为了与睡袍配套，他把旧的东西先后更新，书房终于跟上了睡袍的档次。可他后来心里却不舒服了，因为他发现"自己居然被一件睡袍胁迫了"。后来，他把这种感觉写到一篇文章里——《与旧睡袍别离之后的烦恼》。

不知道大家有没有想过这样一个问题，为什么家具店里的家具都是要成套卖的，同样款式和颜色的沙发、桌子、椅子……似乎只有这样才能表现出那种和谐的场面。

同样的，现实生活中，或许许多人都有过这样的经历，买了一双很喜欢的鞋，兴致勃勃拿回家时却发现没有可以搭配的衣服，于是第二天又整装待发去买了色彩、款式符合的衣服。之后，又觉得少了可以和谐配套的裤子，等裤子买上后，又发现没有合适的饰品……

为此，我们似乎掉入了一个让我们自己都发懵的怪圈里。

强志的妻子常常说要去买一件衬衫，结果晚上回来的时候，她会买回外套、鞋子、项链、手表等很多东西。

"你不是只需要一件衬衫吗？"强志问她。

"是啊，但是我买了以后，想想我所有的衣服都不适合搭配，只得买新衣服。但买了新衣服，需要鞋子搭配，我又得买鞋子，这样下来，我就需要买很多东西。"妻子疲惫地说。

"你这简直是给商场搬家啊。"强志哭笑不得。

但妻子下次逛商场依然会这样，仿佛管不住自己似的。

强志的妻子就好像狄德罗一样，必须全部更新一套服装和配饰才能安心。

为克服这种现象，人们要选择一件有意义的"睡袍"，激发人们自我转化的内在动机，主动实现良好的与之配套的行为。就好比，我们做了好事，被人称赞，之后或许就因为考虑到自己的形象问题而尽量避免一些不良事件。同理，在面对一些初衷就不正确的事情时，我们要对自己有所坦诚，不要因为不必要的虚荣心或者好胜心让自己受到更大的损失，否则，我们会为这件"睡袍"付出很大的代价，这就得不偿失了。配套效应令人们付出更多的钱，只为了和新物品搭配得更加合适，从而达到心理平衡。良性的配套行为自然不能反对，但面对不好的配套行为时，我们就应当选择考虑停止这种配套思维，或者换一种方式。

而在现实生活中，配套效应可以带来好的结果，也会带来不好的结果，这取决于所参照的"睡袍"的价值。有价值的"睡袍"可以促使我们为了与之配套而产生一系列好的或者对我们成长有利的行为表现，反之，劣质的"睡袍"会使我们走向倒退。

» 美国的服务员也薪资不低：可观的小费

对在美国留学的学生来说，在餐馆打工是其读书期间赚钱的主要方式。每到寒暑假，大批留学生就到各地的餐馆做服务员，这种不需要强调学历和技术含量的工作，每个月竟然能够有几千美元的收入，如果干上三四个月，那么接下来一年的生活费甚至学费或许就攒够了。根据美国劳工统计局的资料显示，餐馆服务员的收入除了底薪之外，大部分都是来自小费。

世界上的许多国家都有付小费的做法，有的国家称之为服务费。据说小费起源于 18 世纪的英国伦敦，当时酒店的饭桌中间摆着写有 "To Insure Prompt Service" 的碗，意思是"保证得到迅速的服务"。把这几个单词的头一个字母连接起来，就成了现在"小费"的英文单词 "TIPS" 了。如果顾客往这个碗里放上一些零钱，服务生就得优先为他服务。随着时间的推移，这种做法的含义已经转变为给服务人员的感谢和报酬。当然，如果我们给了小费，还是会得到比不给小费好一些的服务的。我国没有付小费的传统，所以对这种欧美国家都习以为常的做法感到不太习惯。

所以，懂得付小费的情况，我们就不会在某些场合"丢面子"，同时，有修养地付小费，也能展示自己懂礼仪、有涵养的一面，就能适当地维护和提升自己的形象。那么，如果我们到了需要付小费的场合，我们又应该怎么做呢？

首先，我们要依据不同的地区和国家来甄别付小费的情况。

1. 亚洲地区

在泰国，客人在餐馆吃饭时如能给占餐费 10% 的小费则被认为是大方的。尽管大多数饭店都已把服务费包括在费用之内了，但是顾客都会给服务员小费，不管小费有多少，他们都高兴。小费多，服务质量就好。

在日本，一般情况下付小费不但没有必要，还会令人讨厌。无论门卫、服务员还是出租汽车司机，谁都不指望收小费。当游客把钱塞到他们手里时，许多人（尽管不是全部）会拒绝接受。但在饭店里，我们应该给服侍我们进餐的女招待员 2000 ~ 3000 日元，给小费的时间应是刚住进饭店之时。此外，也需要给行李员和陪同人员一定数目的小费。

新加坡则禁止付小费。客人付小费会被认为是服务不好。

2. 欧洲地区

在奥地利，尽管各项费用中已经包括了服务费，但餐厅服务员和司机们还是希望能额外得到几个先令的小费。

瑞士明文规定，司机可以要求得到数额为车费 10% 的小费。大餐馆中，虽然小费很受欢迎，但未有公开收取小费的情况。

意大利人虽然很乐意得到小费，但他们却都对此闭口不谈。在餐馆里，当服务员给客人送去账单时，客人会默默地将小费放在端账单的小盘子上，再在上面盖上餐巾或餐纸。

在法国，财政部在税收方面也把小费收入统计在内，规定餐馆等服务行业起码收取 10% 的小费。

另外，东欧有的国家政府不准收取小费，但这些国家里的服务员对小费是乐意接受的。

3. 北非及中东地区

北非和中东地区几乎干什么都收小费：擦鞋匠、搬运工、导游、海关人员、签证官员，甚至警察也不例外。在埃及，许多人靠收小费来增加自己的收入。对一些为别人照看汽车的老人和孩子来说，小费就是他们的全部收入。如果游客不给他们小费，他们会追着索要。

4. 美洲地区

美国有些人简直靠收小费发财，总是来者不拒。

在墨西哥，100 个比索的小费可使一个普通工人的日收入至少提高 1 / 7，收到这样的小费会使其感激不尽。在机场,旅客要付给搬运工 100 个比索,好的还要多收 150 ~ 200 个比索。

其次,要注意付小费的方法。

付小费尽管在许多国家是允许的,也司空见惯,但它毕竟是对服务表示感谢的一种方式。所以,无论我们付了多少小费,都应该注意尊重服务人员。同时,在允许收取小费的国家和地区,服务人员的小费是其收入的一项重要来源,属于隐私,任何一个服务人员都不愿意让他的同事知道自己得到了多少小费。对我们自己来说,不张扬我们付小费的事也说明我们自己的风度。所以,付小费应注意的最重要的一点就是要若无其事地交给服务生,而不要大声喊叫。

最后,留意小费的数额。

注意小费的数额要合适,付多了,自己没有那么多钱,还可能让人觉得自己外行;付少了,又会让服务员看不起,甚至得不到好一些的服务。虽然世界各个国家和地区收取小费的比例略有差异,但大致比例是相同的,我们可以把这个比例定在用餐费用的 10% ~ 15% 之间,但是并非在任何场合下都得给服务员小费。在餐厅用餐最后结账时,我们应该仔细看一下上面所列的各项收费内容,主要看是否已经把小费计了。如果已经包含在账单之中,就不必额外付小费。如果没有这项内容,就是没有计算小费,那我们就应按比例,把小费直接交给服务员。在不同的国家里,可以根据情况适当调整一下。简单地说,在发展中国家,支付的小费可略低些;而在发达国家,可以适当高一些。

还有一点需要说明的是,在国外用餐时,不要以为都需要给小费。有些地方,如冰岛等国家视小费为一种侮辱。另外,在澳大利亚和新西兰,给小费的情况也不太普遍。所以,要注意了解当地的情况,入乡随俗。

» 旅游门票向当地人优惠:自身价格弹性

现代人基于工作压力颇大,就会在工作之余有许多"课外活动",而其中较受欢迎的休闲方式就是旅游。但是在旅游区,许多人也会遇到一些问题,其中之一就是旅游门票对外地人和当地人的开放差别。

"这收费也太不近人情了吧?忘记带身份证就不能享受优惠了吗?我也是潮州本地人呀!"在广济桥售票处,一位手拿钱包的中年男子不停抖动手中的钱包,以确认自己是真的忘记带身份证。

当一人问他事情的原委时,他显出十分无奈的样子:"我是潮州本地人,今天和朋友一起来广济桥参观,可是忘记带身份证了,没办法证明自己是潮州人呀!"这种情况下,售票小姐不肯按本地优惠价 10 元卖票给他,一定要收他60 元才肯让他进去。对此,他表示很难理解,明明自己就是潮州人,忘记带身份证就要多收 50 元。那么为什么同一个旅游景点会有两种票价呢？

旅游景点为当地人降低票价，采取这样的定价方式并不是潮州首创，我国的桂林、张家界等旅游景点在设置门票时，就采取本地人凭有效证件入内的方式。据了解，这样的定价方式也是国际上的一种惯例，美国最著名的大峡谷，针对当地人就实行免票政策；而索道之类成本较高的旅游设施，则采取当地人享受低折扣的优惠。

佛罗里达的迪斯尼乐园为一半以上的当地人提供折扣票价，他们并不会声称是为了照顾这个地区的贫困人口，因为这不是他们作此决定的初衷。他们只了解这样的情况，当票价降低时，很多本地人就会成为迪斯尼乐园的常客，而旅游者尤其是境外游客，无论票价是高是低，他们很可能只会光顾一次，以后不会再来。

这说明商家在定价时会考虑到这些问题：当我提高价格时，我的销售量下降了多少？而当我降低价格时，我的销售量提高了多少？

对于这种现象，经济学家往往称之为"自身价格弹性"，有人则认为称之为"价格敏感度"更准确一些。

佛罗里达本地人比游客的价格敏感度高，这就意味着，如果迪士尼乐园将门票价格提高后，本地人就会减少去那里的次数，甚至不去。反之，如果门票价格下降，本地人就可能增加光顾的次数，而外地游客因为客观原因，通常没有这样的选择机会。

相对来说，富人对价格的敏感度要低一些，但有时候也并非如此。飞机的商务舱的票价很高，因为公司愿意出这笔钱，而航空公司正好利用这种心理。公司的电话费价格不高，因为虽然公司愿意掏钱，但参与竞争的电话公司太多了，价格没法上涨。

咖啡屋为周边工作的白领提供折扣价也是同样的道理。很多位于繁华商业区的咖啡屋会对在周边工作的白领人群发放折扣卡，比如每次消费打 8 折。这不是因为周边的工作者穷困，相反，他们当中多数是大型企业的高收入员工和管理者。这种折扣价反映出一个事实：尽管有钱，但周边工作者的价格敏感度更高。匆匆忙忙路过该地的人只能看到一两家咖啡屋，他们为了图方便，多花点钱也乐意，当然很大程度上，他们只在此消费一次而已。但在每天的休息时间，本地工作者涌出办公室，熟悉周边环境的他们有很多咖啡屋可以选择，对他们来说，这些咖啡屋都很方便，他们可以对所有的咖啡屋进行尝试。如果味道都差不多，他们就会选择价格相对低廉一些的。因此，白领们的价格敏感度往往更高。咖啡屋为了吸引更多的固定顾客，必然会采取对周边的白领们实施优惠等策略。

针对本地人的优惠策略易于实施，能给商家带来更多利润，而且受到社会的认可和消费者的欢迎。这种双方都满意的策略，商家怎会不乐意为之。

下面来看看一个只为外国游客提供优惠的例子。日本的物价指数很高，这对于日本吸引外国游客赚取旅游收入不利，为此，日本向外国游客提供一种国有铁路通票，一周之内任意使用，只要有足够的精力和时间，你完全可以凭这张通票跑遍日本除冲绳以外的任何一个县。可是购买这种铁路通票是有前提条件的：首先必须是外国人才能买；其次一定要预先在外国买，如果你已经在日本，不管是哪国人，对不起，你都不能买到这种铁路通票。

仔细想一想，他们的营销策略其实是用极其便宜的铁路通票把你"赚"到日本来了。到了日本，你的衣食住行哪样都得花钱，所以对于日本来说，向外国游客发售具有很大吸引力的铁路通票，是吃小亏赚大便宜的策略。

至于到了日本就不能再购买这种铁路通票，其背后的奥秘在于，铁路通票是为了吸引你到日本来旅游而发售的，如果你已经在日本，何须再提供优惠？因为你作为外国人到日本旅行，绝大多数只是一次性的行为。其中的原因，一方面是日本物价昂贵，另一方面是其他发达国家离日本都很远。估计到绝大多数外国人只能到日本旅行一次，那么对于已经踏上日本国土的外国人，日本就不必再给予这种优惠了，因为给了这种优惠也很难让他再来一次。

说来说去，不管是针对本地人的优惠，还是针对外国人的优惠，商家的行为最终都会落到一点上——如果给予对方优惠能为自己带来更大的利益，就给对方优惠，否则，就没有优惠。

» 商家是如何定价的：固定成本和可变成本

我们在买东西时，往往在心里对某种商品有一个心理期待价位，如果商品的实际价位比期待价位高出很多，交易往往达不成；但是如果实际价位等于或少于我们的心理价位，我们都会爽快地买下它。

可见商品的定价与消费者的需求有关密切的关系。那么我们要想真正破解商品定价的秘密，还必须了解其他的因素。

经济学家认为除了边际分析之外，产品定价还有两个因素：固定成本和可变成本。其中，固定成本代表无论是否生产都必须支付的开支；而可变成本是随着产出水平的变化而变化的开支，总成本 = 固定成本 + 可变成本。

两部收费法是一种常见的定价方法，它将商品的价格分为两部分：一部分反映基础设施投入的固定成本以及其他流量不敏感部分的成本；另一部分反映单位成本，就是每提供一个产品或服务的边际费用。

比如，电信公司使用的就是两部收费法。它会分别向电话用户收取月租费和通话费，月租费反映固定成本，即进入费；而通话费是通过计时收费来弥补运营的可变成本，即使用费。

那么，商家又是如何决定进入费和使用费的呢？是应该把进入费定得较高，还是应该把使用费定得较高？

为了方便解释这个问题，让我们来看看出租车的定价模式。如果某个城市的出租车有起步费，10元，相当于进入费；之后按2元每公里收费，相当于使用费。

专家们具体做法是，在测算出租车运营成本的基础上，对乘客的心理预期进行了估计，并根据他们的出行习惯和消费能力确定出租车起步价格。为了使得消费能力不高的乘客们也愿意选择出租车，出租车公司专门针对他们的消费者剩余制定了起步价。进一步，专家们又制定了2元每公里的使用费标准。

事实上，两部定价法可以让我们发现很多有趣的故事，比如相机和胶卷、汽车和配件、剃须刀与刀片，这些都能够看做是这种收费策略的翻版，商家在这里的策略也不尽相同，既可以把进入费定得较高，使用费定得较低；也可把进入费定得较低，使用费定得较高。

经济学家和市场营销专家告诉我们，在市场中，商品的价格往往是很多因素相互作用的结果，这些因素至少包括：产品在客户心中的潜在价值、供求状况、公司的生产和管理成本、竞争和替代品价格、讨价还价的能力等。尽管目前我们已经明白了其中的主要因素，但市场中想要真正准确地为商品定价并非易事。

当然，高明的企业会针对行业的不同情况迅速地制定出不同的价格策略，它们会分别针对行业竞争者、新进入者制定出不同的价格策略。定价不仅是一种策略，更是一种艺术。公司的商品如何定价可谓关系重大。事实上，很多大公司都投入了巨大的人力来研究企业的定价策略。

» 选择怎样的商店才更划算：交易成本的考虑

在日常生活中，我们在购物时应该选择大型购物中心还是到商业一条街呢？不同的人有不同的看法，亦有不同的选择。那么，从经济学角度来说，我们选择什么样的商店购物更划算呢？

商家本着"客户流量转换速度的加快，可以帮助购物中心获利赢利"的想法，由于人们前去购物中心的"交易成本"较大，商家为消费者考虑，节约他们前来购物时所花费的交易成本，提高每天迎来送往顾客的频度以直接促进销售额的增长。

多个店家在某区域内同台竞争，能够充实整体的花色品种数量，如此一来，消费者都可以购买到自己心仪的某种商品。如果我们常去大型购物中心购物就会发现，有时仅仅是某一种商品便有几家不同特色的商品进行同业竞争，所以可供选择的余地很多。

《日经流通新闻》曾经报道了这么一则消息：几年前，作为日本的百货业巨头三越为了扩张市场份额，决定扩大开设分店的规模，经过公司人员的调查和研究，他们决定在东京都武藏村山市的一家大型购物中心开设一个分店，这个购物中心也是新开张营业，作为百货业巨头，三越在此设立了分店的消息传来，在当地引起不小的轰动，当地的居民在街头巷尾议论纷纷，人们认为，三越的入驻，将会有效地提高这个购物中心的营业额，三越势必与其他店家在购物中心内展开竞争，将会吸引更多的消费者前来购物。但是购物中心开张后的营业额并不如预期所料。

大型购物中心讲求规模经营，追求整体效益。从商业一条街吸引而来的消费者并不多，而且大型购物中心的停车场和周边道路人员流动量非常大，周末等节假日时尤为突出，此种情形导致前往购物中心购物需要付出额外的交易成本。相比而言，在商业一条街购物则没有这种负担。

虽然如此，商业一条街仍在与大型购物中心或小型便利店的竞争中惨败，并流失了不少消费者，同时造成商业一条街的萧条。这究竟是为什么呢？

商业一条街的低迷是普遍现象，但是其中也不乏依然保持生命活力的个案。这里面的差别又是什么呢？

我们的生活方式不断变化，交易成本的内容也随之而变。大型购物中心和小型便利店的生存之道和经营策略就是始终紧跟时代步伐，迎合社会发展和市场变化的需要，以消费者为本，想其所想，解其所需，积极致力于节约消费者购物时的交易成本。例如，部分小型便利店所处周边区域内高龄人士较多，为此商家因地制宜，向他们提供送货上门的配送服务。

此外，超市还引进自助式出纳记录器，消费者使用该机器可以自行统计结算，为此能够节省大量排队等待结账的时间。顾客自行结算以节约时间成本，超市以自助式出纳记录器替代人工服务后能够节约人工成本，此为一举双得之策。

与此形成鲜明对比的是商业街，长期以来，这里应对消费者需求变化的速度较慢，经营方式传统，跟不上时代发展节拍。事实上，商业街较大车站附近的地理位置都很便利，非常适宜经商。但房东们自认为拥有房屋位置优势而不肯降低租金费用，商家不得不承担过高的房租，他们又把这些费用附加在商品之内，价位过高的商品无人问津，时间一长造成积压。如果商家没有足够的资金盘活滞销积压的商品，从而造成经营不景气而关门闭店，或店铺白白闲置未加利用，致使多数商业街彻底丧失生机与活力。

某些明智的商业街看到这种惨淡的场景，吸取教训改变经营策略，从而积极主动地适应消费者生活方式变化后的市场环境，于是，就保存了力量，依然拥有一定的生存机会。

为了保持住目前的状况，彻底改变现状，寻找翻身的机会，这部分商业街采取多种措施，希望通过增加人气吸引消费者。比如，他们学习大型购物中心的先进经验、邀请专家传授店铺结构配置的秘诀等，富有创意的经营者为了招揽顾客，别出心裁地摆放、陈列商品以迎合消费者的生活方式。这些都是他们为了在市场竞争中生存下去而进行的有益尝试。

常言道：一个巴掌拍不响。节约购物时的交易成本，不能仅靠单方的改变，而是需要消费者与经营者共同努力，

通过我们与商家的相互配合与协作，必定能够节约购物时的交易成本。因此，消费者选择什么样的商店购物，取决各自自身的生活方式。

如果经常光顾的商场突然有一天关门歇业了，而这往往会打乱我们的生活规律和节奏。在这种情况下，我们所能做的无奈之举，就是去其他的地方购物，当然，我们购物的交易成本也会随之增加。

为了防止在购物过程中交易成本的增加，我们需要了解周围人们的生活方式，并在购物时，细心注意观察商场可能出现经营困局的症状。比如，客流量是否在逐渐减少、商品种类不再齐全、服务人员态度发生较大改变等。通过这些细微端倪推测商场的经营状况，然后做出有利于自身购物的改变。

两性——男女眼中的彼此都是怎样的

» 我就是喜欢他，不喜欢你：喜欢一个人需要理由

没有爱情滋养的人生是灰暗的人生，爱情对于一个人来说是非常重要的。可是，人为什么会喜欢这个人而不喜欢另外一个人呢？喜欢一个人需要理由吗？

电视剧《冬季恋歌》中有个情节非常耐人寻味。民亨问玉真到底喜欢尚赫哪一点，结果玉真列举了尚赫的种种优点。民亨听后笑了，他说玉真喜欢尚赫的地方太多了，其实喜欢一个人时，不需要什么理由。

不过，真的是这样吗？心理学上认为，人喜欢另一个人是有原因的，并对此进行了各种各样的研究。心理学家研究出来的恋爱理由不仅多而且很复杂，这里给大家举几个具有代表性的恋爱理由。

1. 身体的魅力，匹配更有吸引力

身体的魅力，简单地说就是一个人容貌和身姿的魅力。你肯定认为，漂亮的人桃花运也会更好。心理学的很多实验也证明，身体魅力高的人更容易获得异性的青睐。但是，是不是身体魅力高的人就会成为自己的恋爱对象呢？

事实上，大多数情况下，人更都愿意找与自己身体魅力相当的人谈恋爱。虽然大家都向往与身体魅力高的人谈恋爱，但是如果对方的身体魅力高出自己太多的话，我们自己首先会想："对方的容貌太出众了，我配不上他（她），而且如果我开口的话，肯定会遭到拒绝"，这就打起退堂鼓了。于是，大多数人会找与自己条件差不多的异性谈恋爱。心理学将这种心理称为"匹配假说"。

2. 性格方面，各有所好

性格，也是我们寻找恋爱对象时一个重要的衡量因素。任何人找伴侣都喜欢性格好的，可是，到底哪种性格算是好性格呢？对性格的喜好不能一概而论，其中存在较大的个人差异。

美国学者安德森曾经做过一项调查，研究人们喜欢哪种性格。他准备了555个形容性格特性的词语，然后请100名大学生为这些词语评分，评分标准分0～6一共7个等级。结果表明，得分较高的有"理性""可靠""忠实""诚实""正直""善解人意""可以信赖"和"心胸宽广"等，而"爱撒谎""卑鄙下流"等得分则低得多。

3. 行为模式，寻求相似

曾经有一对陌生男女，在家用电器卖场的电视机专柜前被同一个电视节目所吸引。当他们发现对方和自己喜欢同一个节目时，互相产生了好感，后来竟然成了情侣。

当人的喜好、价值观、金钱观等相似的时候，好感便容易产生。所谓陷入爱情的"相似性原因"，便是指人的态度、行为模式的相似性越高，就越容易彼此喜欢。反之，两个人情趣爱好、行为模式相差很远，也很难发展恋情。美国心理学家经调查发现，即使一对情侣都喜欢体育运动，如果各自喜欢的项目不同，他们最终也不容易走入婚礼的殿堂。

此外，如果对方比自己稍微优秀一点，即自己对对方充满了尊敬，那么相似性的效果会加强，自己更容易喜欢上对方。如果两个人相似性比较多，在谈话中能够找到共同的乐趣，那么人的认知会达到一种平衡的状态。如果这种状态能保持下去，彼此的爱恋会更坚定。

4. 了解对方心情，好感的回报性

在情侣分手时，我们经常能听到这样一句话：我根本就不了解你在想什么！反过来看，两个人的恋爱关系中非常关键的一点是，彼此了解对方的心情。在恋爱开始时，了解对方喜欢自己的心情也是非常重要的。对于喜欢自己的人，我们有一种容易喜欢上他（她）的倾向。即接受了爱情，我们也想用爱情回报对方，这叫做"好感的回报性"。

5. 同调行为，爱被"逼"出来

当孩子们进入高中或考上大学之后，会发现身边的朋友都开始谈恋爱了。受同调行为的影响，在这样的环境中，自己也想找个人谈恋爱。当周围朋友中谈恋爱的人数逐渐增多时，人的同调行为会逐渐转变成一种强迫观念，认为自己非谈恋爱不可。于是，很容易就恋爱了，即使有时对方并不符合自己恋爱的理想或标准。

6. 自己的心理状态

一位漂亮、可爱的异性出现在自己面前时，我们并不一定会喜欢上对方。自己当时的心理状态也很重要。在一定的兴奋状态下（比如心情很好的时候），人就有种想找个人谈恋爱的冲动。想找个人陪的心情叫做"亲和欲求"，当人情绪不安的时候，亲和欲求就会高涨起来。所以，寂寞或落寞的时候，更容易深陷恋爱之中。

看完以上这些分析，不妨也回忆一下自己的恋爱经历，分析一下自己的恋爱经历，自己是什么时候坠入情网的，对方的哪个方面对自己的吸引力最大？是不是突然发现"喜欢你，并非没道理"呢！

» 男人更易出现中年危机：中年男女精神追求不一样

近年来，中年人高离婚率的问题日益突出。对夫妻双方而言，离婚向来不是个轻松的话题。因为在一场失败的婚姻中，没有哪一方算得上是真正的胜利者。有人说，婚姻是家庭的基础。当维系婚姻的柱石发生倾斜时，离婚成了一种很自然的选择。

在失败的婚姻中，多以男人自身的原因而居多。尽管婚姻是双方的，相对女人来说，男人是过错方的比较多。那么，为什么男人更容易出现中年危机呢？

今天我们要鉴定的男人，集中在 35 ～ 45 岁，他们大多受过良好教育，属于收入颇丰的中产阶层。当车子、房子、孩子、位子，一切的奋斗目标有了眉目，随之而来的却是迷失和无所适从。面对日渐平淡的感情和新的诱惑，他们的婚姻面临着前所未有的困惑与挣扎。

虽然"出过轨的丈夫"的言论让很多女人不能接受，可是，男人的中年危机，却是一个家庭不得不面对的问题。

在天涯网站上，曾经有一个自称"作为出过轨的丈夫"的人发帖，分析自己出轨的心路历程，并称自己代表了绝大多数男人的心态。他说：

"当一个男人愿意娶一个女人回家的时候，绝对是下了很大决心，或许是非常爱她，或许是非常依赖她，或许是非常习惯她。

"但是，再贤惠的老婆、再漂亮的老婆、再温柔的老婆，处久了，还是会有一点腻味，甚至连过夫妻生活都不再那么有激情。

"尤其是到了 42 岁以后，就会出现中年危机。所谓的中年危机，就是事业家庭都趋于稳定，发现人生没什么可追求了，于是会开始想要找寻刺激，以证明自己并未渐渐老去。"

很多人相信，男性进入中年时期就会面临中年危机。事实并非如此。尽管很多中年男性陷入中年危机，但是这并不是因为他们已经迈入中年时期，而是因为他们的妻子步入中年。

从进化心理学的角度来看，我们可以通过女性是否进入更年期判断男性是否经历中年危机,这时男性需要再次吸引年轻而且具有生育能力的女性。

假如有一个事业有成的中年男人,他不抽烟、不喝酒、不乱花钱,晚上喜欢在家里陪太太看电视。妻子也许认为丈夫在家里太沉闷了,缺乏幽默感。妻子有时为此埋怨几句,丈夫往往怒火中烧:我没出去鬼混已经够好了,你还埋怨我。

心理医师陈宪生分析说,这说明中年男女之间的精神追求是不一样的,问题的关键在于夫妻之间要加强沟通。中年夫妻之间,自以为对彼此都十分了解。其实不然。情感交流不畅,正是中年夫妻之间出现婚姻危机的重要原因。除此之外,心理失衡是另外一个重要原因。婚姻出现问题总是双方的不平衡因素积累到一定的程度,到了无法解决的地步,最后想解决就难了,有问题但一直忍着不去沟通。

不去疏通解决问题那怎么行,虽然不平衡的因素太多,但主要解决男人出现中年危机的关键还是沟通。双方应该一如既往地沟通,找出合理解决问题的方式。如果是自己的问题,一定要有勇气改变自己的习惯,以适应对方改变。

婚姻是一门大学问、一门大艺术,我们都要不停地去学习和改变自己,改变他人。路漫漫其修远兮,中年夫妻们也要上下求索,从而找出婚姻幸福的真谛。

» 你知道"作女"吗:过剩的女性自我意识

随着时代的发展,社会上出现了这样一群女人:她们永不安分,不认命,不知足,喜欢冒险和走极端,她们自尊自立,创意无限,一路吸引着男性的目光和公众的关注;她们关注未来,体验特立独行的挑战过程,身后留下的却是爱情和婚姻的一片废墟;在对自己能力的一次次发问和检验中,她们有时会碰得头破血流,但她们乐此不疲,永不言悔。这样的女人,人们称其为"作女"。

当代女作家张抗抗写过一本小说,叫《作女》,这书名里的"作"读"zuō",意思不容易说明白,举个例子就清楚了。比如我们小时候,去找一个朋友玩,正好他不在,傍晚的时候突然碰见了,我们就会问:"你今天上哪儿作去了?""作"有点不安现状的意思,跟折腾是"近亲"。而所谓"作女",是对那些喜欢折腾、自不量力的女人的一种综合性的称谓。

在当今时代,商品的频繁更新换代、市场的残酷竞争,我们赖以生存的社会都在"作",自然也就诱发了女人的"作欲"。实际上,"作女"们正是表现出女性内心深处的重重矛盾,探求那些源于女性身体生理特征的欲望,女人对于青春和时间转瞬即逝的焦灼不安,以及由此产生的那种"作性"被释放的亢奋与"作欲"被压抑的无奈。

事实上，虽然"作女"这个词近年才出现，但"作女"这类人古已有之。唐朝的武则天就是一个无法回避的"作女"代言人。像武则天这样的"作女"在古代可谓凤毛麟角，而现代社会"作女"的大量涌现却有它的时代背景。

她们无视秩序的存在而标新立异，她们摒弃规则，她们不按常理出牌，变幻莫测，却赢多输少；她们特立独行，她们会爱得缠绵入骨转眼也会云淡风轻，她们不恨什么东西也不恨什么人，只是对这个世界充满无奈。

她们像仙人掌一样在沙漠般的都市中郁郁葱葱地生长，没心没肺张扬着一身的刺，循规蹈矩的生活如沙砾般被她们踩在脚下，旁人眼中的她们从来就是异类分子，跟温柔敦厚根本不沾边。

她们一会儿一个主意，一会儿一个想法，脑子转得比风车还快。她们作了什么决定立马就付诸实施，再也不回头。

作女们是一群自主自信的女子，她们比男人更加出色。

作女们我行我素，不在乎社会怎么评论。

作女们没有生活在幻想之中，她们习惯于用自己的智慧和汗水去赢得一切。

作女们身上集中了男人和女人的目光，从来都是传媒的焦点。

作女们改写了自己的命运，活得有争议。

» 一样的品质不一样的评价："恋男"和"婚男"标准迥异

同样的一种品质，在"恋男"与"婚男"之间所发酵出的味道是不一样的。与一个男人交往之前，最好定位一下，他是用来恋爱还是用来结婚的。

某女小张因为看见男朋友会搬张椅子来给他妈妈剪脚趾甲，所以很是感动，并且义无反顾地嫁了给他。后来，他们离婚的理由居然也是因为他的太孝顺，因为他太孝顺了，太太总觉得自己受到轻视，是二等公民，最后黯然离开，把他送还给他的妈妈。小张离开了这个温柔的男人，投入了另外一个更有男子气概的人的怀抱，结果发现他生性暴躁，甚至凶残到六亲不认。当初他迷人的地方，不久就变成一种致命的恶习。

如果小张再找个没有不良嗜好、不抽烟不喝酒、听起来是个基本条件不错的男人呢？但是如果除了没有不良嗜好之外，他就没什么好说的，问他涂粉色指甲油好还是浅紫色指甲油好，他通常会一脸茫然。跟如此无趣的人一起过日子，估计小张又要嫌他闷，就像喝一碗没有加任何调味料的粥一样乏味。

其实，没有一个男人是完美的，他们很难身兼数角，既拥有恋爱对象的浪漫，又具备结婚对象的沉稳。如果只是想与他恋爱，而又很在乎对方的责任感，这可能会处处碰壁。毕竟，和浪子谈恋爱，比较单纯、刺激和浪漫，因为玩的就是心跳。即使恋爱对象碰巧是很有责任感的"婚男"，也要一分为二地看问题，他不会让对方享受他的责任感，他可能要求对方更有责任感，这时也是考验对方承受力的时候。

小青曾见识过这样一位非常适合婚姻的男子，他顾家、讲卫生、守时，白天看到街上路灯亮着，他都会焦急地四处打电话……于是决定与他进一步交往，甚至动了嫁掉的念头。可是，好景不长，她发现男友严于律己的同时，对他人也非常苛刻，经常命令她"不要""不能"！小青由原来对他的尊敬变为害怕，她觉得消受不起这样沉重的爱情。爱我们的人，可能用错了方式，对方的爱像台风过后的流水，在滋润我们的同时也会带来砂，砂石淤积，爱就被嫉妒所占据。

再从职业来看，律师、医生或者有为的商人，都是社会精英，但是最后难免会有一种"悔教夫婿觅封侯"的感慨，爱情品质常不如想象美好，因为他们会忙得没有时间陪老婆。而权贵男人的脑子里又充满关系，每天衡量着该和谁近、该和谁远，结果忘记了给你一个拥抱。找个蓝领吧，动手能力强，换灯泡修马桶不用愁了，可是，长期与一个不懂小夜曲的男人同床异梦，也是不快乐的。

一位大姐为了另外一个"白马王子"，放弃了一个追求她3年的痴情男子。因为"白马王子"又帅又会甜言蜜语，即使知道他是花心大萝卜，她也觉得这是一种男性的魅力。她满脑子都是他的好和爱情的美，看不到那个爱情男主角的任何缺点。

这是我们常常犯的错误：追求时忘记反省、不懂挑剔，拥有时又反过来找缺点，放大缺点。这样的结局是，恋爱时只想享受，结婚后就自己消受。其实，找对一个男人如同找对一块玉，当他真正成为你体温的一部分后，他才是你离不开的那部分。

有人说，男人分AB两面。A面是修养，B面是本色。在公共场合，他可能是个绅士，可是他在家里又扮演大爷，衣来伸手饭来张口。可女人大部分是因为男人的A面嫁给他。了解一个男人的A面很容易，有时候一张名片或者一个存折就能把他的履历讲得清清楚楚的。问题是，领教他的B面不容易。

能辨别出黄花梨和柴禾的人不多，能看出男人本色的女人也是寥若晨星的。男人的本色就是他内在的东西，藏在里面不容易被发现，特别在这个作秀年代，男人的心也是海底针。男人一般也不愿意暴露他的本色，特别是在女人面前，总是先要把光鲜的A面摆出来，把他的本色藏起来，若没有一双慧眼，是很难看透的。而本色却是决定一个男人是善良、平和、公道、浪漫、温柔，还是凶恶、扭曲、自私、吝啬、暴力的。

所以，在你接触男人之前，应该明白，爱情没有我们想象的那么如意浪漫，先不要抱着从一而终的愚忠精神，不嫌不买，先摆出他的不足之处，如果你可以接受，再去挖掘他的好，这样，爱情才会像芝麻开花节节高。

男人和爱情都像一匹马，你要想好是骑着还是牵着。

» 挑战自我的女强人："自我实现"需求

人都有一种挑战自我、超越自我、争取做得更好的愿望，想在挑战中实现自身的最大价值。

罗马纳·巴纽埃洛斯是一位年轻的墨西哥姑娘，16 岁就结婚了。在两年当中她生了两个儿子，之后丈夫离家出走，罗马纳只好独自支撑家庭。但是，她决心谋求一种令她自己及两个儿子感到体面和自豪的生活。

她带着一块普通披巾包起全部财产，跨过里奥兰德河，在得克萨斯州的埃尔帕索安顿下来。她在一家洗衣店工作，一天仅赚 1 美元，但她从没忘记自己的梦想，她要摆脱贫困，过上受人尊敬的生活。于是，口袋里只有 7 美元的她，带着两个儿子乘公共汽车来到洛杉矶寻求更好的发展。

她开始做洗碗的工作，后来找到什么活就做什么，拼命攒钱。直到存了 400 美元后，便和她的姨母共同买下一家拥有一台烙饼机及一台烙小玉米饼机的店。

她与姨母共同制作的玉米饼非常成功，后来还开了几家分店。直到最后，姨母感觉到工作太辛苦了，便把股份卖给她。

不久，她经营的小玉米饼店成为美国最大的墨西哥食品批发商，拥有员工 300 多人。在她和两个儿子经济上有了保障之后，这位勇敢的年轻妇女便将精力转移到提高美籍墨西哥同胞的地位上。

"我们需要自己的银行。"她想。后来她便和许多朋友在东洛杉矶创建了"泛美国民银行"。这家银行主要是为美籍墨西哥人所居住的社区服务。后来，银行资产已增长到 2200 多万美元，这位年轻妇女的成功确实得之不易。

起初，抱有消极思想的专家们告诉她："不要做这种事。"他们说："美籍墨西哥人不能创办自己的银行，你们没有资格创办一家银行，同时永远不会成功。"

"我行，而且一定要成功。"她平静地回答。结果她梦想成真了。

她与伙伴们在一个小拖车里创办起他们的银行。可是，到社区销售股票时却遇到另外一个麻烦，因为人们对他们毫无信心，她向人们兜售股票时遭到拒绝。

他们问道："你怎么可能办得起银行呢？我们已经努力了十几年，总是失败，你知道吗？墨西哥人不是银行家呀！"

但是，她始终不愿放弃自己的梦想，始终努力不懈。如今，这家银行取得伟大成功的故事在东洛杉矶已经传为佳话。后来她的签名出现在无数的美国货币上，她由此成为美国第三十四任财政部长。

通过上面这个故事，我们可以看出，在女人成就梦想的路上，总是会遇到很多的困难，也经常会有人提出异议。可是，只要我们勇敢地喊出自己的目标，并且拿出勇气应对一切困难和挫折，那么我们就能摆脱一切困难，实现自己的目标。

马斯洛把自我实现的需求放在人类需求的最高一级，不是没有道理的，毕竟人人都有自我实现的需求，却并不是人人都能成就伟大。

马斯洛认为自我实现的需要是最高层次的需要。他主要是指个人的理想、抱负，发挥个人的能力要达到最大的程度，从而完成与自己能力相称的一切事情的需要。

其观点是，人有一种沿着需要层次上升的自我倾向。仅仅温饱或小康是不够的，人类往往都在追求一种能让自身感到充足和满意的生活，更高层次的追求可以驱使人们走向进步。自我实现指创造潜能的充分发挥，追求自我实现是人类动机的最高层次。这大概就是很多人在物质极大富有之后仍然选择工作的原因，也就是我们在工作中所有物质和精神需要都得到满足后，我们仍然希望自己工作，就是为了寻找工作的乐趣抑或是为了寻求更大挑战，再一步步实现自我的满足。

人活一世，我们总要实现自我，不管我们追求的目标是大或者是小，我们都要努力地去实现它，这样我们的人生才会变得五彩缤纷，才会无限充实。虽然我们对幸福的追求是有限的，但是从某种程度上来说，也是无限的，它更在于一种在漫长过程中的坚持和忘我。我们应该释放自己最大的能量，在工作和生活中认识全新的自我，为了自己的人生和事业不断地努力，为职业生涯添上更加亮丽的一笔。

» 王老五的"短期租赁"和"清仓思维"：求爱需求

美国一家大型网站金融版上总是有一些有趣的帖子。有一天，一个年轻貌美的美国姑娘在上面发了一个询问帖，主题是"我怎样才能嫁给一个有钱人"，内容如下：

我今年25岁，很漂亮，谈吐优雅，有品位。想嫁给一个年薪50万美元的人。你们也许会觉得我太贪心，可是，对于你们这个年收入100万美元还算中产阶级的富豪层来说，我这个条件并不过分。

这个版上有年薪超过 50 万的吗？你们之中有单身人士吗？我想请教一个问题：怎样才能嫁个有钱人。我曾经跟人约会过，可是最有钱的年薪也只有 25 万美元。要想住进纽约市中心的豪华区，这个数字远远不够，所以我诚心来咨询几个问题，希望有好心人能够如实地回答我。

1. 有钱的单身汉一般都会在哪里打发闲暇的时间？

2. 我把目标定在哪个年龄层比较好？

3. 为什么富豪的妻子都相貌平平？我见过一些富豪太太，她们长得并不好看，更没有什么吸引人的地方，可是她们凭什么能够嫁入豪门？

4. 富豪们是怎么决定谁能做自己的女朋友、谁能做自己的妻子的？

PS：我是带着结婚的目的来发帖的，希望大家不要以为我只是在开玩笑。

——波尔斯女士

这个帖子引起了很多人的注意，甚至有一些富豪开始讨论帖中的问题。后来，一位华尔街的金融家明确地做了回复：

亲爱的波尔斯女士：

你的帖子引起了我的极大兴趣，相信很多女性也跟你一样，存在这样的疑问。现在，就让我以一个投资家的身份来回答你的问题吧。我的年薪超过 50 万美元，所以请你相信我不是在这儿浪费你的时间。

从一个生意人的角度来看，跟你结婚是一个很糟糕的决策，理由如下：你所说的婚姻是在"财"和"貌"的交易的前提下发生的。甲方提供给乙方漂亮的外表，乙方提供给甲方富裕安定的生活，看似很公平，谁也没有损失。可是，这里有一个致命的问题，你的美貌会消逝，而我的钱财却不会无缘无故地缺少。而且，事实是你可能会因为年纪的关系一年不如一年漂亮，可是我却有可能通过努力一年比一年有钱。因此，从经济学的角度来讲，你是贬值产品，而我是增值产品，两者的交换并不是等价的。再过 5 年甚至 10 年，当你的美貌退步，那么你的价值很令人担心。

在华尔街，价值下跌的产品会被立即抛售，而不宜长期持有，也就是说你想要的婚姻是不可能成立的。如果人们有这个需求，可以去租赁，但是不会购买。年薪超过 50 万的人可不是傻瓜，他们只会选择跟你交往，而不会跟你结婚。

希望我的回答能够让你满意，顺便说一句，如果你对"租赁"有兴趣，可以跟我联系。

——罗波·坎贝尔（J.P. 摩根银行多种产业投资顾问）

这段帖子堪称经典。这位投资家冷静地回答了女士的问题，并且全面地分析了男人的心理。很多女人想嫁给有钱人，在这一方面，剩女表现尤其强烈。怎么说也等了这么多年，自己的条件也不差，当然想嫁一个"钻石王老五"，让自己的后半生无忧。

有一些觉得自己有几分姿色的优剩女，尽管自己的身边已经有了细心照顾自己的男人了，可是因为没有钱，不能提供给她们奢华的生活，所以即使享受着对方的种种细心和体贴，也总是慨叹着"除了没钱，他真的挺好"，而一次次将对方从恋爱范围中推走。剩女们在这样做的同时，其实是在推走自己的幸福。

在"马斯洛需要层次理论"中，满足自己的生理需要是排在最底层的，而追求爱的需要比生理需要等级高。美貌与金钱的交换或许能满足一时的生理需求，但是，人是有一种沿着需要层次的上升自我实现发展的倾向的，仅仅达到吃穿不愁是不够的。他们更需要是一种充实饱满的精神生活，而这种对更高层次生活的向往则是使人前进的动力。

有钱的男人并不喜欢盯着自己钱包的女人。不是美女对他们没有吸引力，而是他们很清楚美貌很快就会贬值。跟美女在一起的日子的确让人向往，但处一段时间后，他们或许就会向往更加新鲜的生活了。很多有钱男人的身边确实不乏美女，可这样的交易往往是租赁关系，一旦价值不能对等，他们就会果断"清仓"。同时，女人也应该武装自己的头脑，擦亮自己的眼睛，不要被一时的富贵蒙蔽了心，也不要把男人的智慧降低到只懂得思考脸蛋的程度，男人们也知道自己想要选择的暂时和长久的恋爱对象的区别。女人要懂得放长线钓大鱼的战术，选择一个真正能带给自己幸福的男人。而男人也不要只把目光停留在漂亮的脸蛋和曼妙的身材上，要找一个真正的"增值"女人，最终还是要回归到对内在灵魂的关注上。

» 酒后猛打电话的男人：压抑和限制的释放

生活中常遇到这样的情况，几个朋友一起去吃饭，有男有女，吃完饭之后总有那么一两个男人借着酒劲狂打电话，仔细一听，说的都是一些乱七八糟不着边际的话。当然，有时候我们自己也会接到这种莫名其妙的电话，听上两句我们就会明白，他可能是喝了酒。

张华在大公司上班，每天总是西装革履的，再加上长相周正、气质沉稳，所以给人的印象是十分的成熟稳重。但是他做人实在是太认真了，所以总是显得没有生活情趣，更不懂幽默，以至他没有交心的朋友和理解自己的恋人。

有一天，张华因为工作失误被老板批评了一顿，他心里不自在，所以就想去喝几杯解解愁，但张华的酒量十分不好，刚咽下几杯就开始面色泛红，有些醉醺醺的了。又喝了几杯之后，他彻底醉倒了，并开始动作歪斜地掏出包里的手机，眯着眼按下了一个好友的号码。

"喂……喝酒吗？……我喝……我一点都没醉……听说……明天要下

雨……我今天打伞了……可是昨天没下……骗人……"

那边听着不对，于是问："张华吗？你喝酒了？你在哪儿呢？我去接你……"

"喝酒……喝可乐……都没人陪……人都走了……他们都有人……每天都开开心心的……我不开心……他们还带了饭……我吃盒饭……老板到处骂人……我以前也被老师骂过……"

……

后来，那位被"骚扰"的朋友才知道，那天晚上，被"骚扰"的不止他一个，其他的一些朋友也陆陆续续地接到了醉鬼张华的电话，并且说的都是一些毫无意义的废话。但是在这些"废话"里，似乎又总是掺着一丝淡淡的无奈和哀伤。

那么，为什么有些男人喝醉酒之后会狂打电话呢？这其中隐藏着男人什么样的深层次的心理诉求呢？

男人在酒醉之后，常常自以为想起了一件极重要的事情，于是打电话给别人，但是接电话的人却总是会被其所谓的理由弄得哭笑不得，尤其是半夜三更接到电话，更是让人气得咬牙切齿。

而在平常，男人们生活在多样化的组织或群体中，无论做什么事情都会受到各种各样的限制，因而内心的压抑会不断积累，只有在喝醉酒的时候，他们才敢放纵自己，借机发泄心中的不满。而他们的无礼举动，多半都是以较亲密的友人为对象。

事实上，喝醉酒的男人在心态上已脱离了现实，和接电话的人的想法有极大差别，两人当然话不投机。如果我们认为，对方既然已经喝醉了，只要随便敷衍他几句过去就算了（这通常也是一般人的处理方式），这样很可能会伤害他。

仔细分析这些男人的举动就能够知道，他们孤独，需要他人的关怀。他们希望能和更多的人交往、沟通，借以排除心中的不满。因此，当我们遇到这种男人，而且他也是我们不错的朋友，千万不要因为他的无礼而恼怒，从而做出某些过激的行为，这样可能会让他从心底排斥我们。我们不妨抱着像听故事一样的心态听一听，俗话说"酒后吐真言"，说不定我们还能从中加深对他的了解。即便全是一些无理取闹的话，也可以让他心中的郁闷得到一定程度的发泄，等他清醒了，也许表面上不会说什么，但内心深处必然对我们感激涕零，将我们视为知己。

» 嫁人就嫁"霸道"男：呼唤"霸道"男人

有人说，霸道男人，身上带着一股雷厉风行的英气，一种呼呼生风的性感，一种让女人情不自禁地娇滴滴起来的雄性之美。那么在这个呼唤民主的时代，男人是霸一点好呢，还是该"妻管严"呢？

有人认为，男人慢慢失去了男人该有的剽悍，所以强烈呼唤男人霸道起来。相反，有人认为，男人重拾霸道，是一种性别返祖现象，是文明的退化。那么，到底男人该不该重新霸道起来，怎样霸道能刚好合女人心意又不侵蚀民主文明呢？

1. 霸道不是文明的利器

增一分太强，减一点太弱，男人真的是左右为难。有种典型的观点认为：力量辅以修养的提升，才是男人征服女人的根本；"霸道"是男人落后的武器。

来自德国和英国的研究学者对黑猩猩、大猩猩以及其他灵长类动物脸部形状和尺寸进行研究，发现在大多数灵长类动物中，雄性的犬齿一般比雌性的犬齿要长得多，突出的犬齿意味着雄性的优越性和好斗的能力，但在历史的进化过程中，这些凶猛的霸道特征已经慢慢为时间所消磨了，它们犬齿的尺寸与雌性的已经变得很接近了。

这个结果表明了人类的男性祖先，是逐渐放弃了暴力、霸道方式来赢得异性的爱戴与尊敬的。可见，早期人类，如果拥有一张不好斗而吸引人的面貌的话，往往就具有一种优势。男人的进化，是从暴力的崇拜到英俊容貌的追求的过程，也是从霸道的控制走向文明的学习过程。让女人折服的不是男人类似霸道、暴力等倾向，而是魅力。

2. 霸道是可以原谅的男人缺点

在全世界进一步清除传统大男子主义荼毒的时候，有新潮美眉反其道而行，认为霸道是可以原谅的，甚至对"霸道气质"崇拜起来！不少女性对电视剧《激情燃烧的岁月》里会打太太屁股的将军充满遐想与向往，觉得他很"够味"，那种不容置疑的爱，那种当仁不让的情，令人荡气回肠。

这大概是因为"妻管严"的批量生产让女性有些倒胃口，也引起部分男人的强烈反弹。于是男人开始缅怀"霸道"的岁月，并以"新大男子主义"自居，修正旧霸道里的"糟粕"，重塑霸道之雄风。

我们明知民主社会"霸道"绝对不是一个好词，但是有其独到性别魅力。如果说一个男人"坏"，没有男人会真的生气的。

3. 折中的新大男子主义：霸道而温柔

女人一方面想独立自由，一方面又希望要有依靠。为了赢得女人芳心，新时代的男人要学会识时务地淘汰传统大男子主义的糟粕，同时保持原来"强有力""负责任"等核心优点。

传统大男子主义意味着男人在婚姻中所占有绝对的主导和支配的地位，一切是"他说了算"，另外也充分地表达了一种"不平等"，所以常常被妇女解放运动作为一个批判的目标。但是，当今的"新大男子主义"所体现的霸道，是一种温和的爱情管理方式，而不是曾经的居高临下的压迫与统治。

新兴的霸道男人则不同，他们是不怕老婆，但是疼老婆。他们往往是强者，在社会、单位、家庭往往处于举足轻重的地位，同时也是护花使者，为女人带来安全感。

男人不能一味地霸道，也不能没有半点霸气。如果只是为了让男人变温驯而消磨了他的霸气，男人也就没有男人味了。好男人终究是有点温柔有点坏。

» "轻熟女"会爱上"幼齿男"：女性的关怀强迫症

最近西方媒体公然打出了这样的旗号："每一个自信的女人都需要一个小跟班！"这里说的是女人而不是女孩，是幼齿小跟班，而不是社会上的精明男人。于是，这便有了新时代"轻熟女＋幼齿男"的组合。

充满了物质欲望的都市常常让人觉得厌倦，这完全不符合"轻熟女"对爱情的想象。而"幼齿男"对待爱情的干净和纯粹，能让轻熟女不知不觉地放下心里的戒备，走进温馨而又甜蜜的情感世界。幼齿男同时也能带给轻熟女一种荣誉感。他可能像我们的孩子一样，在我们的期待中逐渐地成长和成熟起来。从孩子般清澈的目光到一个被人仰慕的男人的审视，幼齿男的蜕变过程能让轻熟女变得骄傲和自豪，而这种心理上的满足，完全不是鲜花和钻石的虚荣能够填补的。

而轻熟女是介于"熟女"和"生涩女"之间的一类女性，她们有着更加细腻的心理状态，对待感情和两性关系，既成熟又充满了青春的幻想。她们有一定的经济基础，不依靠男人也能很好地生存下去；她们有一定的职业规划，做什么事情都显得很有条理，即使是对待两性关系，她们也希望能够遵循一定的规则，而不是单纯的女人依靠男人，女人成为男人的附庸。这类女人，她们不需要钻石来度量爱情，而是希望真正实现心与心的对接，是真正渴望爱情能够摆脱世俗的一群人。

这样年纪的恋情，让人既沉醉又有一种冒险感！因为幼齿男的青涩，难免会有一些任性、调皮和叛逆，他们可能会很容易受到身边朋友的影响，而跟轻熟女的关系时常处于依赖和被依赖的关系。这时，对于掌控恋爱主导权的"大姐姐"来说就是一种挑战了。那么轻熟女应该怎样去应对这样的局面，将艰难的爱情变成一块福田呢？

最好的答案可能就是：要像姐姐一样去引导他们！

既然年纪上不占优势，那么那些专属于小女孩的任性和胡闹自然应该远离她们。"姐姐恋人"要做的就是展现姐姐般的干练、智慧和温暖，要展现的是一股"熟苹果般深厚的香味"，而不是鲜花肤浅的流香。要在男人疲惫的时候张开温暖的怀抱，用姐姐般的善解人意来缓解他的压力和抑郁。虽然女人外表柔弱，但那骨子里却带着几分韧劲，随着阅历的加深，这种坚强会越来越明显，也因此会变得对男人更有包容力和理解力。

为什么这种"姐弟"之恋会有它的流行趋势呢？

从心理的角度来看"姐弟恋"，女性作为主体，往往是母性在起关键作用，表现为对他人的关爱，这是有生物学基础的。女性在新生命的孕育和哺乳过程中，把这种特征延伸到生活中，成为"姐弟恋"的心理学基础。

从女性的角度来说，"关怀强迫症"易于导致发生"姐弟恋"。"关怀强迫症"原意是交互依赖，这里指"依赖别人对自己的依赖"。即总是自觉不自觉地不断向别人提供关怀和帮助，从对他人的这种关怀和帮助中得到满足和自我认同，享受由此产生的道德优越感，否则就会有强烈的自责和痛苦。当女人在心理上出现这种倾向时，她们就很容易转嫁这种关怀给比自己小的男人。

而从男性的角度来看，成熟的女人是心灵的捕手，理性但不冲动，会疼人，也更懂得含蓄。所以，成熟的女人更容易成为男人的红粉知己，知冷知热，懂得把握分寸。给关怀，但不给借口；给感动，但不会让男人变得冲动。小美眉掌握不好火候，自己本身就是易燃物，遇上的男人如果同样是氧化物，那么两个人之间的爱情就会变得很危险。

轻熟女能够在事业上给予小男人帮助，她们懂得拿捏人与人之间的关系，对工作和人生有着独到的见解。小男人在遇到迷茫的时候求教，轻熟女会不自觉地拿出耐心来指导，这种被人需要的满足感，就如同母爱的无私。但是轻熟女并不会对小男人过于宠溺，她们会懂得三分爱留给自己，七分爱留给男人。这样不但不会让小男人有过多的压力，同时也是一种力量的积攒——即便那七分爱被男人全部挥霍了，自己也还保留着三分热度。

渴望爱情，追求自己的幸福，有很多的表现形式，也有很多的实现方法，关键在我们是真的决定用心去追求这份感情和维持这份温暖的热度。

» 谈恋爱也可以"趁火打劫"：在最需要的时候送上自己

恋爱中最痛苦的莫过于单相思，喜欢你的人，你不喜欢；你喜欢的人，不喜欢你。正所谓"强扭的瓜不甜"，恋爱是两个人的事，勉强的感情不会幸福，只能造成彼此之间的折磨和痛苦。生活中有太多的不完美和无奈，每当我们情到深处，爱一个人爱到疯狂的时候，上苍似乎总喜欢捉弄我们，难道爱的温度是零？爱不能温暖和融化对方的心吗？喜欢一个人最后却只能远远地望着他（她）吗？

生活中我们总是经历着这样的事情：某一个人深深地吸引着你，你愿意看他疯狂地踢球，然后悄悄装作球迷递上你的爱心饮料；你愿意看他忘我地打游戏，自己却装作陌生人坐在他的旁边陪着他；你习惯在同一条路上同一个时间等待他的出现；你希望有一天能跟他做朋友……但是，你却发现他已经有心爱的人。

爱是私有财产，爱是没有先后、没有对错的。爱是勇敢的争取而不是卑怯的放弃。所以，要想抓住喜欢的人的心，首先要学会"趁火打劫"。

"趁火打劫"原意是，趁人家家里失火，一片混乱、无暇顾及的时候去抢人家的东西，趁机捞一把。所以，趁火打劫的行为一直为人们所不齿，因为乘人之危毕竟显得不太光明，非君子之道。但是，"趁火打劫"在爱情战争中是指，当对方在最失意、最痛苦的时候送上你的温暖，最容易打动对方的心。因为，在一个人最脆弱的时候，如果有人陪着他（她），他们会感到异常的温暖和欣慰，会因此敞开自己的心扉，甚至把你当成自己人，拉近彼此之间的心理距离。其实，爱情本来就是自私的、盲目的、没有对错的，你不趁火打劫，自有其他人来打劫。爱情不施点小诡计，很难争取到自己想要的。因为，堕入情网的人都是戴着面具跳舞，彼此指尖可触，但是陌生的又那么遥远。

在爱情中，要了解对方所需，在他（她）最需要的时刻送上自己的帮助，但一定要心存善意和真诚，否则弄巧成拙，只会引火上身。还要把握住"打劫"的度，千万不要让这个本来是联系感情的好时机变成对方厌烦你的时刻。

电影《乱世佳人》中，白瑞德为什么坐在牢房里就能等到斯嘉丽这位佳人自动送上门来？靠的就是这招"趁火打劫"，凭借着对大局的准确把握，在亚特兰大他几次架着马车、载着佳人冲出熊熊大火，然后在远处火光的映衬下向心上人索吻的举动，确是当之无愧的"趁火打劫"："亲爱的，我爱你，所以为你挨骂、玩绑票、装阅读障碍，甚至差点牺牲了可怜的企鹅朋友，即使你第二天就忘得一干二净，我也依然焦头烂额地日复一日——我打劫了你的爱，你偷取了我的心。"此情此景，心爱的他（她）能不跟你走天涯吗？

人是有感情的动物，有些人习惯冰封着自己的心，总是一副拒人于千里之外的样子，让人无法靠近，但其实，他（她）们也一直在等待一份能温暖自己心的爱。

我们要学会"趁火打劫"，在最恰当的时刻、最恰当的关头、最合适的尺度进行"打劫"，这样才能"劫"得自己的"爱"。

» 网恋成就出来的婚姻：这是一种产权交易

如今，随着网络技术的高速发展和普遍应用，婚恋形式也走向多样化。其中网恋就成为单身男女步入婚姻的一种重要形式。那么，经济学上是怎么看待网恋现象的呢？

经济学认为婚恋的本质就是男女双方的产权交易。双方爱心的付出，并且希望得到相应的回报，这就是一种产权交易。每个人都希望找到一个如意的心上人，邂逅一段美好的爱情，于是，就一直在心存美好地等待着、寻找着。但很多人终其一生也没有找到满意的对象，从而凑合选择一个稍微不差的人选结婚。事实上，并不是不存在满意的对象，而是真实世界里信息不充分，交易费用太高了。

有一些人选择了网恋，并不是代表他们沉迷虚拟世界里的爱情，而是网络降低了搜寻爱情对象的成本。在古代，很多人一辈子都没有离开过自己的家乡。无论是生活还是工作，都只是在方圆几十里内，这种情况下要找到满意的对象当然不容易。于是，青年男女们就只得听从父母安排，相亲就成为单身男女最常见的一种结交方式。

网络论坛的情感版经常出现一些网恋的帖子，这是一个80后描述自己的情感故事。

我们俩都是80后，两个人的性格又刚好是互补型的，他是一个做事有条不紊、慢性子的男孩，而我是个凭感性处理事情的急性子。但我们是见了一面后就确定恋爱关系，因为在没见面之前，我们已经网恋了半年了。

说来真人不可思议，他的出现让我感觉先是眼前一亮，然后是脑袋一晕，被幸福撞了个正着。从不相信网恋的我，竟然就通过网络找到了自己的爱情归宿，获得了幸福。

我们已经领取了结婚证书，打算过一段办婚礼，我们现在对婚姻幸福充满了信心。

随着社会的发展，人们的活动范围在不断扩大。开始有很多人离开家乡外出打工，一方面摆脱了父母对他们婚恋的控制，一方面也降低了搜寻对象的成本。随着网络兴起，人们的活动范围进一步扩大。两个人的相识将突破空间上的限制，从而极大程度地降低搜寻的成本。

在网络上认识一个人的代价是远远低于现实的。要知道，在现实中认识一个素不相识的女孩是要付出很多成本的。找什么理由与对方搭讪？如何取得她的联系方式？这其中要付出的成本是很高的，我们还会考虑一旦被拒绝还会带来各种尴尬。在网络上找人"搭讪"的成本是极低的，同时也没有什么尴尬。

网恋虽然降低了搜寻的成本，却增加了考核成本。如果两个人仅仅有虚拟世界的交流，但是没有现实里面对面的接触，就很难确定两个人之间是否合适。网络给人们很多想象的平台，从而让人的头脑充满幻想。很多时候，人们在网恋过程都对对方产生过高期望。因此，网恋中常常有"见光死"的情况发生。

网恋要冷静。不要追求一些不切合实际的爱情，否则就让自己很痛苦。尽管通过电话、视频等方式可以了解到对方的思想、修养、人品，但是要想真正了解对方的外貌、性格以及生活习惯，都有一定困难。通过网络聊天的文字是可以判断一个人的思想和为人，但这需要理性的判断，需要正确的逻辑，需要理性思考。

事实上，网恋不过是实现爱情的一种方式，它确实降低了人们获得爱情的交易费用，让更多人可以拥有恋爱的机会。因此，不管是网恋，还是传统相亲方式，只要能使我们找到满意的另一半，我们都不应该排斥。不管什么样的方式，只要有利婚恋的实现，都可以尝试。

» 为何有三年之痒：离婚高潮与育子周期

我们常说结婚后会有三年之痒，到底什么是三年之痒呢？它主要是指在结婚以后彼此之间失去吸引力，生活慢慢地走上婚姻的正轨，生活已经定了型，女人变得不再漂亮，而男人则变得不再会对女人"花言巧语"，而是越来越实际。人们在稳定的生活中就想寻找一点刺激，也就形成了三年之痒。

婚后的夫妻关系非常的微妙。这种依恋关系有可能持续终生，也可能因中途发现对方的缺点而演变成厌恶情绪。构筑起良好的依恋关系，可以使婚姻生活更加长久、美满。

近年来，结婚后不久就离婚的夫妻增多，而且在结婚第三年迎来离婚高峰期。

人类学家费舍尔博士横向分析了全世界58个地区关于离婚的统计数据。结果发现，结婚之初的几年容易发生离婚，结婚4年之后，离婚率逐渐降低。而且离婚者具有如下特征：20多岁居多、有1~2个孩子的居多、再婚者居多。

费舍尔博士推测，之所以结婚第三年出现离婚高峰，可能与养育孩子的周期存在某种联系。结婚第三年，多数家庭的孩子已经学会走路了，而且已经不需要母乳喂养和父母的时刻紧跟。而在孩子成长到这个程度的时间里，幼儿还需要妻子与丈夫的合力照顾，无法一人独立抚育。也就是说在抚育幼儿的工作完成之前，家庭就是一个夫妻双方相互协助的系统。在荷尔蒙和脑内分泌物质的影响下，夫妻之间感情融洽。但是，当抚育幼儿的工作结束之后，这个系统就消失了。因此，结婚三四年后夫妻离婚、分别再婚的现象增多。从繁衍子孙的角度看，这也存在一定的合理性。

那么，面对这种婚姻生活中的审美疲劳和高原反应，我们应该采取怎样的措施才能避免两人分道扬镳呢？

"分居"策略就是一个很好的战术。这里的分居并不是指两个人真的由于感情冷淡而分居两地，而是指夫妻之间刻意制造一些距离感，用距离产生美的方式增加生活中的乐趣和情趣，再度让两人适当享受一下婚前的自由生活；同时也在远距离的异地而处中用思念之情增强彼此的感情。

每当在婚姻生活中感到疲惫与乏味的时候，李明伟就会产生想过单身生活的念头。这时，他就从心里盼着妻子出差或者回娘家。如果恰巧赶上妻子出差或回娘家，他会三呼"万岁"。妻子一走，李明伟就完全放松自己，先是上网，与网友放开胆量聊天，接着找上几个酒友喝酒，即使喝得酩酊大醉也无妨，醒后，到饭馆吃点可口的饭菜，再约几个好友打打麻将、泡泡吧、聊聊友情，侃侃国际形势，再说一些男人之间心领神会的话题。这样的情况持续了一个星期，李明伟就觉得无趣了，回到家里空落落的，他开始想念自己的妻子了。他想念她煮的饭菜，还有她说话的声音以及微笑时出现的小酒窝。

　　他忍不住给妻子打了一个电话："老婆，你什么时候回来？"妻子说："你的单身生活过完我就回去。"一听这话李明伟心里急了："我想让你现在就回来……"只听妻子说："你以为出差是玩儿啊，说回去就回去。"听到这里，李明伟瘪瘪嘴，而妻子却在电话的另一头笑了："老公，我也想你，不过，你不觉现在这样挺好吗？要不是我出远门，你什么时候这样想过我，呵呵，我觉得我俩有时候就得这样分开一段时间，你没听过三年之痒吗？那就是一起待久了给腻的。"

　　日子就这样日复一日、年复一年地过去。夫妻俩要觉得单身生活好，就又故伎重演，分开一段时间。偶尔煲个电话粥，谈谈两人的新见闻和感受，平淡的生活竟也没有那么乏味了。

　　中国有句俗话叫"小别胜新婚"。小小的离别比如胶似漆的胶着更令夫妻二人体味到他们的感情的深厚程度。生活是可以选择的，婚姻模式也不是一成不变的。"分居"策略的明智之处就在于它摆脱了周而复始的生活方式，夫妻感情在分离中得到了凝聚。其实，当当初的热情在柴米油盐酱醋茶中磨损和耗费后，婚姻就很可能成为一种既定的模式和程序，而这样"炒剩饭"的行为自然会影响到两个人彼此间的情感流通。

　　而且，人们步入婚姻，常常意味着失去独自拥有的空间，饭要一起吃，觉要一起睡，一切结双结伴。两个人粘得太紧也会让人窒息，所以，营造近在咫尺却又远在天涯的氛围就显得如此可爱而有趣味。

　　婚姻是重要的，但还有比婚姻更重要、更难以割舍的东西，那就是许多人的婚姻价值判断，毕竟已不是婚姻等于一切、婚姻大于一切的时代了。"两情若是久长时，又岂在朝朝暮暮。"古人希冀的美好感情在当今这个多元的社会里，终于可以由人自己来选择和实现了。实际上，不论怎样生活，我们渴望的都是婚姻赐予的一份快乐和轻松。

第四章
怪诞——奇怪的现象是怎么发生的

» 记起 200 年前：大脑控制海马回

在今天这个对奇异现象倍感兴趣的时代，我们常说的前世今生，则被许多小说、影视作品渲染得神乎其神，如忽然对某场地、某人、某物"似曾相识"，似乎能准确地描述对方的每一个细节，更有甚者好像能预测接下来的事态发展。

根据调查，有三分之二的成年人至少经历过一次这样"似曾相识"的感觉。调查显示，常年在外经历丰富的人比宅在家里的人更有可能遇到这种情况，同时，想象力越是丰富的人、受过高等教育的人也比普通人较容易引发这种心理现象。但是，这样的现象也会随着年龄的增长而逐渐减少。

列夫·托尔斯泰有一次去打猎，正在追赶着一只兔子，这时，马蹄不慎陷入了一个坑里，他就从马背上摔了下来，跌在了地上。这个时候，他似乎眼前出现了一幅十分熟悉的场景：自己的前世也是这样从马背上摔了下来，甚至连时间他都记得很清楚似的，他肯定那是 200 年前的事情。

世界上总会发生许多匪夷所思的事情。不知道大家有没有遇到这样的情况：我们来到一处完全陌生的场所或者是身处某个场景和动作，却总有一种"似曾相识"的感觉。就像《红楼梦》里贾宝玉和林黛玉两人相见时，宝玉却道"这妹妹倒像见过一般"。

那么，我们真的有前世今生吗？如果没有的话，那些神奇的"记忆"又是怎么一回事呢？

研究表明，"似曾相识"这种心理是一个叫做"海马回"的区域在作祟。海马回是位于脑颞叶内的一个部位的名称。人有两个海马回，分别位于左右脑半球。它是组成大脑边缘系统的一部分，担当着关于记忆以及空间定位的作用。它的名字来源于这个部位的弯曲形状貌似海马。

海马回主要是控制记忆活动的区域，它负责形成和储备长期记忆。而记忆则是被强大的化学作用联系在一起的脑细胞群，当我们要从脑中"抽出"某种记忆时，实际上就是在寻找特定的脑细胞并对其进行激活。而海马回可以帮助我们脑海中已经存在的记忆"索引"其他相类似的情况。这就是为什么我们在现实生活中如果做了类似的事情或者说了类似的话，就会恍然大悟般感慨：哦！这件事（这些话）我以前好像做（说）过！

但是，有的时候，这样的记忆"索引"也会出现差错。它们将此时此刻的所知所感与某种未曾发生的"记忆"搭配在一起。比较典型的情况有，我们看到的电影或者小说里面的某些情节，因为天长日久，我们会有所遗忘。这种遗忘并不是真的忘记了，对其的记忆还是储存在脑子里的。然后忽然有一天，如果我们处于类似的场景中时，我们可能会误以为那是我们自己亲身经历过的事情，而产生对"前世"的猜测。

对于前世，如果我们只是将其作为一种娱乐，那也是无可厚非的。但是，如果痴迷于这种说法，那就会给我们带来不必要的消极影响。社会上很多"江湖人士""算命大师"利用这样的说法对我们进行欺诈，而许多人也因对此"乐此不疲"而付出了很多代价。所以，从现在开始，与其执着于那看不见摸不着的"前世"，还不如好好地把握当下，活在今天。只有保持着认真活于此刻的心态，才能在为人处世时充满自制、理性却又不失活泼的生活态度。只有这样，才能拥有更好的明天。

总之，与其回头看向一片虚无，不如踏实地活在当下，从而乐观地创造未来！

» 灵魂真的能够出窍吗：关注角脑回

一天，子林向朋友说起了他某一晚的古怪经历。那晚，子林由于疲倦就早早地躺下了，也不知道睡了多久，他模模糊糊地觉得自己有些醒了，却是处于半梦半醒之间的惺忪状态。他忽然觉得自己有些口渴，于是便慢慢地爬了起来，可是却总觉得有些费劲，他觉得可能是因为自己躺得有些久了。之后，他有些费劲地一步一步走向放水杯的桌子，却忽然心惊似的回头看了一下。这一瞧倒把他自己吓了一大跳，他看见自己还好好地躺在床上，甚至似乎能感受到床上的"自己"那细微的呼吸。这一惊却像是一阵吸力似的，把他直直地拉向了床上的"自己"。也不知道过了多久，他慢慢地睁开了眼，身体还是有些疲惫，他像意识到了什么似的，马上把灯开了，发现自己还是躺在床上……

许多较为偏远的地方，至今还有"叫魂"的说法，即小孩子受了惊吓，大人就要带着他在受惊吓的地方喊着他的名字："××，回来吧，回来吧。"这样的情况是不少见的，而民间也确实有很多关于灵魂的说法，"灵魂出窍"就是其中一个。

因为只有在人放松下来，思想开始放空的时候，灵魂才较易脱离肉体的束缚。这就像很多濒临死亡的人，当他们昏迷的时候，似乎会感觉到自己开始脱离肉体漂浮了起来，然后看到医务人员在来来回回地抢救自己。当他们恢复知觉后，他们也能准确地说出当时的抢救情况。

心理学家认为，"灵魂出窍"的现象可能是由右大脑皮层的角脑回引起的。瑞士日内瓦大学医院的一个研究小组做了一个实验：用电极刺激一名患有癫痫性痉挛的妇女的头脑。研究人员发现，当他们向这名妇女的角脑回发出微弱信号时，经她后来形容，当时的感觉是："我从高处看到自己躺在床上，但我只看到自己的脚和下半身。"后来研究人员又向"角脑回"发出两次刺激信号，结果这名妇女产生了类似的感觉，甚至还有瞬间的"轻盈"感。所以，研究者认为，角脑回主要用于整理有关身体的视觉资料（来自眼睛），以及有关碰触和平衡的资料（来自皮肤和内耳）。一旦角脑回对这些资料整合不当，人就可能产生灵魂出窍的感觉。

但是，脑区功能紊乱还不足以解释有关灵魂出窍的全部疑问。因为灵魂出窍的人除了感到意识脱离身体，那个分离出来的自己还能以一种外人的视角看到自己的身体以及周遭的事物。这些信息又是从何而来的呢？

专家认为，睡眠麻痹也可能引起所谓的"灵魂出窍"。引发睡眠麻痹的原因可能是大脑所存储的信息发生了冲突。产生睡眠麻痹的人很可能是快速动眼期，这个阶段是浅眠阶段。或许有人梦到自己正在走或者飞，这样的动作思维就势必会给人在意识上带来一定的移动感。但是，我们的大脑却能够理性地判别出我们的身体其实没有动。为了缓和这种冲突，大脑就将自我从身体上分离出来，使人感觉自己在运动，而身体却留在原处。

所以，以后再有人遇到这样的"灵魂出窍"，我们大可不必惊慌失措、惴惴不安，只要对此有所了解，明白这是一种正常的心理现象。同时，我们也要消除对这类灵魂现象的恐惧，实在是受到困扰的时候，我们可以去向朋友倾诉，寻找一些安慰和鼓励，不必有所惊恐。如果这样还不行，那我们也可以咨询医生的意见和建议，学会自主调节、自我控制。

» 幽灵的出现：记忆和习惯性预测惹的祸

在很多传说里，甚至是我们周围的人中间，都流传着关于幽灵的故事。那么幽灵到底是什么东西，是关于无形体的精神世界的起始点，还是只是我们的错觉？

有一天，我在房间里工作，突然听见厨房里响起一声清晰的吱嘎声，不一会儿那声音重又响起。哦！我一边继续打字同时在想，那只猫终于吃它的猫食了。两秒钟之后我突然醒悟过来，等会儿，让我再想想。天哪，那只猫早在数月之前就因长期进食不良而死。我定了定神，才发现那只不过是冰箱自动化霜的声音，它比制冰器产生的噪声轻微些，而我尚未把事情想个明白便对我听到的声音习惯性地作出了猜测。

　　正如以上经历一样，当我们只是隐约听见什么时，我们总是用猜测把细节填满。在风中吱吱作响的窗户，听起来也挺像你的小狗在向你发出要食的哀鸣，从而使你以为听到小狗的叫声。一旦这种记忆被唤醒，真实的声音可能很难重现——由记忆填满的细节变成了所感知的现实。这并非不寻常，我们总是在这么做的。

　　当我们听到一个人说话或读一页印刷物时，我们认为，新看到或听到的有许多来自我们的记忆。虽然我们看到印刷错误，但我们会把它们忽略，而想象正确的字母；当我们去国外的剧场，我们会意识到实际上听清的少得可怜，在那里更使我们烦恼的并不是不能理解演员们说的，而是不能听清他们的台词。事实上，在国内相似的条件下，我们听清的也很少，只是因为我们的头脑充满着母语言词上的关联，从而为理解提供了必需的素材，尽管听觉上的线索很不足道。

　　这种来自记忆的填充是称之为范畴性感知的一部分，当我们不知道是什么触发了它时，我们就管它叫幻觉。除非声音重复出现，否则我们不能把我们对声音的这种填充性感知与原始的声音相比较；幸好，如果是视觉现象，我们常常能再看第二眼，在沉溺于"幽灵出现"之前发现错误。

　　可见，幽灵之所以存在是由于大脑所犯的错误；有些是微不足道的日常的错误，有些则出自于睡梦中的异常；也有些是由轻微的癫痫发作或是精神病的病理过程引起的。我们称之为幻觉，其中幻听往往多于幻视。幻想中的人或宠物常会乱作一团，就像他们在我们的梦魇中乱糟糟地出现一样。

　　为什么会出现这种错误呢？这都是源于我们所构建的一种思维模式。我们的目光实际上是在到处乱扫，所产生的景物的视网膜映象就像一位业余的摄影师拍的录像片那样跳个不停。某些我们以为自己看到的其实是由记忆来充填的。在幻觉中，这种思维模式被带至极端。贮存在大脑中的记忆被解释为现实的感觉输入。这有时发生在我们挣扎着想要醒来之际，那时瘫软的肌肉尚未很快恢复常态。我们看着真实的人在卧室中走动，而梦的成分会重叠其上。或者，我们可能听见一个已故的亲戚对自己说一句熟悉的话。脑子醒了一半而另一半仍在梦游。幸运的是，我们意识到了这点并不想再作什么幻想。其实我们都曾在夜间睡梦中经验过痴呆症、谵妄症和幻想症的一些症状，只是我们已习以为常而不把它当回事而已。

对于受教育水平不高的人来说，幽灵这种概念还挺能吓唬人。颞叶癫痫患者在医生对幻觉加以解释之前，一点都不以为幻觉有多可笑。伤心的亲戚在回忆时会说，如果当时有人曾给予他们一些这方面的科学知识就好了。

但是，在众多研究幽灵故事的科学中也有一些伪科：哲学家吉尔伯特·赖尔的可爱的短语"机器中的幽灵"和我们用"脑内的小人"来描述大脑中的"我们"一样有异曲同工之妙。它已经导致某些研究者去讨论"精神"和大脑间以及在不可知和可知之间的"接口"。

此外，暗示（甚至毋须催眠）和应激（甚至毋须悲痛）可以增强我们对幽灵存在的真实感受，使记忆更易于被误认作目前的现实。如果已经对某种东西有了先入为主的概念，案例中的"我"可能就不会去寻找别的解释，也不会及时走进厨房去发现真正的原因。此后，每当想起曾"听见"那只死猫的叫声，"我"也许会陷入常见的非科学的解释："那是幽灵！"或"我一定是丢了魂了！可能是得了老年痴呆症！"这两种说法都够吓人的，而这都是不可能的。

现在我们正在取得良好的进展以用更恰当的生理学类比来取代这种伪精神，在某些情况下，甚至是用实际的大脑机制来代替它。就像上一代科学家有益地排除了外在的幽灵一样，我们对于精神代用品的日益更新的认识，将有助于人们更清晰地认识自身，更可靠地解释自身的经验，并将帮助精神病学家解释精神疾患的症状。

由此可见，科学能够驱除那种一度使人惊恐的神秘的东西，它不仅仅通过传播更先进的技术使人类更强大，更帮助我们避免麻烦。

» 可怕的"鬼压床"：睡眠障碍

周一大清早，小凤就在办公室里开始咋呼："不得了啦，不得了啦，我告诉你们，我昨天晚上……我昨晚上……'鬼压床'了。"她边说边抚胸口，一脸的恐怖神色，她看见大家都饶有兴致地竖耳倾听，她便做出一副心有余悸的样子来，说道："我半夜迷迷糊糊醒来，觉着周围可静了。那时我好像看见一团白色人影朝我扑来，我吓了一大跳，就想叫我老公起来看看，哪里知道，怎样喊都出不了声音，而且身体还怎么都动不了。觉着自己快醒了吧，又好像没有醒，我当时怕得要死，估摸着这可坏了，后来急还是急，但是到最后又好像没了知觉。直到天大亮，我老公叫我起床，这才摇醒了我，手脚也才能活动了。"这时，一旁的秦姐听完后接茬道："这叫'鬼压床'，我听老人家说过的。你还是去庙里烧香求个平安符吧。"

生活中，大多数人都知道什么是"鬼压床"，这种给自己带来恐怖却又不明就里的现象，总是让人们好奇又畏惧。那么，到底鬼压床是怎么回事呢，是真的灵异现象还是心理原因，它的真面目究竟又是什么呢？

很多人都对于"鬼压床"不理解，走入迷信的误区，其实"鬼压床"是一种睡眠障碍。

在医学上，"鬼压床"称为梦魇或睡眠瘫痪症。它表现为人在睡眠状态之中感到身体不能动弹，且无法言语出声，还会伴有一些怪异的幻觉出现，同时，还会有胸闷、惊恐、心跳快、不能呼吸和濒死的感觉，特别是胸口的重压感可能导致我们呼吸困难。而且，总能感觉自己似醒非醒、似睡非睡，感到不解和恐怖，因此被认为是"鬼压床"或"鬼压身"。其实，梦魇与做梦或惊梦等一样，属于一种正常的生理现象，和鬼怪无关，对身体健康也不会有什么不良影响。

其实，所谓的"鬼压床"的原因与诱因主要是大脑系统未充分休息所导致的症状，往往因为兴奋过度或精神过分紧张所引起。如果我们在日间出现精神过度紧张、压力比较大、过度疲累、作息不正常、失眠、焦虑、晚饭过饱或者是睡眠姿势不良，如仰卧，或者由于盖的被子比较厚或手放在胸口上等情形，就比较容易发生心脑缺血，就有可能导致夜晚睡眠时间产生眩晕、心悸、胸部压迫感、眼发黑、耳鸣和各种神经功能障碍的症状。因此，凡是容易发生脑缺血的身体虚弱、过度的恐惧、服用会引起低血压的奎尼丁，以及睡眠时枕头过高或睡姿不正导致颈部受屈、受压血流不畅等的人，夜里睡眠深时就会相应地做胸部被某种可怕的"恶魔"压住或者被鬼怪"追捕"的梦。

由此可知，"鬼压床"只是我们的心理因素，不必有很大的心理压力。

而如果已经出现这种情况，那么，就要及时调整好心态，要有意识地在"鬼压床"时在大脑里提醒自己，这并不可怕，虽然我们的身体由于一些心理或者生理关系没有办法及时活动，但是我们的精神要逐渐清醒并要对此有正确认知。然后，我们就要尝试摆脱恐惧，调整呼吸，心理放松，不要焦虑。

同时，为了预防"鬼压床"，也要注意日常睡眠和饮食，尤其是要养成良好的睡眠习惯，注意调节好心态，避免紧张或焦虑。最关键的是要保证睡眠时间，该休息时充分休息，不要熬夜，当然也不能太贪睡。

这样，我们就能把"压床"的"鬼"给赶跑了！

» 飞碟真的到处都能发现吗：未知事物引发幻觉

UFO 全称为不明飞行物（Unidentified Flying Object，简称 UFO），也称飞碟，是指不明来历、不明空间、不明结构、不明性质，但又漂浮、飞行在空中的物体。UFO 作为一种世界现象，不仅在国外，国内也有同样的情况发生。

1947 年，美国爱达荷州商人肯尼思·阿诺德驾驶私人飞机穿越华盛顿州的 Cascade 山脉时，看见 9 个不明飞行物，称其为像从水面飞过的盘子，飞碟由此得名。几天之后的 7 月 4 日，美国新墨西哥州的罗斯威尔发现坠毁的外星飞船，当事者发现了神秘的金属残片。这就是进入工业革命后第一次全面的 UFO 报告。

谁知道深山中的大脚印所从何来？谁知道尼斯湖水怪到底是真实所有还是人为虚构？谁知道泰坦尼克乘客是怎样沉睡在时间黑洞而穿越时空？……世界上总有许多解不开的谜。

自 20 世纪 40 年代末起，UFO 就引起了科学界的争论。因为它的怪异性和不可定性，迄今仍然存在着许多的争议，天文学、气象学、生物学、物理学和其他科学都相继对其提出自己的解释。那么，从心理学来看，为什么会有人认为自己看到了 UFO 呢？

据《马刺国度》消息，马刺客场与快船的比赛之前，马努·吉诺比利在球队下榻的桑塔 - 莫妮卡酒店外边目睹天空中有个奇怪的物体飞过，后来他在微博上提及此事，引发了众人的关注。而在近日，某跳伞队的负责人对外澄清了这点，他表示，这只不过是他们当时进行跳伞训练时候的信号灯罢了。

对于我们来说，这个世界有可知的一面，当然也必定有不可知的一面，不必要太认死理，世界也不是数学，不是每个现象都有一个可以完全肯定的答案和解释的。社会发展需要我们的好奇心，因为正是由于对于世界的好奇，我们才能不断地探索、发明、进步、成长。也正是因为如此，这世界才有了从远古走向现代的推力和进程。但是，我们不要把世界分得非黑即白，我们每前进一步，世界也会朝前一步，探索的脚步和人类文明的方向永远是无尽和向前的，我们只有一步一步去认知和发现。有人认为 UFO 产生于个人或一群人的大脑，这种现象常常同人们的精神心理经历交错在一起。就好像有人声称自己曾经被外星人"诱拐"过，然后还被做了手术之类的改造。但是，其实，他是在潜意识地隐藏自己童年时代被虐待的事实。

同时，还有一些天文现象或者物理现象等也被误以为是 UFO，比如，球状闪电、极光、幻日、幻月、海市蜃楼、流云、飞鸟、蝴蝶群等，或者有一些根本就是自己眼中的残留影像或者对海洋湖泊中飞机倒影的错觉等。但是为什么还是有很多人坚信自己的所见就是 UFO 呢？

其实，这种现象或许是从众心理——当一个人声称某种现象是 UFO 的时候，其身边的人或许也会受其引导而确信看见的就是一些不明现象；或许是某些人坚信地外文明的存在，从而产生的幻觉或错觉——有这种思维倾向的人更会把某些诡异现象联想到 UFO；但是，或许更多的是身为人类的另一种天性——我们更宁愿相信一个无法确定的视觉现象一定有一个可以确定的理论解释。而当我们实在无能为力时，与其坦然承认自己的无知，不如把它认为是 UFO。而人们对于未知事物总是充满着好奇心，不过当这种好奇心发生了质变时，也许就会成为一种敬畏，也就很可能演化成盲信和神秘主义的温床。这也是几十年来为什么对于 UFO 的猜想可以长盛不衰的原因了。

» 为什么"吃不香，睡不安"：情绪转变与身体器官有联系

我们遇到工作难题或生活挫折时，心情往往会变得很差，情绪低落。如果这件事情一直得不到解决，就会整日烦恼重重、闷闷不乐，吃饭也没有一点胃口。这时，如果事情突然有了转机，在自己的努力或别人的帮助下顺利解决了难题。我们的情绪和心情都好了，吃饭也觉得香。

人们常说"吃不香，睡不安"的状况，与胃口和人的心情息息相关。人类每天都能感受到情绪在胃部内体现的运动，可以说，胃部的活动就是情绪的晴雨表。

在所有的能体现情绪变化的器官中，胃部无疑是最敏感、最容易受到影响的器官之一。当周围的一切事情都进展顺利时，我们的胃部也会受到感染，胃口会出奇的好；相反，当周围一团糟，做什么事情都不顺利时，你会发现自己没有一点胃口，吃什么都吃不下去。

就医学来说，胃溃疡就是胃部肌肉疼痛，这主要是由情绪上的变化引起的。

张静经营着一个杂货铺，平时忙进忙出的，身体倒也健康。但最近却得了情绪诱发症，胃疼得很厉害。

最近，张静的杂货铺附近开了一家便利店，便利店的物品齐全、价格优惠，还经常有促销活动，这给张静的店铺带来不利的影响。为此，她心里有很大压力和苦恼，因此产生情绪紧张引起的胃疼。

另外，令张静苦恼的还不仅是店铺生意的惨淡，她还有一个生性顽劣的儿子，儿子经常给她惹麻烦，今天与人打架，明天离家出走，这都不是小麻烦，这简直就是给张静火上浇油。

店铺生意和儿子对张静来说都很重要。她说，要是家里的情况没有好转，不仅自己会得情绪病，她丈夫的心情也会受到影响。就这样，一想起外面的困扰外加上家里的一桩桩杂事，她就会胃疼不止。

张静和朋友说起自己的症状，朋友们一致认为她得了胃溃疡，慢慢地，她也相信自己得了胃溃疡。到医院就医，医生却一致认为她的胃没有任何毛病。几个月过去了，她的情绪没有得到任何好转，她还是会经常感到胃疼。

后来，为了改变店铺的状况，张静改变了经营思路，由以前的"杂"到现

在的"专"，也就是说，她的店铺现在只经营家用小电器之类的商品，这样一来，生意逐渐好起来。她的儿子在反复的教育下似乎也变得懂事了。

让她感到奇怪的是，一种从未有过的安宁包围在她身边——胃疼也不药而愈。

张静的胃疼不过是自己的情绪给闹的，面对店铺生意惨淡的状况，儿子又到处惹麻烦，她的心就一刻也安静不下来，想的都是些乱七八糟的事情，胃疼就经常造访；相反，当这些问题都得到解决时，她的胃疼就不治而愈了。

这下我们可以知道，胃是多么忠实地跟着情绪啊！无论成年人或儿童，不可能总是快乐无忧，当一个人情绪不好的时候，往往出现食不香、寝难安的情况。

拥有良好情绪、健康心态的人，在生活和工作中更容易获得幸福和成功。一切胃的疾患皆由人的情绪引发。虽然我们不能控制身体上的疾患，但我们可以调节自己的情绪：

1. 说出你的感觉

在日常生活中，遇到不高兴的事，要尽可能用语言表达出来，这样有利于缓解情绪产生的负面影响。当人们说出自己生气的原因时，不仅有助于情绪宣泄，也能获得他人的理解和安慰。

2. 换个想法海阔天空

如果你陷入某种负面情绪里，通常是因为想不开，此时，你可以有意识地想些好事情，或换个角度思考，发现原来事情没有这么糟。用不同角度思考问题，可以进一步地发现解决问题的办法，从而走出困境。

3. 克服负面经验

负面情绪的源头可以是负面经验，同样也可以说是负面的惯性，勾起你负面经验的事端只是借来的催化剂而已。若情绪超越了自己能控制的范围，最好的方法不是释放或是压抑，而是学习先定心。比如，用某些哲理或某些名言安慰自己，鼓励自己同痛苦、逆境作斗争。自娱自乐，会使你的情绪好转。

» 狼孩为何无法成人：出生时的印记学习

常常听到这句话——"喜欢孤独的人不是神灵就是野兽"。任何人类个体都愿意与其他人进行交往，并结成团体的倾向。这就是人类的社会性。

1920年，一个名叫辛克莱的牧师，在印度加尔各答附近发现两个狼孩。这两个和狼生活在深山老林自然环境中的女孩，大的七八岁，小的约两岁。辛克莱把她们救回送到孤儿院抚养，并给大女孩取名卡玛拉，给小女孩取名阿玛拉。阿玛拉入院后第二年死去。卡玛拉习惯用四肢行走，用双手和膝盖着地歇息；

她害怕强光，白天喜欢蜷伏在黑暗的地方睡觉，睡觉以腰臀着地；她夜间潜行，夜视敏锐，午夜号叫，闲逛游荡，企图寻找出路，逃回丛林；她用鼻子四处嗅闻，寻找食物，嗅觉特别灵敏，不吃素食，喜欢吃生肉，不吃人手里的，只吃扔在地板上的肉，舔流质食；她怕火，也怕水，从不洗澡，即使天气寒冷，她也撕掉给她穿上的衣服，摆脱给她盖上的毯子。辛克莱为了改造卡马拉的动物行为，对她进行了细心照料和耐心教育，而她进步却非常缓慢，两年后才学会站立，6年后才学会独立行走，但在快跑时仍四肢并用。智力发展尤为迟钝，8岁时只具有相当6个月婴儿的智力发展水平；4年后学会6个词；到7年后才学会45个词，能用手吃饭，用杯子喝水。17岁时，卡马拉死去，当时她的智力发展水平仅相当于正常的三四岁的儿童。

这个故事告诉我们，人的心理虽然是脑的机能，但是它又不是由人脑单独决定的。人类的社会生活是人的心理形成和发展的决定性因素。一个人脱离了人类的社会生活，即使有一个正常的人脑，也不会形成和发展成人类的正常心理。

狼孩的故事让我们知道人必须要在社会中成长才能有正常人的心理。但是，在大仲马《基督山伯爵》中的唐泰斯从19岁起因为被诬陷送进了伊夫堡监狱，一直长达十几年没有与人接触、说话，但他却没有痴呆，这是为什么呢？

第一个成功地回答了这一问题的是奥地利生态学家、诺贝尔医学奖获得者劳伦兹，他对动物行为的研究启示后人，动物包括人类的某些行为的形成有一个关键期，即要赶在生命的一个特定阶段形成，超过这一关键时期，后天的弥补就难了。

劳伦兹把这个关键期称作印记学习期，所谓的印记就是指个体出生后不久的一种本能的特殊学习方式。印记学习通常在出生后极短的时间完成，学得后，将永久保存不易消失。研究表明，动物刚出生的极短的印记学习期对其以后的成长是至关重要的。

同样的，一个心理学家1954年以雏鹅为实验对象进行了研究。结果发现，如果实验者在雏鹅出生4天后才出现，雏鹅非但不与之亲近，反而掉头就跑，因而出生后头4天就是雏鹅与活动物体亲近的关键期。还有心理学家发现，狗与人的亲密关系也有形成的关键期。如果狗自出生时与人隔离10周以上，以后就很难与人建立亲密的关系。

实验研究印记现象以及印记行为发展的关键期的研究，最为著名的是心理学家海斯1972年的实验研究。海斯观察发现，野鸭孵卵时，在雏鸭破壳出生前一周内，在壳内发出声音时，母鸭随即以嘎嘎声回应。海斯认为那是印记的开始。海斯以机器孵化法取代母鸡的工作，并在听到卵壳内有声音时，以"come、come、come"之声回应。结果发现，雏鸭破壳后，就会随着"come、come、come"之声叫唤，这就是印记学习。

心理学家说，社会性是人的本能。当生命发展到一定阶段，人们就不再绝对地依靠他人才能生存，我们可以根据内在的需要变成独立自主的人。但一开始如果人就脱离群体和社会，后果是相当可怕的。即使还有人的生理特征，但心理上已经脱离人类社会了，也就是失去了人的社会性。